材料与冶金新媒体教材

无机非金属材料学

（第 2 版）

Inorganic Nonmetallic Materials Science

（2nd Edition）

杜景红　编著

扫码看数字资源

北　京

冶 金 工 业 出 版 社

2025

内 容 提 要

本书以材料的组成、工艺、结构、性能、效能之间的相互关系为主线，系统介绍了陶瓷、玻璃、水泥、耐火材料、无机非金属基复合材料这几种无机非金属材料的制备原理、组织结构、性能特点和用途等理论知识，并扼要介绍了这几种材料的最新发展动态。

本书可作为高等学校材料科学与工程专业、无机非金属材料工程专业本科生教学用书，也可供无机非金属材料工程技术人员使用和参考。

图书在版编目（CIP）数据

无机非金属材料学／杜景红编著. -- 2 版. -- 北京：冶金工业出版社，2025.2. --（材料与冶金新媒体教材）. -- ISBN 978-7-5240-0049-5

Ⅰ. TB321

中国国家版本馆 CIP 数据核字第 2024MY6401 号

无机非金属材料学 （第 2 版）

出版发行	冶金工业出版社	**电 话**	(010)64027926
地 址	北京市东城区嵩祝院北巷 39 号	**邮 编**	100009
网 址	www.mip1953.com	**电子信箱**	service@ mip1953.com

责任编辑 卢 敏 张佳丽 美术编辑 吕欣童 版式设计 郑小利
责任校对 李欣雨 责任印制 禹 蕊
北京印刷集团有限责任公司印刷
2016 年 9 月第 1 版，2025 年 2 月第 2 版，2025 年 2 月第 1 次印刷
787mm×1092mm 1/16；17 印张；411 千字；260 页
定价 **56.00 元**

投稿电话 （010）64027932 投稿信箱 tougao@cnmip.com.cn
营销中心电话 （010）64044283
冶金工业出版社天猫旗舰店 yjgycbs.tmall.com
（本书如有印装质量问题，本社营销中心负责退换）

第 2 版前言

《无机非金属材料学》（冶金工业出版社，2016）自出版以来，在教学过程中收到了良好的效果，受到了广大师生和读者的欢迎，同时在教学实践过程中也发现了一些不足和疏漏之处。为了使本书更加完善，在教学实践中发挥更加积极的作用，特对本书进行修订再版。

第 2 版的《无机非金属材料学》基本保持了第 1 版的结构，部分章节的教学内容进行了充实和更新，具体修订如下：

第 2 章，增加了陶瓷材料的 3D 打印技术、釉的性质和坯釉适应性；充实了氧化物和非氧化物结构陶瓷、电介质陶瓷、敏感陶瓷的内容。

第 3 章，增加了磷酸盐玻璃结构和非氧化物玻璃结构；充实了新型玻璃材料的内容，增加了声光、磁光和电解质几种功能玻璃。

第 4 章，充实了各类水泥的内容，增加了油井水泥、新型环保水泥、电磁水泥和生物水泥。

第 6 章，增加了陶瓷基复合材料、水泥基复合材料和碳/碳复合材料的内容，将纤维增强和颗粒增强无机非金属基复合材料这两节的内容调整到了陶瓷基复合材料中。

另外，对各章的思考题和习题进行了修订，还纠正了第 1 版中某些不准确的内容。

作者在修订《无机非金属材料学》（第 2 版）过程中得到了昆明理工大学材料科学与工程学院领导的关心和学科建设经费的资助，并参阅了国内外相关专家学者和工程技术人员的著作和论文，在此致以诚挚的谢意！同时还要感谢冶金工业出版社的领导和编辑！正是有了 2016 年的第 1 版才有了今天的第 2 版。

限于编著水平，书中不妥之处，敬请广大读者批评指正。

编　者
2024 年 5 月

第1版前言

材料是社会文明和科技进步的物质基础和先导，材料科学与能源科学、信息科学一并被列为现代科学技术的三大支柱，其发展水平已成为一个国家综合国力的主要标志之一。

在浩如烟海的材料大家族中，无机非金属材料是人类最早认识和使用的材料。以硅酸盐为主要成分的传统无机非金属材料在国民经济和人民生活中起着极其重要的作用，至今仍然是国民经济重要的支柱产业。随着新技术的发展，20世纪40年代陆续涌现出了一系列新型无机非金属材料，例如结构陶瓷、复合材料、功能陶瓷、新型玻璃、半导体、非晶态材料和人工晶体等。这些新材料具有耐高温、耐腐蚀、高强度、高硬度、多功能等多种优越性能，在微电子技术、激光技术、红外技术、光电子技术、传感技术、超导技术和空间技术等现代高新技术领域中占有十分重要的，甚至是核心的地位。传统无机非金属材料和新型无机非金属材料共同构成了庞大的无机非金属材料体系，推动着科学技术的发展和人类社会的进步。

"无机非金属材料学"是高等院校无机非金属材料工程专业本科教学的一门重要专业课，是学生修完"材料科学基础""材料工程基础""材料性能学"等课程后开设的，具有综合性和应用性强的特点。通过对本课程的学习，学生可以系统掌握各类无机非金属材料的特点、功能，理解无机非金属材料的组成与结构、合成与制备、性能及使用效能之间的关系，拓展知识视野，培养学生理论联系实际，发现问题和解决问题的能力，为今后从事专业技术工作时能够正确评定材料品质、合理使用材料打下良好的基础。

无机非金属材料涉及内容丰富而且发展迅速，本书根据自编"材料学"讲义中的无机非金属材料部分，参考国内外较新的同类教材和文献补充完善而成。编写时以材料的组成、工艺、结构、性能、效能之间的相互关系为主线，系统介绍了陶瓷、玻璃、水泥、耐火材料、无机非金属基复合材料等典型无机非金属材料的制备原理、组织结构、性能特点和用途等理论知识，同时引入了这些材料的最新研究成果，突出了新理论、新思路、新技术，并对新型无机非金属材料也进行了适当介绍，以适应当前材料科学与工程的发展。每章后均列有复习思考题，可帮助学生归纳总结，加深印象，检验学习掌握的程度。

本书由昆明理工大学材料科学与工程学院的杜景红和曹建春编写，全书由杜景红统稿。本书的出版得到了本校材料学精品课程建设项目的资助，编写得到了陈庆华、颜廷亭等老师的指导和帮助，在此表示衷心的感谢！编写过程中参考了大量的文献资料，向这些文献的原作者致以诚挚的谢意！研究生曹勇、赵晨旭、栗智为书稿的文字录入提供了很多帮助，向他们表示感谢！

限于编著水平，书中不妥之处，敬请读者批评指正。

编　者

2016 年 5 月

目 录

1 绪 论

1.1 无机非金属材料的定义及分类

无机非金属材料是指以某些元素的氧化物、碳化物、氮化物、硼化物、硫系化合物（包括硫化物、硒化物及碲化物）和硅酸盐、钛酸盐、铝酸盐、磷酸盐等物质组成的材料，是除有机高分子材料和金属材料以外的所有材料的统称。无机非金属材料的命名是20世纪40年代以后，随着现代科学技术的发展从传统的硅酸盐材料演变而来的。无机非金属材料是当代材料体系中一个重要组成部分。

无机非金属材料的名目繁多，用途各异，目前尚没有一个统一而完善的分类方法。通常根据无机非金属材料功能与作用的不同，分为传统无机非金属材料和新型无机非金属材料两大类，见表1.1。传统无机非金属材料主要是指以 SiO_2 及其硅酸盐为主要成分的材料并包括一些生产工艺相近的非硅酸盐材料，如碳化硅、氧化铝陶瓷、硼酸盐、硫化物玻璃、镁质或铬质耐火材料和碳素材料等，这一类材料通常生产历史较长、产量较高、用途也较广，是工业和基本建设所必需的基础材料。新型无机非金属材料主要指20世纪40年代以来发展起来的，氧化物、氮化物、碳化物、硼化物、硫化物、硅化物以及各种无机非金属化合物经特殊的先进工艺制成的材料。这里的新包含两个层面的含义：一是对传统材料的再开发，使其在性能上获得重大突破的材料；二是采用新工艺和新技术合成，开发出具有各种新的和特殊功能的材料。新型无机非金属材料具有轻质、高强、耐磨、抗腐、耐高温、抗氧化以及特殊的电、光、声、磁等一系列优异性能，在高新技术领域有着突出的贡献，是其他材料难以替代的。

表 1.1 无机非金属材料的分类

材　料		品　种　示　例
传统无机非金属材料	水泥和其他胶凝材料	硅酸盐水泥、铝酸盐水泥、石灰、石膏等
	陶　瓷	黏土质、长石质、滑石质和骨灰质陶瓷等
	耐火材料	硅质、硅酸铝质、高铝质、镁质、铬镁质等
	玻　璃	硅酸盐、硼酸盐、氧化物、硫化物和卤素化合物玻璃等
	搪　瓷	钢片、铸铁、铝和铜胎等
	铸　石	辉绿岩、玄武岩、铸石等
	研磨材料	氧化硅、氧化铝、碳化硅等
	多孔材料	硅藻土、蛭石、沸石、多孔硅酸盐和硅酸铝等
	碳素材料	石墨、焦炭和各种碳素制品等
	非金属矿	黏土、石棉、石膏、云母、大理石、水晶和金刚石等

续表 1.1

材　料		品　种　示　例
新型无机非金属材料	高频绝缘材料	氧化铝、氧化铍、滑石、镁橄榄石质陶瓷、石英玻璃和微晶玻璃等
	铁电和压电材料	钛酸钡系、锆钛酸铅系材料等
	磁性材料	锰-锌、镍-锌、锰-镁、锂-锰等铁氧体、磁记录和磁泡材料等
	导体陶瓷	钠、锂、氧离子的快离子导体和碳化硅等
	半导体陶瓷	钛酸钡、氧化锌、氧化锡、氧化钒、氧化锆等过渡金属元素氧化物系材料等
	光学材料	钇铝石榴石激光材料，氧化铝、氧化钇透明材料和石英系或多组分玻璃的光导纤维等
	高温结构陶瓷	高温氧化物、碳化物、氮化物及硼化物等难熔化合物
	超硬材料	碳化钛、人造金刚石和立方氮化硼等
	人工晶体	铌酸锂、钽酸锂、砷化镓、氟金云母等
	生物陶瓷	长石质齿材、氧化铝、磷酸盐骨材和酶的载体材料等
	无机复合材料	陶瓷基、水泥基、碳素基的复合材料

1.2　无机非金属材料的特点

　　无机非金属材料、高分子材料、金属材料是材料的三大支柱。无机非金属材料在化学组成上与金属材料和有机高分子材料明显不同，其化学组分主要是氧化物和硅酸盐，其次是碳酸盐、硫酸盐和非氧化物。随着新型无机非金属材料的发展，其化学组成也在不断扩展。与金属材料和有机高分子材料相比，无机非金属材料具有下列特点：

（1）比金属的晶体结构复杂；

（2）没有自由电子（金属的自由电子密度高）；

（3）具有比金属键和纯共价键稳定的离子键和混合键；

（4）结晶化合物的熔点比许多金属和有机高分子高；

（5）硬度高，抗化学腐蚀能力强；

（6）绝大多数是绝缘体，高温导电能力比金属低；

（7）光学性能优良，制成薄膜时大多是透明的；

（8）一般比金属的导热性低；

（9）在大多数情况下观察不到变形。

　　总体来说，无机非金属材料有许多优良的性能，如耐高温、硬度高、抗腐蚀，以及有介电、压电、光学、电磁性能及其功能转换特性等。无机非金属材料在一定程度上属于固体无机材料，具有较强的整体性，在应用过程中物理性能与化学性能较为稳定，不易出现风化及老化的情况。但无机非金属材料尚存在某些缺点，如大多抗拉强度低、韧性差等，有待于进一步改善。而将其与金属材料、有机高分子材料合成无机非金属基复合材料是一个重要的改性途径。

1.3 无机非金属材料的作用和地位

自从人类诞生至今，传统无机非金属材料就与人类的生活密切相关，成为人类生活、生产中不可缺少的材料。事实上，无机非金属材料是最先被人类应用的材料。早在石器时代，人类将石头制作成工具和武器，石头就是一种无机非金属材料；在新石器时代，我国的先祖发明了彩陶和黑陶；到了魏晋时期，已完成了用高温烧结制成致密的瓷器这一重大发明；到了唐代，中国的陶瓷更是远销海外，我国也因精湛的陶瓷制作技术与艺术创造而博得了"瓷国"之称。普通陶瓷的发展历史可以说就是一部中华民族的发展历史。从经济建设和现代高新技术的发展来看，无机非金属材料也起着重要的基础和先导作用，特种无机非金属材料的发展对于许多高新技术行业的发展起着至为关键的作用。例如，化合物半导体材料促使光电子技术的发展，形成了半导体发光二极管和半导体激光器的新兴产业；由于在 La-Ba-Cu-O 化合物中观察到 30 K 以上的超导转变，开创了高温超导的新兴技术领域；碳富勒烯球和碳纳米管的诞生使纳米技术走向世纪的前沿；弛豫铁电、压电单晶和陶瓷的突破使高性能超声和水声换能器、压电驱动器等得到发展，在医学等高技术领域广泛应用；氧化物和超薄膜材料中巨磁电阻效应和隧道磁电阻效应的发现，使磁存储密度获得很大提高，磁记录产业得到迅速发展；高温结构陶瓷与复合材料一直极大地推动着航空、航天、兵器与运载工具的技术向高速度、高搭载和长寿命方向发展。

现代的玻璃不仅是人类生活中不可缺少的用品，而且还与其他材料相竞争，成为工业生产和科学技术发展中极为重要的材料。如玻璃可制成高效、廉价而耐用的太阳能收集器；石英玻璃用于制作坩埚；微晶玻璃兼有金属、高分子材料的可切削性；多孔玻璃可作为生物活性材料的载体，如将固相酶保存在多孔玻璃中可长期保持活性。由于 20 世纪 70 年代石英玻璃光导纤维的损耗小于 20 dB/km，使光纤通信技术能够实用化，光导纤维的发现和在通信中的应用，从多方面改变了人类的有关活动。

水泥是当今世界上最重要的建筑材料之一，对社会发展和经济建设起着重要的作用。作为水硬性胶凝材料，其加水后具有可塑性，与砂、石拌和后可浇筑成各种形状尺寸的构件，使建筑工程多样化，满足工程设计的不同需要。水泥与钢筋、砂、石等材料混合制成的钢筋混凝土、预应力钢筋混凝土，其性能大大优于钢筋或混凝土本身，具有坚固性、耐久性、抗蚀性和适用性强等特点，可用于海洋、地下或者干热、严寒地区等苛刻环境，被广泛应用于各类工业建筑、民用高层建筑、大型桥梁等交通工程、巨型水坝等水利工程，以及海港工程、核电工程、国防建设等新型工业和工程建设等领域。

如今经济全球化已经不可避免，相关工业领域也越来越发达，提高了人类生产实践活动效率。优质的无机非金属材料加工技术必将惠及越来越多的领域，特别是现阶段电子领域的高速发展，关于无机非金属材料的需求也越来越大。在新能源汽车领域以及光伏发电领域中，都需要应用无机非金属材料来协助进行能量转换，在即将形成产业化的前期，将会为无机非金属材料绽放光彩提供重要的市场空间。通过发挥无机非金属材料的优质性能，使得一些高分子复合材料具有较强的力学性能，满足光电领域的发展需求。

无机非金属材料的原料资源丰富，成本低廉，生产过程能耗低，能在很多场合替代金属材料或有机高分子材料，且这种替代是非常必要的，能使材料的利用更加合理和经济。

时至今日，不论在工业部门、日用品行业还是人们生活等许多方面，没有无机非金属材料是难以想象的。这些材料无论在品质上，还是在数量上都在不断提高，国际范围内在这一领域的空前繁荣以及人们在材料开发和工艺革新方面越来越多的投入也证明了这一点。

1.4　无机非金属材料的发展趋势

近年来，生物工程、新能源、信息工程、宇宙开发、海洋开发等新一代技术革命领域急需大量的新材料，对各种无机非金属材料，尤其是对特种新型无机非金属材料提出更多更高的要求。发达国家将无机非金属材料的应用放置在军事装备、高科技领先地位，将无机非金属新材料的发展列为六大关键技术首位。无机非金属材料具有广阔的发展前景，在我国中长期科学和技术发展重大战略需求的基础研究领域中对材料领域规划如下：重点研究材料改性优化，新材料的理化性质，围绕低维化、人工结构化、集成化、智能化等新物理构架探索、设计和制备新材料，材料成型、加工的新原理与新方法，材料表征与测量，材料服役行为及与环境的相互作用等。毫无疑问，21世纪无机非金属材料的发展同样符合上述描述，应该具有复合化、结构功能一体化、低维化、智能化、环境友好和在极端环境中使用等特征。

第一，从均质材料向复合材料发展。随着科学技术的发展，原来各自相对独立的无机非金属材料、金属材料和高分子材料，已经相互渗透、结合，多学科交叉成为材料科学技术发展的重要特征。无机非金属材料与金属材料和有机高分子材料的复合化具有广阔的发展前景。事实上，以应用为目标，优化三大类材料的各自优点，进行宏观尺寸上的复合，20世纪在传统无机非金属材料上已经广泛采用，如钢筋混凝土（金属与水泥）、玻璃钢（无机玻璃纤维与有机高分子）等。这类以结构材料为主的复合材料，今后仍将优化并继续发展。随着材料的复合尺寸越来越小，以至于达到纳米和分子尺度上的复合（或称之为杂化（hybrid）），今后在无机非金属功能材料上将颇为明显。

第二，由结构材料向功能材料、多功能材料并重的方向发展。功能的复合将使结构材料与功能材料的界限逐步消失。例如，平板玻璃是作为门、窗、墙的结构材料，但当平板玻璃镀膜后就具有不同的光反射和光吸收，有了阳光控制和低辐射性能后，就成为能满足节能、环保、安全和装饰的多功能建筑玻璃。结构陶瓷也逐步功能化，利用陶瓷优良的介电性能和光反射性能，发展了结构、防热、透波（或吸波）等陶瓷材料。利用氮化铝陶瓷高的导热性、低的电导率和热膨胀以及优良的力学性能可作为大功率半导体集成器件的基板。

第三，材料结构的尺度向越来越小的方向发展，即所谓的低维化发展。宏观上的低维化是从体材料向薄膜材料和纤维材料的发展。现代信息功能器件（微电子、光电子和光子学器件）都是集成化的，因此主要应用薄膜材料。结构材料可用涂层和薄膜来进行增强、增韧、耐磨的改性。无机涂层包括各类热控涂层、耐高温防腐蚀涂层、抗氧化涂层、耐损涂层等，应用于航天器、核反应堆和运载工具上。特别在结构材料的功能化上，薄膜具有特殊的作用。因此，无机非金属材料的薄膜制备、结构和性能以及发展新的薄膜材料的研究十分重要。微观上的低维化，即无机非金属材料的织构与结构上的尺寸从毫米、微米趋向纳米。纳米材料已经成为21世纪家喻户晓的一个名词。就目前的应用状况来说，纳米材料的制造成本已经比较低，在众多民用领域以及高端工业领域中都得到了广泛的应用。比如现阶段应用比较多的碳纳米管直径就比较小，可以进行大规模集成，最终得到的直径也比较小，仅仅保持和头发丝一样的粗细。但是其性能、强度却比较高，能够远远超过钢铁的强度。纳米尺度上的超晶格薄膜、纳米线、纳米点材料的结构和性能关系的认识延伸到介观尺度。进一步的低维化，涉及基于原子和分子的纳米材料和技术，低维纳米材料及其复合的量子特性，量子限域体系的设计和制造，研究量子点和量子线材料的电子和能带结构、杂质态和缺陷态等与结构、材料物理性质的关系，实现量子调控等。

第四，由被动材料向具有主动性的智能材料方向发展，即所谓的材料智能化。表现为材料能接收外部环境变化的信息，并能实时反馈。无机非金属材料朝着智能化的方向发展是未来发展的必然趋势，智能化发展可以更好地使无机非金属材料的性能更加优良，发展方向和涉及的领域更加广泛。最早的智能化材料为被动式的，如光色（光致变色）材料受阳光辐射，自动改变透光度，但透光度的深浅不可控。而电致变色材料不仅光照后变色，并且变色程度由外加电压可控，是能动式的智能化。智能化功能材料大都为多层压电和铁电陶瓷的复式结构，外场信号的感知和反馈操作是分开的，目前趋向薄膜化和集成化。纳米复合材料的出现，可以把不同功能的材料从微观上复合在一起，形成紧凑的单体智能材料，这也是多功能无机非金属材料的主要发展方向。

第五，材料的可循环利用和环境友好型材料的发展。无机非金属材料的取材范围非常广泛，但是也受到了各种制备技术的影响，造成一些无机金属材料在生产制作过程中对周围的环境产生了很大的污染和影响，同时也造成了众多原材料的消耗。随着人类经济活动的发展，环境保护成了越来越重要的问题。节能降耗、资源综合和循环利用、废弃物资循环利用和处理、有害气体液体的低排放和无害处理、有毒有害元素的替代等环境友好型的无机非金属材料必然是将来的发展趋势。需要全方位、多学科地研究绿色生产工艺，大力发展环境协调材料的制备技术及其理论基础。通过建立科学的评价体系，实现无机非金属材料的可持续发展。重视无机非金属材料绿色评价，进行生态节能技术的应用，采用可循环技术改善生态系统，建立无机非金属材料的技术标准和相关的法律法规，严格组织管理与科学监督，为无机非金属材料发展提供更大的发展空间。

第六，通过仿生途径来发展新型无机非金属材料。"师法自然"，大自然是永远的老师，自然界的各类生物通过千百年的进化，在严峻的自然界环境中经过优胜劣汰、适者生存而发展到今天，自有其独特之处。通过学习并揭开其奥秘，会给我们以无穷的启发，为开发新材料提供广阔的途径。

1.5　无机非金属材料的选用原则

材料选择是材料科学与材料工程的重要使命之一，是材料器件化、产品化的必经之路，也是工程设计中的重要环节之一，会影响整个设计过程。材料选择的核心是在技术、经济合理以及环境协调的前提下，使材料的使用性能与产品的设计功能相适应。一方面材料接近失效极限的范围内，安全系数趋于低值；另一方面，在产业化工艺技术不够成熟和完善的情况下，避免盲目使用性能尚未稳定的新材料。材料的选用需遵循使用性能、工艺性能、经济性及环境协调性原则。同样，无机非金属材料的选用也遵循这几项通用原则。

（1）使用性能原则。使用性能是材料在使用过程中，能够安全可靠地工作所必须具备的性能，包含材料的力学性能、物理性能和化学性能。对于结构性器件，使用性能中最主要的是材料的力学性能。因为只有在满足力学性能之后才有可能保证器件正常运转，不致早期失效。对于功能性器件，在满足力学性能的前提下，重点考虑的是外场作用下特定性能响应外场变化的敏感性以及性能的环境稳定性。对所选材料使用性能的要求是在对器件工作条件及失效分析的基础上提出的，这样才可达到提高产品质量的目的。

（2）工艺性能原则。从原料到材料、从材料到器件、从器件到产品都要经过一系列工艺过程。工艺性能是指材料在不同的制造工艺条件下所表现出的承受加工的能力。它是物理、化学和力学性能的综合。材料工艺性能的好坏，在单件或小批量生产时，并不显得重要，但在大批量生产条件下希望达到经济规模的要求，往往成为选材中起决定作用的因素之一。另外加工工艺性能好坏也会直接影响产品寿命。

（3）经济性原则。在满足器件性能要求前提下，选材时应考虑材料的价格、加工费用和国家资源等情况，以降低产品成本。

（4）环境协调性原则。地球是所有材料的来源和最终归宿。通过采矿、钻井、种植或收获等方式，人们从地球上获得矿物、石油、木材等原材料，经过选矿、精炼、提纯、制浆及其他工艺过程，这些原材料就转化为工业用材料，如金属、化学产品、纸张、水泥、纤维等。在随后的工艺过程中，这些材料又被进一步加工成工程材料，如晶体、合金、陶瓷、塑料、混凝土、纺织品等。通过设计、制造、装配等过程，再把工程材料做成有用的产品。当产品经使用达到其寿命后，又以废料的形式回到地球或经过解体和材料回收后以基本材料再次进入材料循环。人类社会要实现可持续发展，在原材料获取、材料准备与加工、材料服役以及材料废弃等材料循环周期内，必须考虑环境负荷及环境协调性。原材料开采对资源造成的破坏应降低到最低程度，废弃材料应最大程度地回收利用并进入材料的再循环圈。

1.6　无机非金属材料学的研究内容

材料的组成与结构决定材料的性质，而组成和结构又是合成和制备过程的产物，材料作为产品又必须具有一定的效能以满足使用条件和环境要求，从而取得应有的经济、社会效益。因此，上述四个组元之间存在着强烈的相互依赖关系。无机非金属材料科学与工程就是一门研究无机非金属材料合成与制备、组成与结构、性能和使用效能四者之间相互关系与制约规律的科学，其相互关系可用图1.1的四面体表示。

无机非金属材料的科学方面偏重于研究无机非金属材料的合成与制备、组成与结构、性能和使用效能各组元本身及其相互间关系的规律；工程方面则着重于研究如何利用这些规律性的研究成果以新的或更有效的方式

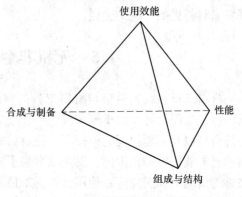

图1.1　无机材料科学四要素关系图

开发并生产出材料，提高材料的使用效能，以满足社会的需要；同时还应包括材料制备与表征所需的仪器、设备的设计与制造。在无机材料学科发展中，科学与工程彼此密切结合，构成一个学科整体。

合成主要指促使原子、分子结合而构成材料的化学与物理过程，其研究内容既包括有关寻找新合成方法的科学问题，也包括以适用的数量和形态合成材料的技术问题；既包括新材料的合成，也应包括已有材料的新合成方法及其新形态的合成；制备也研究如何控制原子与分子使之构成有用的材料，但还包括在更为宏观的尺度上或以更大的规模控制材料的结构，使之具备所需的性能后满足使用效能，即包括材料的加工、处理、装配和制造。合成与制备是将原子、分子聚合起来并最终转变为有用产品的一系列连续过程，是提高材料质量、降低生产成本和提高经济效益的关键，也是开发新材料、新器件的中心环节。在合成与制备中，基础研究与工程性研究同样重要，如对材料合成与制备的动力学过程的研究可以揭示过程的本质，为改进制备方法、建立新的制备技术提供科学依据。因此，不能把合成与制备简单地归结为工艺而忽略其基础研究的科学内涵。

组成指构成材料物质的原子、分子及其分布；除主要组成以外，杂质对无机材料结构与性能有重要影响，微量添加物也不能忽略。结构则指组成原子、分子在不同层次上彼此结合的形式、状态和空间分布，包括原子与电子结构、分子结构、晶体结构、相结构、晶粒结构、缺陷结构等；在尺度上则包括纳米以下，纳米、微米、毫米及更宏观的结构层次。材料的组成与结构是材料的基本表征。它们一方面是特定的合成与制备条件的产物，另一方面又是决定材料性能与使用效能的内在因素，因而在材料科学与工程的四面体中占有独特的承前启后的地位，并起着指导性的作用。了解材料的组成与结构及它们同合成与制备之间、性能和使用效能之间的内在联系，长久以来一直是无机材料科学与工程的基本研究内容。

性能指材料固有的物理与化学特性，也是确定材料用途的依据。广义地说，性能是材料在一定条件下对外部作用的反应的定量表述。例如，对外力作用的反应为力学性能，对外电场作用的反应为电学性能，对光波作用的反应为光学性能等。

使用效能是材料以特定产品形式在使用条件下所表现的性能。它是材料的固有性能、产品设计、工程特性、使用环境和效益的综合表现，通常以寿命、效率、耐用性、可靠性、效益及成本等指标衡量。因此，使用效能的研究与工程设计及生产制造过程密切相关，不仅有宏观的工程问题，还包括复杂的材料科学问题。例如，无机结构材料部件的损毁过程和可靠性往往涉及在特定的温度、气氛、应力和疲劳环境下材料中的缺陷形成和裂纹扩展的微观机理；功能器件的一致性和可靠性是功能材料原有缺陷（原生缺陷），器件制备过程引入的二次缺陷以及在使用条件下这些缺陷的发展和新缺陷生成的综合结果。这些使用效能的研究需要具备基础理论素养和现代化学、物理学、数学和工程科学的知识，并依赖于先进的结构表征和性能测试设备。材料的使用效能是材料科学与工程所追求的最终目标，而且在很大程度上代表这一学科的发展水平。

思考题和习题

1. 无机非金属材料的定义及特点是什么？

2. 谈谈你对新型无机非金属材料的理解。

3. 结合实例说明无机非金属材料在国民生产中的地位和作用。

4. 简要说明无机非金属材料的发展趋势。

5. 无机非金属材料选用时需要遵循哪些原则？

② 陶　　瓷

陶瓷在中国乃至世界历史上写下过辉煌的篇章。作为无机非金属材料的典型代表，陶瓷材料的高强度、高硬度、耐腐蚀、耐磨损和化学性质稳定等特性使得它在机械、冶金、化工、能源、航天航空等领域有着广阔的应用市场，而陶瓷材料在热学、光学、磁学和电学等方面所表现的特殊性能则构成了功能陶瓷的庞大家族，为电子技术、传感技术、生物技术、空间技术等现代高新技术的发展做出了重要贡献。陶瓷材料的使用量日益增大，使用范围不断拓展，同时，科学技术的发展也对陶瓷材料提出了更多更新的要求，使得陶瓷材料的研究持续活跃。本章首先介绍了陶瓷的基本概念，接着对陶瓷的制备、结构与力学、热学、电学等性能方面的基础理论进行了系统阐述，最后对普通陶瓷和特种陶瓷的典型种类、特征和用途等进行了叙述。

2.1　概　　述

2.1.1　陶瓷的概念

陶瓷是人类生活和生产中不可缺少的一种材料，其生产历史极为悠久。从陶器发展到瓷器是第一次飞跃，从传统陶瓷到先进陶瓷是第二次飞跃，从先进陶瓷到纳米陶瓷是第三次飞跃。目前，陶瓷的名称在国际上没有统一的界限，各个国家对陶瓷的理解稍有不同，如：

（1）德国：经高温处理、加工后具有作为陶瓷制品特有性质的广义非金属制品。

（2）英国：经成型、加热硬化而得到的无机材料所构成的制品。

（3）法国：由离子扩散或玻璃相结合起来的晶粒聚集体构成的物质。

（4）美国：用无机非金属物质为原料，在制造和使用过程中经高温煅烧而成的制品和材料。

（5）日本：将制造和利用以无机非金属为主要组成的材料或制品的科学及艺术。

（6）中国：凡是采用传统的陶瓷生产方法烧制而成的无机非金属材料或制品均属陶瓷。

2.1.2　陶瓷的分类

陶瓷材料及产品种类繁多，但缺乏统一的分类方法。为了便于掌握各种陶瓷产品的特征，通常从不同的角度加以分类。

2.1.2.1　按化学成分分类

按化学成分可将陶瓷分为氧化物、碳化物、氮化物和硼化物四类。

（1）氧化物陶瓷。氧化物陶瓷种类繁多，在陶瓷家族中占有非常重要的地位。最常

用的氧化物陶瓷是 Al_2O_3、SiO_2、MgO、ZrO_2、CeO_2、CaO、Cr_2O_3 及莫来石（$3Al_2O_3 \cdot 2SiO_2$）和尖晶石（$MgAl_2O_4$）等。硅酸盐也属于氧化物系列，如 $ZrSiO_4$、$CaSiO_3$ 等；复合氧化物，如 $BaTiO_3$、$CaTiO_3$ 等亦属此类陶瓷。

（2）碳化物陶瓷。碳化物陶瓷一般具有比氧化物更高的熔点。最常用的是 SiC、WC、B_4C、TiC 等。碳化物陶瓷在制备过程中应有气氛保护。

（3）氮化物陶瓷。氮化物中应用最广泛的是 Si_3N_4，它具有优良的综合力学性能和耐高温性能。另外，TiN、BN、AlN 等氮化物陶瓷的应用也日趋广泛，新近研究的 C_3N_4，其性能可望超过 Si_3N_4。

（4）硼化物陶瓷。硼化物陶瓷的应用不很广泛，主要是作为添加剂或第二相加入其他陶瓷基体中，以达到改善性能的目的。常用的有 TiB_2、ZrB_2 等。

2.1.2.2　按性能特征和用途分类

（1）普通陶瓷。普通陶瓷即传统陶瓷，主要指硅酸盐陶瓷材料，因其中占主导地位的化学组成 SiO_2 是以黏土矿物原料引入的，所以也称传统陶瓷为黏土陶瓷。这类材料主要包括日用陶瓷、建筑陶瓷、电器陶瓷、化工陶瓷、多孔陶瓷等。

（2）特种陶瓷。特种陶瓷又叫精密陶瓷，是近年来在传统陶瓷的基础上发展起来的新型陶瓷，主要用于各种现代工业及尖端科学技术领域。包括结构陶瓷和功能陶瓷。结构陶瓷主要用于耐磨损、高强度、耐高温、耐热冲击、硬质、高刚性、低膨胀、隔热等场所。功能陶瓷主要包括具有电磁功能、光学功能、生物功能、核功能及其他功能的陶瓷材料。

2.1.2.3　根据制品的宏观物理性能特征分类

陶瓷一词系陶器与瓷器两大类产品的总称。陶器又包括粗陶和精陶，其坯体断面粗糙无光，不透明，气孔率和吸水率较大，敲之声音粗哑沉闷，有的无釉，有的施釉。而瓷器的坯体则致密细腻，具有一定的光泽和半透明性，通常都施有釉层，基本不吸水，敲之声音清脆；炻器是介于陶器和瓷器之间的一类产品，其坯体较致密，吸水率较小，颜色深浅不一，缺乏半透明性。随着技术的发展，1985 年 12 月我国颁布实施的日用陶瓷分类标准，按胎体特征分为陶器和瓷器，炻器归到了瓷器里。

2.1.3　我国陶瓷工业的发展

陶瓷是我国古代的伟大发明之一，经过历代劳动人民的改造与创新，无论材质、造型或装饰等方面都有很大的提高，也越来越艺术化，充分表现出我国的独特风格。陶瓷的发展经历了从简单到复杂、从粗糙到精细、从无釉到施釉、从低温到高温的过程。

1921 年在河南渑池仰韶村发现了远在新石器时代的彩陶，这类陶器质粗色灰，外表呈红色，虽然烧制工艺处于原始阶段，但有相当的纹饰水平。此时期称作彩陶文化，也称作仰韶文化。

1928 年在山东历城龙山镇城子崖发现了黑陶，器形端正，打磨光亮。此时期也称作龙山文化或黑陶文化。

殷、周时代，古人在实践中发明了釉料，创造了釉陶和用高岭土制成的白陶。釉陶中部分器皿已具备瓷器的某些特征。因此，可以认为釉陶的出现标志着陶器向瓷器开始过渡。因为当时的釉色主要为青色或青绿色，所以，又称为原始青瓷。釉料中以氧化钙为主要熔剂，氧化铁为着色剂。

秦朝的万里长城、阿房宫，是土器和陶器用于建筑的开始，也是建筑陶瓷在我国生产使用的开端。秦俑的发现标志着我国在精制陶俑的成型和烧造方面技术十分精湛。

到了东汉时期，原始瓷器的质量出现飞跃，生产出比较成熟的瓷器。当时馒头窑和龙窑已普遍采用，烧成温度得以提高，器皿的吸水率和显气孔率均降低。施敷石灰釉（CaO含量较高，Fe_2O_3约2%），呈青灰色。坯体内已有发育的莫来石晶体和熔蚀的细石英颗粒。但组成中的Fe_2O_3、TiO_2含量较高，所以，这时青瓷呈青色或蒸白色。

著名的越窑青瓷和邢窑白瓷是唐代瓷器生产的主流。越窑器物造型秀丽玲珑，釉面晶莹如玉。邢窑白瓷类银似雪，重造型，少纹饰。唐三彩系发展了汉代的低温铅釉，用绿（以Cu^{2+}离子着色）、黄褐（以Fe^{3+}离子着色）、蓝［以$(CoO_4)^{2-}$离子着色］和紫（主要着色剂为Mn，而Fe、Co起调色作用）的釉色施在雕塑产品及实用器物上，变化多端，堂皇华丽。

宋朝是我国瓷器生产蓬勃发展的时期。定窑、汝窑、官窑、哥窑、钧窑五大名窑闻名于世，所烧制的高温色釉及碎纹釉产品各具特色。景德镇的白瓷、影青瓷在吸水率、白度和半透明度上都达到较高的水平。

南宋以后，特别是从明朝开始，景德镇成为我国的瓷业中心。从原料的开采、拣选到成型、烧成等一系列工艺上进行了改进，该地所产的瓷器常被人们作为我国传统精细瓷器的代表，所产的青花、粉彩、祭红、郎窑红等最受国际人士赞誉。

元、明、清三朝彩瓷发展很快。色彩由单彩发展到三彩、五彩，新的装饰手法相继出现，艺术表现手法丰富多彩。

新中国成立后，陶瓷工业得到了很大发展。对于历代名瓷进行了研究与总结，恢复了许多名贵色釉。各种陶瓷产品的产量与质量大幅度地提高，各类陶瓷工厂的机械化与自动化程度大为提高，生产了许多新品种，使陶瓷从古老的工艺与艺术领域进入现代材料科学的领域。这些陶瓷新品种，如高温陶瓷、超硬刀具及耐磨陶瓷、介电陶瓷、压电陶瓷、集成电路板用高导热陶瓷、高耐腐蚀性的化工及化学陶瓷等，它们在现代化建设中的作用越来越广泛。我国成功地发射人造卫星和试验原子弹，可充分说明新型陶瓷材料的进展和成就是巨大的。由于独特的性能和极端环境下良好的安全可靠性，先进的结构陶瓷和功能陶瓷在国防建设、航空航天、核电站等领域得到了广泛的应用，随着现代科学技术的发展，陶瓷材料必将取得更大的进步。

2.2　陶瓷的制备

陶瓷材料种类繁多，制备工艺比较复杂，但基本工艺包括原料制备、成型、干燥和烧成等工序。

2.2.1　原料与坯料制备

陶瓷工业中使用的原料品种繁多，有天然矿物原料，有通过化学方法加工处理的化工原料，还有合成原料。对于传统的硅酸盐陶瓷材料所用的原料大部分是天然原料。这些原料开采出来以后，一般需要加工，即通过筛选、淘洗、研磨、粉碎以及磁选等，分离出适当颗粒度的所需矿物组分。

2.2.1.1 天然矿物原料

天然矿物原料主要有黏土类原料、长石类原料、石英类原料、滑石类原料及硅灰石类原料等。

A 黏土类原料

黏土是含水铝硅酸盐等多种微细矿物的混合体。黏土矿物的成分有高岭石、多水高岭石、蒙脱石、云母和伊利石等，其化学成分主要是 SiO_2，Al_2O_3 和 H_2O。黏土类矿物的化学式和晶体结构式见表 2.1。

表 2.1 黏土矿物化学式和结构式

种 类	晶体结构式	化 学 式
高岭石	$Al_2[Si_2O_5](OH)_4$	$Al_2O_3 \cdot 2SiO_2 \cdot 2H_2O$
蒙脱石	$Al_2[Si_4O_{10}](OH)_2 \cdot nH_2O$	$Al_2O_3 \cdot 4SiO_2 \cdot nH_2O$
叶蜡石	$Al_2[Si_4O_{10}](OH)_2$	$Al_2O_3 \cdot 4SiO_2 \cdot H_2O$
多水高岭石	$Al_2[Si_2O_5](OH)_4 \cdot 2H_2O$	$Al_2O_3 \cdot 2SiO_2 \cdot nH_2O$
伊利石	$Al_{2-x}Mg_xK_{1-x-y}[Si_{1.5-y}Al_{0.5+y}O_5]_2(OH)_2$	$(K_2O \cdot 3Al_2O_3 \cdot 6SiO_2 \cdot 2H_2O) \cdot nH_2O$

黏土加水具有可塑性，使陶瓷坯体得以成型，在成型后保持其形状，并且在干燥和烧成过程中能保持其形状和强度，这种能力是独特的。另外，黏土在某一范围内熔融，使坯体在一定温度下，靠其表面张力的拉紧作用而变得密实、坚硬，又不失去其外形。同时黏土中含有较高的 Al_2O_3，它和 SiO_2 高温下生成莫来石晶体（$3Al_2O_3 \cdot 2SiO_2$），使陶瓷具有良好的耐热急变性和机械强度等。

B 长石类原料

长石是地壳上分布广泛的造岩矿物。化学组成是碱金属或碱土金属的铝硅酸盐，呈架状硅酸盐结构。自然界中长石的种类很多，根据架状硅酸盐的结构特点，长石主要有四种基本类型：

钾长石（Or） $K_2O \cdot Al_2O_3 \cdot 6SiO_2$

钠长石（Ab） $Na_2O \cdot Al_2O_3 \cdot 6SiO_2$

钙长石（An） $CaO \cdot Al_2O_3 \cdot 2SiO_2$

钡长石（Cn） $BaO \cdot Al_2O_3 \cdot 2SiO_2$

长石是陶瓷坯料的熔剂原料，熔融的长石，形成黏稠的玻璃体，在高温下熔解部分高岭土分解物和石英颗粒，促使成瓷反应进行，降低陶瓷产品的烧成温度；同时促进莫来石晶体的发育生长，赋予坯体机械强度和化学稳定性；高温下长石熔体具有的黏度，起了高温热塑作用和胶结作用，防止了高温变形；长石熔体冷却后，构成了瓷的玻璃基质，增加了透明度，用作釉料的组分，可提高釉面光泽和使用性能，所以也是良好的釉用原料。此外，长石作为瘠性原料，可提高坯体的干燥速度，减小坯体的干燥收缩和变形等。

C 石英类原料

石英是自然界构成地壳的主要矿物。石英的化学成分为 SiO_2。它有脉石英、石英岩、砂岩、石英砂及蛋白石等类型。SiO_2 有许多结晶形态和一个玻璃态。最常见的晶态是：

α-石英、β-石英，α-鳞石英、β-鳞石英、γ-鳞石英、α-方石英和β-方石英。这些晶态在一定的温度和其他条件下，形态、结构会互相转化。

在陶瓷坯体中，石英起"骨架"作用，有利于使釉面形成半透明的玻璃体，提高白度。石英是非可塑性原料，可减小坯体的干燥收缩和缩短干燥时间，防止坯体变形。在陶瓷产品烧成过程中，二氧化硅的体积膨胀可以起着补偿坯体收缩的作用。

D 滑石

滑石是天然的含水硅酸镁矿物。它的化学通式为：$3MgO \cdot 4SiO_2 \cdot H_2O$，其结晶构造式为 $Mg_3[Si_4O_{10}](OH)_2$。其理论化学组成（质量分数）为：MgO 31.89%，SiO_2 63.36%，H_2O 4.75%。

滑石是制造滑石瓷、镁橄榄石瓷的主要原料。釉面砖也可用它配料。坯体中加入少量滑石，可降低烧成温度，在较低的温度下形成液相，加速莫来石晶体的生成，同时扩大烧结范围，提高白度、透明度、机械强度和热稳定性。釉料中加入滑石可改善釉层的弹性、热稳定性，加宽熔融范围等。

E 硅灰石

硅灰石是偏硅酸钙类矿物。化学通式为 $CaO \cdot SiO_2$，理论化学组成（质量分数）为 CaO 48.25%，SiO_2 51.75%。硅灰石本身不含有机物和结晶水，硅灰石颗粒为针状晶体，而且干燥收缩和烧成收缩很小，因此，可快速干燥和快速烧成，硅灰石有助熔作用，可降低坯体烧结温度。硅灰石中加入 Al_2O_3、ZrO_2、SiO_2 等，可提高坯体液相的黏度，扩大烧成范围。它还具有低的介电损耗，人工合成的硅灰石在 100 ℃下的介电损耗为 $(0.8\sim4)\times10^{-4}$，适于制造低损耗瓷件。

天然矿物原料根据塑性的强弱又可以分为可塑性原料、弱塑性原料和非塑性原料三大类。上述的黏土类原料就是很好的可塑性原料。弱塑性原料主要是叶蜡石和滑石。非塑性原料的种类很多，如石英是典型的减塑剂，长石是典型的助熔剂。

2.2.1.2 化工原料

传统陶瓷既要有实用性，又要有装饰性；新型陶瓷要求材料具有各种耐高温、介电、磁学、光学、化学、放射、吸收等功能，对原料的要求很高，除少数来自矿物原料外，大部分是从化工原料中获得。化工原料主要用来配制釉料，用作釉的乳浊剂、助熔剂、着色剂等。

（1）氧化物。Al_2O_3、ZrO_2、MgO、BeO、MoO_3、CuO、Co_2O_3、SiO_2、Cr_2O_3、TiO_2、CeO_2 等。

（2）金属盐。$BaCO_3$、$MgCO_3$、$CaCO_3$、$Ca_3(PO_4)_2$、$Na_2B_4O_7 \cdot 10H_2O$ 等。

（3）卤化物。CaF_2、NH_4Cl、$SnCl_2$、NaCl 等。

（4）其他。$Al(OH)_3$、$B_2O_3 \cdot 3H_2O$、$H_2MoO_4 \cdot H_2O$、$2PbCO_3 \cdot Pb(OH)_2$ 等。

2.2.1.3 合成原料

陶瓷在发展过程中，对原料的要求越来越高。人们希望使用某些均一而纯净的原料，天然矿物原料已不能满足要求；而且某些新型陶瓷材料所用的原料自然界极其稀缺或完全没有。在这种情况下只能用合成的方法来获得所需原料。化学工业提供了大量这方面的原料，例如，用烧结法及熔化法制造莫来石、钡长石；用热液法制造硅灰石、透辉石（$CaO \cdot MgO \cdot 2SiO_2$）。一些非氧化物陶瓷，如 SiC、$Si_3N_4$、BN、$MoSi_2$ 等都是先合成原料的。合成原料的制造过程费用相当大，但是它可以使一些具有特殊性能的陶瓷材料得以生产和发展。

2.2.1.4 坯料制备

陶瓷原料经过配料和加工后成为坯料，根据成型方法的不同，坯料也不同，常见的有：注浆坯料、可塑坯料和压制坯料。注浆坯料含水率为28%~35%，外观为浆体；可塑坯料含水率为18%~25%；压制坯料分半干压坯料和干压坯料两种，外观均为粉体，前者含水率为8%~15%，后者含水率为3%~7%。完全由不具可塑性的瘠性原料配成的坯料，往往需要加入一些有机塑化剂后才能成型。

2.2.2 成型

采用适当的方法将坯料加工成具有一定形状和尺寸的半成品（坯体）的过程称为成型。陶瓷产品的种类繁多，形状各异，生产中采用的成型方法也是多种多样的。陶瓷材料所用的成型方法主要有如下几种。

2.2.2.1 注浆成型

注浆成型是指泥浆注入具有吸水性能的模具（如石膏）中而得到坯体的一种成型方法。适用于制造大型的、形状复杂的、薄壁、精度要求不高的日用陶瓷和建筑陶瓷，这类产品一般不能或很难用其他方法来成型。注浆成型后的坯体结构较均匀，但含水量大，故干燥与烧成收缩大。

传统的注浆成型是将含有一定水分的流体状泥浆注入所需形状的石膏模内，泥浆中水分逐渐被多孔石膏吸收，泥料便沉积在石膏模内壁上，逐渐形成泥层并具有石膏模赋予的形状。随时间延长，泥层厚度增加，当达到所需厚度后，倒出多余泥浆，上述成型方法称为空心注浆法。随着工艺技术的发展，注浆成型的概念含义也发生了变化，因为现在无塑性的瘠性料通过添加塑化剂和加热作用，也可以调制成具有一定流动性和悬浮性的料浆进行注浆成型。此外，成型模具也不再局限于石膏模，而出现了金属模和塑料膜以及橡胶模。成型过程也不再局限于石膏模具的自然脱水，而是通过人为施加外力来加速脱水，例如真空注浆、离心注浆、压力注浆等，在提高注件质量的同时也大大缩短生产周期，提高了生产效率。

2.2.2.2 可塑成型

在坯料中加入水分或塑化剂，将坯料混合，制成塑性泥料，然后通过手工或各种成型机械加工成型。可塑成型是古老的一种成型方法，主要应用在传统陶瓷中，方法很多，但一些手工的传统工艺已经逐渐被机械化的现代工艺所取代，仅存在小批量生产或少量复杂的工艺品生产中。

2.2.2.3 压制成型

压制成型是指在坯料中加入少量水或塑化剂，然后在金属模具中施加较高的压力成型的工艺过程。可用于对坯料可塑性要求不高的生产过程，具有操作简单、坯体收缩小、致密度高、产品尺寸精确的优点。压制成型粉料含水量为3%~7%时为干压成型；粉料含水量为8%~15%时为半干压成型。对于一些形状复杂、细而长和大件产品、质量要求高的产品，则采用等静压法成型。等静压成型是近几十年发展起来的新型压制成型方法，它是利用液体或气体等的不可压缩性和均匀传递压力的特性来实现均匀施压成型。成型坯料的

含水量一般小于3%，克服了单向压制坯体压力分布不均的缺点，所以用等静压法压制出来的坯体密度大而均匀，生坯强度高，制品尺寸精确，可不用干燥直接上釉或烧成。不足的是，设备费用高，成型速度慢而且要在高压下操作。

2.2.2.4　热压铸成型

热压铸成型主要是利用含蜡料浆加热熔化后具有流动性和塑性，冷却后能在金属模中凝固成一定形状的坯体的成型方法。热压铸形成的坯体在烧成之前，先要经排蜡处理。否则由于石蜡在高温熔化流失、挥发、燃烧，坯体将失去黏结而解体，不能保持其形状。

2.2.2.5　流延法成型

流延法主要成型薄片制品，又称刮刀法或带式浇铸法。将准备好的粉料加黏结剂、增塑剂、分散剂、熔剂，然后进行混合使其均匀。再把料浆放入流延机料斗中，料浆从料斗下部流至向前移动的薄膜载体上，用刮刀控制厚度。再经红外线加热等方法烘干得到膜坯，连同载体一起卷轴待用。并在贮运过程中使膜坯中的熔剂分布均匀、消除湿度梯度。最后按所需要的形状冲片、切割或打孔。它主要用来制取超薄形陶瓷独石电容器、氧化铝陶瓷基片等特种陶瓷制品。它为电子元件的微型化，超大规模集成电路的应用，提供了广阔的前景。

2.2.2.6　新的成型方法

除了以上介绍的成型方法外，还出现了一些新的成型方法，如纸带成型法、印刷成型法、喷涂成型法、爆炸成型法、近净尺寸成型、3D打印等，本书重点介绍3D打印技术。

3D打印，又称为"增材制造"或"增量制造"，是一种以数字模型文件为基础，运用计算机辅助设计和控制，通过层层打印（或固化、黏结或烧结等）方式构造三维物体的技术。增材制造技术源于20世纪80年代，是美国、日本等发达国家科学家提出的快速成型方法，3D打印技术具有节省物料、生产效率高、打印物体灵活、打印精度高、生产成本低、能够实现传统减材制造技术不能实现的结构和功能等优点，被认为是未来工业制造的一个重要发展方向。

目前，国内外的3D成型技术主要应用方向是陶瓷材料。作为一类重要无机非金属材料，陶瓷材料有着大多数无机非金属材料的众多优点，如，高强度、耐腐蚀、耐高温等，主要有Al_2O_3、Si_3N_4陶瓷材料。国外在20世纪90年代就开始研究Al_2O_3陶瓷材料，美国学者Sachs等通过3D打印方法制备模具替代传统模具，成型过程时间短、干燥时间短。此外，德国学者R. Melecher等运用3D打印技术制造出Al_2O_3胚体，再经高温煅烧制取陶瓷制品，然后在高温状态下制备得到复合体，获得理想材料。我国学者运用3D打印技术制作出Si_3N_4陶瓷制品，有着较好抗弯强度。目前，国内外研究者重视陶瓷材料在3D打印中应用。

（1）陶瓷三维打印（Three Dimensional Printing，3DP）技术。3DP技术是陶瓷材料增材制造的重要技术，根据原理不同分为物理型（黏结方式）和相变反应型（熔融、光固化方式）两种，主要应用于模具和医疗器械领域，国外学者利用黏结材料3DP技术制造模具，得到复杂陶瓷过滤器。在生物医疗方面，用石灰作为基材制作支架，用于血管移植。值得注意的是，打印材料是陶瓷3DP技术推广应用的关键因素，存在着黏结强度不足、力学性能差的现象，打印得到坯体容易出现体积收缩、结构变形大，尺寸和精度差的现象。此外，3DP增材制造得到产品后处理时很容易出现缺陷，需要人工修补引发尺寸及精度明显下降，加之强度低容易出现裂纹等，针对上述情况，采取常规高温烧结等方式避免出现体积收缩、减少内在应力。目前，3DP 成型技术仍然是陶瓷增材制造的主流工艺，国内外学者围绕如何提升零件强度和精度展开研究，探讨如何优化后处理工艺，同时，梯度材料和复合材料是新型高性能陶瓷零件制备也是陶瓷领域研究的重要方向。

（2）陶瓷光固化成型技术。光固化成型技术是指借助计算机控制特定波长的光，熔化光敏树脂层层覆盖最后得到要制取的实体模型。光固化成型技术最早是由美国 3D System 公司进行商业化应用，提出了把光固化成型技术与陶瓷材料制备相结合，所获得的陶瓷坯体精度较高、内应力小，能够获得理想的高性能陶瓷制品。目前，光固化成型技术在陶瓷方面显示了良好应用前景，但是也存在着很多难题，如，陶瓷浆料的配制、制备工艺十分复杂。此外，在陶瓷坯体中含有大量有机成分，使用光固化成型技术在脱脂和烧结的后续处理中容易出现变形、开裂等问题，降低了陶瓷零件性能，使之不符合要求。

（3）陶瓷选择性激光烧结（Selective Laser Sintering，SLS）。SLS 由美国得克萨斯大学奥斯汀分校最早提出，先在表面预置粉末，再由激光进行烧结、固化，层层叠加而得到所需形状的零件。从黏结剂角度来看，在成型中分为需要添加黏结剂、不添加黏结剂两类。国内外学者在选取材料时，一般选用 SiC、TiN、WC、Al_2O_3、ZrO_2 等，经过铺设浆料、激光烧结等多种方式，进行设计好预热和铺设过程，控制升温和降温过程，制备出相对理想的陶瓷模型。虽然实验过程相对理想，但在应用方面，陶瓷 SLS 技术还不成熟，制取陶瓷零件难以满足实际要求。随着对 SLS 技术深入研究，其在走向应用过程中还存在以下问题：第一，打印材料的选取和配制难以实现产业化，未能找到理想打印材料，多成分打印材料难以实现化学成分均匀分布，容易出现性能不均匀，甚至在后处理过程中出现裂纹等问题；第二，SLS 对环境、加工工艺、速率等有着很高要求，加之陶瓷材料吸收激光能量吸收率低，制取得到的材料脆性大、残余应力多，制取难度相当大；第三，SLS 制取零件后处理工艺复杂，处理过程中容易出现很大收缩率，温度处理不当出现坯体收缩不一致，严重者出现变形、微裂纹及分层等现象。

目前，陶瓷 SLS 技术是未来高性能陶瓷精密零件的重要发展方向，我国广大学者正在逐步完善和优化材料选取、成型过程和后处理工艺等等，努力研发新型陶瓷打印材料，通过从单一化向系列化发展，不断提升表面质量、紧密度和性能，从而制取理想化的陶瓷精密零件制品。

（4）陶瓷选择性激光熔化（Selective Laster Melting，SLM）。在 SLS 基础上，国外科学家展开 SLM 研究，选择恰当热源（一般为激光）熔化固体粉末，以层层叠加方式获得零件。相较于 SLS 技术，SLM 在制造过程中无须添加黏结剂，熔化的多为金属或合金粉末，制造的零件内部结构复杂。由于 SLM 选择热源多为激光，零件加工中内部有较大应力，往往会出现很多裂纹，因此，热温度控制是成型中最重要因素，国内外专家对此进行了深入研究。

综合而言，增材制造技术在陶瓷材料方面有着巨大的应用潜力，受到了人们的广泛关注，但是应用尚不成熟，在材料选择、工艺及后处理等多方面存在着很多问题。随着研究者不断深入地研究，增材制造技术必将越来越成熟，并能创造出更多社会效益。

2.2.3　坯体干燥

通常，成型后的坯体强度不高，含有较高水分。为了便于运输和适应后续工序（如修坯、施釉等），必须进行干燥处理。

2.2.3.1　物料中水分类型

按照坯体含水的结合特性，物料中水分的类型基本可分为三类：

（1）自由水。又称机械结合水，分布在固体颗粒之间，是由物料直接与水接触而吸收的水分。自由水一般存在于物料直径大于 10^{-5} cm 的大毛细管中，与物料结合松弛，可较易排出。自由水排出时，物料颗粒彼此靠拢，体积收缩，收缩值与自由水排出体积大致相当，故自由水也称收缩水。

（2）吸附水。将绝对干燥的物料置于大气中时，能从大气中吸附一定的水分，这种吸附在粒子表面上的水分叫吸附水。吸附水在物料颗粒周围受到分子引力的作用，其性质不同于普通水，其结合的牢固程度随分子力场的作用减弱而降低。在干燥过程中，物料表面的水蒸气分压逐渐降到周围介质的水蒸气分压时，水分不能继续排除，此时物料中所含水分也称为平衡水。

（3）化学结合水。包含在物料的分子结构内的水分，如结晶水、结构水等，这种结合比较牢固，排除时需要较大的能量。

2.2.3.2　干燥方法

目前，陶瓷坯体常用的干燥方法主要有如下几种。

（1）对流干燥。对流干燥是在陶瓷工业中应用最广泛的一种干燥方法，其利用热气体的对流传热作用，将热量传给坯体，使坯体内水分蒸发而干燥。该方法设备较简单，热源易于获得，温度和流速易于控制调节。

（2）工频电干燥。在坯体的端面电极上施加工频交流电压，由于水分子的导电性及随交变电场发生极性转换的滞后现象，使电能转变为热能，坯体受热而得以干燥，属于内热式干燥。含水率高的部位电阻小，电流大，干得快；而含水率低的部位通过的电流小，干得慢。所以，水分不均匀的坯体在进行工频电干燥时，可通过这种自动平衡作用使毛坯含水率在递减过程中均匀化。

（3）远红外干燥。红外线的波长范围是 0.72~1000 μm，而在这段波长内又分为近红外线、中红外线和远红外线。目前，远红外辐射元件所发生的远红外线，波长常在 2~15 μm。由传热学可知，红外线具有易被物体吸收而转变为热能的本领。水是红外敏感物质，其固有振动频率和转动频率大部分位于红外区段内，故水在红外波段有强烈的吸收峰，当入射的红外线频率和含水物的固有频率一致时，即可使分子产生强烈的共振，使物体的温度升高，水分蒸发，物体得以干燥。

远红外干燥速度快，生产效率高，设备小巧，干燥质量好，不易产生废品，所以在我国普通陶瓷与特种陶瓷工业中，远红外干燥已获得了成功的应用。

（4）微波干燥。微波的波长为 0.001~1 m，频率为 300~3000000 MHz，适用于陶瓷坯体干燥的频率为 915 MHz 或 2450 MHz。微波干燥的原理与远红外干燥相近，当湿坯置于微波电磁场中时，水能够显著吸收微波能量，并使其转化为热能，故坯体得以干燥。此法干燥效率高，但微波对人体有害，要用金属板防护屏蔽。

2.2.3.3　干燥过程

在干燥过程中，坯体表面的水分以蒸汽形式从表面扩散到周围介质中去，称为表面蒸发或外扩散；当表面水分蒸发后，坯体内部和表面形成湿度梯度，使坯体内部水分沿着毛细管迁移至表面，称为内扩散。内、外扩散是传质过程，需要吸收能量。

坯体在干燥过程中变化的主要特征是随干燥时间的延长，坯体温度升高，含水率降低，体积收缩；气孔率提高，强度增加。这些变化都与含水率降低相联系。因此，通常用干燥曲线来表征，如图 2.1 所示，这些曲线是在供热恒定的条件下确定的。

第一阶段为升速阶段，坯体受热后温度升高。当坯体表面温度达到干燥介质湿球温度时，坯体吸收热量与蒸发耗热达到平衡，此阶段含水量下降不多，达到 A 点后进入等速干燥阶段。

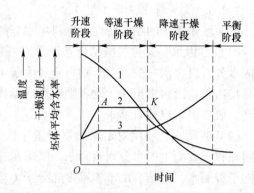

图 2.1 坯体干燥过程
1—坯体平均含水率；2—干燥速度；3—坯体表面温度

第二阶段是等速干燥阶段，在此阶段中坯体含水量较高，内扩散水分能满足外扩散水分的需要，坯体表面保持湿润。外界传给表面的热量等于水分汽化所需热量。故表面温度不变，等于介质湿球温度。物料表面水汽分压等于纯水表面蒸气压，干燥速度保持恒定而与坯体的表面积成比例。当干燥进行到 K 点时，坯体内扩散速度小于外扩散速度，此时开始降速干燥，K 点称临界水分点。此阶段是排除自由水，故坯体产生体积收缩。若干燥速度过快，表面蒸发剧烈，外层很快收缩，甚至过早结成硬皮，使毛细管直径缩小，妨碍内部水分向外移动，增大了内外湿度差，使内层受压应力而外层受张应力，导致坯体出现裂纹或变形。因此本阶段应慎重控制干燥速度。

第三阶段是降速干燥阶段，此时干燥速度逐渐降低，蒸发强度和热能消耗大大减少，当其他条件不变时，坯体表面温度逐渐升高，坯体上方的水蒸气分压小于同温度下水的饱和蒸气压。坯体略有收缩，水分排出，并形成气孔，使坯体气孔率上升。

第四阶段是平衡阶段，当坯体干燥到表面水分达到平衡水分时，干燥速度降为零。此时坯体与周围介质达到平衡状态。平衡水分的多少与周围介质的温度、相对湿度和坯料组成有关。坯体的干燥最终水分一般来说不应低于贮存时的平衡水分，否则干燥后将再吸收水分达到平衡水分。

综上所述，干燥过程是排除物料水分的过程，其实质是排除自由水。平衡水的排除是没有实际意义的，而化学结合水的排除属于烧成范围内的问题。干燥时，首先排除自由水，一直排除到平衡水为止。

2.2.4 陶瓷的烧成

陶瓷工艺的最终目的是制成有足够机械强度的制品。经过成型及干燥过程后，生坯中颗粒之间只有很小的附着力，因而强度相当低。要使颗粒相互结合使坯体形成较高的强度，只有在无液相或有液相的烧结温度下才能实现。因此，烧成是通过高温处理，使坯体发生一系列物理化学变化，形成预期的矿物组成和显微结构，从而达到固定外形并获得所要求性能的工序。不适当的烧成不但影响产品质量，甚至还将造成难以回收的废品。

2.2.4.1 烧结过程

烧结是陶瓷制备中重要的一环，伴随烧结发生的主要变化是颗粒间接触界面扩大并逐渐形成晶界；气孔从连通逐渐变成孤立状态并缩小，最后大部分甚至全部从坯体中排除，使成型体的致密度和强度增加，成为具有一定性能和几何外形的整体。烧结可以发生在单纯的固体之间，也可以在液相参与下进行。前者称为固相烧结，后者称为液相烧结。无疑，在烧结过程中可能会包含有某些化学反应的作用，但烧结并不依赖化学反应的发生。它可以在不发生任何化学反应的情况下，简单地将固体粉料进行加热转变成坚实的致密烧结体，如各种氧化物陶瓷和粉末冶金制品的烧结就是如此，这是烧结区别于固相反应的一个重要方面。

烧结过程可以用图 2.2 来说明。图 2.2（a）表示烧结前成型体中颗粒的堆积情况。这时，颗粒有的彼此以点接触，有的则互相分开，保留较多的空隙。图 2.2（a）→图 2.2（b）表明随烧结温度的提高和时间的延长，开始产生颗粒间的键合和重排过程。这时颗粒因重排而互相靠拢，图 2.2（a）中的大空隙逐渐消失，气孔的总体积逐渐减少；但颗粒之间仍以点接触为主，颗粒的总表面积并没有减小。图 2.2（b）→图 2.2（c）阶段开始有明显的传质过程，颗粒间由点接触逐渐扩大为面接触，颗粒间界面积增加，固-气表面积相应减小，但仍有部分空隙是连通的。图 2.2（c）→图 2.2（d）表明，随着传质的继续，颗粒界面进一步发育长大，气孔则逐渐缩小和变形，最终转变成孤立的闭气孔。与此同时，颗粒粒界开始移动，粒子长大，气孔逐渐迁移到粒界上消失，烧结体致密度增高，如图 2.2（d）所示。

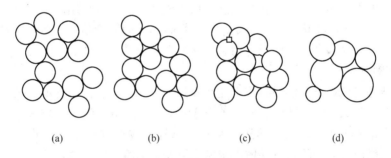

(a)	(b)	(c)	(d)

图 2.2 陶瓷烧结过程示意图

基于上述分析，可以把烧结过程划分为初期、中期、后期三个阶段。烧结初期只能使成型体中颗粒重排，空隙变形和缩小，但总表面积没有减小，并不能最终填满空隙；烧结中、后期则可能最终排出气体，使空隙消失，得到充分致密的烧结体。

2.2.4.2 烧结过程中的物理化学变化

陶瓷坯体在烧成过程中发生一系列的物理化学变化，由颗粒聚集体变成晶粒结合体，多孔体变为致密体。坯体烧成时的变化较其所用原料单独加热时更为复杂，许多反应都在同时进行，且受烧成条件的影响，有的反应很难完全。本节重点介绍了传统陶瓷烧结过程中的物理化学变化。

（1）低温阶段（室温~300 ℃）。坯体经自然干燥后至少仍残留2%的吸附水，加热干燥通常也还含有 0.1%~1.0%的吸附水。随着这些水分的排除，固体颗粒紧密靠拢，因而有少量收缩。在这一阶段，坯体完全干燥，机械强度提高，不发生化学变化。

（2）分解与氧化阶段（300~950 ℃）。坯体中含有结晶水的矿物开始脱水分解，碳酸盐发生分解并放出 CO_2 气体；原料中的有机物和碳素、坯料中添加的有机结合剂等将发生氧化；铁的硫化物分解和氧化；石英发生晶型转变；长石与石英、长石与分解后的黏土颗粒之间的接触部位将因共熔作用而形成熔液。坯体的质量急速减轻，气孔相应增加，由于少量熔体起胶结颗粒作用，坯体强度相应提高。此阶段应保持氧化气氛，有利于碳酸盐的分解和 CO_2 气体的排出，也有利于有机物及碳素的氧化，避免黑心的产生。

（3）高温阶段（950 ℃至烧成最高温度）。高温阶段也称玻化成瓷期，是烧成过程中温度最高的阶段。由于 $(OH)^-$ 与 Al、Si 原子结合紧密及加热时排出的水汽有部分被吸附在坯体的空隙中，或溶解于新生成的液相中，因而很难排除，要在 1000 ℃ 以上才能彻底排除；硫酸盐发生分解并放出 SO_3 气体；长石熔化产生的液相，不断溶解石英和黏土分解物，高价铁还原为低价铁，低价铁与石英等形成低共熔物，产生大量液相，在液相表面张力作用下，填充空隙，促进晶粒重排；由高岭石分解形成的莫来石和由长石熔体析出的莫来石晶体大量产生。这一阶段，坯体的气孔率迅速降低，坯体急剧收缩，强度、硬度增大，釉层玻化，坯体瓷化烧结。

（4）冷却阶段。冷却时因熔体黏度增大，抑制了晶核的形成，而且高温熔体中硅含量未达到饱和，陶瓷在冷却阶段不会有方石英新相析出。冷却初期，因液相还处于塑性状态，可快速降温而不至于产生应力，冷却后期（750 ℃至 550 ℃），液相转变为固态玻璃，此时应缓慢冷却，尽可能消除热应力。

2.2.4.3　烧结新方法

陶瓷的烧成方法很多，除粉料在室温下加压成型后再进行烧结的方法外，还有热压烧结、反应烧结、热等静压烧结、气氛烧结、电场烧结、微波烧结、自蔓延高温合成烧结等新颖的烧结方法，这些方法已广泛应用于特种陶瓷的烧结过程中。

A　热压烧结

热压烧结是对较难烧结的粉料或生坯在模具内施加压力，同时升温烧结的工艺。常用模具材料有石墨、氧化铝和碳化硅等，石墨可承受 70 MPa 压力，1500~2000 ℃ 高温；Al_2O_3 模可承受 200 MPa 压力。热压烧结有利于气孔或空位从晶界扩散，当有液相存在时，热压更能增加颗粒间的重排并增大接触点上粉料的溶解度。这样更有利于颗粒的塑性流动和塑性变形，因而缩短了瓷坯致密化的进程，降低了烧成温度并缩短了烧成时间。由于烧结温度低，保温时间短，晶粒尺寸小，强度大，有效控制了坯体的显微结构。热压时模具中的粉料大多处于塑性状态，颗粒滑移变形阻力小，成型压力低，有利于大尺寸陶瓷制品的成型和烧结。热压烧结无须添加烧结促进剂与成型添加剂，可制备高纯度陶瓷制品，同时可生产形状比较复杂、尺寸比较精确的产品。热压烧结的坯体密度可达其理论密度的 98%~99%，甚至 100%。但热压烧结过程及设备复杂，生产效率低，生产控制较严，模具材料要求高，能耗大。该法已用于 Al_2O_3 陶瓷车刀的制备，在 CaF_2、PZT、Si_3N_4 等材料生产中也有广泛应用。

B　反应热压烧结

高温下粉料可能发生某种化学反应过程，在烧结传质过程中，除利用表面自由能下降和机械作用力推动外，再加上一种化学反应能作为推动或激化能，以降低烧结温度而得到致密陶瓷，这种烧结称为反应热压烧结。反应热压烧结通常有下列几种类型：

（1）相变热压烧结。氧化锆在相变温度和 0.3 MPa 压力下，进行热压烧结可以在比正常烧结温度低的情况下，几十分钟内烧结出高稳定、高强度、高透明度的细晶陶瓷，其相变温度在 800~1200 ℃ 缓慢进行。

（2）分解热压烧结。利用与某一氧化物陶瓷相对应的氢氧化物或水合物作为原料，它们在高温过程中发生脱水或释气分解时，出现活性极高的介稳假晶结构。此时施加合适的机械力进行热压烧结，则可在较低温度、压力和短时间内获得高密度、高强度的优质陶瓷。如用镁或铝的氢氧化物（或其硫酸盐）来烧制氧化镁、氧化铝瓷，只需加 0.3~1 MPa 压力，温度在 900~1200 ℃，加压 0.5 h 可获得相对密度为 99% 以上的制品。

（3）分解合成热压烧结。分解合成热压烧结是利用物质分解反应期的高度活性，在压力作用下与异类物质产生合成反应，然后再在压力作用下烧结成致密陶瓷。为使合成反应能进行得比较均匀和彻底，热压时间可以稍长些，但其烧成温度通常比分解反应的热压烧结温度低。例如，通过 $Ba(OH)_2$ 或 $BaCO_3$ 分解的 BaO 和 TiO_2 合成 $BaTiO_3$；利用 $Mg(OH)_2$ 或 $MgSO_4$ 分解的 MgO 和 Al_2O_3 合成 $MgAl_2O_4$；利用 Pb_3O_4 或 $PbCO_3$ 分解的 PbO 和 TiO_2、ZrO_2 合成 $Pb(Zr、Ti)O_3$ 等，都得到了良好效果。

C　热等静压烧结

热等静压烧结工艺是将粉末压坯或装入包套的粉料放入高压容器中，在高温和均衡压力的作用下，将其烧结为致密体。

热等静压烧结需要一个能够承受足够压力的烧结室——高压釜。小型热等静压装置中，加热体可置于釜外，大型的则置于高压釜之内，通常以钼丝为发热体，以氮等惰性气体为传压介质。烧结温度可高达 2700 ℃。高压釜本身可采用循环水冷却，以保持足够的强度和防止高温腐蚀。

热等静压烧结可制造高质量的工件，其晶粒细匀、晶界致密、各向同性、气孔率接近零，密度接近理论密度。该法已用于介电、铁电材料，氮化硅、碳化硅及复合材料致密件的生产。由于热等静压烧结的工艺复杂，成本高，应用范围受到一定限制。

D　气氛烧结

对于空气中很难烧结的制品，为防止其氧化，可在炉膛内通入一定量的某种气体，在这种特定气氛下进行烧结称为"气氛烧结"。此方法适用于下列情况：

（1）制备透光性陶瓷。以高压钠灯用氧化铝透光灯管为例，为使烧结体具有优异的透光性，必须使烧结体中的气孔率尽量降低，只有在真空或氢气中烧结，气孔内的气体才能很快地进行扩散而消除。其他如 MgO、Y_2O_3、BeO、ZrO_2 等透光陶瓷也都采用气氛烧结法。

（2）防止非氧化物陶瓷的氧化。氮化硅，碳化硅等非氧化物陶瓷也必须在氮及惰性气体中进行烧结。对于在常压高温易于气化的材料，可使其在稍高压力下烧结。

（3）对易挥发成分进行气氛控制。在陶瓷的基本成分中，如含有某种挥发性高的物质时，在烧结过程中，将不断向大气扩散，从而使基质中失去准确的化学计量比。因此，如含 PbO、Sb_2O_3 等陶瓷的烧结，为了保持必要的成分比，除在配方中适当加重易挥发成分外，还应注意烧成时的气氛保护。

2.2.5　施釉

釉是指覆盖在陶瓷坯体表面上的一层玻璃态物质。它是根据瓷坯的成分和性能要求，采用陶瓷原料和某些化工原料按一定比例配方、加工、施覆在坯体表面，经高温熔融而成。一般地说，釉层基本上是一种硅酸盐玻璃。它的性质和玻璃有许多相似之处，但它的组成较玻璃复杂，其性质和显微结构与玻璃有较大差异，其组成和制备工艺与坯料相近。釉的作用在于改善陶瓷制品的表面性能，使制品表面光滑，对液体和气体具有不透过性，不易沾污；其次，可提高制品的机械强度、电学性能、化学稳定性和热稳定性。

2.2.5.1 釉的分类

釉的用途广泛，不同用途对其内在性能和外观质量的要求各不相同，因此实际使用的釉料种类繁多，可按不同的依据将釉分为许多类，常用的见表2.2。

表 2.2 釉的分类

分类依据	种 类 名 称
坯体种类	瓷釉、陶釉
制备方法	生料釉、熔块釉、盐釉
成熟温度	低温釉、中温釉、高温釉
外观特征	透明釉、乳浊釉、无光釉
主要熔剂	长石釉、石灰釉、铅釉
用途	装饰釉、黏结釉、商标釉、普通釉

我国生产中，习惯以主要熔剂的名称命名，如铅釉、石灰釉、长石釉等。

铅釉——以 PbO 为助熔剂的易熔釉。一般成熟温度较低，熔融范围较宽，釉面的光泽强，表面平整光滑，弹性好，釉层清澈透明。

石灰釉——主要熔剂为 CaO，CaO 质量分数在 10%~13% 属于石灰釉；若 CaO 质量分数小于 10%，碱含量（R_2O）大于 3% 则属于石灰碱釉（$R_2O = K_2O + Na_2O$）。石灰釉的光泽很强，硬度大，透明度高，但烧成范围较窄，气氛控制不当易引起烟熏，为了克服这个缺点，可加入白云石或滑石以增加釉中 MgO 含量。

长石釉——以长石为主要熔剂，釉式中的 $K_2O + Na_2O$ 的摩尔数等于或者稍大于 RO（$RO = CaO + MgO$）的摩尔数，长石釉的高温黏度大，烧成范围宽，硬度较大。

2.2.5.2 釉的组成

按照各成分在釉中所起作用，可归纳为以下几类：

（1）玻璃形成剂。玻璃相是釉层的主要物相。形成玻璃的主要氧化物在釉层中以多面体的形式相互结合为连续网络，所以它又称为网络形成剂。常见的玻璃形成剂有 SiO_2、B_2O_3、P_2O_5 等。

（2）助熔剂。在釉料熔化过程中，这类成分能促进高温化学反应，加速高熔点晶体结构键的断裂和生成低共熔点的化合物。助熔剂还起着调整釉层物理化学性质的作用。常用的助熔剂化合物为 Li_2O、Na_2O、K_2O、PbO、CaO、MgO 等。

（3）乳浊剂。它是保证釉层有足够覆盖能力的成分，也就是保证烧成时熔体析出的晶体、气体或分散粒子出现折射率的差别，引起光线散射产生乳浊的化合物。配釉时常用的乳浊剂有悬浮乳浊剂（SnO_2、CeO_2、ZrO_2、Sb_2O_3）；析出式乳浊剂（ZrO_2、SiO_2、TiO_2、ZnO）；胶体乳浊剂（碳、硫、磷）。

（4）着色剂。它促使釉层吸收可见光波，从而呈现不同颜色。一般有三种类型：

1）有色离子着色剂，主要指过渡元素及稀土元素，如 Cr^{3+}、Mn^{2+}、Mn^{4+}、Fe^{2+}、Fe^{3+}、Co^{2+}、Ni^{2+}、Ni^{4+}、La^{3+}、Nd^{3+}、Rh^{6+}等。

2）胶体粒子着色剂，呈色的金属、非金属元素与化合物，如 Cu、Au、Ag、$CuCl_2$、$AuCl_3$。

3）晶体着色剂，指的是经高温合成的尖晶石型，钙钛矿型氧化物及石榴石型、榍石型、锆英石型硅酸盐。

（5）其他辅助剂。为了提高釉面质量、改善釉层物化性能，控制釉浆性能（如悬浮性，与坯体的黏附性）等常加入一些添加剂，例如提高色釉的鲜艳程度加入的稀土元素化合物及硼酸；加入 BaO 可提高釉面光泽；加入 MgO 或 ZnO 可增加釉面白度与乳浊度；引入黏土或羟甲基纤维素可改善釉浆悬浮性与黏附性；有的釉料加入瓷粉可提高釉的始熔温度。

2.2.5.3 釉层的性质

A 釉的熔融温度范围

釉料基本上是硅酸盐玻璃，无固定熔点，在一定温度范围内熔化，因而熔融温度有上下限之分。熔融温度的下限指釉的软化变形点，习惯上称之为釉的始熔温度。上限是指完全熔融时的温度，又称为流动温度。由始熔温度至流动温度之间的温度范围称为熔融温度范围。釉的成熟温度就是生产中烧釉温度，可理解为在某温度下釉料充分熔化，并均匀分布于坯体表面，冷却后呈现一定光泽的玻璃层时的温度。釉的成熟温度在熔融温度范围后半段选取。

用高温显微镜来测定釉的软化温度和熔融温度的步骤为：将釉料制成直径为 2 mm，高度为 3 mm 的圆柱体，然后放入管式电炉中，用高温显微镜不断观察柱体软化熔融情况。当其受热至棱角变圆时的温度为始熔温度；当试样流散开来，高度降至原有 1/3 时，此温度称为流动温度。

釉的熔融温度与釉的化学组成、细度、混合均匀程度及烧成时间密切相关。

化学组成对熔制性能的影响主要取决于釉式中的 Al_2O_3、SiO_2 含量的增加，釉的成熟温度相应提高，且 Al_2O_3 的贡献大于 SiO_2。

碱金属和碱土金属氧化物作为熔剂可降低釉的熔融温度。Li_2O、Na_2O、K_2O、PbO 和 B_2O_3 都是强助熔剂，又称软熔剂，在低温下起助熔作用。而 CaO、MgO、ZnO 等，主要在较高温度下发挥熔剂作用，称为硬熔剂。

釉的全熔温度只能通过实际测定才能得到准确数据。若根据釉的化学组成来计算可得到接近实际的仅供参考的数据。方法有两种：一是用酸度系数 CA，CA 越大，釉的烧成温度越高；二是用易熔性系数 K 来估计釉的全熔温度，公式为：

$$K = \sum a_i n_i / \sum b_j m_j \tag{2.1}$$

式中，a_i 为易熔化合物易熔性系数；n_i 为易熔化合物含量，%；b_j 为难熔化合物易熔性系数；m_j 为难熔化合物含量，%。

易熔性系数大的釉其全熔温度低。

B 釉的黏度与表面张力

能否获得扩展均匀，光滑而平整的良好釉面，与釉熔体的黏度、表面张力有关。在成熟温度下黏度适宜的釉料不仅能填补坯体表面的一些凹坑，还有利于釉与坯之间的相互作用，生成中间层。黏度过小的釉，容易造成流釉、堆釉及干釉缺陷；黏度过大的釉，则易窝藏气泡，引起橘釉、针眼，造成釉面无光，不光滑。

釉料黏度主要取决于釉的化学组成和烧成温度。构成釉料的硅氧四面体网络结构的完整或断裂程度是决定黏度的最基本因素。组分中加入碱金属氧化物后，破坏了 $[SiO_4]$ 网络结构。O/Si 的比值将随其加入量的增加而增大，黏度则随之而下降。一般 Li_2O 的影响最大，其次是 Na_2O，再次是 K_2O；碱土金属氧化物 CaO、MgO、BeO 在高温下降低釉的黏度，而在低温中相反地增加釉的黏度。

釉的表面张力对釉的外观质量影响很大。表面张力过大，阻碍气体排出和熔体的均化，在高温时对坯的润湿性不好，易造成缩釉缺陷；表面张力过小，则易造成流釉，并使釉面小气孔破裂时所形成的针孔难以弥合，形成缺陷。

表面张力的大小取决于釉料的化学组成、烧成温度和烧成气氛。化学组成中，碱金属氧化物对降低表面张力作用较强，碱金属离子的离子半径越大，其降低作用越显著；碱土金属离子与碱金属离子有相似的规律，但不像 +1 价金属离子那样明显。PbO 明显降低釉的表面张力，B_2O_3 对降低釉的表面张力具有较大作用。

釉熔体的表面张力随温度的升高而降低。

表面张力还与窑内气氛有关，表面张力在还原气氛下约比氧化气氛下增大 20%。

C　釉的热膨胀性与弹性

釉层受热膨胀主要是由于温度升高时，构成釉层网络质点的热振动的振幅增大，导致质点间距增大所致。这种由热振动引起的膨胀，其大小决定于离子间键力，键力越大则热膨胀越小，反之也是如此。

釉的热膨胀性通常用一定温度范围内的长度膨胀百分率或线膨胀系数来表示。在室温 t_1 和加热至温度 t_2 之间的长度膨胀百分率 A 为：

$$A = (L_{t_2} - L_{t_1})/L_{t_1} \times 100\% \tag{2.2}$$

而线膨胀系数 α 为：

$$\alpha = (L_{t_2} - L_{t_1})/L_{t_1} \times 1/\Delta t = A/\Delta t \tag{2.3}$$

釉的线膨胀系数和其组成关系密切。SiO_2 是网络生成体，Si—O 键强度较大，若其含量高，则釉的结构紧密，因此热膨胀小。含碱的硅酸盐釉料中，引入碱金属与碱土金属离子削弱了 Si—O 键或打断了 Si—O 键，使釉的线膨胀系数增大。维克尔曼及肖特等曾提出，玻璃或釉的膨胀关系和其组成氧化物的质量分数符合加和性原则。而实际上利用此原则计算的 α 值与实测结果有一定的偏差。阿宾长期对数百种硅酸盐玻璃及釉的 α 值进行研究，认为若用摩尔分数表示各氧化物含量，可有效地反映出它和 α 值之间的加和性关系，由此计算出来的 α 值与实测值较吻合。

釉的弹性是能否消除釉层因出现应力而引起缺陷的重要因素。常用弹性模量 E 表征，它与弹性呈倒数关系。釉层的弹性和其内部组成单元之间的键强度有直接关系。当釉中引入离子半径较大，电荷较低的金属氧化物（如 Na_2O、K_2O、BaO 等）时，往往会降低釉的弹性模量；若引入离子半径小，极化能力强的金属氧化物（如 Li_2O、BeO、MgO 等），则会提高釉的弹性模量。

D　釉的光泽度

釉的光泽度是日用陶瓷的一个重要质量指标，它反映釉面平整光滑的程度。即镜面反

射方向光线强度占全部反射光线强度的系数。决定光泽度的基本因素是折射率。釉层折射率越高，光泽度越好。配制釉料时，采用高折射率的原料，如 PbO、BaO、ZnO 等可制成光泽度很高的釉层。

平滑的釉面可增加反射效应，提高光泽度；粗糙表面将增加光的散射，产生无光釉。

E　釉层的化学稳定性

釉的化学稳定性取决于硅氧四面体相互连接的程度。连接程度越大，稳定性越高。因硅酸盐玻璃中含碱金属或碱土金属氧化物，这些金属阳离子嵌入硅氧四面体网络结构中，使硅氧键断裂，降低了釉的耐化学侵蚀能力。钠-钙-硅质玻璃的表面侵蚀，主要因水解作用造成，其化学反应如下：

$$Na_2SiO_3 + 2H_2O \longrightarrow 2NaOH + H_2SiO_3$$

硅凝胶可在玻璃表面形成一层胶体保护膜。在这种情况下，玻璃的破坏速度就取决于水解速度和水通过硅凝胶保护层的扩散速度。

含 PbO 的釉料中，铅对釉的耐碱性影响不大，但会降低釉的耐酸性。因铅影响人体健康，要求铅以不溶解状态存在于釉中。在一些耐化学腐蚀性的釉中，常用硼酸配制无铅溶液，但应注意硼反常现象。

Al_2O_3、ZnO 会提高硅酸盐玻璃的耐碱性，而 CaO、MgO、BaO 可提高玻璃相的化学稳定性。玻璃表面的高价离子都能阻碍液体侵蚀的进展。含大量锆的玻璃特别耐酸和碱的侵蚀。

2.2.5.4　坯和釉的适应性

坯釉适应性是指熔融性能良好的釉熔体，冷却后与坯体紧密结合成完美的整体，不开裂，不剥脱的能力。影响坯、釉适应性的因素主要有四个方面：

（1）线膨胀系数对坯、釉适应性的影响。因釉和坯是紧密联系着的，对釉的要求是釉熔体在冷却后能与坯体很好地结合，既不开裂也不剥落，为此要求坯和釉的线膨胀系数相适应。一般要求釉的线膨胀系数略小于坯。

（2）中间层对坯、釉适应性的影响。中间层可促使坯、釉间的热应力均匀。发育良好的中间层可填满坯体表面的隙缝，减弱坯、釉间的应力，增大制品的机械强度。

（3）釉的弹性、抗张强度对坯、釉适应性的影响。具有较高弹性（即弹性模量较小）的釉能补偿坯、釉接触层中形变差所产生的应力和机械作用所产生的应变，即使坯、釉线膨胀系数相差较大，釉层也不一定开裂、剥落。釉的抗张强度高，抗釉裂的能力就强，坯、釉适应性就好。化学组成与线膨胀系数、弹性模量、抗张强度三者间的关系较复杂，难以同时满足这三方面的要求，应在考虑线膨胀系数的前提下使釉的抗张强度较高，弹性较好为佳。

（4）釉层厚度对坯、釉适应性的影响。薄釉层在煅烧时组分的改变比厚釉层大，釉的线膨胀系数降低得也多，而且中间层相对厚度增加，有利于提高釉中的压力，有利于提高坯、釉适应性。对于厚釉层，坯、釉中间层厚度相对降低，因而不足以缓和两者之间因线膨胀系数差异而出现的有害应力，不利于坯、釉适应性。

釉层厚度对于釉面外观质量有直接影响，釉层过厚会加重中间层的负担，易造成釉面开裂及其他缺陷，而釉层过薄则易发生干釉现象，一般釉层通常小于 0.3 mm 或通过实验来确定。

2.2.5.5　釉料的制备与施釉

A　制备釉料的工艺

釉用原料要求比坯用原料高，贮放时应特别注意避免污染，使用前应分别挑选。对长石和石英还须洗涤或预烧；软质黏土在必要时应进行淘洗；用于生料釉的原料应不溶于水。

釉用原料的种类很多，用量及各自密度差别大。尤其是乳浊剂、着色剂等辅助原料的用量虽远较主体原料少，但其对釉性能的影响极为敏感。因此除注意原料纯度外，还必须重视称料的准确性。

生料釉的制备与坯料类似，可直接配料磨成釉浆。研磨时应先将瘠性的硬质原料磨至一定细度后，再加软质黏土；为防止沉淀可在投料研磨时加入 3%~5% 的黏土。

熔块釉的制备包括熔制熔块和制备釉浆两部分。熔制熔块的目的主要是降低釉料的毒性和可溶性；同时也可使釉料的熔融温度降低。熔块的熔制视产量大小及生产条件而定，可在坩埚炉、池炉或回转炉中进行。熔制熔块时应注意以下几个问题：

（1）原料的颗粒度及水分应控制在一定范围内，以保证混料均匀及高温下反应完全。一般天然原料过 380~250 μm 筛。

（2）熔制温度要恰当。温度过高挥发严重，影响熔块的化学组成。对含色剂熔块，会影响熔块色泽；温度过低，原料熔制不透，则配釉时易水解。

（3）控制熔制气氛。如含铅熔块，若熔制时出现还原气氛，则会生成金属铅。

B　釉料的质量要求

为保证顺利施釉并使烧后釉面具有预期的性能，对釉浆性能应有一定要求。

（1）细度。釉浆细度直接影响釉浆稠度和悬浮性，也影响釉浆与坯的黏附能力，釉的熔化温度及烧成后制品的釉面质量。一般透明釉的细度以万孔筛余 0.1%~0.2% 较好；乳浊釉的细度应小于 0.1%。

（2）釉浆相对密度。釉浆相对密度直接影响施釉时间和釉层厚度。颜色釉相对密度往往比透明釉大些，生坯浸釉时，釉浆相对密度为 1.4~1.45；素坯浸釉时相对密度为 1.5~1.7；机械喷釉的釉浆相对密度范围一般为 1.4~1.8。

（3）流动性与悬浮性。釉浆的流动性和悬浮性直接影响施釉工艺的顺利进行，及烧后制品的釉面质量，可通过控制细度、水分和添加适量电解质来控制。

C　施釉

施釉前应保证釉面的清洁，同时使其具有一定的吸水性，所以生坯需经干燥、吹灰、抹水等工序处理。一般根据坯体性质、尺寸和形状及生产条件来选择合适的施釉方法。基本施釉方法有浸釉、浇釉和喷釉。

（1）浸釉法。是将坯体浸入釉浆，利用坯体的吸水性或热坯对釉的黏附而使釉料附着在坯体上。釉层的厚度与坯体的吸水性、釉浆浓度和浸釉时间有关。除薄胎瓷坯外，浸釉法适用于大、中、小型各类产品。

（2）浇釉法。是将釉浆浇于坯体上以形成釉层的方法。釉浆浇在坯体中央，借离心力使釉浆均匀散开。适用于圆盘、单面上釉的扁平砖及坯体强度较差的产品施釉。

（3）喷釉法。利用压缩空气将釉浆通过喷枪喷成雾状，使之黏附于胚体上。釉层厚度取决于坯与喷口的距离、喷釉的压力和釉浆相对密度。喷釉法适用于大型、薄壁及形状复杂的生坯。特点是釉层厚度均匀，与其他方法相比更容易实现机械化和自动化。已设计的静电喷釉法，即将制品放置在 80~150 kV 电场中，使坯体接地，喷出的雾状釉点进入电场立即变为荷电的粒子，而全部落于坯体表面。操作损失少，速度快。

施釉线的采用和发展，使施釉工艺进入一个机械化、自动化的新阶段。采用施釉线可使产量大幅度提高，质量也更稳定。常见施釉线有喷釉系统和浇釉系统两种，近年来，意大利、德国、日本等国陆续使用机器人在施釉线上施釉。常用的如 Robot-50 型机器人喷釉装置。这种装置包括机械手，电子控制和贮存元件及液压控制元件三部分。机械手由微电脑控制，能模拟喷釉时人的动作，这些动作是受电子定位控制，连续工作的伺服气缸来完成的。

D　发展中的施釉法

随着陶瓷生产的不断发展，施釉工艺也向高质量、低能耗、更适合现代化生产方向发展。近几年来，在一些发达国家，新的施釉方法不断被采用，主要有：流化床施釉、热喷施釉、干压施釉等。

（1）流化床施釉。所谓流化床施釉就是利用压缩空气设法使加有少量有机树脂的干釉粉在流化床内悬浮而呈现流化状态，然后将预热到 100~200 ℃ 的坯体浸入到流化床中，与釉粉保持一段时间的接触，使树脂软化从而在坯体表面上黏附一层均匀的釉料的一种施釉方法。这种施釉方法为干法施釉。

该种施釉方法对釉料的颗粒度要求高。颗粒过小时容易喷出，还会凝聚成团；大颗粒的存在会使流化床不稳定。釉料粒度比一般釉浆粒度稍大。通常控制在 100~200 μm。气流速度通常为 0.15~0.3 m/s。釉料中加入的有机树脂可以是环氧树脂和硅树脂。加入量一般控制在 5% 左右。实验证明，采用硅树脂较环氧树脂的效果好。

（2）热喷施釉。热喷施釉就是一条特殊设计的隧道窑内将坯体素烧和釉烧连续进行的一种方法。先进行坯体的素烧，然后在炙热状态的素烧坯体上进行喷釉（干釉粉）。喷釉后继续进行釉烧。据报道，意大利已用此方法生产釉面砖。这种施釉方法的特点是热施釉、素烧和釉烧连续进行，该种方法坯釉结合好，且节约能耗。

（3）干压施釉。干压施釉法是用压制成型机将成型、上釉一次完成的一种方法。釉料和坯体均通过喷雾干燥来制备。釉粉的含水量控制在 1%~3%，坯料含水量为 5%~7%。成型后先将坯料装入模具加压一次，然后撒上少许有机结合剂，再撒上釉粉，然后加压。釉层为 0.3~0.7 mm。采用干压施釉，由于釉层上也施加了一定的压力，故制品的耐磨性和硬度都有提高。同时也减少了施釉工序，节省了人力和能耗，生产周期大大缩短。干压施釉法主要适用于建筑陶瓷内外墙砖的施釉，该法国外已在生产应用中。

2.3　陶瓷的结构与性能

2.3.1　显微结构

一般情况下，在烧成或烧结温度下，陶瓷坯体内部各种物理化学转变和扩散过程不能充分进行到底，所以陶瓷和金属不同，总是得到未达到平衡的组织，组织很不均匀、很复杂。

传统陶瓷的典型显微结构由晶相、玻璃相和气相组成。这种结构是坯料在热处理过程中经历一系列物理化学变化而形成的。包括一次莫来石、针状二次莫来石、残留石英颗粒。一次莫来石分布在以长石-高岭石为基体的玻璃介质中，二次莫来石则分布在以长石为基体的玻璃相中，石英颗粒周边为高硅氧玻璃，石英-长石-高岭石的交接处为三元或多元熔融体玻璃。同时，烧成后的制品中往往有一些气孔未完全排除。因此，传统陶瓷的组织特征为多晶、多相的聚集体。

一般来说，特种陶瓷原料都很纯，结构比较单纯。如刚玉陶瓷主要以 Al_2O_3 为成分，杂质很少，烧结时没有液相参加，所以在室温下的组织由一种晶相（即 Al_2O_3 晶粒）和极少量气相组成。

2.3.1.1 晶相

晶相是陶瓷等无机非金属材料的基本组成相，一般陶瓷是由各向异性的晶粒通过晶界或玻璃相聚合而成的多晶体。晶相的性能往往决定着陶瓷的物理、化学性能，例如刚玉瓷具有机械强度高、耐高温、耐化学腐蚀等优异性能，这是因为主晶相 α-Al_2O_3 是一种结构紧密、离子键强度很高的晶体。晶粒是多晶陶瓷材料中晶相的存在形式和组成单元。晶粒生成与长大时物理化学条件与外界环境的变化会严重影响晶体的形态，从而造成陶瓷显微结构的千差万别。如在较好的环境下自由生长，晶体就能发育成完整的晶形，叫作自形晶体。但是当生长环境较差或生长时受到抑制，其晶形只能是部分完整的或完全不完整的，分别叫作半自形晶和他形晶，如图 2.3 所示，在陶瓷材料中最常见的是不规则的他形晶。晶粒的形状与大小对材料的性能影响很大。陶瓷中晶粒形状、大小受到成分、原材料颗粒大小与形状、晶型以及工艺制备方法的影响。

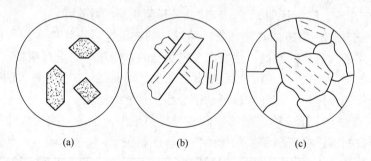

(a)   (b)   (c)

图 2.3 晶粒的形状
（a）自形；（b）半自形；（c）他形

对于多组元陶瓷体系，不同组分的晶体性质及相对多少对于陶瓷的性能有非常大的影响，值得注意的是，多组元陶瓷体系中的晶相往往不一定都是构成体系的组元的对应晶相，当组元之间能生成化合物时，化合物相的存在及性质不容忽视。例如，高铝瓷主要是由 CaO-SiO_2-Al_2O_3 构成的三元陶瓷体系，在高氧化铝含量部分，存在着二元化合物莫来石（$3Al_2O_3 \cdot 2SiO_2$，简记为 A_3S_2）、六铝酸钙（$CaO \cdot 6Al_2O_3$，简记为 CA_6）和三元化合物钙长石（$CaO \cdot Al_2O_3 \cdot 2SiO_2$，简记为 CAS_2）。当陶瓷体系组分中硅钙分子比（SiO_2 与 CaO 的分子比）小于 2 时，体系中存在的物相为 CA_6-CAS_2-Al_2O_3，其相对数量取决于 CaO、SiO_2、Al_2O_3 的相对多少。此时 CaO、SiO_2、A_3S_2 均不出现，影响陶瓷性能的因素为 CA_6 晶粒、CAS_2 晶粒和 Al_2O_3 晶粒的性质及相对数量；反之，若陶瓷体系的组分中硅钙分子比大于 2 时，系统中存在的物相则为 A_3S_2-CAS_2-Al_2O_3。

除了主晶相外，晶粒尺寸的大小对性能也有影响。晶粒是由粉末颗粒在烧结过程中通过扩散、气孔排除、晶界迁移而最终形成的，所以它主要取决于粉体原料、组成、第二相及烧结。晶粒发育的完整程度、自形化程度、晶粒相互间的镶嵌程度均影响功能性质。粉体原料的分散或团聚、狭或宽的粒级分布，也影响显微结构。一般希望晶粒均匀，利用狭粒级原料、合适的第二相及均匀成型易于获得这类结构。有时在细晶粒基底中出现少数大晶粒（即异常生长的大晶粒），由于大晶粒在晶轴方向的热膨胀或收缩和基底细晶粒的尺寸变化相差极大，并存在异向性，因此这类粗晶粒的晶界常常为应力集中处，微裂纹常从此处萌发。

多晶陶瓷材料，其性能不仅与化学组成有关，而且与材料的显微结构密切相关，当配方、混合、成型等工序完成后，烧结是使材料获得预期的显微结构，赋予材料各种性能的关键工序。坯体在烧成过程中发生了一系列的物理化学变化，这些变化在不同温度阶段中进行的状况决定了瓷器的质量与性能，因此必须考虑与此相关的晶相变化，以及在晶相变化过程中发生的初次再结晶、晶粒长大和二次再结晶等现象。因此，必须借助各种物相分析和显微镜观察来鉴定瓷胎的显微结构，并以此作为改进瓷胎配方，指导生产和合理控制工艺过程的依据。

通常陶瓷显微结构中的晶粒，其光轴取向是混乱或随机的，陶瓷的性质也是单晶粒性质的平均值。现在人们已经可以制备晶粒取向的陶瓷材料，性能有方向性。通常采用下列工艺：热锻或热压烧结工艺，低共熔固化，型板晶粒生长烧结工艺。利用热锻工艺，可以使某些铁电瓷具有很强的方向性。例如一些含铋层状铁电系统，虽然其压电性不高，但通过掺入 MnO、NiO、Cr_2O_3，可使性能显著提高，利用热锻，使平行于热锻方向和垂直于热锻方向的 ε 差别极大。

2.3.1.2 晶界

固体和固体相接触的界面分成两类。两固体为同一结晶相，仅仅结晶学方向不同的称为晶界；如果两固体分别属于不同结晶相，则界面为相界。特种陶瓷材料都是由极细微的粒状原料烧结而成，在烧结过程中，这些细微的颗粒就成为大量的结晶中心，当它们发育成取向不同的晶粒，并长大到相互接近并受到抑制时就形成晶界，如图 2.4 所示。晶界角即两晶粒晶轴方向间的夹角（见图 2.5），夹角小的晶界称小角度晶界，反之称大角度晶界。当 $\theta_1 = \theta_2$，称为对称晶界，此时相邻晶粒之间，存在孪晶或重合关系。晶界有晶界能，

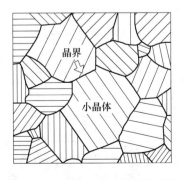

图 2.4 多晶体中的小晶体和晶界

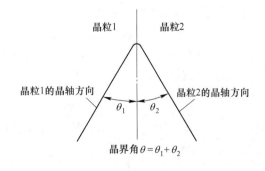

图 2.5 两晶粒的晶界角

它为晶界角的函数，孪晶关系成立时特定的 θ 角对应的晶界能，常为最小值。通常将晶界面上晶格存在畸变的厚度，定义为晶界厚度或宽度，它大多小于 5 nm。

图 2.6 为晶粒 1 及晶粒 2 之间出现杂质 B 的情况，图中晶粒组成为 A，B 为偏析杂质，并示出晶界区。晶界区一般多为固溶体，晶界区的原子情况如图 2.7 所示，黑色粗线包围区为晶粒，为有序区，而晶界区构造混乱无序，有局部晶格畸变，此处也是高能量区，其中原子的能量比晶粒内的高；晶粒内部原子各个方向有键结合，而界面及表面原子则无键结合，有键结合时可减小原子的能量，晶界原子能量又常低于表面原子，例如 NaCl 的表面能为 0.3 J/m²，而界面能为 0.27 J/m²，吸收杂质后则能量降低。此外，晶界角不同，晶界宽度也相异。

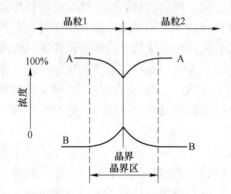

图 2.6 两晶粒间的晶界区

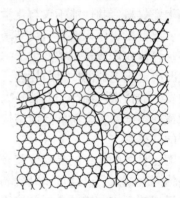

图 2.7 多晶体晶界处原子示意图

陶瓷与金属的晶界有很大不同，见表 2.3。金属材料中由于畸变干扰小，因此晶界宽仅为几个原子厚，无机氧化物材料，由于干扰大，因而引起波能的改变，使晶界延伸大。陶瓷材料中晶界的存在，使其在材料性能上与金属材料、有机材料和无机单晶材料相比有着明显的特性。陶瓷的性能是由其结构中的晶粒和晶界共同决定的。对于晶粒小于 2 μm 的多晶体，晶界的体积几乎占一半以上。晶界的厚度取决于相邻晶粒的取向差及所含杂质的种类和数量，位向差越大或纯度越低，晶界往往越宽，一般为几个原子层到几百个原子层。Coble 提出晶界区有效宽度 λ 的概念，λ 包含失配区和晶界两侧的空间电荷区。金属材料只有失配区，离子晶体中则有空间电荷区，λ 可深入晶粒内较深，例如 Al_2O_3 为 12.4 nm（1650 ℃），MgO 为 2 μm（1400 ℃），但许多人认为 λ 为 0.5 μm 左右。在晶界上的质点，为适应相邻两个晶粒的晶格结构，自己处于一种不规则的过渡排列状态。由于晶界的结构较晶粒疏松，势能较高又不规则，晶界上存在着位错、空位等晶格缺陷和晶格畸变，通过晶粒的生长及重结晶作用会使一些不溶的杂质析出聚集，因而晶界成为杂质聚集的场所，形成微观的晶界应力，是位错汇集和缺陷较多的区域，晶界有如下的特性。

表 2.3 陶瓷与金属晶界的不同点

材料	键合性质	静电势	杂质浓度	决定浓度的因素	偏离化学计量
陶瓷晶界	离子键为主	有	高	缺位生成能	有（氧不足）
金属晶界	金属键	无	低	应变能	无

（1）晶界偏析与杂质聚集：由于环绕杂质离子有较强的弹性应变场，使它有较高化学势，而在晶界处由于其开放结构及低应变场，使该处有较低化学势，这种势差，促使杂质扩散进入晶界区，形成偏析。晶界偏析是指在晶界出现与晶粒化学成分不同的物质的现象。这种偏析现象是由于杂质在晶界面上的聚集所致，如果杂质原子在晶界上聚集而不形成新相，称为化学偏析或杂质偏析；如果形成不同成分的新相，则称为相偏析或相分离。在晶界，可以发现与结晶内部晶相明显不同的物质。在含有杂质特别多而超过固溶界限时，杂质体作为另外的结晶相在晶界析出。当晶界析出物的熔点比陶瓷的烧结温度低时，产生液相烧结；若液相的浸润性良好，则可完全浸透晶粒的晶界，各个晶粒被液相包围，形成层状偏析层；当杂质的量超过结晶固溶量，而其熔点又比陶瓷烧结温度高时，杂质则会呈粒状在晶界析出。晶界偏析现象几乎在所有陶瓷材料中都会不同程度地发生，偏析层厚度一般有 2 nm~1 μm。通常由于下述三种因素导致晶界偏析。

1）晶粒内部总是存在或多或少的杂质离子，环绕杂质离子的弹性应变场较强，而晶界区由于开放结构及弱弹性应变场，因此在适当高温下，杂质将从晶粒内部向晶界扩散而导致偏析，以降低应变能。消去应力或使应力得以松弛。

2）已知晶界电荷随温度的下降而增加，因此在降温过程中，也会引起杂质的偏析，例如，MgO 饱和的 Al_2O_3 中，晶界电荷符号为正，引起化合价比 Al^{3+} 低的 Mg^{2+} 的偏析，以降低静电势。

3）固溶度。当温度降低时，溶质在晶格中的固溶度降低，偏析也随之增加。一般氧化物固溶体中，固溶热（固溶时所需能量）都较大，固溶度就较低，易引起溶质偏析。

上述应变能、静电势和固溶度是引起偏析的三个原因，不同情况下起主要作用的因素不同。由于应变能及静电势，都是随温降而增大，而固溶度随温降而变小，因此烧结陶瓷冷至室温，其晶界都免不了有偏析，慢冷则偏析多，急冷则少，可以认为陶瓷晶界上亚微观偏析相当普遍。当基质中存在几种杂质时，则离子半径与基质相差大的元素将首先偏析。

晶界区有位错，导致存在原子的疏区和密区，密区会吸引溶剂原子半径小的杂质原子，以减少应力畸变；疏区则吸引大半径的杂质离子。溶剂和溶质原子半径差别越大，则晶界的吸杂作用越大。另外，杂质进入晶格内通常将增大晶体的自由能，因此在重结晶时，这类杂质离子将从晶粒内排除。通过多步结晶，杂质浓度可大为降低，陶瓷在烧结过程中，伴随晶粒生长和重结晶，会使晶粒纯化，并使杂质排向晶界区，有时晶粒内部杂质为 0.005%~0.01%，而晶界杂质达到 5%，即大了 500~1000 倍。这说明晶界具有吸杂作用。但某些杂质进入晶粒后，将强烈降低自由能甚至可无限互溶时，则不在此列中。加入一些能在晶界形成第二相液相的加入物，可使某些元素在晶界富集，例如，当采用工业原料制造 PTC 材料，由于 Fe、K 等杂质不利于晶粒半导化，很难制备优良半导的 PTC 材料，如加入硅、铝等液相添加物，使上述有害半导性质的杂质，从晶粒进入晶界，富集于晶界，则材料可以半导化。

在一般情况下，晶界偏析对陶瓷性能是无益的。但是，当能够对晶界偏析进行有效控制时，则可利用这一现象来提高陶瓷材料性能。

（2）晶界扩散：晶界具有较无序及开放的结构，常和过量的自由空间体积相联系，因此必然影响原子扩散。晶界区内扩散性质不同于晶粒内。扩散是一种物质传输的形式，在气体和液体中的传质一般是通过对流形式进行的，而在固体中则主要以扩散方式进行。陶瓷材料中的物质扩散途径主要有表面扩散、晶界扩散和晶粒内扩散，其中陶瓷内部的扩散主要是在晶界和晶粒内进行。由于晶界的特殊结构，它是缺陷较多的地方，表现为空位的"源"和"壑"，物质在晶界的扩散速度远比在晶粒内大，通常晶界扩散系数比晶粒内的高出100倍，晶界成为扩散传质的高速通道。晶界能吸引空格点，分离的空格点会聚合形成小空穴。冷却到一定温度下，过剩的空穴会移至晶界，这比空穴迁移到表面所花费的能量小，距离也近。因此，在陶瓷制备过程中的固相反应与烧结、晶粒生长、陶瓷的离子导电性质以及老化蜕变等过程，在很大程度上是受晶界扩散过程所控制。晶界在烧结过程中对物料传输所起的作用，犹如街道对城市交通的重要性一样。如某热敏电阻材料在1350℃长期保温烧结时，温度虽高，但因晶粒长大，使扩散通道中晶界的数量大幅度下降，反而不如在升温阶段1240℃预保温时的扩散效果好，此时虽温度稍低，但晶粒小，晶界数量多（比1350℃大几个数量级），物料传输迅速，使烧结时的扩散效果远比单独在1350℃保温为佳。可见，在低温阶段，晶界扩散控制着整个陶瓷中的传质过程。目前，在陶瓷晶界工程领域中，晶界扩散是一个重要的研究对象。

（3）晶界势垒和空间电荷：晶界区常常起俘获中心的作用，大量电荷为晶界区所俘获，在一定条件下必然形成高的电容或势垒（如阻挡层电容器及正温度系数热敏电阻）。晶界势垒是一种静电势垒，它是在导电晶粒（离子晶体）的晶界中，由于点阵周期性的不完整、位错与点阵缺陷的密集、杂质原子的存在以及异相的形成等原因所产生的。它是载流子（电子或空穴）穿过晶界所需克服阻力大小的一种度量，即电子或空穴具有的能量必须高于晶界势垒才能穿过晶界。晶界势垒的高低与陶瓷中的晶格缺陷、杂质的种类与数量、相变、环境气氛与温度、电场及烧成制度等因素密切相关。在半导体陶瓷中，晶界势垒对材料性能有十分重要的影响。

氧化物陶瓷晶体多由离子键晶体结合而成。晶界上既存在缺陷，必然使晶界带电，阳离子过剩则晶界电荷为正，阴离子过剩则晶界电荷为负，并形成电场，这种晶界电荷将被晶界附近相反符号的空间电荷所补偿，从晶界开始扩展延伸到一定距离的区域内（几十纳米到100 nm），诱导产生与晶界电荷符号相反的空间电荷层（类似溶液中的双电层）。

（4）晶界是位错汇集和应力集中的区域：对于小角度晶界可以把晶界的构造看作是由一系列平行排列的刃形位错构成。由于质点排列不规则，分布疏密不均，原子脱离理想位置而出现界面应力场，形成微观晶界应力，同时相邻晶粒取向的不同使其在同一方向上性能不同，以及各相间性能上的差异都会在烧成冷却过程中造成界面应力。这些因素，使得晶界成为形变和应力吸收或释放的场所。晶粒越大，晶界应力也越大。晶界处存在的这种高能量，可以降低并转变为新相所需的能量，在再结晶或相变时，该处往往是新相成核处或再结晶中心。

（5）晶界处的物理性能与晶粒有很大不同：晶界的熔融温度一般比晶粒低，晶界的内部容易包裹气孔；晶界区的过量自由体积，使该区原子密度疏松，有时仅为晶粒密度的70%。Ruhle用电镜图像法测定平均内势（Mean Inner Potential，MIP），研究NiO晶界位错，证明晶界处MIP下降了15%，认为是密度下降了15%造成的；在力学性能上，晶粒由于结构上的周期重复性，呈现典型的弹性性质，而晶界区由于结构混乱、自由空间大，有时呈现黏弹性性质。在一定温度下，晶界区可以适应或容纳大量局部的可塑流动，故晶界处电导率、热导率低。

由于晶界有以上特点，所以对陶瓷产品的性质有很大影响。例如，晶界的电导率支配着整个体系的电导率，晶界强度不高，沿晶界断裂成为多晶材料破坏的常见情况之一。以往人们普遍认为晶界是恶化陶瓷性能的构成物，但是随着陶瓷科学技术的发展，人们逐渐认识到，在一定程度上，晶界也是陶瓷的一大宝贵财富。如受控晶界的存在，不仅可以不降低陶瓷的性能，甚至可以利用它来提高陶瓷的各种性能和获得许多其他材料所不具备的新的功能特性，产生了由"用陶瓷也是可能实现的"到"只有用陶瓷才能实现"这样的观点变化；晶界不仅可以不降低陶瓷晶体的固有强度，甚至可以利用它来提高陶瓷的某些强度；晶界不仅可以不明显地破坏陶瓷的均匀性，而且可以因它而制备出高性能的透明陶瓷。由此可见，对晶界的认识、控制与利用，对陶瓷，尤其是特种陶瓷具有重要的意义。现在有所谓的晶界工程，即通过改变晶界状态，提高整个材料的性能。

1）通过晶界相与晶粒起作用使晶界消失；提高晶界玻璃相的黏度；或晶界晶化技术来提高陶瓷高温强度。

例如，对于难以烧结的陶瓷，通过加入各种添加剂，高温下在晶粒间形成低熔点物质，从而借助液相烧结而促进致密化。液相在完成了致密化的任务后，析出晶体，达到提高陶瓷高温强度的目的。Si_3N_4-Al_2O_3-Y_2O_3 系陶瓷就是一实例，它是将 α-Si_3N_4 同 Si_3N_4-Al_2O_3-Y_2O_3 混合、压块、烧结。烧结之初，晶粒变为长柱状的 β-Si_3N_4，粒间相为玻璃相。一旦致密化近于完成，即转变为 β-Si_3N_4 和 β-Si_3N_4-Y_2O_3 两种晶相。原来包含于玻璃相中的 Al_2O_3 成分以及其他杂质大部分被吸收进入两种晶相中形成固溶体。这种玻璃的晶化率很高，从而使材料的高温强度大为提高。

2）利用晶界偏析制造透明陶瓷。制造透明陶瓷的工艺特点是通过对陶瓷以适当掺杂，并利用杂质在晶界偏析抑制晶粒长大，使陶瓷获得均匀细致的微晶结构，同时采用热压烧结和气氛控制，使陶瓷中的气孔得以快速彻底地消除，从而获得透明陶瓷。

3）利用晶界偏析制造高强度陶瓷。此种工艺的增强机理主要是通过有效控制晶界偏析，形成合适的偏析层，一方面使陶瓷晶粒细小，单位体积内的晶界面积增大，从而使单位面积的晶界应力减小；另一方面使晶粒间结合力增强，达到有效阻止因外力而使裂纹扩展的效果。

4）利用晶界扩散制造晶界层陶瓷电容器。晶界层陶瓷电容器的制造工艺过程主要分两步完成：第一步，通过配料加入半导化剂，经过粉料合成及加工、成型和烧成等工艺，得到以半导化的 $BaTiO_3$ 和 $SrTiO_3$ 为主晶相的半导体陶瓷；第二步，在半导体陶瓷表面涂覆 MnO_2、Bi_2O_3、CuO、Sb_2O_3 等金属氧化物，再经过热处理，使这些氧化物沿着陶瓷晶界扩散进入陶瓷内部的所有晶界上，使主晶相的晶粒间形成一层极薄的高绝缘介质层。这种具有晶粒半导化而晶界绝缘化的微观结构陶瓷，其介电常数可以比主晶相的介电常数高出 10 倍，用这种材料和工艺制得的晶界层陶瓷电容器具有极高的电容量，可以在同样电容量的条件下，将电容器的体积做得很小。除此之外，晶界扩散在 Mn-Zn 铁氧体陶瓷、WO_3 电致变色材料、ZnO 压敏电阻陶瓷等材料和产品的加工制造中均有不同形式和不同程度的应用。

5）利用晶界势垒制造敏感功能陶瓷。PTC（Positive Temperature Coefficient）热敏陶瓷 $BaTiO_3$ 和 ZnO 压敏陶瓷是目前产量最大的半导体敏感功能陶瓷，它们的热敏及压敏性能均与陶瓷中的晶界势垒效应有关。以 PTC 热敏陶瓷为例,它所具有的阻温特性、伏安特性和电流时间特性都是晶界势垒变化的外在表现,其本质是因为当 PTC 陶瓷处于居里温度附近时,由于晶粒自发极化和相变的相互作用而使得晶界势垒发生急速变化,导致陶瓷材料的电阻在很小的温度区间内由半导变为绝缘(温度升高)或由绝缘变为半导(温度降低)。最有实际意义的是,PTC 陶瓷的晶界势垒的高低及变化可以通过陶瓷的配方和制造工艺来加以调节与控制,从而制造出用于不同场合的 PTC 热敏陶瓷元器件,使其在自动恒温发热、控温、限流保护、冰箱启动、彩电消磁等领域有着极为广泛的用途。

综上所述,晶界对陶瓷材料性能有着十分重要的影响,特别是随着粉体制备技术、陶瓷成型技术和烧成技术的发展,以及纳米陶瓷的出现,晶界作用将更显著。今后,通过工艺控制,有目的地对陶瓷晶粒和晶界进行设计和改造,将是积极利用陶瓷微观结构进行新型陶瓷材料开发的有效手段。

2.3.1.3 玻璃相

玻璃相是陶瓷原料中部分组分及其他杂质或添加物在烧成过程中形成的低熔点非晶态物质,通常富含氧化硅和碱金属氧化物,在高温烧成时,经物理化学反应后由液相形成,在某种冷却条件下即可形成玻璃相。原料中的其他杂质通常也富集在玻璃相中。陶瓷坯体中玻璃相分布在晶相周围形成连续相,其结构是由离子多面体短程有序而长程无序排列构成的三维网络结构。在新型陶瓷中,玻璃相往往构成基质或是以填充相存在于晶界部位,有时它可作为一种过渡相,最终可转化为晶相。玻璃相的作用主要是:(1)将晶相颗粒黏结起来,填充晶相之间的空隙,提高材料的致密度;(2)降低烧成温度,加速烧结过程;(3)阻止晶体转变,抑制晶体长大;(4)获得一定程度的玻璃特性,如透光性及光泽等。但是由于玻璃相的结构较晶体疏松,强度较晶相低,膨胀系数较大,高温下容易软化,并会降低瓷件的绝缘电阻和增大介质损耗。因而过量的玻璃相会降低瓷件的强度,抗热震性,并引起产品变形。不同的陶瓷对玻璃相的含量要求不同。在固相烧结中,几乎不含玻璃相,而在有液相参加的烧结中则可允许存在较多的玻璃相。例如普通陶瓷中玻璃相的含量可达 15%~35%。

2.3.1.4 气相

陶瓷中的气相是指陶瓷孔隙中所存在的气体。由于陶瓷坯体成型时,粉末间不可能达到完全的致密堆积,或多或少会存在一些气孔。在烧成过程中,这些气孔会减小,但不可避免会有一些残留。烧成时坯体孔隙的减小与晶粒的生长、物质的扩散及液相的出现有直接关系。气孔的类型包括开气孔(包括贯通孔)和闭气孔,如图 2.8 所示。其存在取决于坯料的组成、成型工艺以及烧成条件。气孔通常分布于玻璃相中或晶界上,有时也呈浑圆形的细小气泡存在于晶体中。由于气孔有可能是应力集中的部位,可使陶瓷的强度降低。对于透明陶瓷而言,某些尺度范围的气孔又是光的散射中心,气孔的存在会大大降低材料的透明度。对于电介质陶瓷而言,气孔可以增大陶瓷的介电损耗以及降低击穿强度。这时,完全消除气孔是所希望的目标。此外,气

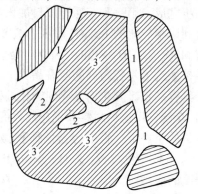

图 2.8 陶瓷中孔的存在形式
1—贯通孔;2—开口孔;3—闭孔

孔的分布及气孔的形状也会影响陶瓷的性能。一般要求陶瓷中孔隙率在10%以下,气孔呈球形细孔,并在陶瓷中均匀分布。但是对于一些特殊陶瓷材料,如过滤器、催化剂载体,以及抗热震性材料和低热导率材料等气孔又往往成为一种主要的相,气孔的含量、尺寸、形状、分布成为决定这些材料性能的主要因素。这类材料统称为多孔陶瓷。多孔陶瓷具有如下特点:巨大的气孔率、巨大的气孔表面积;可调节的气孔形状、气孔孔径及其分布;气孔在三维空间的分布连续可调;具有其他陶瓷基体的性能,并具有一般陶瓷所没有的主要依靠其巨大的比表面积形成的优良的热、电、磁、光、化学等功能。多孔陶瓷按孔径分为粗孔制品 (0.1 mm 以上)、介孔材料 (50 nm ~ 20 μm)、微孔材料 (50 nm 以下)。

2.3.2 力学性能

材料在外力作用下会发生形状和体积的变化,当外力超过一定限度时,材料就会破坏。研究陶瓷材料在外力作用下发生形变和破坏的规律,对陶瓷材料的制造、加工、开发和使用都具有重要意义。

2.3.2.1 刚度

刚度用弹性模量来衡量,弹性模量是表征原子间结合强度的一种指标,所以具有强结合力化学键的陶瓷的弹性模量是各类材料中最高的,比金属高若干倍,比高聚物高 2 ~ 4 个数量级。表2.4 中列出了常见材料的弹性模量数据。

表2.4 常见材料的弹性模量

材料名称	弹性模量/MPa	材料名称	弹性模量/MPa
刚玉晶体	38×10^4	橡胶	6.9
烧结氧化铝	36.6×10^4	塑料	1380
石墨	0.9×10^4	镁合金	4.13×10^4
莫来石瓷	6.9×10^4	铝合金	7.23×10^4
滑石瓷	6.9×10^4	钢	20.7×10^4
碳化钛	39×10^4	金刚石	117.1×10^4

金属材料的弹性模量是一个极为稳定的力学性能指标,合金化、热处理、冷热加工等手段均难以改变其弹性模量。但是陶瓷的工艺过程对陶瓷材料的弹性模量影响重大。例如,气孔率与弹性模量的关系已经建立了许多经验公式和理论公式。在气孔率 P 较小时,弹性模量随气孔率的增加呈线性降低,可用下面的经验公式表示:

$$E/E_0 = 1 - KP \qquad (2.4)$$

式中,E_0 为无气孔时的弹性模量;K 为常数。

弹性模量与温度 (T) 的关系可用下面的经验公式表示:

$$E = E_0 - BT_0\exp(-T_0/T) \qquad (2.5)$$

式中,E_0 为 $T = 0$ K 时的弹性模量;B、T_0 为由材料决定的常数。当加热温度超过熔点的 50% 时,由于晶界滑移,陶瓷材料的弹性模量将急剧下降。

另外,陶瓷材料在受压状态下的弹性模量一般大于拉伸状态下的弹性模量,而金属在受压与受拉条件下的弹性模量相等。

2.3.2.2　塑性

塑性变形是在剪切应力作用下由位错运动引起的密排原子面间的滑移变形。陶瓷材料在室温下不出现塑性变形或很难发生塑性变形，这与陶瓷材料结合键性质和晶体结构有关。例如，（1）金属键没有方向性，而离子键与共价键都具有明显的方向性；（2）金属晶体的原子排列是最密排、最简单、对称性高的结构，而陶瓷材料晶体结构复杂，对称性低；（3）金属中相邻原子（或离子）电性质相同或相近，价电子组成公有电子云，不属于个别原子或离子，而属于整个晶体。陶瓷材料中，若为离子键，则正负离子相邻，位错在其中若要运动，会引起同号离子相遇，斥力大，位能急剧升高。基于上述原因，位错在金属中运动的阻力远小于陶瓷中，在金属中位错极易产生滑移运动和塑性变形。而陶瓷中，位错极难运动，几乎不发生塑性变形，致使塑韧性差成了陶瓷材料的致命弱点，也是影响陶瓷材料在工程应用上的主要障碍。不过，在高温慢速加载的条件下，由于滑移系的增多，原子的扩散能促进位错的运动以及晶界原子的迁移，特别是当组织中存在玻璃相时，陶瓷也能表现出一定的塑性。塑性开始的温度约为 $0.5T_m$（T_m 为熔点温度）；由于开始塑性变形的温度很高，所以陶瓷具有较高的高温强度。

2.3.2.3　韧性或脆性

常温下陶瓷受载时都不发生塑性变形，在较低的应力作用下断裂，因此，韧性极低或脆性很高。陶瓷材料的断裂韧性值很低，大多数比金属材料低一个数量级以上，是典型的脆性材料，表现为在外力作用下会突然断裂，几乎没有先兆，如图 2.9 所示。断裂是材料的主要破坏形式。韧性是材料抵抗断裂的能力。断裂前有明显塑性变形的称为延性断裂（韧性）；反之，则为脆性断裂（脆断）。可以认为，材料承受外加应力的速率超过应力在材料中再分配的速率时，就会发生脆性断裂。陶瓷材料的这

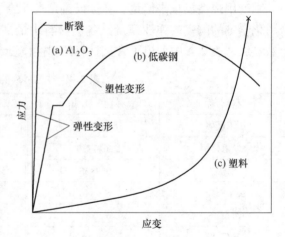

图 2.9　陶瓷与金属、塑料的应力-
应变曲线类型

种脆性首先是由其键性和晶体结构所决定的。组成陶瓷的化合物往往都有离子键和共价键。这些化学键不像金属键那样紧密排列，有许多空隙，难以引起位错的移动。加上共价键有方向性，使晶体结构复杂，晶体有较高的抗畸变和阻碍位错运动的能力。

此外，陶瓷的显微结构特征也是导致陶瓷呈现脆性的因素。陶瓷材料属多晶体，多相结构，其晶界会阻碍位移的通过，聚集的位移应力会引起裂纹形成。陶瓷坯体中的晶体大多是非等轴晶系，对称性低，各向异性强烈。而且，坯体中的玻璃相也是脆性的。这些情况都导致陶瓷呈脆性。

脆性断裂的宏观特征是断裂前无明显的塑性变形（永久变形），吸收的能量很少，而裂纹的扩展速度往往很快，接近音速。故脆性断裂无明显的征兆可寻，断裂是突然发生的，因而会引起严重的后果，对构件的使用是很危险的。因此人们研究断裂问题，着重于

脆性断裂，防止断裂一直是陶瓷材料的一个重要研究课题。陶瓷是一种多晶结构材料，其发生脆性断裂的方式包括穿晶断裂和延晶断裂两种，如图2.10所示。一般来说，发生延晶断裂的时候更多一些。晶间断裂时，裂纹扩展总是沿着消耗能量最小，即原子结合力最弱的区域进行。一般情况下，晶界不会开裂。发生晶间断裂，势必由于某种原因降低了晶界结合强度。这些原因大致有：晶界存在连续分布的脆性第二相；微量有害杂质元素在晶界上的偏离；或由于环境介质的作用损害了晶界，如氢脆、应力腐蚀、应力和高温的复合作用在晶界造成损伤。在采取补强措施时，需要根据具体情况加以考虑。图2.11所示为纳米粒子增强的两个例子。从断裂力学的观点看，提高强度降低脆性的方法是：减弱裂纹尖端的应力集中，提高抵抗裂纹扩展的能力。

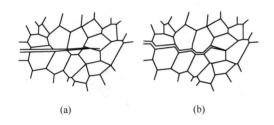

| (a) | (b) | (a) | (b) |

图2.10　多晶特种陶瓷的脆性断裂
（a）穿晶断裂（强晶界，弱晶粒）；
（b）延晶断裂（弱晶界，强晶粒）

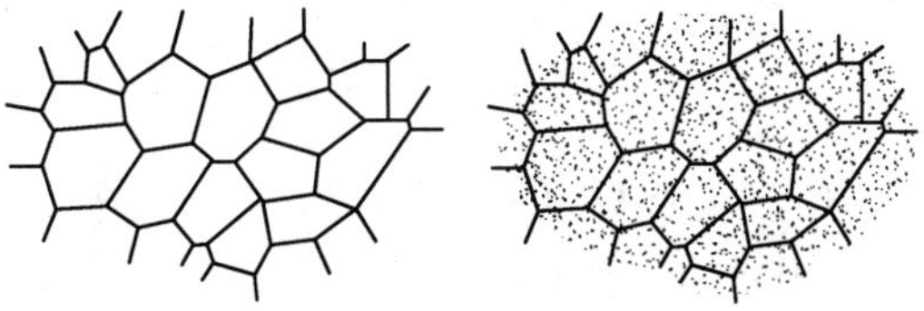

图2.11　提供纳米相增强体的两个例子
（a）纳米粒子偏析到晶界，并在晶界上生长，以帮助抵抗晶界的断裂；（b）纳米粒子遗留并分散到整个晶粒之内，以改进抵抗穿晶断裂的能力

2.3.2.4　强度

强度是指材料在外力作用下抵抗其破坏的性能。陶瓷材料的强度（strength），特别是用作高温结构材料的强度是材料力学性能的重要表征。由于陶瓷材料无塑性，陶瓷强度主要指它的断裂强度。对于脆性材料，拉伸试验时，由于上下夹头不可能完全同轴，会引起载荷偏心而产生附加弯矩，试样断裂往往发生在夹头处，测不出真实的抗拉强度，所以一般均采用弯曲试验。在规定的条件下对标准试样施加静弯曲力矩，取得直到试样折断为止的最大载荷 F_{max}，按照下式计算抗弯强度：

$$\sigma_t = 1.5F_{max}l_0/(bd^2) \tag{2.6}$$

式中，l_0，b 及 d 分别为试样的长、宽、厚，mm。

弯曲试验的加载方式有两种：三点弯曲和四点弯曲。后者有足够的均匀加载段，可较好地反映材料全面的品质。陶瓷弯曲试样的表面粗糙度和是否进行棱边倒角加工对抗弯强度带来较大影响。

A　理论结合强度

理论结合强度是指克服原子间的结合力将原子分离所需的最大应力。可用 Orowan 提出的正弦曲线来近似原子间约束力与原子间距离的变化关系，根据图2.12可得出式（2.7）：

$$\sigma = \sigma_{th}\sin\frac{2\pi x}{\lambda} \tag{2.7}$$

式中，x 为形变；σ 为原子间作用力；σ_{th} 为理论结合强度；λ 为正弦曲线的波长。

将材料拉断时，必须提供足够的能量来产生两个新表面，因此使单位面积的原子平面分开所做的功应等于产生两个单位面积的新表面所需的表面能 2γ。显然：

$$2\gamma = \int_{0}^{\frac{\lambda}{2}} \sin \frac{2\pi x}{\lambda} dx = \frac{\lambda \sigma_{th}}{\pi}$$

$$\sigma_{th} = \frac{2\pi\gamma}{\lambda} \qquad (2.8)$$

在原子平衡位置 0 附近区域，曲线可以用直线代替，服从胡克定律：

$$\sigma = E\varepsilon = \frac{x}{a}E \qquad (2.9)$$

式中，ε 为材料的应变；E 为弹性模量；a 为原子间距。当 x 很小时：

$$\sin \frac{2\pi x}{\lambda} \approx \frac{2\pi x}{\lambda} \qquad (2.10)$$

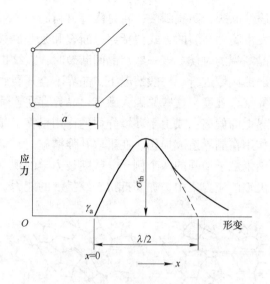

图 2.12　原子间约束力的合力曲线

将式（2.8）~式（2.10）代入式（2.7），可得材料理论结合强度的近似表达式为：

$$\sigma_{th} = \sqrt{\frac{E\gamma}{a}} \qquad (2.11)$$

可见理论结合强度只与弹性模量 E、表面能 γ 和原子间距 a 等材料常数有关。一般材料性能的典型数值为：$E = 300\ \text{GPa}$，$\gamma = 1\ \text{J/m}^3$，$a = 3 \times 10^{-10}\ \text{m}$，则根据式（2.11）算出：

$$\sigma_{th} = 30\ \text{GPa} \approx \frac{E}{10} \qquad (2.12)$$

要得到高强度的固体，就要求 E 和 γ 大，a 小。实际材料中，只有一些极细的纤维和晶须其强度接近理论强度值。例如，熔融石英纤维的强度可达 24.1 GPa，约为 $E/4$，碳化硅晶须强度 6.47 GPa，约为 $E/23$，氧化铝晶须强度为 15.2 GPa，约为 $E/33$。对尺寸较大的多晶陶瓷材料而言，实际强度比理论值低得多，为 $E/1000 \sim E/100$，表 2.5 中列出了几种典型陶瓷的弹性模量和强度值。而且实际材料强度总在一定范围内波动，即使是用同样材料在相同的条件下制成试件，强度值也有波动，一般尺寸越大强度越低。

1920 年 Griffith 通过对裂纹扩展的研究，发展了断裂理论，提出了微裂纹理论，后来经过不断的发展和补充，逐渐成为脆性断裂的主要理论基础。

表 2.5　几种典型陶瓷的弹性模量和强度

材料名称	弹性模量/GPa	强度/MPa
滑石瓷	69	138
莫来石瓷	72.4	107
氧化铝陶瓷（90%~95%Al₂O₃）	365.5	345
烧结氧化铝（约5%气孔率）	365.5	207~345
烧结尖晶石（约5%气孔率）	237.9	90

材料名称	弹性模量/GPa	强度/MPa
烧结碳化钛（约5%气孔率）	310.3	1103
烧结硅化钼（约5%气孔率）	406.9	690
热压碳化硼（约5%气孔率）	289.7	345
烧结氮化硼（约5%气孔率）	82.8	48~103

B 材料的裂纹断裂理论

Griffith 认为实际材料中总存在许多细小的固有微裂纹或缺陷，在外力的作用下，这些裂纹和缺陷附近就会产生应力集中现象，当应力达到一定程度时，裂纹就开始扩展，最终导致断裂。

Inglis 研究了具有孔洞的平板的应力集中问题，他认为：孔洞两端的应力几乎取决于孔洞的长度和端部的曲率半径，而与孔洞的形状无关。在一个大而薄的平板上，设有一穿透孔洞，不管孔洞是椭圆还是菱形的，只要孔洞的长度（$2c$）和端部曲率半径 ρ 不变，则孔洞端部的应力变化就不大。

Griffith 根据弹性理论求得孔洞端部的应力 σ_A 为：

$$\sigma_A = \sigma\left(1 + 2\sqrt{\frac{c}{\rho}}\right) \tag{2.13}$$

式中，σ 为外加应力。对于扁平的尖锐裂纹，有 $c \gg \rho$，则 $c/\rho \gg 1$，这时可忽略式中括号里的 1。同时 Orowan 注意到 ρ 是很小的，可近似认为与原子间距 a 的数量级相同，如图 2.13 所示，这样可将式（2.13）写成：

$$\sigma_A = 2\sigma\sqrt{\frac{c}{a}} \tag{2.14}$$

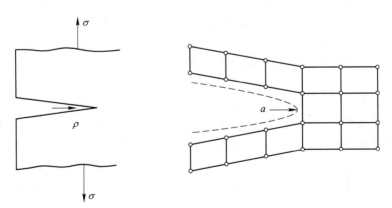

图 2.13 微裂纹端部的曲率对应于原子间距

当 σ_A 等于式（2.11）中的理论结合强度 σ_{th} 时，裂纹就被拉开而且迅速扩展，使 c 增大，σ_A 又进一步增加。如此恶性循环，材料很快就会断裂。裂纹扩展的临界条件是：

$$2\sigma\sqrt{\frac{c}{a}} = \sqrt{\frac{E\gamma}{a}} \tag{2.15}$$

在临界情况 $\sigma = \sigma_c$，可得

$$\sigma_c = \sqrt{\frac{E\gamma}{4c}} \tag{2.16}$$

对比式（2.11）和式（2.16）可知，裂纹的存在使得实际材料的断裂强度低于理论结合强度。

Griffith 也从能量角度研究了裂纹扩展的条件，当物体储存的弹性应变能下降大于等于因开裂形成两个新表面所需要的表面能时，裂纹就迅速扩展连接，导致材料整体断裂。反之，则裂纹不会扩展。并由此推导出了平面应力状态下材料的临界断裂强度为：

$$\sigma_c = \sqrt{\frac{2E\gamma}{\pi c}} \tag{2.17}$$

如果是平面应变状态，则

$$\sigma_c = \sqrt{\frac{2E\gamma}{(1-\mu^2)\pi c}} \tag{2.18}$$

μ 为材料的泊松比，这就是 Griffith 从能量角度分析得出的结果。式（2.17）和式（2.18）基本是一致的，只是系数稍有差别，而且和理论强度的式（2.11）很类似，只是原来的原子间距 a 被裂纹半长 c 所取代。可见，如果能控制裂纹长度和原子间距在同一数量级，就可使材料达到理论强度。虽然，这在实际中很难做到，但给我们指出了制备高强材料的努力方向，即 E 和 γ 要大，而裂纹尺寸要小。

Griffith 用刚拉制好的玻璃棒做实验，玻璃棒的弯曲强度为 6 GPa，在空气中放置几个小时后强度下降到 0.4 GPa。强度下降是由大气腐蚀所形成的表面裂纹造成的。还有人把石英玻璃纤维分割成几段不同的长度，对其弯曲强度进行测量发现，长度为 12 cm 时，强度为 275 MPa；长度为 0.6 cm 时，强度可达 760 MPa。由于试样长，含有危险裂纹的概率大，因而材料强度下降。其他形状试件也有类似的规律。大试件强度偏低，这就是所谓的尺寸效应。弯曲试件的强度比拉伸试件强度高，也是因为弯曲试件的横截面上只有一小部分受到最大拉应力的缘故。

Griffith 微裂纹理论能说明脆性断裂的本质——微裂纹扩展，且与试验相符，并能解释强度的尺寸效应。

C　显微结构与断裂强度的关系

从陶瓷材料强度的计算公式可知，陶瓷的强度决定于材料的弹性模量 E，断裂表面能 γ 和微裂纹尺寸的大小 $2c$。因此，所有影响 E、γ 和 c 的因素，如材料的化学组成、晶体结构类型、晶粒尺寸、气孔的大小形状和气孔率、微裂纹、玻璃相、夹杂、构件的大小形状、表面粗糙度、温度和加载条件等都会影响材料的强度。

a　晶粒尺寸

对于多晶陶瓷材料，大量的实验证明晶粒越细小，断裂强度越高，符合 Hall-Petch 关系：

$$\sigma_f = \sigma_\infty + kd^{-1/2} \tag{2.19}$$

式中，σ_∞ 为无限大晶粒的强度；k 为系数；d 为晶粒直径。

如果起始裂纹受晶粒限制，其尺寸将与晶粒度相当，晶粒越细小，初始裂纹尺寸就越

小，所以脆性断裂与晶粒度的关系可改写为：

$$\sigma_f = k_2 d^{-1/2} \tag{2.20}$$

晶粒越细小，材料中晶界比例越大。而事实上，晶界比晶粒内部结合弱，如多晶 Al_2O_3 晶粒内部的断裂表面能为 46 J/m^2，而晶界的表面能 γ_{int} 仅为 18 J/m^2。那么，结合能低的晶界比例越大，为何强度反而越高呢？这是因为材料沿晶界破坏时，裂纹扩展要走的道路迂回曲折，晶粒越细，裂纹路径越长，裂纹扩展时消耗的能量就会越高；加之裂纹表面上晶粒的桥接咬合作用还要消耗多余的能量。所以，细晶材料的断裂强度会上升。图 2.14 和图 2.15 分别给出了致密的多晶 MgO 和结晶玻璃的断裂强度随晶粒尺寸变化的情况，可见，随 d 值减小，断裂强度均显著提高。

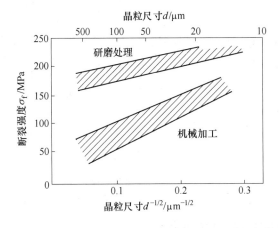

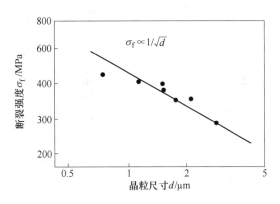

图 2.14　致密多晶 MgO 的断裂强度随晶粒尺寸的变化　　图 2.15　结晶玻璃的断裂强度随晶粒尺寸的变化

除晶粒尺寸外，晶粒的形状和分布也对材料强度有较大影响，例如在有棱角的晶粒周围会引起应力集中，产生局部的裂纹，使陶瓷材料强度下降；而柱状晶粒的存在，有利于材料断裂强度的提高。图 2.16 是含有 5% MgO 的热压氮化硅的抗弯强度与陶瓷中 α-氮化硅和 β-氮化硅比例的关系。在 a 点，α-氮化硅→β-氮化硅的相变较小，陶瓷基体由等轴型晶体构成，到 b 点时，α-氮化硅→β-氮化硅相变完全，陶瓷基体内主要是长柱形的 β-氮化硅晶粒，强度比 a 点时显著增高。这是由于长柱形晶粒相互间形成很好的机械接触和连接，增加了晶粒间的断裂应力。此外，长柱形 β-氮化硅晶体从坯体中拔出时要吸收能量并使断裂表面增大，因而强度提高。在 c 点，坯体仍由长柱状晶体构成，但其平均直径从 0.7 μm 增加到 0.87 μm，因而强度下降。

　b　气孔率

气孔是绝大多数陶瓷材料的主要组织缺陷类型之一，对于多孔陶瓷，气孔则是其中的主要功能性组织结构。气孔对陶瓷材料强度的影响很大。气孔的存在不仅直接降低负荷面积，而且在气孔邻近区域易产生应力集中，减弱材料的负荷能力。所以，随着气孔率增加，陶瓷材料的断裂强度将呈指数规律降低，下面就是最常用的 Ryskewitsch 经验公式：

$$\sigma_f = \sigma_0 \exp(-np) \tag{2.21}$$

式中，p 为气孔率；σ_0 为完全致密（即 $p=0$）时的强度；n 为常数，一般为 4~7。

据式（2.21）推断，当 $p=10\%$ 时，陶瓷的强度就将下降到无气孔时的一半。图 2.17 为 Al_2O_3 陶瓷的室温弯曲强度与气孔率之间的关系，实验值与预测值符合较好。对于开口气孔率为 80% 的多孔 Al_2O_3，其抗压强度则降为 3~4 MPa。表 2.6 为一些具有不同晶粒度和气孔率的陶瓷强度。另外，气孔大小、形状和孔壁与孔筋的结构等也会影响材料的强度，通常气孔多存在于晶界上，这是特别有害的，它往往成为裂纹源。

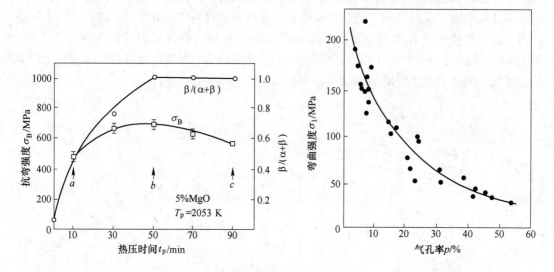

图 2.16　含有 5%MgO 的热压氮化硅的抗弯强度与陶瓷中 α-氮化硅和 β-氮化硅比例的关系

图 2.17　Al_2O_3 陶瓷室温弯曲强度与气孔率之间的关系

表 2.6　一些具有不同晶粒度和气孔率的陶瓷强度

材　料	晶粒尺寸 $d/\mu m$	气孔率/%	强度/MPa
高铝砖（99.2%Al_2O_3）	—	24	13.5
烧结（99.8%Al_2O_3）	48	约 0	266
热压（99.9%Al_2O_3）	3	<0.15	500
热压（99.9%Al_2O_3）	<1	约 0	900
单晶（99.9%Al_2O_3）	—	0	2000
烧结 MgO	20	1.1	70
热压 MgO	<1	约 0	340
单晶 MgO	—	0	1300

对于多孔材料，气孔是其重要组成部分，如陶瓷过滤器、保温材料等，这类材料在应用时，希望在保证气孔率的情况下，具有足够的强度。这时就要求气孔在材料中的分布尽可能均匀，陶瓷骨架结构强度尽可能高。如三维连通的网孔羟基磷灰石支架，该材料具有较好的生物相容性，但抗压强度低是急需解决的问题。针对网孔结构在受力时易产生应力集中的问题，通过改变制备工艺，得到了球形孔结构，该结构有利于细胞生长，同时在承载时可以有效地分散应力，减少应力集中，提高支架的生物相容性和力学相容性。

c 晶界相

陶瓷材料在烧结时大都要加入助烧剂，以形成一定量的低熔点相，起黏结剂的作用，消除气孔促进致密化。烧结完毕这些低熔点相便在晶界或角隅处遗留下来形成晶界相。另外，材料在制备过程中的成分偏析也会导致晶界相的产生。图 2.18 为混合导体材料 $BaCo_{0.7}Fe_{0.3}O_3$ 在引入不同掺杂元素时，材料内的晶界情况，掺杂 Sn 时晶界清晰，而掺杂 In 时晶界宽，有偏析现象。晶界相的成分、性质和数量（厚度）对强度有很大影响，晶界相由于富含杂质或多为非晶态，一般情况下其断裂表面能低、强度低、质脆。故它们的存在对强度不利，尤其晶界玻璃相，因熔点较低，耐热性差，会显著降低陶瓷材料的高温强度。通过适当的热处理使晶界相结晶化，是提高材料强度的重要手段之一。

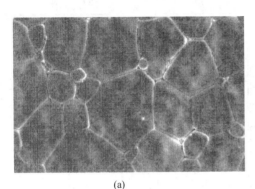
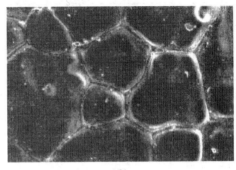

(a)　　　　　　　　　　　　　　(b)

图 2.18 $BaCo_{0.7}Fe_{0.3}O_3$ 混合导体在 Fe 位引入少量 Sn 和 In 时的晶界结构变化

（a）引入 Sn；（b）引入 In

2.3.2.5 硬度

硬度是材料的另一重要力学性能，和刚度一样，硬度也决定于化学键的强度，所以陶瓷材料也是各类材料中硬度最高的，这是它的一大特点。例如，各种陶瓷的硬度多为 $1000\sim5000$ N/mm^2，淬火钢的硬度为 $500\sim800$ N/mm^2，高聚物最硬不超过 20 N/mm^2。表 2.7 为一些常见材料的硬度。

表 2.7 常见材料的硬度

材料名称	硬度（HV)/N·mm^{-2}	材料名称	硬度（HV)/N·mm^{-2}
橡胶	很低	氧化铝	约 1500
塑料	约 17	碳化钛	约 3000
镁合金	$30\sim40$	金刚石	$6000\sim10000$
铝合金	约 170		

实际应用中，由于测量方法不同，测得的硬度会有所差异。陶瓷、矿物材料常用莫氏硬度和维氏硬度来衡量材料抵抗破坏的能力。一般莫氏硬度分为 10 级，后来因为有一些人工合成的硬度大的材料出现，又将莫氏硬度分为 15 级以便比较，表 2.8 为 10 级和 15 级莫氏硬度分级顺序。

表 2.8 莫氏硬度表

顺序	材 料	顺序	材 料
1	滑石	1	滑石
2	石膏	2	石膏
3	方解石	3	方解石
4	萤石	4	萤石
5	磷灰石	5	磷灰石
6	正长石	6	正长石
7	石英	7	SiO_2 玻璃
8	黄玉	8	石英
9	刚玉	9	黄玉
10	金刚石	10	石榴石
		11	熔融氧化锆
		12	刚玉
		13	碳化硅
		14	碳化硼
		15	金刚石

陶瓷材料的硬度取决于其组成和结构。组成陶瓷材料中主晶相的阳离子半径越小，离子电价越高，配位数越大，结合能就越大，抵抗外力摩擦、刻划和压入的能力也就越强，所以，硬度就越大。陶瓷材料的显微组织、裂纹、杂质等都对硬度有影响。另外，陶瓷的硬度随温度的升高而降低，但在高温下仍有较高的数值。

2.3.2.6 耐磨性

耐磨性是抵抗磨损的性能指标，可用磨损量表示。磨损量越小，则耐磨性越高。磨损量可用试样磨损表面法线方向的尺寸减小来表示，也可用试样体积或质量损失来表示。前者称为线磨损，后者称为体积磨损或质量磨损。

材料的耐磨性与其本身的价键特性和显微结构有密切关系。一般情况下，共价键的材料具有较高的耐磨性，结构致密、晶粒细小的材料表现出较好的耐磨特性。在实际应用中，一般都希望磨损量越少越好，这不仅可以提高使用寿命，同时可以减小磨损物对组分带来的影响。

2.3.2.7 高温力学性能

先进结构的陶瓷材料最大的优势就是其高温强度比金属材料要高得多，例如高纯度 Si_3N_4，在 1440 ℃下仍表现出优异的抗裂纹扩展阻力和蠕变抗力。因此陶瓷是发动机耐热部件理想的候选材料。对于不含玻璃相的陶瓷，其高温强度主要与扩散有关，而对于含玻璃相的陶瓷，其高温强度主要受玻璃相控制。

A 高温强度

陶瓷材料在高温和低温时的力学性能有很大不同，见表 2.9。陶瓷材料在不同温度条件下的应力-应变曲线如图 2.19 所示。可以看出，在低温和高温下，应力-应变曲线明显不同。低温区内强度随温度变化很小，断裂前无塑性变形，断裂是脆性的，中温区由于外力和温度的作用，材料内发生不可逆转的微观位移，断裂前有了塑性变形，强度随温度下降得快，但断裂仍具脆性特征，在高温下，弹性变形抗力指标 E 和屈服强度明显降低，并发生了明显的塑性变形。加载速度越小，塑性变形量越大。陶瓷在某一较高温度可能由脆性转变为塑性，一般温度为 $0.5T_m$ 左右。

表 2.9　陶瓷材料在高温和低温时的性能

温度	性质	例子	单晶体行为	多晶体行为
低温	脆性	Al_2O_3	弹性变形→断裂	弹性区→断裂
	半脆性	MgO	塑性	
高温	半脆性	Al_2O_3（大于 1200 ℃）	塑性蠕变（位错移动）	高塑性蠕变（空穴移动、晶界移动）
	塑性	MgO（大于 1800 ℃）	高塑性蠕变（位错移动）	高塑性流动（粒界潜移、晶界移动）

　　并不是所有的陶瓷强度与温度都有这样的关系，影响高温强度的因素包括：

　　（1）结构相的性质。一般说来，离子键陶瓷高温强度比共价键陶瓷低一些，高温下坯体的杂质玻璃相会出现较大塑性导致变形，强度急剧降低，对多晶陶瓷，高温强度很大程度上取决于晶界的高温性质。

　　（2）气孔率及微裂纹。气孔增多必然导致高温强度降低。而在高温下，由于裂纹尖端的钝化等原因，使陶瓷材料（特别含较多玻璃相的材料）对裂纹和微缺陷的敏感性降低，这主要体现在对断裂韧性的影响上。

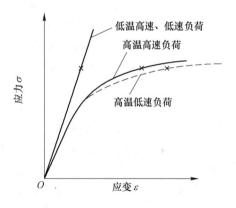

图 2.19　陶瓷材料的
应力-应变曲线

　　（3）晶粒尺寸和形状。晶粒直径小则质点移动容易，变形速度大，高温强度下降剧烈，晶粒形状的影响尚无定论，一般来说，各向异性明显的晶粒所构成的烧结体强度都高。

　　（4）温度对强度的影响。材料不同，强度随温度的变化也不一致。其断裂机制由低温下的脆性断裂转变为高温下的韧性断裂，因此具有一定的脆-韧转变温度。有的陶瓷材料，如 Al_2O_3、SiC 等其强度在温度的变化过程中，特别在脆-韧转变温度附近有所回升，形成峰值。形成峰值的原因主要是玻璃相的结晶化和裂纹尖端的应力松弛。由于玻璃相的存在降低了其高温强度，从这个角度来讲，在制备材料时应尽量不用或少用添加剂，但添加剂又能促进烧结和致密化。为了解决这个矛盾，提高陶瓷材料的高温强度，大都采用两个方法：提高非晶相的软化点或通过热处理促进非晶相的结晶化。

　　改变晶界状态可以提高陶瓷高温强度：（1）提高晶界玻璃相的高温黏度和软化温度；（2）选用能与主晶相形成固溶体的添加剂；（3）促使晶界晶化以提高其软化温度；

（4）通过氧化扩散，改变晶界组成。

　　B　高温蠕变

　　蠕变（creep）是在恒定应力作用下，材料随时间的变化而表现出缓慢和持续的形变过程，一般随时间的增加而逐渐增加。蠕变是一种塑性变形，陶瓷材料的塑性很小，常温下陶瓷几乎不存在蠕变问题，高温下陶瓷的塑性有所增加，转化为半塑性，材料会发生不同程度的蠕变。陶瓷发生蠕变的温度大约在材料熔点温度的一半。

　　一般来说，不同材料在不同温度或负载下的蠕变曲线不尽相同，典型的陶瓷蠕变应变与时间的关系曲线可分为三个阶段，紧接着瞬时的弹性变形之后的第Ⅰ阶段是减速蠕变阶段，第Ⅱ阶段为稳态蠕变阶段，第Ⅲ阶段为最终导致断裂的加速蠕变阶段，如图 2.20 所示。

　　在第Ⅰ阶段，高温蠕变除了受温度、外加应力和环境等外在因素的影响外，与材料的成分和晶体结构、显微结构和晶体缺陷、气孔率、晶粒尺寸、晶界组成和形状等有关，如气孔率高的材料蠕变速率也快。这个阶段也称为初期蠕变或瞬态蠕变，这一阶段的蠕变速率较大，但随时间的增加，蠕变速率的改变量有所减少，只有在蠕变开始的很短时间内为弹性区。

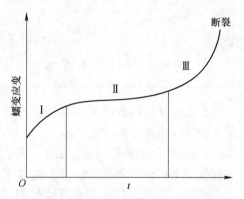

图 2.20　陶瓷材料高温蠕变的三个阶段

　　第Ⅱ阶段为稳态蠕变，蠕变应变随时间变化率基本上保持不变，为恒速蠕变阶段。

　　第Ⅲ阶段的蠕变应变随时间增加得很快，最后使材料达到蠕变断裂。在这个阶段，材料因损伤积累引起内部空穴或裂纹的形核和长大。材料的蠕变与温度和应变速率紧密相关，表征蠕变特征最常用的是蠕变速率和达到蠕变破坏的时间。通常认为陶瓷和金属的高温蠕变机制基本雷同，只是陶瓷材料的蠕变机制比金属材料更加复杂。晶内位错滑移和攀移及晶界滑动和迁移为多晶陶瓷材料在高温下蠕变的主要方式，但目前对有些机制还不甚理解。

　　陶瓷材料的塑性蠕变不太重要，蠕变形式主要为扩散蠕变（晶界机理）和位错蠕变（晶格机理），两者均引起晶界滑动和晶粒形状改变。一般的，塑性蠕变与应力成正比，扩散蠕变与扩散路径（约为晶粒的平均尺寸）的 n 次幂成正比（体积扩散时 $n=2$，临界扩散时 $n=3$），而位错蠕变与应力的 m 次幂成正比。由于陶瓷材料中位错难以形成和滑移，因此对扩散蠕变机制的研究比对位错蠕变显得更为重要。

　　总体上说，影响陶瓷蠕变的因素有：应力、时间、温度、晶粒尺寸和形状、晶粒长大、微结构、晶界体积分数以及晶界上玻璃相的黏滞性等。

　　C　超塑性

　　和金属与合金材料一样，陶瓷材料在合适的应变和温度下也会呈现超塑性（super plasticity）。一般认为组织超塑性需要具备三个条件：（1）细小（小于 10 μm）等轴晶粒，在变形时形态稳定，一般为两相组织；（2）温度大于 $T_m/2$，T_m 为熔点温度，为固态扩散过程；（3）应变速率为 $10^{-6} \sim 10^{-2}$ s^{-1}，即要求应变速率敏感性指数大。超塑性的发生及程度与材料的晶粒大小和形态、晶粒转动、长大和重组、晶界和相界迁移、滑动等微观形态有关。

超塑性通常分为相变超塑性与组织超塑性两类。前者是陶瓷在承载时，由温度循环产生相变而导致材料得到超塑性，后者是依靠特定的组织结构在恒定应变速率下得到超塑性。1986 年 Wakai 等报道在 0.3 μm 细晶粒 Y-TZP 上得到大于 100% 的延伸率，之后又发现其他陶瓷材料，如氧化铝、羟基磷灰石、Si_3N_4 以及 ZrO_2/莫来石、Si_3N_4/SiC 等在单轴或双轴拉伸下也有超塑性。十余年来，细晶粒陶瓷超塑性的研究非常活跃，这种组织超塑性也称为细晶粒超塑性或微晶超塑性，事实上，许多细晶陶瓷在提高温度后可以具有超塑性，包括各种氧化物和非氧化物。

有关陶瓷材料超塑性的机制目前尚没有研究清楚，对其解释有界面扩散蠕变和扩散范性机制以及晶界迁移和黏滞流变机制。前者认为超塑性主要来源于晶界原子的扩散流变，后者着重研究正离子掺杂在界面偏聚和对界面的钉扎作用，以减少界面的流动性和防止在形变过程中晶粒的动态长大，有利于提高陶瓷材料的超塑性。但两种机制对解释超塑性机理都有不足之处。此外，由于细晶和粗晶的晶界迁移机制有区别，一般认为，纳米晶只需依靠扩散实现超塑性，而微米晶则需要位错传播和晶界扩散两者的作用。

陶瓷超塑性要求材料中界面数量达到一个临界值，气孔含量足够低，以保证材料具有一定的强度。一般认为，陶瓷材料能够表现超塑性的晶粒尺寸大小为 $0.2 \sim 0.5$ μm，界面的体积为 $0.5\% \sim 1\%$。界面的流变性是超塑性存在的重要条件，因为只有当界面中原子的扩散能力很强，扩散速率大于形变速率时，界面才能表现出塑性的特点。此外，低界面能材料在拉伸过程中仅仅是界面内原子的流动和界面的流变，而不发生晶粒的长大。而孔洞、微裂纹等界面缺陷会造成界面结构的不连续性，不利于界面的黏滞流动和超塑性的产生。

图 2.21 为不同晶粒尺寸 TZP 多晶材料在 1400 ℃ 的应力-应变曲线，应变速率为 1.3×10^{-4} s^{-1}。由图 2.21 可见，随晶粒尺寸减小，流变应力也变小，材料的延伸率增加。当然，在超塑性变形的过程中也会伴随有晶粒长大。

制备复相陶瓷可能会得到更好的超塑性，1988 年 Nich 等在四方 ZrO_2 中添加 Y_2O_3 后，材料的超塑性达到 800%。2002 年日本材料科学研究所研制出由 ZrO_2、镁铝酸盐尖晶石和 Al_2O_3 微细颗粒组成的陶瓷复合材料，在 900 ℃ 下加热 25 s，其超塑性可超过 1000%。

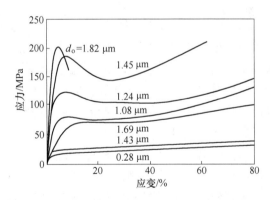

图 2.21 不同晶粒尺寸 TZP 的应力-应变曲线

纳米材料在烧结过程中的致密速度快，烧结温度低，有良好的界面延展性，这种材料将会成为超塑性陶瓷研究的主体。此外，微晶玻璃是采用大积分数（95% ~ 99%）分布均匀的微细颗粒（粒径小于 1 μm）和少量残余玻璃相组成的无孔复合体，这种材料具有极好的塑性和低的线膨胀系数。

材料的超塑性与温度密切相关，图 2.22 为 TZP+Si 的质量分数为 5% 的应力-应变曲线。可以看出，温度超过 1200 ℃后，材料出现了明显的超塑性，并随温度升高，延伸率也增大。此外，流变应力随应变速率的增加而增加，在相同的流变应变速率下，流变应力随温度的增加而减小，如图 2.23 所示。

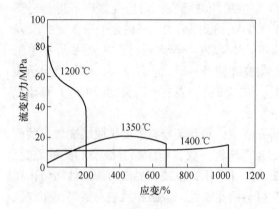

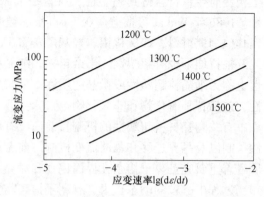

图 2.22　TZP 材料的应力-应变曲线　　　图 2.23　应变速率对 TZP 多晶材料流变应力的影响

超塑性也可以看作高温下的微观变形，它与蠕变密切关系。应变速率可表示为：

$$\varepsilon = \frac{CD_0 Gb}{kT}\left(\frac{b}{d}\right)^r \left(\frac{\sigma}{G}\right)^p \exp\left(-\frac{Q}{kT}\right) \tag{2.22}$$

式中，C 为与微结构及机理有关的常数；D_0 为扩散系数；G 为剪切模量；b 为位错 burgers 矢量的大小；d 为晶粒尺寸；r 为晶粒尺寸倒数指数；p 为应变速率的应力系数；Q 为扩散激活能；k 为 Boltzmann 常数；T 为温度。

2.3.3　热学性能

由于陶瓷材料和制品往往应用于不同的温度环境中，很多使用场合还对它们的热学性能有着特定的要求，因此，热学性能也是陶瓷材料的基本性质之一。表征陶瓷制品最重要的热学性能有热稳定性、热传导性和线膨胀系数等。

2.3.3.1　导热性

陶瓷材料传热通常以三种形式进行：陶瓷中的固相以传导方式传热；含有气相的陶瓷可能有小部分的热量通过其内部运动着的气体以对流的方式传热；更高的温度下以辐射方式通过气孔传热。由于几乎没有自由电子参与传热，陶瓷的导热性比金属差。

陶瓷的导热性能与瓷坯中的晶相和玻璃相的组成及孔隙率的大小等因素有关，如图 2.24和图 2.25 所示。其中石墨和 BeO 具有最高的热导率，低温时接近金属铂的热导率。致密稳定

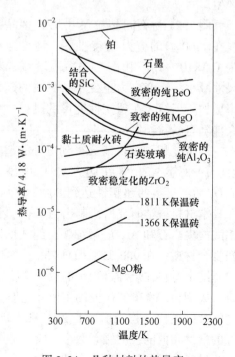

图 2.24　几种材料的热导率

化的 ZrO_2 的热导率相当低。陶瓷中的气孔对传热也是不利的,陶瓷多为较好的绝热材料。气孔率大的材料具有更低的热导率,而粉状材料的热导率则极低,具有最好的保温性能。气孔的大小与形状对导热性能影响不大。但是,当孔隙率一定时,气孔的取向却对热导率有重要的影响。导热性对陶瓷制品的热稳定性有很大的影响。

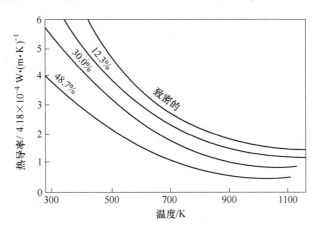

图 2.25 气孔率对 Al_2O_3 瓷热导率的影响

2.3.3.2 热膨胀

热膨胀是温度升高时物质原子振动振幅增加及原子间距增大所导致的长度、面积、体积增大现象。表征物质热膨胀性质的物理量是线膨胀系数。固体材料热膨胀的本质在于晶格点阵的非简谐振动,晶格振动中相邻质点间的作用力实际上是非线性的。陶瓷的线膨胀系数的大小与晶体结构和结合键强度密切相关。一般结构紧密的晶体比结构疏松的晶体线膨胀系数大,如 MgO、BeO、Al_2O_3、$MgAl_2O_4$ 都是氧紧密堆积结构,都具有相当大的线膨胀系数,这是由于氧离子接触,相互热振动导致线膨胀系数增大。键强度高的材料其线膨胀系数很低,如金刚石、碳化硅等具有较高键强度的物质,其线膨胀系数就较小。表2.10 中列出了一些陶瓷材料的平均线膨胀系数。

表 2.10 几种陶瓷材料的平均线膨胀系数

材料名称	平均线膨胀系数 (20~700 ℃)/K^{-1}	材料名称	平均线膨胀系数 (20~700 ℃)/K^{-1}
Al_2O_3 瓷	8.6×10^{-6}	电瓷	$(3.5 \sim 4.0) \times 10^{-6}$
BeO 瓷	9.0×10^{-6}	刚玉瓷	$(5.0 \sim 5.5) \times 10^{-6}$
MgO 瓷	13.5×10^{-6}	硬质瓷	6×10^{-6}
莫来石	5.3×10^{-6}	滑石瓷	$(7 \sim 9) \times 10^{-6}$
尖晶石	7.5×10^{-6}	金红石瓷	$(7 \sim 8) \times 10^{-6}$
SiC	4.7×10^{-6}	日用瓷	$(4.0 \sim 5.0) \times 10^{-6}$
ZrO_2	10.0×10^{-6}	软质瓷	$(5.5 \sim 6.2) \times 10^{-6}$

对于由多晶体或晶相与玻璃相组成的陶瓷,由于各相的线膨胀系数不同,在烧成后冷却过程中可能会产生内应力。实际应用时可以有意识地利用这种特性,如选择线膨胀系数

比坯体小的釉层，使烧成一定厚度的陶瓷制品在冷却过程中表面釉层的收缩比坯体小，从而使釉层存在分布均匀的压应力以提高脆性力学强度。

2.3.3.3　热稳定性

热稳定性就是抗热震性，可衡量陶瓷在不同温度范围波动时的寿命，一般是指材料承受温度的急剧变化而不致碎裂破坏的能力。材料在加工和使用中的抗温度起伏的热冲击破坏有两种类型：一是抵抗材料在热冲击下发生瞬时断裂的抗热冲击断裂性，即热震断裂；二是抵抗材料在热冲击循环作用下开裂、剥落直至碎裂或变质的抗热冲击损伤性，即热震损伤。

材料在未改变外力作用状态时，仅因热冲击而在材料内部产生的内应力称为热应力。具有不同线膨胀系数的多相复合材料，由于各相膨胀或收缩的相互牵制会产生热应力；各相同性材料由于材料中存在温度梯度也会产生热应力。

陶瓷材料具有耐高温、耐磨损、耐腐蚀等优点，但塑韧性差，不耐冲击和难加工又是它致命的缺点。作为工程陶瓷构件，特别是高温结构件，尽管人们在设计与使用中应当避免承受较大的机械应力和冲击应力，实际上工程陶瓷构件主要用于高温领域。由于温度急剧变化引起的热冲击应力很大，如果材料具有塑性，可以消减应力峰，缓和应力集中，吸收冲击功，防止裂纹的萌生与扩展。陶瓷材料不仅几乎没有塑性，加上陶瓷一般导热差，温度变化引起的应力梯度大；因此，热冲击断裂与损伤是工程陶瓷材料失效的主要方式之一，也是评价工程陶瓷材料使用性能的一种重要性能指标。

实际材料或制品的热稳定性，一般采用直接测定方法，如对于高电压绝缘瓷子等复杂形状制品，一般在比使用条件更严格的条件下，直接采用制品进行测验；日用瓷常用一定规格的试样，加热到某一温度，然后置于常温下的流动水中急冷，并逐次升高温度且重复急冷，直至观测到试样产生龟裂，则以龟裂前一次的加热温度来表征其热稳定性；对于高温陶瓷则在加热到一定温度后，在水中急冷，再测其抗弯强度的损失率来评价其热稳定性。

材料的热冲击（或热震）抗力不仅取决于材料的力学性能和热学性能，还与构件的几何形状、环境介质、受热方式等诸多因素有关，它是上述诸因素的综合反映，这给陶瓷热冲击抗力的理论与实验评价带来严重困难。

2.3.3.4　热震断裂

热震断裂是指当材料固有强度不足以抵抗热冲击温差 ΔT 引起的热应力而产生的材料瞬时断裂。热震断裂理论基于热弹性理论，以热应力和材料固有强度 σ 之间的平衡条件作为热震断裂的判据。当温度急变引起的热冲击应力超过了材料的固有强度，则发生瞬时断裂，即热震断裂。由于热冲击产生的瞬态热应力比正常情况下的热应力要大得多，它是以极大的速度和冲击形式作用在物体上，所以也称热冲击。对于无任何边界约束的试件，热应力的产生是试件表面和内部温度场瞬态不均匀分布造成的。当试件受到一个急冷温差 ΔT 时，在初始瞬间，表面收缩为 $\alpha \Delta T$，其中 α 为线膨胀系数，而内层还未冷却收缩，于是表面层受到一个来自里层的拉（张）力，而内层受到来自表面的压应力。试件内、外温差随时间的增长而变小，表面热应力也随之减小；相反，若试件受急热，则表面受到瞬态压应力，内层受到拉应力。由于脆性材料表面受拉应力比受压应力更容易引起破坏，所以陶瓷材料的急冷比急热更危险。对于气孔率很小的精细陶瓷，必须避免热应力裂纹的

形成和热冲击应力产生的瞬时快速断裂。陶瓷材料应同时具有高的强度、低的弹性模量和低的线膨胀系数，才能得到高的热震断裂抗力。

2.3.3.5 热震损伤

材料的热震损伤是指在热冲击应力作用下，材料出现开裂、剥落，直至碎裂或整体断裂的热损伤过程。热震损伤理论基于断裂力学理论，分析材料在温度变化条件下的裂纹成核、扩展及抑制等动态过程，以热弹性应变能 W 和材料的断裂能 U 之间的平衡条件作为热震损伤的判据：$W \geqslant U$。当热应力导致的储存于材料中的应变能 W 足以支付裂纹成核和扩展而新生表面所需的能量 U，裂纹就形成和扩展。抗热震损伤性能好的材料应该具有尽可能高的弹性模量，断裂表面能和尽可能低的强度。不难看出，这些要求正好与高热震断裂抗力的要求相反。或者说，要提高材料的热震损伤抗力应当尽可能提高材料的断裂韧性，降低材料强度。实际上，陶瓷材料中不可避免地存在或大或小数量不等的微裂纹或气孔，在热震环境中出现的微裂纹也不总是导致材料立即断裂，例如气孔率为10%~20%的非致密性陶瓷中的热震裂纹往往受到气孔的抑制。这里气孔的存在不仅起着钝化裂纹尖端，减小应力集中作用，而且促使热导率下降而起隔热作用；相反，致密高强陶瓷在热震作用下则易发生炸裂。热冲击对陶瓷材料的损伤主要体现在强度衰减上。一般情况下，陶瓷材料受到热冲击后，残余强度的衰减反映了该材料的抗热冲击性能。

最常见的热震方法是把陶瓷试样直接从高温落（淬）入室温的水中（水冷）或落入空气中（空冷），然后测试它的强度衰减量或找出强度不产生大幅度下降的临界温差。在工程应用中，陶瓷构件的失效分析是十分重要的。如果材料的失效主要是热震断裂，例如对高强、致密的精细陶瓷，则裂纹的萌生起主导作用。为了防止热震失效，应该提高热震断裂抗力即应致力于提高材料的强度，并降低它的弹性模量和线膨胀系数。若导致热震失效的主要因素是热震损坏，这时裂纹的扩展起主要作用，例如非致密性陶瓷件（工业 SiC 窑具、陶瓷蓄热器、陶瓷高温过滤器等），这时应当设法提高断裂韧性，降低强度。

2.3.3.6 影响陶瓷抗热震性的主要因素

陶瓷材料的抗热震性是其力学性能和热学性能的综合表现，因此一些热学和力学参数，如线膨胀系数、热导率、弹性模量、断裂能是影响陶瓷抗热震性的主要参数。

（1）线膨胀系数。众所周知，固体材料的线膨胀是由于原子热振动而引起，晶体中的平衡间距由原子间的势能所决定，温度升高则原子的振动加剧，原子间距的相应扩大就呈现出宏观的线膨胀。密堆积的离子键氧化物，如 Al_2O_3、MgO 等，具有较高的线膨胀系数，其线膨胀系数随温度升高而略有增大。大部分硅酸盐晶体，如堇青石、锂霞石等，由于晶体中原子堆积较松，其线膨胀系数较低，抗热震性较好。共价键晶体，如 SiC 等，虽然其晶体中原子紧密堆积，但由于具有高的价键方向性和较大的键强度，晶格振动需要更大的能量，因而其线膨胀系数较小；因此，共价键晶体线膨胀系数比离子晶体低。为了改善陶瓷材料的抗热震性，应该选择线膨胀系数较小的组分。

（2）热导率。热震性好的陶瓷材料，一般应具有较高的热导率。

（3）弹性模量。热应力是弹性模量的增值函数，由于陶瓷材料的弹性模量比较高，其所产生的热应力也较高。一般弹性模量随原子价的增多和原子半径的减小而提高，因此选择适当的化学组分是控制陶瓷材料弹性模量的一个途径。前面讨论陶瓷材料的弹性模量 E 随气孔率的增大而减小，因此为了提高陶瓷的抗热震性，应增大气孔率，降低弹性模量。

（4）断裂能。断裂表面能是决定材料强度和断裂韧性的重要因素，无论是抗热震断裂、抗热震损伤参数均是断裂能的增值函数。因此凡是提高断裂能的材料组分、显微结构等均可提高陶瓷材料的抗热震性。

2.3.4　电学性能

陶瓷的电学性能用比体积电阻（电阻率）、介电常数、介质损耗等参数来表征。

2.3.4.1　导电性

陶瓷材料一般情况下没有自由活动的电子，电导率比较低。例如，瓷器在室温下 $\sigma <$ 10^{-13} S/m，因此，大多数陶瓷是良好的绝缘体。

陶瓷材料一般都包含晶相及玻璃相，对相同组成的物质，一般结构完整的较大晶体比玻璃相和微晶相的电导率要低，这是因为玻璃相结构疏松，微晶相的缺陷较多，它们的活化能都比较低。陶瓷坯体中数量最多的主晶相通常是熔点较高的矿物，而全部低熔点物质几乎都进入玻璃相，玻璃相填补了坯体晶粒间空隙并形成连续的网络。因此，玻璃相是漏导的主要矛盾。陶瓷材料的电导问题基本上就是坯体中玻璃相的电导问题。如几乎不含玻璃相的刚玉瓷，其绝缘电阻很高，而玻璃相含量高的绝缘子瓷的电阻却比较低。

陶瓷材料绝非仅可作绝缘材料。随着材料科学的发展，某些陶瓷材料的半导性及导电性已被人们发现，并被制成各种半导体陶瓷及导电陶瓷，它们具有普通半导体材料及导电材料所不可比拟的优良特性，如化学稳定性好、耐高温以及特殊的功能性能。

2.3.4.2　介电性

绝缘材料在实际使用中，除了导电性外，介电性也是非常重要的。在电容器陶瓷中加入电介质可以提高它的容量。电荷的迁移或极化是形成陶瓷介电性的原因。其极化形式有：离子极化、松弛极化、高介晶体极化、谐振极化、夹层式极化和高压式极化、自发极化等，而最重要的是离子极化。在电场中离子易于离开它的平衡位置，易于极化的离子的电子层与核相对发生变形，出现电子极化。

电介质材料在电场作用下的极化行为或储存电荷能力的大小用介电常数 ε 来表征。在交流电场中频率增高时，离子的移动跟不上电场的变化，因此，介电常数随着频率的增高而降低。提高温度时，离子的活动性增大，因而特别在低频率时，ε 增大。电介质的极化率与频率的关系如图 2.26 所示。

任何电介质在电场作用下，或多或少地把部分电能转变成热能使介质发热。当电介质在电场作用下，单位时间内因发热而消耗的能量称为电介质的损耗功率或简称介质损耗，用损

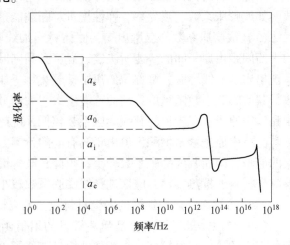

图 2.26　电介质的极化率与频率的关系示意图

耗角正切 tanδ 表示。介质损耗是所有应用于交流电场中电介质的重要指标之一。介质损

耗不但消耗了电能而且由于温度上升可能影响元器件的正常工作，介质损耗严重时，甚至会引起介质的过热而破坏绝缘性质。

陶瓷材料的介质损耗主要来源于电导损耗，松弛质点的极化损耗及结构损耗。此外，陶瓷材料表面气孔吸附水分及油污、灰尘等造成表面电导，也会引起较大的损耗。对于以结构紧密的离子晶体为主晶相的陶瓷材料来说，损耗主要来源于玻璃相。有时为了改善某些陶瓷的工艺性能，往往在配方中引入一些易熔物质而形成玻璃相，使介质损耗增大。如滑石瓷、尖晶石瓷随着黏土含量的增加其损耗也增大。而有些陶瓷介质损耗较大，主要是由于主晶相结构不紧密或者生成了缺陷固溶体，造成松弛极化损耗，如堇青石瓷，在还原气氛中烧成的含钛陶瓷灯。表 2.11 为一些陶瓷材料的介电常数和介质损耗。

表 2.11 陶瓷材料的介电常数和介质损耗

材料名称	介电常数 ε（50 Hz）	材料名称	介质损耗 $\tan\delta$（10^6 Hz）
钛酸钡瓷	1000	莫来石瓷	$(30\sim40)\times10^{-4}$
钛酸钙瓷	130	钡长石瓷	$(2\sim4)\times10^{-4}$
硬质瓷	5.2~7.0	刚玉瓷	$(3\sim5)\times10^{-4}$
普通电瓷	5.5~6.0	滑石瓷	$(3\sim6)\times10^{-4}$
高强度电瓷	6.3~7.0	金红石瓷	$(4\sim5)\times10^{-4}$
细瓷	5.2~6.3	钛酸钙瓷	$(3\sim4)\times10^{-4}$
刚玉瓷	7.3~11.0	钛酸锆瓷	$(3\sim4)\times10^{-4}$
玻璃陶瓷	5.0~6.6	镁橄榄石瓷	$(3\sim4)\times10^{-4}$

2.3.5 其他性能

2.3.5.1 磁性能

陶瓷的磁特性与其介电特性相类似，许多陶瓷材料包含有单元磁偶极子，在外磁场作用下，磁偶极子沿磁场方向排列。磁性材料一般可分为磁化率为负的抗磁体材料和磁化率为正的顺磁体材料。

陶瓷材料的磁化率与其化学组成、微观组织结构和内应力等因素有关。陶瓷材料的大多数原子是抗磁性的，抗磁性物质的原子（离子）不存在永久磁矩，当其受外磁场作用时，电子轨道发生改变，产生与外磁场方向相反的磁矩，而表现出抗磁性。这类物质的磁化率一般都很小，约为 10^{-5}。

2.3.5.2 光学性能

陶瓷通常具有多相结构，除了晶相外还有玻璃相和气泡，即使是不存在玻璃相的陶瓷，也是一种含有少量气泡的多晶体。由于晶粒细小，晶界量多，有可能造成比较严重的界面反射损失，等轴晶系的晶体组成的透明 MgO、CaF_2 瓷，因晶界两侧的媒质具有相同的折射率，因而不发生界面反射损失。对于由各向异性组成的陶瓷如 Al_2O_3 瓷，由于相邻晶粒的取向不同而有不同的折射率，因而在晶界处会造成界面反射损失。界面越多，各相间的折射率差别越大，这种损失也越大。

陶瓷材料瓷坯中玻璃相的折射率为 1.49，而石英的折射率为 1.55，莫来石的折射率是 1.65。如果瓷体内晶相含量相同，则莫来石与石英含量的比增大时，透光度降低。玻璃相与结晶相之间折射率相差越大，透光度越差。如高铝瓷中形成的刚玉，其折射率为 1.760~1.768，这种瓷的透光度并不高；骨灰瓷中钙长石的折射率是 1.58，$Ca_3(PO_4)_2$ 折射率是 1.59~1.62，玻璃相折射率约为 1.56，其透光度较好。

晶粒增大界面减少而导致界面反射损失的下降是非常有限的，但因此而容易使气泡在晶粒长大过程中被包裹在晶粒内，在以后的烧成过程中无法排除掉。由于空气的折射率接近于 1，因此，晶相-空气界面就可能引起较强烈的反射，使光能受到较大的损失。这种损失比两个晶粒的界面损失要大得多。

当瓷坯内存在着异相物质，而且它与主晶相的折射率相差又比较大时会引起较大的界面反射损失。因此，对于透明度要求高的陶瓷，对原料要求有高纯度，这无论从减少杂质吸收及异相物质界面反射损失来说都是必要的。但如果加入少量异相物质，使之与主晶相反应生成和主晶相折射率相近的物质，虽然因界面反射引起一些光能损失，但由此使晶相细化，同时不致在烧结过程晶相长大时包裹进气泡，结果仍能大大改善材料的光性能。

对于普通陶瓷而言，通常随着坯料中熔剂含量的提高（小于 30%）和黏土含量的降低，坯体中的液相增加，瓷的透明度随之提高。坯料中加入 1% 以下的微粉状的白云石或滑石后，可降低玻璃液的黏度，促进玻璃相成分均匀，纹理消失（减弱光的散射），透明度提高。坯料中的 Fe、Mn、Ti 的氧化物能大大降低瓷的透光性。

为了提高透明陶瓷的透光性，采用高纯度原料或加入适当的添加剂以抑制晶粒长大，使之细晶化，充分排除气孔，通过适当的预烧温度，提高原料的活性，在烧成时采用热压技术，使之达到理论密度。表 2.12 为几种透明陶瓷材料的透射波段及主要用途。

表 2.12 几种透明陶瓷材料的透射波段及主要用途

材料名称	透射波段/μm	主 要 用 途
Al_2O_3	1~6	高压钠灯管
MgO	0.39~10	耐高温红外材料；窗口、整流罩
BeO	0.2~5	高热导率的窗口材料
ThO_2	0.5~10	耐高温红外材料；窗口、整流罩
PZT	0.5~8	热释电材料
PLZT	0.5~8	电-光调制、热释电

2.3.5.3 耐火性及化学稳定性

陶瓷的结构非常稳定。在以离子晶体为主的陶瓷中，金属原子被氧原子所包围，被屏蔽在其紧密排列的间隙中，很难再同介质中的氧发生作用，甚至在 1000 ℃ 以上的温度下也是如此，所以陶瓷具有很好的耐火性能或不可燃性能。

陶瓷材料具有优越的抵抗化学侵蚀的能力，这种性质来源于陶瓷相所具有的很高的热力学稳定性。其在许多侵蚀性很强的介质中大部分反应速度很小，但是有时侵蚀性流体介质会沿着物体的气孔进入或在颗粒边界上将聚集在那里的易于被腐蚀的物质溶解而危害到整个制品。

陶瓷材料的坯体结构致密，有些陶瓷表面又覆有釉层，故具有较高的耐化学腐蚀性能，以至于被广泛应用于制造化学、化工及建筑和卫生制品。然而，陶瓷制品也常常受到各种酸、碱、盐类液体与腐蚀性气体的侵蚀，导致材料破坏。陶瓷制品的腐蚀按其腐蚀性介质的不同可分为气体与液体两种。一般陶瓷受到酸性介质侵蚀时，其表面可以形成一层保护膜，阻止侵蚀性介质的进一步作用。可是，当它受到碱性介质侵蚀时，碱离子可侵入到结晶格子中去，使得物质的结构改变。因此，陶瓷的耐酸性能优于耐碱性能。

除了酸、碱等腐蚀性介质能腐蚀陶瓷材料外，水及水汽对陶瓷的侵蚀也是一个值得注意的问题。从液体的性质来看，若其润湿能力强，则侵蚀作用也大。由于水的"劈裂"作用，无釉制品吸水后的强度可降低 20%~30%，而一般施了釉的陶瓷制品仅降低 10% 左右。并且，这种强度的降低将随着坯体中孔隙率的增加而加重。陶瓷釉彩甚至在纯热水（80 ℃以上）的作用下也会受到损坏，急速的水流的机械作用会使釉彩失色。当陶瓷坯体中的玻璃相较少、晶相较多且晶格为共价键时，其抗水性能越强。表 2.13 为一些陶瓷材料的化学稳定性能。

表 2.13　陶瓷材料的化学稳定性能

材料名称	溶解度/%	
	酸中	碱中
镁橄榄石质瓷	5~6	11~12
瓷器	3~6	12~14
滑石质瓷	0.5~0.8	5~6
精陶	4~6	12~21
刚玉瓷	2~3	14~15

2.4　普通陶瓷及其应用

普通陶瓷主要采用天然矿物原料加工制成，由黏土、长石、石英组成，故又叫三组分陶瓷。通过改变组成配比，控制骨料、基体和助熔剂以及颗粒细度和坯体致密度，可以获得不同特性的陶瓷。图 2.27 为各种普通陶瓷的组成范围。普通陶瓷可按气孔率的大小分为不致密材料和致密材料两类。也可根据制品的用途不同，分为日用陶瓷、建筑陶瓷、电工陶瓷、化工陶瓷及其他工业瓷等。

2.4.1　日用陶瓷

根据坯体的结构特征，日用陶瓷可分为陶器、瓷器和炻器三大类。其中陶器又分为粗陶器、普通陶器和精陶器三种，瓷器可分为普通瓷器和细瓷器两种。细瓷器在日用瓷器中占很重要的位置，其质量性能如何，代表着一个国家日用陶瓷生产的工艺技术水平。

2.4.1.1　日用陶瓷的质量性能要求

衡量日用陶瓷质量性能的标准有很多种，但大体上分外观质量和内在性能两个方面。外观质量包括白度、透光度、釉面光泽度、造型、尺寸规格和色泽及装饰等。日用陶瓷在使用过程中，要经受温度的变化，化学物质的侵蚀，以及外力的冲击摩擦等，因此，日用

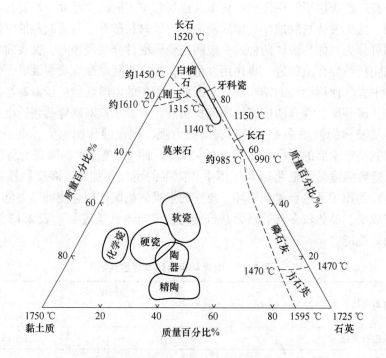

图 2.27 各种陶瓷在黏土-长石-石英三元组成图中的位置

陶瓷的内在性能主要包括坯体的致密度、热稳定性、机械强度、釉面硬度、坯釉结合性以及产品的釉面的铅、铬溶出量等。

白度是衡量瓷器质量的重要指标之一。通常以化学纯硫酸钡（$BaSO_4$）制成样片作为标准版，规定其白度为 100%，将瓷件与之比较。普通日用瓷的白度一般要求为 60% ~ 75%，白度大于 80% 的为高白瓷。

光泽度是陶瓷制品表面对可见光的反射能力大小的衡量，通常以镜面反射光强度对入射光强度的百分比来表示。光泽好的表面显得晶莹透彻，光润柔和。高级日用陶瓷光泽度不低于 114。

透光度通常以通过 1 mm 厚试样的光量对入射光量的百分比表示。高级日用陶瓷一般要求透光度应大于 2%。釉面硬度是陶瓷釉面抵抗硬物（如刀、叉等）刻划损伤的能力。日用陶瓷中的硬质瓷釉面硬度应不低于 60 MPa。与食物接触的釉面最好无铅、铬元素溶出，以保护人体健康。一般要求铅的溶出量应小于 $7×10^{-6}$，铬的溶出量应小于 $5×10^{-6}$。

日用瓷应致密细腻，瓷化完全。根据 2022 年 4 月 15 日，全国日用陶瓷标准化技术委员会颁布的《日用陶瓷》（GB/T 3532—2022），细瓷产品的吸水率应不大于 0.5%，普通陶瓷的吸水率应不大于 1.0%，日用陶瓷的密度为 2.3 ~ 2.6 g/cm³。此外，对日用瓷的外观质量和产品规格误差均有具体规定，如不应有炸釉、磕碰、裂穿和渗漏缺陷；口径大于 200 mm 的误差应在 ±1.0% 内，口径在 60 ~ 200 mm 的误差应在 ±1.5% 内，口径小于 60 mm 的误差应在 ±2.0% 内；高度大于 100 mm 的误差应在 ±2.0% 内，高度在 30 ~ 100 mm 的误差应在 ±2.5% 内，高度小于 30 mm 的误差应在 ±3.0% 内。质量公差规定小、中型产品应在 ±6.0% 内，大、特型产品应在 ±4.0% 内。

2.4.1.2 各种日用瓷的组成和特点

根据日用瓷坯料的主要化学组成和所用主要熔剂原料种类，可将日用瓷分为长石质瓷、绢云母质瓷、磷酸盐质瓷和滑石质瓷四种。

A 长石质瓷

这是国内外普遍生产的一种瓷质，是以长石为熔剂的"长石-石英-高岭土"三组分系统瓷。长石质瓷分为硬质瓷和软质瓷，世界各国多以硬质瓷生产为主，我国北方瓷区则以生产软质瓷为主。由于各地所产原料成分复杂，配方也各不相同，因此，产品的化学组成范围较大。我国长石质瓷的化学组成大致在以下范围：

SiO_2 65%~75% Al_2O_3 20%~28%

R_2O+RO 4%~6%（其中 K_2O+Na_2O 不低于 2.5%）

长石质瓷质洁白，坚硬，机械强度高，化学稳定性好，不透气，吸水率低，断面呈贝壳状，薄胎呈半透明。适用作餐具、茶具、陈设美术瓷及一般工业用瓷。

B 绢云母质瓷

这是以绢云母为熔剂的"绢云母-石英-高岭土"三组分系统瓷。多见于我国南方各瓷区，是享誉世界的中国瓷代表。绢云母质瓷的成瓷特点基本上和长石质瓷相同，其化学组分也与长石质瓷相近，一般组成范围为：

SiO_2 60%~72% Al_2O_3 20%~28%

R_2O+RO 4.5%~7%（其中 K_2O 1%~4%；Na_2O 1%~2%）

绢云母质瓷具有长石质瓷的一般性能和特点，除此之外，其透光性更好。由于大多采用还原焰烧成，因而使得瓷质白里泛青，别具一格。

C 滑石质瓷

滑石质瓷最早出现于英国，我国生产滑石质瓷则是近 20 年的事情，它的坯料配方属于"滑石-黏土-长石"系统。瓷坯的化学组成主要为 SiO_2、MgO、Al_2O_3 及少量的 CaO、K_2O、Na_2O 等。我国生产的几种具有代表性的滑石质瓷的化学组成范围（质量分数）大致为：SiO_2 63%~66%；MgO 15%~24%；Al_2O_3 7%~14%。滑石质瓷瓷质细腻乳白，薄胎半透明，在坯料中加入少量铈-镨着色剂，可在氧化焰下烧成象牙色；在釉中外加 0.8% Fe_2O_3，在还原焰下烧成青色瓷，观之令人赏心悦目。所以滑石质瓷也一般用于生产高级日用瓷皿，但它的热稳定性不如长石质瓷。

D 磷酸盐质瓷

磷酸盐质瓷是以磷酸钙作熔剂的"磷酸盐-高岭土-石英-长石"四组分系统瓷，其中磷酸盐可由骨鳞或骨灰引入。工厂通常采用骨灰进行生产，故习惯上称这类瓷品为骨灰瓷。

由于所用原料和配方不同，各国骨灰瓷的化学组成各不相同。表 2.14 为国内外一些骨灰瓷的化学组成。

表 2.14 骨灰瓷坯料的化学组成

名称	化 学 成 分/%										成瓷温度/℃
	SiO_2	Al_2O_3	CaO	P_2O_5	K_2O	Na_2O	MgO	Fe_2O_3	TiO_2	灼减率	
中国	34.47	14.4	21.46	18.6	2.43	1.67	2.11	0.204	0.07	4.55	1220~1250

名称	化学成分/%										成瓷温度/℃
	SiO₂	Al₂O₃	CaO	P₂O₅	K₂O	Na₂O	MgO	Fe₂O₃	TiO₂	灼减率	
英国	32.27	17.46	25.63	21.21	1.48	1.35	0.50	0.19	0.02		1250~1280
日本	36.84	17.84	23.13	17.79	2.44	0.81	0.60	0.29	0.34	0.24	1240

骨灰瓷一般采取二次烧成，我国通常采取低温素烧、高温釉烧的工艺生产，而英国则相反。骨灰瓷突出特点是具有较高的半透明性的高白度，外观晶莹透彻，光泽柔和，声响悦耳，非常适宜制作高级餐具和美术陈设瓷。但该瓷瓷质较脆，热稳定性较差，而且烧成范围狭窄，不易控制。

2.4.2　建筑陶瓷

用于建筑物饰面或用作建筑构件的各种陶瓷制品统称建筑陶瓷。且制品绝大多数施釉。根据用途特征，建筑陶瓷可分为墙地砖、卫生陶瓷和管瓦三大品种。

2.4.2.1　陶瓷墙地砖

陶瓷墙地砖包括釉面内墙饰面砖（简称釉面砖）、外墙砖、地砖、陶瓷锦砖等品种。制品采用压制法成型，有的一次烧成（如地砖、锦砖），有的二次烧成（如釉面砖及部分外墙砖）。

（1）釉面砖。是一种精陶质内墙饰面砖，釉面大多为白色，常见规格有 108 mm×108 mm、152 mm×152 mm。目前有向大片状发展的趋势，如 200 mm×200 mm、300 mm×300 mm。釉面砖的主要物理性能有：吸水率小于 21%；热稳定性：150 ℃至（19±1）℃，水中热交换一次不裂；白色制品的白度应大于 78%。釉面砖饰面清新素雅，易于清洁，防火抗水，颇受欢迎，是建筑陶瓷中产量较大的一个品种。

（2）外墙砖。建筑物外墙装饰采用陶瓷制品是近几十年的事，目前已越来越普遍，我国自 20 世纪 80 年代以来外墙砖得到了很大发展。外墙砖通常为炻质或瓷质制品，常见规格有 75 mm×150 mm、100 mm×200 mm、60 mm×240 mm 等，大多表面施釉，釉色有各种颜色。外墙砖的性能指标主要包括吸水率、热稳定性、抗冻性等。一般要求外墙砖的吸水率小于 8%，有些企业为提高产品的市场竞争力，甚至控制吸水率小于 4%；热稳定性：试验温差 130 ℃，重复 3 次应无裂纹；抗冻性：经 -15~10 ℃ 冻融循环，重复 20 次应无裂纹。

（3）地砖。又称地板砖，是一种用于地面装饰的耐磨陶瓷制品。常见规格有 200 mm×200 mm、300 mm×300 mm。现已正向大型化发展，如 400 mm×400 mm、500 mm×500 mm 的地板砖，大多施一层釉。目前这类制品在建筑陶瓷中所占比例越来越大，由于装饰方法日趋多样，使之花色品种越来越多。常见的装饰方法有色釉装饰、斑点装饰、釉上或釉下图案装饰等。从材质来看，目前生产的地板砖有炻瓷质（吸水率小于 3%）、瓷质（吸水率小于 0.5%）和炻质（吸水率 3%~6%）三种类型。由于炻瓷质和瓷质地板砖生产历史较短，发展较快，对其性能要求国家尚未颁布统一标准。地板砖的主要性能包括吸水率、热稳定性、化学稳定性、抗冻性能、抗折强度、耐磨性等。例如，无釉质地砖的性能要求为吸水率 3%~6%；热稳定性：试验温差 130 ℃，经 3 次冷热循环不裂；抗折强度大于

25 MPa；耐酸度>98%；耐碱度>85%。对于吸水率小于3%的无釉地砖，其耐磨损体积要小于 175 mm³；对于吸水率大于 3% 而小于 6% 的无釉地砖，其耐磨损体积要小于 345 mm³；对于吸水率大于 6% 而小于 10% 的无釉地砖，其耐磨损体积要小于 540 mm³。

（4）锦砖。又称马赛克，是各种颜色和几何形状的大小瓷片，铺贴在牛皮纸上形成各种图案的装饰砖。可用于建筑物的内外墙面及地面装饰，一般不施釉，常见规格为 18 mm×18 mm、48 mm×48 mm。锦砖的主要物理性能要求为：无釉锦砖的吸水率不大于 0.2%，有釉锦砖的吸水率不大于 1.0%；耐磨性无釉锦砖深度磨损体积不大于 175 mm³。

2.4.2.2 卫生陶瓷

卫生陶瓷（又称洁具）是指用于装备卫生间的各种陶瓷制品，如洗面器、坐便器、蹲便器、小便器、洗涤槽、水箱及各种配套小件等品种。根据卫生陶瓷的坯体特征，可分为精陶质、半瓷（炻器）质和瓷质三种。各种质地卫生陶瓷的生产方法基本相同，都是一次烧成。和墙地砖比较，其生产工艺特点为采用注浆法成型，且成型后往往还要进行修坯、黏接等多道工序的操作，因此，成型周期较长。我国瓷质卫生陶瓷具有以下性能：吸水率（煮沸法）不大于 3%；热稳定试验：在（110±3）℃煮沸 1.5 h，取出放入 3~5 ℃水中急冷 5 min 不裂。表 2.15 为各种卫生陶瓷的主要物理性质。

表 2.15　洁具主要物理性质

指标	精陶质	半瓷质	瓷质
吸水率/%	<10~12	<3~5	0.2~0.5
容积密度/kg·m⁻³	$(1.92~1.96)×10^3$	$(2.0~2.2)×10^3$	$(2.25~2.3)×10^3$
耐压强度/MPa	$(8.83~9.22)×10$	$(1.28~2.45)×10^2$	$(3.42~3.92)×10^2$
抗弯强度/MPa	$(1.47~2.94)×10$	$(2.15~3.92)×10$	$(3.72~4.7)×10$
冲击韧性/J·m⁻²	$(1.5~1.8)×10^3$	$(1.5~2)×10^3$	$(2.0~2.3)×10^3$
弹性系数/MPa	$(2.16~2.35)×10^2$	$(2.94~3.92)×10^2$	$(4.90~5.88)×10^2$
平均线膨胀系数 （200~700 ℃时）/℃⁻¹	$(6~8)×10^{-6}$	$(4~4.8)×10^{-6}$	$(2~3.5)×10^{-6}$

2.4.2.3 管瓦

这类制品属陶器，主要指陶管和琉璃制品。陶管是一种内外表面都施釉的不透水的管状陶器。常用作污水排放管。陶管一般采用可塑挤压成型，是盐釉或土釉，一次烧成，制品的吸水率为 6%~9%，耐酸度为 94%~98%，耐内压 0.3~0.4 MPa。琉璃制品目前有筒瓦、屋脊、花窗、栏杆等，主要用以建造纪念性宫殿式建筑或园林建筑，一般也可采用可塑法成型，施低温铅釉，二次烧成。

2.4.3　电瓷

电瓷又称电力瓷或电工陶瓷，是用作绝缘、连接及机械支持的瓷质器件，由瓷质绝缘子和金属附件两部分构成。虽然瓷坯较脆，加工困难，制造复杂，又不容易得到精确尺寸，但是与其他材料相比，由于绝缘性好，机械强度高，能经受季节性的温度变化，化学稳定性好，不易老化，且在机械负荷的长期作用下，不会产生永久变形等优点。因此，一百多年来，在电力工业、有线通信等领域一直占有重要位置。

2.4.3.1　电瓷的种类和用途

根据使用电压的高低，电瓷可分为三类：低压电瓷（使用电压低于 1 kV）、高压电瓷（使用电压为 1～110 kV）和超高压电瓷（使用电压在 110 kV 以上）。按用途可分为线路用、电器用和电站用电瓷三类。

线路绝缘子中的针式绝缘子是供户外支持和绝缘输电线用的电瓷，最高电压等级为 35 kV。悬式绝缘子用来绝缘并悬挂高压架空线路中的导线，要求其必须具有很高的机电强度及耐弧性能。盘形悬式件的机械强度优于棒形悬式件，但电性能及防污性能不及棒形悬式件。横担是一种实心棒形瓷质绝缘子，它有降低杆塔高度，简化杆塔结构的优点。

电站和电器用的支柱绝缘子，是在电器式配电装置中用来隔离和支持带电体的，有针式和棒式两种。相比之下，棒形件具有机电性能好，使用维护简单，体积小等优点，所以已基本上取代针式。高压套管主要用来把高压电流引入或导出电气设备，也用于高压电流穿过建筑物，或作为电容器、避雷针外套用绝缘子，它们分别又称为电站套管、穿墙套管和瓷套。随着输配电线路电压等级的升高，管套的体型也在增大。

随着科学技术和社会生产的发展，许多电力设备在高温、高湿或高频等条件下工作，因而电瓷的品种中又出现了氧化铍、氧化锌、氮化物、莫来石-堇青石等特种电工陶瓷，但一般仍将输电线路和电力设备中应用最广泛的瓷质绝缘子简称"电瓷"。

2.4.3.2　电瓷制品的性能指标

衡量电瓷产品性能的主要指标是瓷质绝缘子的电性能、机械强度、热稳定性以及防污染能力等四项。

（1）电性能。绝缘子工作时，除承受正常运行条件下的电压外，还要经受各种情况引起的极高过电压的作用。其电性能一般由下列几项指标来反映。

1）介电强度。一般用击穿电压来表示，即单位厚度的电瓷在均匀电场中能承受的最高电位梯度，超过此电位梯度将被击穿。单位为 V/m。

2）干弧（干闪络）电压。在工频及标准大气压状态下，在清洁且干燥的电瓷表面呈现连续且强烈的放电现象时的两极间最低电压，称干弧电压，单位为 kV。

3）湿弧电压。是指当电瓷经受雨淋之时，两极之间发生放电现象时的最低电压。

（2）机械强度。绝缘子工作时，还需要承受导线质量、冰凌质量、风力、设备操作时的机械力等各种力的机械作用，因此，其机械强度是一项很重要的性能指标。一般悬式绝缘子的抗拉能力要求达到数吨，甚至数十吨之高。电瓷在运行中是受几点联合作用的，因而抗机电破坏能力是它重要的技术指标。使用时的最大允许负荷应不超过 1 h 几点联合作用试验负荷的一半。

（3）热稳定性。绝缘子在运行中，要经受温度的突然变化。例如，夏季可能遭受阵雨袭击，使瓷件温度骤降。因此，为确保运行安全，要求电瓷具有良好的热稳定性。对于线路绝缘子，要求能经受 3 次 70 ℃ 的温差急变，对电站、电器类绝缘子则为 60 ℃ 温度差。

（4）防污染能力。户外绝缘子经常因受大气中的尘埃污染而发生闪络，严重降低绝缘性能。因此，要求绝缘子表面防污染能力要强，即表面对尘埃等杂质的黏附能力差。

2.4.3.3 电瓷瓷件的组成与性能

电瓷产品的质量关键在瓷质绝缘子（即瓷件）的性能优劣。瓷件的性能取决于其化学、矿物组成及显微结构，而瓷件的化学、矿物组成又与其配方有关。通常电瓷配方分为普通高压瓷和高强度瓷两类，低压瓷配方往往包括在普通高压瓷之内。

我国的普通高压电瓷基本上与欧美各国相似，皆为由黏土、长石、石英等配成的长石硬质瓷，个别的由瓷石和高岭土配制，但都属高碱质配方。瓷坯的矿物组成为莫来石、石英和不均匀玻璃相等，一般用作高、低压绝缘子和中、小型套管。随着电力工业的发展，输送的电压等级越来越高，因而国内外都发展了高强度瓷。目前，高强度瓷配方主要向高硅质、高铝质和铝硅质三方面发展，瓷坯中含有一定量的方石英和 α-Al_2O_3。

表 2.16 为高碱质、高硅质及高铝质瓷件的化学组成及部分性能。可以看出，瓷件的强度随 Al_2O_3 或 SiO_2 含量增加而增大，但高硅质瓷的热稳定性会降低，而高铝质瓷的热稳定性有所提高。另外还应指出，化学组成对电性能有显著的影响。在瓷坯可以烧结的情况下，K_2O、Na_2O 等含量越高，其电性能越差，而且还与 K_2O/Na_2O 比值有关。一般随 K_2O/Na_2O 比值的降低，电瓷体积电阻率显著下降，而介质损耗角的正切值（$\tan\delta$）和介电常数却显著增大。

表 2.16 电瓷瓷坯种类、化学组成与性能

化学组成及性能		高碱质	高硅质	高铝质
组成范围 /%	SiO_2	66.0~72.0	72.0~75.0	39.0~55.0
	Al_2O_3	19.0~24.0	20.0~23.0	40.0~56.0
	K_2O+Na_2O	3.5~5.0	2.5~3.6	3.5~4.7
	Fe_2O_3	<1.0	<1.0	<1.5
	$CaO+MgO$	<1.2	<1.2	<1.0
	TiO_2	<0.4~0.8	<0.4~0.8	<0.4~0.8
抗弯强度/MPa		70~90	100~118	135~170
热稳定性（破坏温度）/℃		160~250	130~203	180~300
烧成温度/℃		1230~1320	1300~1380	1250~1360

2.4.4 化工陶瓷

化工陶瓷是现代化学工业及相关工业中广泛采取的无机非金属材料。它具有优异的耐腐蚀性能，除氢氟酸和热浓碱之外，在所有无机酸和有机酸介质中，几乎不受侵蚀，同时具有硬度高，耐磨性好，不易老化，不污染介质等优点，因而广泛应用于石油、化工、制药化纤、造纸、食品等各种工业领域。

2.4.4.1 化工陶瓷的种类及用途

化工陶瓷的品种较多，大体分为以下四类产品。

（1）衬里材料（耐酸砖）。主要用于砌筑大型设备，如贮酸池、圆形容器和造纸工业中的高压釜、蒸煮锅等。也常用于砌筑接触酸性介质的地面、台面和墙面。这种材料按使用性能可分为两种：

1）耐酸砖。使用在温度低于 100 ℃，温度波动不大的环境下。品种分有釉和无釉两种。

2）耐酸耐温砖。具有较好的热稳定性，使用温度可达 240 ℃。其他性能要求有：使用压力 0.65 MPa，热稳定性为 450 ℃至 20 ℃下两次不裂，在 0.8 MPa 水压下半小时不渗透。

（2）阀门和管道。用于代替金属管道和构件来输送腐蚀性流体和含有固体颗粒的磨蚀性材料。耐酸陶瓷阀门按结构形式有截止阀、隔膜阀及各种旋塞。旋塞使用压力不大于 0.3 MPa，隔膜阀和带铁壳的截止阀使用压力不大于 0.6 MPa。耐酸陶瓷管道大体分为直形，承插式和法兰式三种，直形管主要用于压力很小的气体输送；承插式用于输送气体和压力较低的场合；法兰式管子则广泛用于压力较高的流体输送。

（3）塔和容器。化学工业正日益广泛地采用陶瓷塔和容器，其中耐酸陶瓷塔用于干燥、冷却、反应、吸收等化工过程，分别称为干燥塔、冷却塔、反应塔等等。耐酸陶瓷容器是用作贮存或中间收集各种腐蚀性流体的设备。陶瓷塔有承插式和法兰式两种，由塔身、塔盖、塔底、管道及其他附件组成。耐酸陶瓷容器有敞开式和封闭式两种，常见的敞开式容器有贮酸池、酸洗槽、电解槽等。封闭式容器可作加压和抽真空使用，有平底型、锅底形和球形之分。平底型多用于常压或较低的真空下，真空度较高时应选用锅底形和球形容器。

（4）泵和风机。

1）瓷泵已广泛应用于各种化工生产中输送除氢氟酸、浓碱以外的各种化学液体，以及机械、制药等工业中的各种腐蚀性液体的输送。耐酸瓷泵已制成单级单吸收式泵、水环式真空泵、喷射泵等，其中所有接触腐蚀性流体的部分，如叶轮、泵体、泵盖等都是用陶瓷材料或玻璃钢制成的，只有外壳、底板和传动部件用金属材料制成。耐酸陶瓷泵一般在常温下使用，输送介质不宜含高浓度的悬浮物及快凝性的物质。

2）耐酸陶瓷鼓风机应用于化工生产中各种腐蚀性气体，如湿氯、二氧化硫、亚硫酸气的抽吸和输送，由陶瓷壳体、叶轮、轴套和金属外壳、铸铁底板、传动主轴及密封部件所组成，陶瓷叶轮和金属主轴用黏结剂黏结。

2.4.4.2　化工陶瓷的物理性能

化工陶瓷的工作条件往往相当恶劣，因而对其性能要求也就比较苛刻。除要求良好的化学稳定性外，还要求不渗透，热稳定性好，机械强度高。但要同时满足这些要求是困难的，因此，根据不同的使用条件及要求，可以生产耐酸陶瓷、耐酸耐温陶瓷和工业瓷等三种化工陶瓷。表 2.17 为它们的物理性能。

表 2.17　化工陶瓷主要物理机械性质

指　标	耐酸陶	工业瓷	耐酸耐温陶瓷
密度/kg·m^{-3}	2.2~2.3	2.3~2.4	2.1~2.2
气孔率/%	<5	<3	8~16
吸水率/%	<3	<1.5	<6
抗拉强度/MPa	8~12	26~36	4~8
抗压强度/MPa	80~120	460~660	120~140

指 标	耐酸陶	工业瓷	耐酸耐温陶瓷
抗弯强度/MPa	$40 \sim 60$	$65 \sim 85$	$30 \sim 50$
抗冲击强度/J·m^{-2}	$(1.0 \sim 1.5) \times 10^3$	$(1.5 \sim 3.0) \times 10^3$	
单位热容量/J·kg^{-1}·℃$^{-1}$	$(0.75 \sim 0.79) \times 10^3$	$(0.84 \sim 0.92) \times 10^3$	
线膨胀系数/℃$^{-1}$	$(4.5 \sim 6) \times 10^{-6}$	$(3 \sim 6) \times 10^{-6}$	
导热系数/W·m^{-1}·K^{-1}	$0.92 \sim 1.04$	$1.04 \sim 1.27$	
莫氏硬度	7	7	7
弹性模量/MPa	$450 \sim 600$	$650 \sim 800$	$110 \sim 140$
热稳定性/次	2	2	2

注：热稳定性试验条件：耐酸工业陶瓷的试块由 200 ℃ 急降至 20 ℃，耐酸耐温陶瓷的试块由 450 ℃ 急降至 20 ℃。

2.4.4.3 化学瓷

化学瓷广泛应用于化学工业、制药业、实验室等领域。常见的制品有坩埚、蒸发皿、研钵、过滤板、漏斗、燃烧舟、球磨罐及瓷球等。

化学瓷应满足的性能要求包括：瓷化完全，吸水率接近于零；有良好的热稳定性和化学稳定性；有足够的机械强度；经多次灼烧后，其质量几乎无变化。

化学瓷的生产大多采取注浆法成型，有些制品则采用可塑法成型，通常坯体表面施釉，一次烧成，烧成温度一般在 1400 ℃ 左右，以保证坯体完全瓷化。

2.5 特种陶瓷及其应用

特种陶瓷是采用人工精制的无机粉末原料，通过加工处理使之符合使用要求尺寸精度的无机非金属材料。虽然特种陶瓷与普通陶瓷都是经过高温热处理而合成的无机非金属材料，但其在原料组成、制备工艺、组织结构及性能等方面均有明显的区别，表 2.18 为两者的对比情况。

表 2.18 特种陶瓷与普通陶瓷的对比

区别	普通陶瓷	特种陶瓷
原料组成	多元化合物复合物，天然矿物原料	人工提纯或精制合成高纯原料
烧成	温度一般低于 1300 ℃，燃料以煤、油、气为主	结构陶瓷需 1600 ℃ 高温烧结，功能陶瓷需精确控制烧成温度，燃料以电、气、油为主
组织结构	多孔体，表面上釉	致密无孔，不上釉
性能	强度韧性低、以外观效果为主	高强、高硬、耐磨、耐腐蚀、耐高温，以及在磁、电、光、声、生物等方面具有的特殊性能，以内在质量为主
加工	一般不需加工	常需切割、打孔、研磨和抛光
用途	工业及人们的日常生活，如餐具、炊具等	现代科技中的高、精、尖端领域，如宇航、能源、电子、冶金、交通等

目前，人们习惯上将特种陶瓷分成两大类，即结构陶瓷和功能陶瓷。将具有机械功能、热功能和部分化学功能的陶瓷列为结构陶瓷，而将具有电、光、磁、化学和生物体特性，且具有相互转换功能的陶瓷列为功能陶瓷。特种陶瓷往往不只具备单一的功能，有些材料不仅可作为结构材料，也可作为功能材料，故很难确切地加以划分和分类。

2.5.1　结构陶瓷

结构陶瓷又叫工程陶瓷，因其具有耐高温、高硬度、耐磨损、耐腐蚀、低线膨胀系数、高导热性和质轻等优点，被广泛应用于能源、空间技术、石油化工等领域。结构陶瓷材料主要包括氧化物陶瓷、非氧化物陶瓷及氧化物与非氧化物的复合陶瓷。下面仅对氧化物陶瓷和非氧化物陶瓷进行介绍。

2.5.1.1　氧化物陶瓷

氧化物陶瓷材料是一种或两种以上的氧化物制成的材料。氧化物陶瓷材料的原子结合主要以离子键为主，存在部分共价键，因此具有许多优良的性能。大部分氧化物具有很高的熔点，良好的电绝缘性能，特别是具有优异的化学稳定性和抗氧化性，目前在工程领域得到了较广泛的应用。表 2.19 为常用氧化物陶瓷材料的主要物理和力学性能，表 2.20 为氧化物陶瓷材料的热性能。

表 2.19　常用氧化物陶瓷材料的物理和力学性能

材料	密度/g·cm^{-3}	硬　度			
		莫氏	努氏/GPa	维氏/GPa	洛氏（HRA）
氧化铝（Al_2O_3）	3.98	9	21~25	23~27	95
氧化铍（BeO）	3.02	9~12	12	—	—
氧化铈（CeO_2）	7.13	6			
氧化铬（Cr_2O_3）	5.21	12			
氧化镁（MgO）	3.58	6	6~9		
方石英（SiO_2）	2.32	6.5			
石英（SiO_2）	2.65	7	8~9.5	10	
石英玻璃（SiO_2）	2.20	7	—	5~7	
氧化钛（TiO_2）	4.24	7~9	（单晶）10		
稳定氧化锆（立方）（ZrO_2）	6.27	8~9	—		
单斜氧化锆（ZrO_2）	5.56	8~9			
高强氧化锆（ZrO_2）	5.7~6.1	—		13~15	91
莫来石（$3Al_2O_3·2SiO_2$）	3.16	8	7~14		
尖晶石（$MgO·Al_2O_3$）	3.58	7		15.4	
堇青石（$MgO·Al_2O_3·2SiO_2$）	2.0~2.5	7			

材 料	强 度/MPa				弹性模量/GPa
	抗弯		抗压	蠕变	
	室温	1000 ℃	室温		
氧化铝（Al_2O_3）	300~400	—	280~350	150	350~400
氧化铍（BeO）	150~200	—	—	150	300
氧化铈（CeO_2）	—	—	—	—	—
氧化铬（Cr_2O_3）	—	—	—	—	—
氧化镁（MgO）	160~280	—	500~600	100	200~300
方石英（SiO_2）	—	—	—	—	—
石英（SiO_2）	—	—	2000	—	100
石英玻璃（SiO_2）	50~100	—	700~1900	100	−70
氧化钛（TiO_2）	70~170	—	280~840	120	100~200
稳定氧化锆（立方）（ZrO_2）	180~800	—	1000~3000	140	150~200
单斜氧化锆（ZrO_2）	180~800	—	1000~3000	—	250
高强氧化锆（ZrO_2）	1000~1500	—	—	—	200
莫来石（$3Al_2O_3 \cdot 2SiO_2$）	110~190	98	400~600	85	50~150
尖晶石（$MgO \cdot Al_2O_3$）	1500~1700	—	1700	—	260
董青石（$MgO \cdot Al_2O_3 \cdot 2SiO_2$）	120	100~1200	350~680	35	150

表 2.20 氧化物陶瓷材料的热性能

材 料	熔点/℃	质量热容 /kcal · kg^{-1} · K^{-1}	线膨胀系数/℃$^{-1}$		
			室温	400 ℃	1000 ℃
氧化铝（Al_2O_3）	2050	0.25	$(6~9)×10^{-6}$	$7×10^{-6}$	$9×10^{-6}$
氧化铍（BeO）	2550	0.24	$(6~9)×10^{-6}$	$8×10^{-6}$	$9×10^{-6}$
氧化铈（CeO_2）	>2660~2800	0.10	12	—	—
氧化铬（Cr_2O_3）	1990~2260	0.17	$(5.5~9)×10^{-6}$	—	—
氧化镁（MgO）	2800	0.20~0.29	$(11~15)×10^{-6}$	$13×10^{-6}$	$15×10^{-6}$
方石英（SiO_2）	1720	0.2	5	—	—
石英（SiO_2）	1610	0.2	$(17~30)×10^{-6}$	—	—
石英玻璃（SiO_2）	—	0.2	$(0.5~1.4)×10^{-6}$	—	—
氧化钛（TiO_2）	1840	0.17~0.21	$(7~9)×10^{-6}$	—	—
稳定氧化锆（立方）（ZrO_2）	2715	0.12~0.17	$(7~10)×10^{-6}$	—	—
单斜氧化锆（ZrO_2）	—	—	—	—	—
高强氧化锆（ZrO_2）	—	—	$(8~9)×10^{-6}$	—	—
莫来石（$3Al_2O_3 \cdot 2SiO_2$）	1830	0.2	$(4.5~5.5)×10^{-6}$	—	—
尖晶石（$MgO \cdot Al_2O_3$）	2135	0.2	$(8~9)×10^{-6}$	—	—
董青石（$MgO \cdot Al_2O_3 \cdot 2SiO_2$）	1460	—	$(1.4~2.1)×10^{-6}$		

材 料	热导率/W·m^{-1}·K^{-1}			
	室温	100 ℃	400 ℃	1000 ℃
氧化铝（Al$_2$O$_3$）	单晶 9.5	29（致密度 100%）	3	1.5
氧化铍（BeO）	—	230	22	5
氧化铈（CeO$_2$）	—	13（致密度 86%~92%）	—	—
氧化铬（Cr$_2$O$_3$）	—	—	—	—
氧化镁（MgO）	单晶 711.8	33~59（致密度 100%）	4	1.7
方石英（SiO$_2$）	—	1.3~13	—	—
石英（SiO$_2$）	71.2（平行 c 轴）	—	—	—
石英玻璃（SiO$_2$）	—	0.8~1.7	0.4	—
氧化钛（TiO$_2$）	—	3.3~3.6	0.7~0.9	0.8
稳定氧化锆（立方）（ZrO$_2$）	—	2.1	0.5	0.5
单斜氧化锆（ZrO$_2$）	—	2.1	—	—
高强氧化锆（ZrO$_2$）	—	1.7	—	—
莫来石（3Al$_2$O$_3$·2SiO$_2$）	—	3~6	46.1	41.8
尖晶石（MgO·Al$_2$O$_3$）	—	17	—	—
堇青石（MgO·Al$_2$O$_3$·2SiO$_2$）	20.9~83.7	—	—	—

注：1 cal = 4.1840 J。

A 氧化铝陶瓷

1931 年德国 Siemens Halske 公司最初将氧化铝（alumina，Al$_2$O$_3$）陶瓷应用于火花塞材料，并获得了 "Sinter Korund" 专利。当时，因其具有比其他材料更优异的性能而跃居新型材料之首，引起了人们的注意。但当时氧化铝陶瓷制品的制造技术尚未成熟，而且能发挥其优良性能的用途较少，所以发展比较缓慢。随着制造技术的进步，逐步认识了氧化铝陶瓷材料的耐热、电绝缘等各种优良性能，特别是近十几年来，氧化铝陶瓷制品得到了快速发展。

a 氧化铝陶瓷的分类

以氧化铝为主要成分的陶瓷称为氧化铝陶瓷。可根据主晶相矿物名称分类，也可根据氧化铝的含量进行分类。如按配方或瓷体中 Al$_2$O$_3$ 的含量进行分类，则可分为两大类：高纯氧化铝陶瓷和普通氧化铝陶瓷。瓷体的性能取决于其组成与显微结构，随氧化铝含量的减少，瓷体熔点降低。

（1）高纯氧化铝陶瓷。高纯氧化铝陶瓷是指 Al$_2$O$_3$ 质量分数在 99.9% 以上的氧化铝陶瓷。熔点为 2050 ℃，密度为 3.98 g/cm^3，烧结温度为 1650~1950 ℃。高纯氧化铝陶瓷化学稳定性好，可用于制作熔制玻璃的坩埚，在某些场合可替代铂坩埚；利用其透光性及耐碱金属离子蒸气腐蚀的性质可用于制作钠灯管，在电子工业中可用作集成电路基板和高频绝缘材料。

（2）普通氧化铝陶瓷。它是以 Al$_2$O$_3$ 为主要成分的陶瓷。按 Al$_2$O$_3$ 含量不同可分为

99 瓷、95 瓷、90 瓷、85 瓷。有时也将氧化铝质量分数为 80% 和 75% 的也列入普通氧化铝陶瓷。普通氧化铝陶瓷主要有：

1）99 氧化铝陶瓷（99 瓷），指氧化铝质量分数为 99% 的陶瓷，按主晶相分类属刚玉瓷，烧结温度约 1700 ℃。随 Al_2O_3 含量的增加，烧结越来越困难，通常需加入烧结助剂，典型配方为 Al_2O_3 质量分数为 99.0%、高岭土质量分数为 0.75%、$MgCO_3$ 质量分数为 0.25%。99 氧化铝陶瓷常用作坩埚、耐火炉管及特殊用途的耐磨材料如轴套、密封件、水阀片等。

2）95 氧化铝陶瓷（95 瓷），指 Al_2O_3 质量分数为 95% 的氧化铝陶瓷，主晶相为 α-Al_2O_3。烧结温度为 1650 ℃ 左右。主要用于各种要求中等的耐腐蚀、耐磨部件。

3）85 氧化铝陶瓷，指氧化铝质量分数为 85% 的氧化铝陶瓷。组分中通常加入部分滑石，形成以刚玉为主晶相的高铝瓷。通过对 Na^+、K^+、Fe^{3+} 等杂质离子浓度、原始颗粒度和烧成温度（1400~1600 ℃）的控制，可形成致密细晶结构。85 氧化铝陶瓷可与钼、铌、钽等金属封接，抗热冲击性优于镁橄榄石瓷和滑石瓷，是电真空装置器件中采用最广泛的瓷料。

b 氧化铝结晶构造

到目前为止，已发现了氧化铝的许多结晶态。已确定的氧化铝结晶态有 α、β、κ、θ、ξ、η、γ、ρ 等。β-Al_2O_3 是多铝酸盐化合物，除 α-Al_2O_3 外，在其他 7 种氧化铝中 κ、θ、ξ 属于高温型氧化铝，具有鲜明的衍射峰，而 η、γ、ρ 只具有宽广的衍射峰，甚至差异甚少。

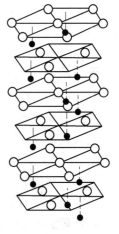

氧化铝中氧的堆积方式有两种：六方最密堆积的 ABAB…型和立方最密堆积的 ACABC…型。铝的配位方式也有两种：八面体配位和四面体配位。以此组合，产生了氧化铝结构的多样性。氧化铝的主要结晶形态有三种，即 α-Al_2O_3、β-Al_2O_3 和 γ-Al_2O_3。后两种晶态在 1300 ℃ 的高温下几乎完全转变为 α-Al_2O_3。

（1）α-Al_2O_3，亦称为刚玉，是氧化铝结晶形态中最稳定者。它是 M_2O_3 型（M：三价的金属元素）氧化物的代表性结构，刚玉型结构具有六方最密堆积的氧原子层，氧原子间的八面体配位的 2/3 空隙是由金属原子所填充，也即 α-Al_2O_3 为铝离子与氧离子形成离子结合键，铝原子受六个氧原子包围而成八面体的六配位型。图 2.28 为 α-Al_2O_3 的结晶结构示意图。在 M_2O_3 中铝离子的离子半径最小，易与氧离子紧密结合而成为硬度最高的三价金属氧化物。其主要物理性能见表 2.21。

图 2.28 α-Al_2O_3 结构示意图

表 2.21 α-Al_2O_3 和 γ-Al_2O_3 主要性能

名称	晶系	晶格常数/nm		密度/g·cm⁻³	莫氏硬度	比体积电阻 $\rho_v/\Omega \cdot m$			
		α	c	密度/g·cm⁻³	莫氏硬度	20 ℃	100 ℃	200 ℃	300 ℃
α-Al_2O_3	三方	0.4741	1.296	3.95~4.10	9	10^{14}	—	4×10^{12}	5×10^{10}
γ-Al_2O_3	六方	0.7895	—	3.42~3.62	—	—	75×10^{10}	5×10^9	

（2）γ-Al_2O_3（ξ、η、γ）。γ-Al_2O_3、η-Al_2O_3 是水铝矿及氢氧化铝矿等氧化铝水化物

的脱水过程中生成的过渡氧化铝。ξ-Al_2O_3 是 γ-Al_2O_3 的加热生成物。结晶系异于 α-Al_2O_3，而为正方晶系。晶格常数较大，密度较小，易溶于酸中。经 1000 ℃ 以上加热即转化为 α-Al_2O_3 致密组织，烧成收缩极大。γ-Al_2O_3 表面积极大，对其他物质有良好的吸着力，故可用作吸着剂，其主要物理性能见表 2.21。

（3）β-Al_2O_3，其化学组成可以近似地用 $MeO \cdot 6Al_2O_3$ 和 $Me_2O \cdot 11Al_2O_3$ 表示，其中 Me 指 CaO、BaO、LiO 等碱土金属氧化物；Me_2O 指 Na_2O、K_2O 或 Li_2O 等碱金属氧化物。严格地说，β-Al_2O_3 不属于氧化铝，β-Al_2O_3 只是一类 Al_2O_3 含量很高的多铝酸盐化合物，具有明显离子导电性和松弛极化现象，介质损耗大，电绝缘性能差。它的这些性质决定了其不能用于结构陶瓷中，在制造无线电陶瓷时也不希望 β-Al_2O_3 存在，但它可作为快离子导体材料用于钠硫电池中。

c　氧化铝陶瓷性能及用途

氧化铝陶瓷在高温氧化物陶瓷中属化学性能稳定、机械强度较高的一种材料，唯熔点相对比较低，只有 2050 ℃，荷重软化温度在 1860 ℃，局限了它的使用范围。

氧化铝在高温下化学稳定性很好，耐强碱和强酸腐蚀，一般金属及金属氧化物在高温下也耐腐蚀，因此被广泛用于冶炼各种纯的稀贵金属、特种合金和制作激光玻璃的坩埚和器皿。由于它在各种氧化或还原气氛中稳定，因此在高温下仍可作为结构材料，部分替代贵金属铂，而作为玻璃纤维中的拉丝模或代铂坩埚等。在化工工业中，用作各种反应器皿和反应管道、化工泵。另外常将它作为加热炉炉管和高温炉衬。氧化铝还可用来代替红宝石单晶作仪表轴承等。

氧化铝陶瓷的力学性能也良好，特别是在中温下的机械强度是各种氧化物陶瓷中最好的。

氧化铝制品的莫氏硬度为 9，仅次于金刚石和某些氮化物、碳化物，其耐磨性也较好，可用作磨料、磨具、车刀、密封环和防弹材料等。

氧化铝的结构很稳定，即使在高频、高压和较高的温度下使用，其绝缘性能依旧优良，加之损耗很小，介电常数也不大，在电子工业中被广泛用作固体集成电路基板材料、瓷架二微波窗口、导弹和雷达的天线保护罩等。

B　氧化锆陶瓷

氧化锆的传统应用主要是作为耐火材料、涂层和釉料，但是随着对氧化锆陶瓷热力学和电学性能的深入了解，使它有可能作为高性能结构陶瓷和固体电解质材料而获得广泛应用。特别是随着对氧化锆相变过程深入了解，20 世纪 70 年代出现了氧化锆增韧陶瓷材料，使氧化锆陶瓷材料的力学性能获得了大幅度提高，尤其是室温韧性高居陶瓷材料榜首。作为热机、耐磨机械部件应用受到广泛关注。

氧化锆有三种晶型：立方相（c）、四方相（t）和单斜相（m），如图 2.29 所示。它们的基本物理性能列于表 2.22 中。

从热力学分析，纯氧化锆单斜相在 1170 ℃ 以下是稳定的，超过此温度转变为四方相，温度到达 2370 ℃ 转变为立方相，直到 2680~2700 ℃ 发生熔化。整个相变过程可逆。当从高温冷却到四方相转变温度时，由于存在相变滞后现象，故要在 1050 ℃ 左右，即偏低 100 ℃ 才由 t 相转变成 m 相，称之为马氏体相变，与此同时相变会产生 5%~9% 的体积膨胀，这一体积变化足以超过 ZrO_2 晶粒的弹性限度，从而导致材料开裂。因此从热力学和晶体相变过程来看制备纯 ZrO_2 材料几乎是不可能的。为了避免这一相变，可以采用二价氧化物（CaO，MgO，SrO）和稀土氧化物（Y_2O_3，CeO_2）等作为稳定剂与 ZrO_2 形成固溶体，生成稳定的立方相结构。不过，这些稳定剂氧化物金属离子的半径与 Zr^{4+} 离子半径相差小于 40% 时，才能起到稳定作用。经过这种稳定处理的 ZrO_2 称为稳定 ZrO_2。

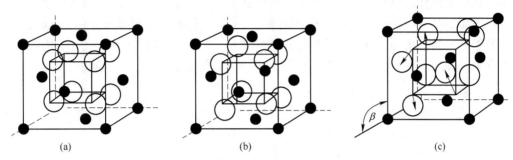

图 2.29　氧化锆的三种晶型

（a）立方相（c）；（b）四方相（t）；（c）单斜相（m）

表 2.22　氧化锆的基本物理性能

物理性能	立方相（c）	四方相（t）	单斜相（m）
熔点/℃	2500~2600	2677	—
密度/g·cm⁻³	5.68~5.91	6.10	5.56
维氏硬度/GPa	7~17	12~13	6.6~7.3
线膨胀系数 (0~1000 ℃)/K⁻¹	$(7.5~13)\times10^{-6}$	$(8~10)\times10^{-6}$平行 a 轴；$(10.5~13)\times10^{-6}$平行 c 轴	$(6.8~8.4)\times10^{-6}$平行 a 轴；$(1.1~3.0)\times10^{-6}$平行 b 轴；$(12~14)\times10^{-6}$平行 c 轴
折射率	2.15~2.18		

ZrO_2 陶瓷是采用稳定或部分稳定 ZrO_2 来制造的，其性质与所含稳定剂的种类及数量有关。总的来说，ZrO_2 陶瓷熔点高（纯 ZrO_2 熔点达 2715 ℃）；化学稳定性好，高温时仍能抵抗酸性及中性物质的侵蚀；比热容和导热系数小；由于稳定剂的存在，高温下具有较大的离子电导率。因此，ZrO_2 陶瓷可用作熔炼铱、钯、钌等高熔点贵金属的坩埚；用作高温发热元件，在氧化气氛下工作温度可达 2000~2200 ℃；用作测氧探头及磁流体发电机组的高温电极材料；同时也是一种高级耐火材料，用于钢水连续铸锭。

另外，ZrO_2 陶瓷还有一个重要的应用，利用 ZrO_2 的四方相 ZrO_2（t-ZrO_2）转变成单斜相 ZrO_2（m-ZrO_2）的相变作用提高陶瓷材料的韧性，这就是目前研究较多且较有成效的 ZrO_2 增韧陶瓷。高强韧的氧化锆陶瓷应是微细结晶构成的致密体，同时还必须达到部分稳定化。不同稳定剂对强度和韧性产生不同的影响，形成不同的体系。

a　ZrO_2-CaO 系统

对该系统研究已有相当长的历史，提出的相图也经过了不断修改。图 2.30 是 ZrO_2-CaO 相图的部分区间，它是依据 Stubican 和 Ray 1977 年提出的，后经 Hellman 和 Stubican 在 1983 年改进的结果。该研究报道了不同温度和不同的共析分解组分。当采用活性粉末并延长热处理时间时，ZrO_2-CaO 系统的共析温度为（1140±40）℃，CaO 摩尔分数为 17.0%±0.5%。通过快速冷却可使立方结构保留下来，这是获得立方结构 CaO，稳定 ZrO_2 的基础。

b　ZrO₂-MgO 系统

由 Grain 1976 年发表的相图（见图 2.31）可以看出，ZrO₂-MgO 系统的共析温度和组分分别是 1400 ℃和（14.0%±0.5%）MgO（摩尔分数），典型的部分稳定氧化锆（PSZ）是 MgO 摩尔分数约 8%的氧化锆。Garvic 等人 1975 年提出利用马氏体相变来改善氧化锆陶瓷的强度和韧性。他们认为在立方基体中当被约束的亚稳四方相颗粒与裂缝相遇时，会出现四方相到单斜相的相变。伴随着马氏体相变引起的体积变化和剪切应力能阻止裂缝的进一步扩展，从而增加了陶瓷抵抗裂缝扩展的能力，即增加了陶瓷的韧性。当然关于增加韧性和提高强度，相变不一定是唯一机理，还可能来自其他机理，如微裂缝增韧等。

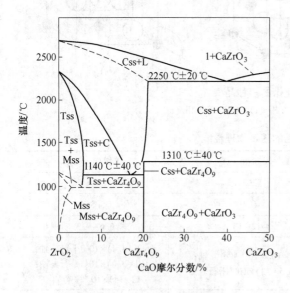

图 2.30　ZrO₂-CaO 的部分相图

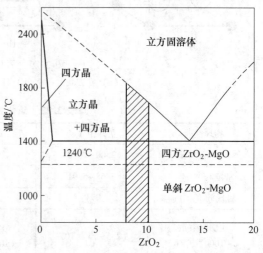

图 2.31　ZrO₂-MgO 富氧化锆端的相图

在立方固溶体快速冷却过程中，应尽量使四方相以均匀成核形态保持下来。当这种析出物的颗粒尺寸超过一临界值时，会自发或者在外力作用下转变成单斜相。通过工艺和组分以及显微结构的调整可以获得 MgO 部分稳定的氧化锆，其断裂韧性可超过 15 MPa·m$^{1/2}$，比一般全稳定立方 ZrO₂ 要高出 5 倍多。

c　ZrO₂-Y₂O₃ 系统

除了 MgO、CaO 稳定的氧化锆，又发展出四方多晶氧化锆（TZP）陶瓷，又称增韧氧化锆陶瓷，它们更多是以三价金属阳离子氧化物尤其是稀土类氧化物作为部分稳定剂来制备四方相氧化锆多晶体。图 2.32 是 ZrO₂-Y₂O₃ 系统的相图。由相图可以发现，Y₂O₃ 在极限四方相固溶体中有很大溶解度。直到 2.5%（摩尔分数）Y₂O₃ 溶解到与低共析温度线相交的固溶体中，可获得全部为四方相的陶瓷。其中阴影区表示商业生产的部分稳定 ZrO₂（PSZ）和四方多晶氧化锆陶瓷（TZP）的组分和温度范围。后者通常控制 Y₂O₃ 的摩尔分数为 2%~3%。

采用共沉淀法或溶胶凝胶法制备的超细粉体，并在 1400~1550 ℃烧结，通过控制晶粒生长的速率以获得细晶粒陶瓷。在 TZP 陶瓷中也存在临界晶粒尺寸（约 0.3 μm），超过此尺度，会发生自发相变导致强度和韧性下降。临界尺寸的大小与组分密切相关，含 2%Y₂O₃（摩尔分数）时约为 0.2 μm，而含 3%（摩尔分数）Y₂O₃ 时约为 1.0 μm。另外，烧成工艺也强烈地影响 TZP 陶瓷的性能。图 2.33 为 Y-TZP 陶瓷的断裂韧性与 Y_2O_3 含量及烧结温度的关系。

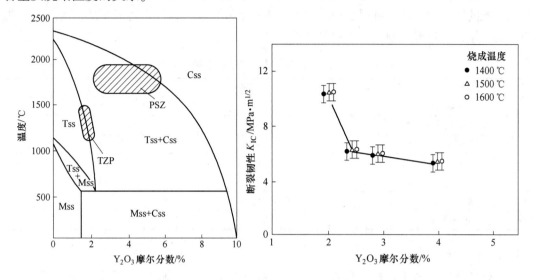

图 2.32 ZrO_2-Y_2O_3 系统的相图（阴影区表示商业用部分稳定氧化锆（PSZ）和四方多晶氧化锆陶瓷（TZP）的组分和制造温度）

图 2.33 Y-TZP 陶瓷的断裂韧性（K_{IC}）与 Y_2O_3 含量及烧结温度的关系

d ZrO_2-CeO_2 系统

ZrO_2-CeO_2 系统也有一范围很宽的四方相区，其溶解极限为 18%（摩尔分数）CeO_2，其共析温度为 (1050 ± 50)℃，如图 2.34 所示。与 ZrO_2-Y_2O_3 系统相似，ZrO_2-CeO_2 系统也要求采用超细粉末，烧成温度通常为 1550 ℃，以便形成细晶结构。有报道指出，Ce-TZP 的断裂韧性（K_{IC}）可高达 30 MPa·$m^{1/2}$，当然这与测试方法有关。图 2.35 为 Y-TZP 和 Ce-TZP 陶瓷的室温断裂韧性与晶粒尺寸的关系。

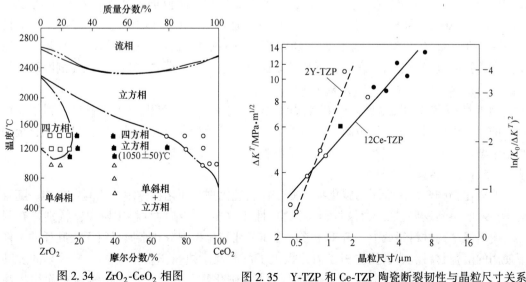

图 2.34 ZrO_2-CeO_2 相图

图 2.35 Y-TZP 和 Ce-TZP 陶瓷断裂韧性与晶粒尺寸关系

表 2.23 为四方多晶氧化锆陶瓷的典型物理和力学性能。氧化锆陶瓷的韧性目前在所有陶瓷中是最高的，同时它也有较好的耐磨和耐腐蚀性，再加上氧化锆的低热导率和与铸铁相匹配的线膨胀系数，可用于做绝热柴油机中活塞顶、缸盖、内衬等，从而提高燃烧效率。也可用作拉丝模、轴承、密封材料等。

表 2.23 四方多晶氧化锆的典型物理和力学性能

物理和力学性能	Y-TZP	Ce-TZP
稳定剂摩尔分数/%	2~3	12~15
维氏硬度/GPa	10~12	7~10
室温断裂韧性 K_{IC}/MPa·$m^{1/2}$	6~15	6~30
弹性模量/GPa	140~200	140~200
弯曲强度/MPa	800~1300	500~800
线膨胀系数（20~1000 ℃）/K^{-1}	(9.6~10.4)×10^{-6}	—
室温热导率/W·m^{-1}·K^{-1}	2~2.3	

C 氧化铍陶瓷

BeO 属纤锌矿结构，其结构很稳定，且无晶形转变。添加 1% 以下的 MgO、TiO_2 或 Fe_2O_3 可促进 BeO 烧结，加入 MgO 可形成固溶体，加入 TiO_2 或 Fe_2O_3 出现第二相。

BeO 陶瓷有与金属相近的热导率，约为 209.34 W/(m·K)，因此可用作散热器件。线膨胀系数不大，20~1000 ℃ 时的平均线膨胀系数为 (5.1~8.9)×10^{-6} ℃$^{-1}$。高温绝缘性能良好，可用作制备高温比体积电阻高的绝缘材料。能抵抗碱性物质的侵蚀（除苛性碱外），可用作熔炼稀有金属和高纯金属的坩埚，还可作磁流体发电通道的冷壁材料。BeO 陶瓷具有良好的核性能，可用作原子反应堆的中子减速剂和防辐射材料等，但其机械强度不高。

D 氧化镁陶瓷

MgO 属于 NaCl 型结构，熔点为 2800 ℃，理论密度为 3.58 g/cm^3；氧化镁陶瓷具有优良的电学性质，介电强度高（35 V/m），高温下比体积电阻值仍很高（1300 ℃ 时为 10^7，1500 ℃ 时为 10^7），介质损耗低（20 ℃，1 MHz 时）为 (1~2)×10^{-4}，介电系数为 9.1；MgO 在高于 2300 ℃ 时易挥发，因此，MgO 陶瓷应限制在 2200 ℃ 以下使用；对碱性金属熔渣有较强的抗侵蚀能力；在高温下易被碳还原成金属镁；在空气中，特别在潮湿的空气中，氧化镁陶瓷极易水化，生成 Mg(OH)$_2$。

利用 MgO 陶瓷的高温比体积电阻大的性能，它可以用作高温电绝缘材料；利用它抗碱性的特性可以用作熔炼贵金属，放射性金属铀、钍及其合金的坩埚，浇注铁及其合金的真空熔融用坩埚；还可用作高温热电偶保护管以及高温炉的炉衬材料等。

2.5.1.2 非氧化物陶瓷

非氧化物陶瓷是由金属的碳化物、氮化物、硅化物和硼化物等制造的陶瓷总称。随着科学技术的不断发展，要求材料所具有的特性非常多。在结构材料领域中，特别是在耐热、耐高温结构材料领域中，希望能够出现在以往氧化物陶瓷和金属材料无法胜任的条件下使用的陶瓷材料。非氧化物陶瓷为此提供了可能性。如 Si_3N_4、SiC 可在高效率的发动机和燃气轮机中获得应用。在非氧化物陶瓷中，碳化物、氮化物作为结构材料而引入注

目，是因为这些材料的原子键类型大多是共价键，所以在高温下抗变形能力强。

非氧化物不同于氧化物，在自然界很少存在，需要人工合成后按陶瓷工艺制成制品。在原料合成过程中，必须避免与 O_2 接触，否则会首先生成氧化物，而不是按预期生成非氧化物。所以这些非氧化物原料的合成及其烧结都必须在保护气氛下进行，以免生成氧化物，影响材料的高温性能。

A　氮化物陶瓷

氮化物陶瓷主要有 Si_3N_4、AlN、BN、TiN 和赛隆陶瓷等。多数氮化物陶瓷的熔点都比较高，特别是周期表中ⅢB、ⅣB、ⅤB、ⅥB 过渡元素都能形成高熔点氮化物。氮化物的生成热比碳化物高得多，BN、Si_3N_4、AlN 等在高温下不出现熔融状态，而是直接升华分解。多数氮化物在蒸气压达到 10^{-6} Pa 时对应的温度都不到 2000 ℃，表明氮化物易蒸发，从而限制了其在真空条件下的使用。氮化物陶瓷一般都有非常高的硬度，即使对于硬度很低的六方 BN，当其晶体结构转变为立方结构后则具有仅次于金刚石的硬度。和氧化物相比，氮化物抗氧化能力较差，从而限制了其在空气中的使用。氮化物的导电性能变化很大，一部分过渡金属氮化物属于间隙相，其晶体结构与原来金属元素的结构是相同的，氮则填隙于金属原子间隙之中，它们都具有金属的导电特性，B、Si、Al 元素的氮化物则由于生成共价键晶体结构而成为绝缘体。一般来说，氮化物陶瓷原料和制品的制造成本都比氧化物陶瓷高。同时，一些共价键强的氮化物难以烧结，往往需要加入烧结助剂，甚至需要采用热压工艺。此外，氮化物陶瓷的后加工也是非常困难的。氮化物通常密度小，线膨胀系数小，组成可在一定范围内变化，可作为高级耐火材料，耐磨材料，坩埚，机械工程部件的原料。

a　氮化硅

在结构陶瓷领域，Si 基陶瓷（包括 Si_3N_4 与 SiC）是目前研究最多、应用最广、最有发展前景的一类高温结构材料。

Si_3N_4 属共价键化合物，氮化硅存在两种晶型，即针状结晶的 α 型和颗粒状结晶的 β 型，它们均属于六方晶系。在 Si_3N_4 结构中，Si 原子的 SP^2 杂化轨道与 N 原子的 SP^3 杂化轨道重叠形成饱和键，共价键按四面体分布。在 Si_3N_4 晶胞中，一个 Si 原子与四个 N 原子形成 SiN_4 四面体，四面体共角顶形成三维空间网络，每个角顶的氮原子为三个四面体所共有。β 型 Si_3N_4 由几乎完全对称的 6 个 ［SiN_4］四面体组成的六方环层在 c 轴方向重叠而成，而 α 型是由两层不同且有形变的非六方环层重叠而成，如图 2.36 所示。β-Si_3N_4

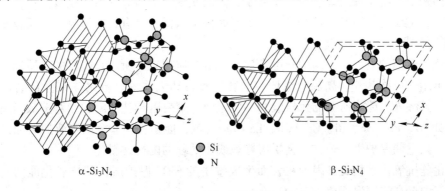

α-Si_3N_4　　　　　　　　　　　　β-Si_3N_4

图 2.36　氮化硅的晶体结构

结构较为稳定，发生相变时，氮化硅四面体以 c 轴垂线为轴心旋转 $180°$，从而使堆垛顺序发生改变。

Hardie 和 Jack，Ruddleston 和 Popper。通过 X 射线衍射分析技术测定出 α-Si_3N_4 和 β-Si_3N_4 这两种晶型均属六方晶系。然而 Wild 等人却认为，α-Si_3N_4 是一种 $Si_xN_yO_z$ 化合物，其中部分 O 取代 N 与 Si 连接，进行价态补偿。后来，Kohatsu 和 McCauley 通过单晶 XRD 技术确定了 α-Si_3N_4 并非 $Si_xN_yO_z$。D. Hardie 和 K. H. Jack 所测定的纯 α-Si_3N_4 及 β-Si_3N_4 晶体结构常数目前得到普遍认可，见表 2.24。

表 2.24　Si_3N_4 晶体常数表

晶型	空间群	晶格常数/nm	JCPDS 卡片
α-Si_3N_4	$P31c$	$a=0.7753$，$c=0.5618$	$41\sim360$
β-Si_3N_4	$P6_3$ 或 $P6_3/m$	$a=0.7595$，$c=0.29023$	$33\sim1160$

从热力学角度来说，氮化硅的两种变体在很宽的温度范围内可以共存，具体生成哪种晶型，是由其动力学机制和晶体生长机制所决定的。一般 α 相越对称，越容易形成。

Si_3N_4 陶瓷很难烧结，因此常用反应烧结，热等静压烧结，热压烧结等方法烧成。如用常压烧结则需加入适量的添加剂。高纯高 α 相氮化硅初始粉料对其烧结致密化具有重要作用：在有助烧剂存在的情况下，氮化硅的烧结过程中（$1700\sim1800$ ℃），发生 $\alpha\rightarrow\beta$ 相变（在 $1400\sim1500$ ℃），而这一相变过程能够通过产生 β-Si_3N_4 颗粒的联结效果来促进氮化硅的致密化，并进一步制得具有高强度和韧性的氮化硅陶瓷。因此，一般要求初始粉末中 α/β 比值越高越好。

在 Si_3N_4 结构中，氮原子与硅原子间的键力很强，因而，Si_3N_4 具有许多优异性能，如耐磨、高硬度、高强度、耐化学腐蚀和很好的高温稳定性等。氮化硅陶瓷强度高，韧性好，最高强度达 1700 MPa，1200 ℃时的高温强度与室温相比衰减不大，K_{IC} 达 11 MPa·$m^{1/2}$。该材料线膨胀系数小，为 $(2.5\sim3.5)\times10^{-6}$/℃，与 SiC、锆英石、莫来石相近；$Si_3N_4$ 导热性好，具有良好的抗热震性，是优良的耐热陶瓷。在陶瓷发动机、轴承、工业热交换器、燃料喷嘴、火花塞、切削刀具、研磨介质等工程材料领域都得到了广泛的应用。

氮化硅硬度高，其显微硬度为 $16\sim18$ GPa，仅次金刚石、立方 BN、B_4C 等少数几种超硬材料。氮化硅摩擦系数低，有优良的自润滑能力，摩擦系数为 $0.02\sim0.35$，与加油的金属表面相当。由于硬度高、摩擦系数小，因此是重要的刀具材料、模具材料，可实现高速重切削，适于切削镍基、钛基合金。由于摩擦系数低，且有自润滑能力，所以是一种优良的轴承材料。

氮化硅有高的电阻率，高的介电常数，低的介质损耗，所以是优良的介质瓷，与刚玉相当，可用作电路基片、高温绝缘体、电容器和雷达天线等。氮化硅有优良的化学稳定性，除氢氟酸外，能耐所有的无机酸和一些碱液、熔融碱和盐的腐蚀，对多数金属、合金熔体（如 Al、Pb、Sn、Bi、Cd、Cu、La 等）稳定，能耐各种非金属溶液的侵蚀，可以用作坩埚、热电偶保护管、炉材、金属熔炼炉或热处理的内衬材料。

氮化硅抗氧化性优良，因为在表面生成致密的 SiO_2 保护层，其抗氧化能力与 SiC 相当。空气中最高使用温度达 1670 ℃。

表 2.25 中列出了 Si_3N_4 的一些性能。表 2.26 中列出了氮化硅陶瓷的主要用途。应该指出的是氮化硅陶瓷性能在很大程度上取决于生产工艺和组织状态。

表 2.25 Si_3N_4 陶瓷与其他陶瓷材料的主要性能

性 质	AlN	SiC	Al_2O_3	BeO	BN（hex）	Si_3N_4
热导率（室温）/$W \cdot m^{-1} \cdot K^{-1}$	100~270	270	20	250	26~60	10~40
电阻率（室温）/$\Omega \cdot m$	>10^{12}	10^{11}	>10^{12}	>10^{12}	>10^{13}	>10^{12}
绝缘耐压（室温）/$V \cdot m^{-1}$	（140~170）×10^5	0.7×10^5	100×10^5	（100~140）×10^5	（300~400）×10^5	100×10^5
介电常数（1 MHz，室温）	8.8	4.5	9.8	6.7	4.0	9.4
介电损失（1 MHz）/$\tan\delta$	（5~10）×10^{-4}	500×10^{-4}	3×10^{-4}	（4~7）×10^{-4}	（2~6）×10^{-4}	—
线膨胀系数（室温）/K^{-1}	4.5×10^{-6}	3.7×10^{-6}	7.3×10^{-6}	7.2×10^{-6}	0.0×10^{-6}	2.8×10^{-6}
密度/$g \cdot m^{-3}$	3.3	3.2	3.9	2.9	1.9	3.2
杨氏模量/GPa	274	392	263	314	98	323
抗弯强度/MPa	362~490	441	196~294	167~225	44	980
莫氏硬度	7~8	9	9	8~9	1	—

表 2.26 氮化硅陶瓷的用途

用途分类	主 要 应 用
耐热零部件	燃气涡轮和柴油机中定子叶片、燃烧器等
耐腐蚀部件	气缸盖、活塞环、热交换器、加热炉传热管等
工具及耐磨部件	各种化学反应管、机械轴封、阀类喷嘴、耐腐蚀内衬件、切削工件、轴承类、研磨类等
其他	各种绝缘体、飞机和宇航零件、自动化装置零件等

b Sialon 陶瓷

Sialon 是 Si_3N_4-Al_2O_3-SiO_2-AlN 系列化合物的总称，由 Si、Al、O、N 四个元素组成，其化学式为 $Si_{6-x}Al_xN_{8-x}O_x$，x 为 O 原子置换 N 原子数。Sialon 陶瓷因在 Si_3N_4 晶体中固熔了部分金属氧化物使其相应的共价键被离子键取代，因而具有良好的烧结性能，常用反应烧结、热等静压烧结和常压烧结等方法进行烧结。

Sialon 陶瓷具有很高的常温和高温强度，化学稳定性优异，耐磨性强，因此用途广泛，如作磨具材料，金属压延或拉丝模具，金属切削刀具及热机或其他热能设备部件，轴承等滑动件等。但是，目前 Sialon 陶瓷的应用依然受到限制，其主要原因在于高昂的成本使其难以在普通商用市场上立足，只能少量应用于一些高精尖端技术领域。因此，降低成本且保持其优异性能，就成为今后 Sialon 陶瓷开发应用的重要方向。

B 碳化物陶瓷

碳化物陶瓷是以通式 Me_xC_y 来表示的一类化合物，如 SiC、B_4C 和金属碳化物如 TiC、WC。碳化物大多是以共价键为主结合的化合物，几乎全为人工方法合成的材料。碳化物陶瓷的共同特点是熔点高，是一种最耐高温的材料，许多碳化物的软化点多在 3000 ℃ 以上。碳化物在非常高的温度下均会发生氧化，但许多碳化物的抗氧化能力都比石墨以及 W、Mo 等高熔点金属好，这是因为在许多情况下碳化物氧化后所形成的氧化膜具有提高抗氧化性能的作用。表 2.27 为几种常见碳化物的主要性能。从表中可以看出，大多数碳化物都具有良好的电导率和热导率，许多碳化物都有非常高的硬度，特别是 B_4C 的硬度仅次于金刚石和立方氮化硼，但碳化物的脆性一般较大。

表 2.27　几种常见碳化物主要性能

碳化物	晶系	熔点/℃	密度/g·cm^{-3}	电阻率/Ω·cm	热导率/W·m^{-1}·K^{-1}	显微硬度/GPa
SiC（α）	六方		3.2	$10^{-5} \sim 10^{13}$	33.4	
SiC（β）	立方	2100（相变）	3.21	107~200		33.4
B_4C	六方	2450	2.51	0.3~0.8	28.8	49.5
TiC	立方	3160	4.94	$(1.8 \sim 2.5) \times 10^{-4}$	17.1	30
HfC	立方	3887	12.2	1.95×10^{-4}	22.2	29.1
ZrC	立方	3570	6.44	7×10^{-5}	20.5	29.3
WC	立方	2865	15.50	1.2×10^{-5}		24.5

　　a　碳化硅

　　碳化硅（SiC）是碳原子和硅原子以化学键结合的四面体（空间排布的晶体），具有金刚石结构，是一种共价性极强的共价键化合物，晶格缺陷少，Si-C 原子间键强度高，决定它具有高的熔点、高硬度和高的抗蠕变能力。碳化硅是一种典型的多型结构化合物，迄今为止已经发现 160 余种多型体。SiC 晶体结构中的单位晶胞是由相同的 SiC 四面体组成的，Si 原子处于中心，周围是 C 原子。所有结构均由［SiC$_4$］四面体装配成具有共边的平面层，堆积而成，所不同的是平行结合还是反平行结合。如图 2.37 所示。各种晶型的SiC 晶体，是以相同的 Si-C 层但以不同次序堆积而成的，也就是说，它的最显著的特征是所有的多型体均由相同的 Si-C 双层堆垛而成，结构之间的差别仅仅在于沿轴方向的一维堆垛顺序不同以及 c 轴的长短不同。碳化硅主要晶型有 3C-SiC、4H-SiC、6H-SiC、15R-SiC。符号 C、H 和 R 分别代表立方、六方和斜方六面结构，这几种晶型中最常见的晶型

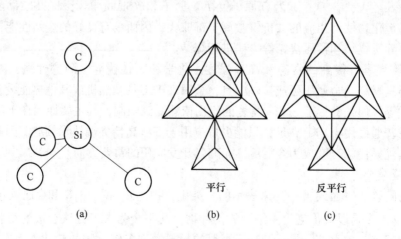

图 2.37　SiC 四面体和六方层状排列中四面体的取向
（a）四面体；（b）平行取向；（c）反平行取向

结构有 α、β 型两种，α 型为六方晶型，为高温稳定型结构，β 型为立方晶型，为低温稳定型。温度低于 2000 ℃时，SiC 以 β 型方式存在，温度升高至 2100 ℃时 β-SiC 会转相生成 α-SiC，到 2400 ℃时转变迅速发生。图 2.38 为 3C-SiC，4H-SiC，6H-SiC 和 15R-SiC 的晶体结构。表 2.28 中列出了几种 SiC 晶型的晶格常数。

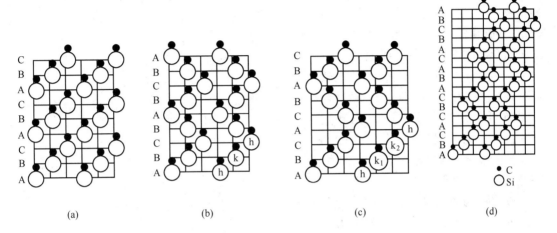

图 2.38 3C-SiC（a），4H-SiC（b），6H-SiC（c）和 15R-SiC（d）的晶体结构

表 2.28 几种 SiC 晶型的晶格常数

晶型	晶体结构	晶格常数/Å	
		a	c
α-SiC	六方	3.0817	5.0394
6H-SiC	六方	3.073	15.1183
4H-SiC	六方	3.073	10.053
15R-SiC	菱形	12.69	37.70（角度 $\theta = 13°15.5'$）
β—SiC	面心立方	4.349	

注：1 Å = 0.1 nm。

图 2.39 为 SiC 二元相图，可以看出，SiC 无熔点。形成 SiC 的最高温度为（2735±30）℃，而在 2300 ℃左右，碳化硅开始分解，形成气态硅和石墨。

SiC 与 Si_3N_4 一样，也属难烧结物质，使用 1% 的 B 或 C 作烧结助剂，可达致密化。烧结方法主要有热压反应烧结，常压烧结等。

碳化硅的硬度高，耐磨性能好，研磨性能好，并有抗热冲击性，抗氧化等性能，是非常重要的研磨材料。碳化硅陶瓷具有耐高温、抗热震、耐腐蚀、抗冲刷、耐磨、质量轻及良好的热传导性能等优点。它的硬度为碳化钨的两倍，密度为碳化钨的五分之一，而且强度在 1400 ℃保持不下降。与氧化铝比较其线膨胀系数小一半，在 500 ℃时，热传导高一个数量级，而抗热震能力高近 20 倍。

这种材料自 20 世纪 60 年代作为核燃料包壳材料以来，用途日趋广泛，可作为耐磨构件、热交换器、防弹装甲板、大规模集成电路底板及火箭发动机燃烧室喉衬和内衬材料等。80 年代以来，作为热机材料，以及高温作业下的涡轮机主动轮、轴承和叶片等零件，它也是最有潜力的候选者之一。利用 SiC 具有导电性，可用以制造高温电炉用的电热材料及半导体材料。SiC 没有固定的熔点，α 型 SiC 的分解温度在 2400 ℃ 左右，形成气态硅和石墨残余物。

b 碳化钛

碳化钛（TiC）陶瓷属面心立方晶型，熔点高，强度较高，导热性较好，硬度大，化学稳定性好，不水解，高温抗氧化性好（仅次于碳化硅），在常温下不与酸起反应，但在硝酸和氢氟酸的混合酸中能溶解，于 1000 ℃ 在氮气气氛中能形成氮化物。

碳化钛陶瓷硬度大，是硬质合金生产的主要原料，并具有良好的力学性能，可用于制造耐磨材料、切削刀具材料、机械零件等，还可制作熔炼锡、铅、镉、锌等金属的坩埚。另外，透明碳化钛陶瓷又是良好的光学材料。

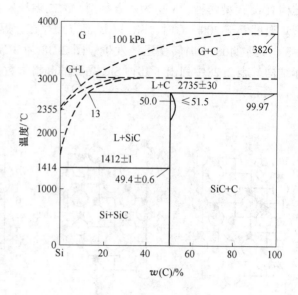

图 2.39 SiC 二元相图

c 碳化硼

碳化硼（B_4C）的晶体结构除了立方结构外，通常是以斜方六面结构为主。单位晶胞有 12 个硼原子和 3 个碳原子，单位晶胞中碳原子构成的链按立体对角线配置。碳原子处于活动状态，可以被硼原子代替，形成置换固溶体，并有可能脱离晶格，形成带有缺陷的高硼化合物。

碳化硼陶瓷的显著特点是硬度高，仅次于金刚石和立方晶体 BN。因此可以用作磨料、切削刀具、耐磨零件、喷嘴、轴承、车轴等。因其导热性好、线膨胀系数低、能吸收热中子，故可以制造高温热交换器、核反应堆的控制剂。利用它耐酸碱性好的特性，可以制作化学器皿、熔融金属坩埚等。

C 硼化物陶瓷

硼化物陶瓷是一类具有特殊物理性能与化学性能的新型结构陶瓷，可应用于众多工业及高新技术领域。近年来，世界各国都在加紧研究开发硼化物陶瓷及其复合材料。硼化物陶瓷的主要特点如下：

（1）高熔点和难挥发。几乎所有硼化物的熔点都高达 2000 ℃ 以上，其中 ZrB_2 为 3040 ℃，TiB_2 为 2980 ℃，成为能在超高温（2000～3000 ℃）下使用的最佳候选材料之一。硼化物陶瓷具有较高的抗高温氧化性能，使用温度达 1400 ℃，抗蠕变性好，可在高温下长期工作。可用于火箭喷嘴、内燃机喷嘴、高温轴承等高温部件。

（2）高硬度。二硼化物的硬度比较高，TiB_2 的维氏硬度达到 33.5 GPa，比 SiC 的硬度高约 30%，ZrB_2-B_4C 复合陶瓷的耐磨耗指数是 SiC 和 Si_3N_4 的 2 倍左右，也比部分稳定氧化锆（PSZ）略高。利用高的硬度和优异的耐磨性可被作为硬质工具材料、磨料、合金添加剂及耐磨部件、高温轴承、内燃机喷嘴等。

（3）高导电性。二硼化物具有很低的电阻率，特别是 ZrB_2 和 TiB_2 与金属铁、铂的电阻率相当，导电机制为电子传导，呈正的电阻温度系数。作为电阻发热体时，温度易于控制，可用作特殊用途的电极材料。

（4）高耐腐蚀性。硼化物陶瓷对熔融金属具有良好的耐腐蚀性，特别是与熔融铝、铁、铜、锌几乎不反应，并且有很好的润湿性。硼化物的这一特性可应用于金属铝、铜、锌、铁的冶炼。在钢铁冶金中，可用它来制作铁水测温热电偶的保护管、喷嘴和吹气管等。在炼铝工业中，可制作熔融铝的料位传感器或模铸体用模型材料。特别是炼铝槽的阴极材料采用硼化物陶瓷后，节电可达 30% 以上。

硼化物陶瓷组成主要为硼和过渡金属形成的二硼化物，包括硼化铬、硼化钼、硼化钛、硼化钨和硼化锆等，常见的硼化物陶瓷材料如下。

a 硼化锆

以硼化锆（ZrB_2）为基的耐火材料，可以抵抗熔融锡、铅、铜、铝等金属的侵蚀，所以可作为冶炼各种金属的铸模、坩埚、盘器等。ZrB_2 具有较好的热稳定性，用它制成的连续测温热电偶套管，可在熔融的铁水中使用 $10 \sim 15\ h$，在熔融的钢水中（1700 ℃）连续使用数小时，在熔融的黄铜和紫铜中使用 100 h。

b 二硼化钛

二硼化钛（TiB_2）相对分子质量为 69.52。TiB_2 是一种最有希望得到广泛应用的硼化物，具有极其优异的物理化学性能，耐磨损、抗酸碱、导电性能优良、导热性好、线膨胀系数小、具有极好的化学稳定性和抗热性能。可广泛应用在耐高温件、耐磨件、耐腐蚀件以及其他特殊要求零件上。

D 二硅化钼陶瓷

二硅化钼（$MoSi_2$）是介于无机非金属与金属间化合物之间的材料，其原子结合方式是共价键和金属键的混合，表现出既像陶瓷又像金属的综合性能。$MoSi_2$ 有两种晶型，在 1900 ℃ 以下，为稳定的四方晶体；在 $1900 \sim 2030$ ℃ 为不稳定的六方晶体。$MoSi_2$ 熔点为 2030 ℃、密度为 $6.24\ g/cm^3$、800 ℃ 以上发生氧化反应形成一种黏附、凝聚、玻璃状的 SiO_2 保护层，能够防止氧化侵蚀，但高于 1800 ℃ 时氧扩散通过 SiO_2 层使保护层性能恶化，形成挥发的 SiO_2 而且高温下 SiO_2 沿晶界形成玻璃态弱的第二相或液相恶化了高温强度、降低了抗蠕变性；在 1000 ℃ 左右 $MoSi_2$ 发生脆-塑性转变，由脆性材料变为塑性材料，这一特性使其有可能成为高温结构陶瓷材料的高温连接材料。

$MoSi_2$ 粉末的制备方法有以下几种：机械合金化法、自蔓燃高温合成、低真空度等离子喷涂沉积、固态置换反应以及放热扩散等方法。其中，自蔓燃高温合成法工艺简单，成本较低；低真空度等离子喷涂沉积得到的粉末晶粒尺寸非常小、化学均匀性好；固态置换是利用扩散相变，将 $2 \sim 3$ 种元素或化合物以固态形式反应生成热力学稳定的新化合物的过程；放热扩散是将高温相的元素粉末在第三相存在的情况下进行加热，在一定温度下发生放热反应并在基体内形成微米尺寸的粒子。

$MoSi_2$ 陶瓷多采用电弧熔炼、铸造或粉末压制/烧结的工艺制成。$MoSi_2$ 陶瓷通常用于电阻发热体和抗高温氧化涂层，从 20 世纪 80 年代开始向高温结构材料发展。需要解决的问题是低温脆性和高温蠕变。研究发现，$MoSi_2$ 可同许多潜在的陶瓷增强体如 SiC、Si_3N_4、ZrO_2、Al_2O_3、TiB_2 和 TiC 在热力学上相容。同其他高熔点硅化物如 Mo_5Si_3、WSi_2

和 NbSi$_2$ 等有进行合金化、提高性能的可能。

MoSi$_2$ 的晶体为四方结构，灰色，有金属光泽，熔点为 2030 ℃，低于对应的金属 Mo 的熔点（2610 ℃）。MoSi$_2$ 硬而脆，显微硬度为 12 GPa，抗压强度为 231 MPa，抗冲击强度甚低。MoSi$_2$ 能抵抗熔融金属和炉渣的侵蚀，与氢氟酸、王水及其他无机酸不起作用。但容易溶于硝酸与氢氟酸的混合液中，也溶于熔融的碱中。MoSi$_2$ 的抗氧化性好，这是由于在其表面形成了一薄层 SiO$_2$ 或一层由耐氧化和难熔的硅酸盐组成的保护膜。MoSi$_2$ 可以在 1700 ℃空气中连续使用数千小时而不损坏。MoSi$_2$ 在高温下的蠕变非常厉害，容易变形，这是它的最大弱点。利用 MoSi$_2$ 的导电性和抗热震性，可以制成在空气中使用的高温发热元件及高温热电偶。

利用其与熔融金属 Na、Li、Pb、Bi、Sn 等不起反应的特性，可以作为熔炼这些金属的各种器皿，原子反应堆的热交换器。利用其优良的抗氧化性，可以制造超声速飞机、火箭、导弹上的某些零部件。

2.5.2　功能陶瓷

功能陶瓷是指在应用时主要利用其非力学性能的材料，这类材料通常具有一种或多种功能，如电、磁、光、热、化学、生物等；有的还有耦合功能，如压电、压磁、热电、电光、声光、磁光等。功能陶瓷已在能源开发、空间技术、电子技术、传感技术、激光技术、光电子技术、红外技术、生物技术、环境科学等领域得到广泛的应用。

2.5.2.1　电介质陶瓷

电介质陶瓷是指电阻率大于 10^8 Ω·m 的陶瓷材料，能承受较强的电场而不被击穿。电介质陶瓷在静电场或交变电场中使用，评价其特性主要可用体积电阻率、介电常数和介电损耗等参数。根据这些参数的不同，可把电介质陶瓷分为电绝缘陶瓷和电容器陶瓷。

A　电绝缘陶瓷

电绝缘陶瓷又称作装置陶瓷，是在电子设备中作为安装、固定、支撑、保护、绝缘、隔离及连接各种无线电元件及器件的陶瓷材料。装置陶瓷要求具备以下性质：

（1）高的体积电阻率（室温下，大于 10^{12} Ω·m）和高介电强度（大于 10^4 kV/m），以减少漏导损耗和承受较高的电压。对高压绝缘子尤为重要。

（2）介电常数小（常小于9）。可以减少不必要的分布电容值，避免在线路中产生恶劣的影响，从而保证整机的质量。此外，介电常数越小，在使用中所产生的介电损耗也越小，这对保证整机的正常运转也是有利的。

（3）高频电场下的介电损耗要小（tanδ 一般在 $2×10^{-4} ～ 9×10^{-3}$ 范围内）。介电损耗大会造成材料发热，使整机温度升高，影响工作。另外，还可能造成一系列附加的衰减现象。

（4）机械强度要高。通常抗弯曲强度为 45～300 MPa，抗压强度为 400～2000 MPa。因为装置陶瓷在使用时要承受较大的机械负荷，如高压绝缘子。因此，按照使用条件对机械强度有不同要求。

（5）良好的化学稳定性。能耐风化、耐水、耐化学腐蚀，不至于性能老化。

除上述要求外，随着电绝缘陶瓷的应用日益广泛，有时还要求其具有耐机械力冲击和热冲击的性能。如高频装置瓷，除要求介电损耗小外，还要求线膨胀系数小，热导率高，能承受较大的热冲击。作为集成电路的基片材料，要求具有高热导率、合适的线膨胀系数、平整、高表面光洁度及易镀膜或表面金属化。

电绝缘陶瓷材料分类方法很多，其中按化学组成可分为氧化物系和非氧化物系两大类。氧化物系的绝缘陶瓷已广泛应用，而非氧化物系的绝缘陶瓷是 20 世纪 70 年代以来，随着高温结构陶瓷的发展逐步被人们认识的，目前应用的主要有氮化物陶瓷，如 Si_3N_4、BN、AlN 等，其性能在前面已经介绍了。除上述多晶陶瓷外，近年来又发展了单晶电绝缘陶瓷，如人工合成云母、人造蓝宝石、尖晶石、氧化铍及石英等，其性能优良，用于某些特殊场合。

B 电容器陶瓷

陶瓷电容器以其体积小、容量大、结构简单、优良的高频特性、品种繁多、价格低廉、便于大批量生产而广泛应用于家用电器、通信设备、工业仪器仪表等领域。陶瓷电容器是目前飞速发展的电子技术的基础之一，今后，随着集成电路（IC）、大规模集成电路（LSI）的发展，可以预计，陶瓷电容器将会有更大的发展。

1920 年前后，德国、美国等开始研究以陶瓷为介质的电容器，之后电容器陶瓷材料得到了广泛的研究和发展，新的材料不断涌现，基本上能满足电子技术的发展。近来，电子线路的小型化、高密度化有了明显的发展，而且元器件向着芯片化、自动插入线路板的方向发展。因此，对电容器小型化、大容量的要求越来越高，迫切需要研制新的电容器陶瓷材料。

根据陶瓷电容器所采用陶瓷材料的特点，电容器分为温度补偿（Ⅰ型），温度稳定（Ⅱ型），高介电常数（Ⅲ型）和半导体系（Ⅳ型），各自的特征见表 2.29。

表 2.29 陶瓷电容器的分类和特征

类 型	特 征
Ⅰ	介电常数的温度系数在 $+10^{-4}$ ℃$^{-1}$ 到 -4.7×10^{-3} ℃$^{-1}$ 之间随意获得； 具有高的 Q^* 值； 绝缘电阻高，适用于高频
Ⅱ	介电常数的温度系数接近零； 具有高的 Q 值，适用于高频； 如果介电常数尽可能高些，在几吉赫兹带宽内 Q 值很高，则可用于制造微波滤波器，称微波电介质陶瓷
Ⅲ	由于采用高介电常数陶瓷（$\varepsilon = 1000 \sim 30000$），甚至更高，可获得大容量； 绝缘电阻高，$Q$ 值小，适用于低频
Ⅳ	由于利用半导体化的高介电常数陶瓷的表面层或阻挡层，可以比Ⅱ型更小型化

注：* $Q = 1/\tan\delta$，称为品质因数，是电介质的重要特性值之一。

若按制造这些陶瓷电容器的材料性质也可分为四大类。第一类为非铁电电容器陶瓷（Ⅰ型），其特点是高频损耗小，在使用的温度范围内介电常数随温度变化而呈线性变化。一般介电常数的温度系数为负值，可以补偿电路中电感或电阻的正温度系数，维持谐振频率稳定。因此又称热补偿电容器陶瓷。第二类为铁电电容器陶瓷（Ⅲ型），其特点是介电常数呈非线性且值高，又称强介电常数电容器陶瓷。第三类为反铁电电容器陶瓷（Ⅲ型）。第四类为半导体电容器陶瓷（Ⅳ型）。

用于制造电容器的陶瓷材料在性能上有如下要求：

（1）介电常数应尽可能高。介电常数越高，陶瓷电容器的体积可以做得越小。

（2）在高频、高温、高压及其他恶劣环境下稳定可靠。

（3）介质损耗角正切值小。这样可以在高频电路中充分发挥作用，对于高功率陶瓷电容器，能提高无功功率。

（4）比体积电阻高于 $10^{10} \Omega \cdot m$，这样可保证在高温下工作。

（5）高的介电强度，陶瓷电容器在高压和高功率条件下，往往由于击穿而不能工作。因此提高它的耐压性能，对充分发挥陶瓷的功能有重要的作用。

随着材料科学的发展，在这类材料中又相继发现了压电、铁电和热释电等陶瓷。因此电介质陶瓷作为功能陶瓷又在传感、电声和电光技术等领域得到了广泛应用。

C 压电陶瓷

电介质在电场的作用下可发生极化，某些情况也可以通过纯粹的机械作用而发生极化，其电荷密度同外力成比例，机械力激起晶体表面荷电的效应称为压电效应，这种性质称为压电性。晶体在受机械力而变形时，在晶体表面产生电荷的现象称为正压电效应；对晶体施加电压时，晶体发生变形的现象称为逆压电效应。正压电和逆压电统称为压电效应，如图 2.40 所示。

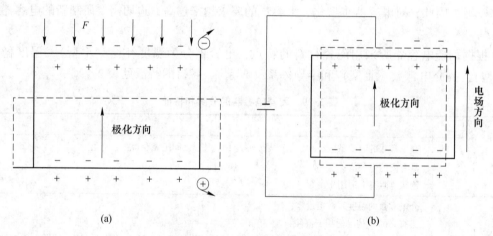

图 2.40 压电效应示意图
（a）正压电效应；（b）逆压电效应

压电效应是 1880 年由法国的居里兄弟在研究热电现象和晶体对称性时，在 α 石英晶体上发现的。1881 年，G. 利普曼根据热力学原理、能量守恒和电荷量守恒定理预见到逆压电效应的存在，同一年被居里兄弟通过实验进行了验证。压电效应呈现与否，是由晶体对称性决定。晶体按对称性分为 32 个晶族，其中有对称中心的 11 个晶族不呈现压电效应，而无对称中心的 21 个晶族中的 20 个呈现压电效应。从晶体结构来看，属于钙钛矿型（ABO_3 型）、钨青铜型、焦绿石型、含铋层结构的陶瓷材料具有压电性。目前压电陶瓷多是 ABO_3 型化合物或几种 ABO_3 型化合物的固溶体。应用最广泛的压电陶瓷是钛酸钡系和锆钛酸铅系（PZT）陶瓷。

a 钛酸钡（$BaTiO_3$）

钛酸钡（$BaTiO_3$）属钙钛矿型（$CaTiO_3$）晶体结构，$BaTiO_3$ 晶体中的氧形成氧八面体，钛位于氧八面体的中心，钡则处于八个八面体的间隙。在室温，$BaTiO_3$ 是属四方晶系的铁电体，在 120 ℃温度以上，四方相转为立方相，属顺电相。在 0 ℃附近，四方相转为正交晶系，仍具有铁电性。钛酸钡有较好的压电性，第一个实用产品是拾音器，应用在制造声呐装置的振子，声学测量装置和滤波器等。但是，钛酸钡的居里点不高（120 ℃），限制了工作温度范围。它还存在第二相变点（0 ℃），相变时压电、介电性显著改变；常温下有介电性和压电性不稳定等缺点。$BaTiO_3$ 基的 $BaTiO_3$-$CaTiO_3$ 陶瓷第二相变点明显向低温移动，但对居里点的影响不大。$BaTiO_3$-$PbTiO_3$ 系陶瓷，可以使陶瓷的居里温度移向高温。

b 锆钛酸铅系（PZT）陶瓷

锆钛酸铅系（PZT）陶瓷是 ABO_3 型钙铁矿结构的 $PbZrO_3$-$PbTiO_3$ 二元系固溶体，是铁电相钛酸铅和反铁电相锆酸铅的固溶体。化学式为 Pb（Zr_xTi_{1-x}）O_3，$PbZrO_3$ 和 $PbTiO_3$ 可以形成连续固溶体。居里点 T_c 随钛锆比变化。在居里温度以上，晶体为立方相，无压电效应。在钛锆比为 55/45 处，有一相界线，右边为四方相，左边是菱方（三角）晶相，它们都是铁电相。在钛锆比 94/6～100 的范围内，固溶体为四方相，属反铁电相，无压电效应。在钛锆比为 55/45 时，结构发生突变，此时平面耦合系数 K_p 和介电常数 ε 出现最大值。

发射型材料要求高的 K_p 值，可以选择相界线附近的组成，钛锆比 52/48。对于接收型材料，既要求高的 K_p，同时也要求高灵敏度、低机械品质因素 Q_m 和适当的介电常数，通常采用钛锆比 54/46。

二元系 PZT 陶瓷掺杂改性时，可以通过元素置换改性和添加物改性。

（1）元素置换改性是指在 PZT 固溶体中，加入某些与 Pb^{2+}、Zr^{4+}（Ti^{4+}）同价，且离子半径相近的元素，并占据它们原来正常晶格中的位置，形成置换固溶体。例如，钡置换部分铅之后，可以提高 Q_m 改善频率、温度稳定性。锶置换铅后，压电陶瓷的 K_p、Q_m 增大，频率、温度稳定性得到改善。锡置换部分锆、钛后，介电常数增加，居里温度下降。

（2）添加物改性是指在压电陶瓷的基本成分中加入与原来晶格的离子化合价不同的元素离子，或者 $A^+B^{5+}O_3$ 和 $A^{3+}B^{3+}O_3$ 化合物。添加少量 In^{3+}、Bi^{3+}、Sb^{5+} 等金属氧化物，可以使陶瓷的性能变"软"，也就是获得高的弹性柔顺系数、低 Q_m、高 K_p、低矫顽场 E_c、老化稳定性好，体积电阻率 ρ_v 大的陶瓷。这类添加物称为"软性"添加物。一价、三价和过渡元素，例如，K^+、Na^+、Al^{3+}、Ga^{3+}、Fe^{2+}、Mn^{2+} 等，通常以氧化物的形式加入，使介质损耗降低，矫顽场增高，Q_m 增大，体积电阻率 ρ_v 降低，使压电陶瓷的性能变硬，称为"硬性"添加物。

c 钨青铜结构的铌酸盐系压电铁电陶瓷

其压电性不如 PZT，但是它们有较高的居里点，低的介电常数，较低的 Q_m 和高的声传播速度。因此，用作高频换能器比 PZT 好。采用热压法制备的铌酸盐系压电陶瓷铌酸钾钠（KNN）用在高频厚度伸缩（或切变）换能器方面，比 PZT 陶瓷好。KNN 的化学式为 $K_{1-x}Na_xNbO_3$，$x \approx 0.5$ 时，各项性能较好。

钨青铜结构的偏铌酸铅、偏铌酸铅钡陶瓷，具有高的居里点、高的频率常数、低介电常数，同 PZT 陶瓷比较，在某些方面，如无损探伤、高频工作，其效果较好。

利用压电效应可以把机械能转换成电能，或者把电能变成机械能，制成各种换能器。

对压电陶瓷施加应力时，在陶瓷样品的两端会出现一定荷电。这种正压电效应早已用于引燃引爆、气体点火等高压发生器、电唱机拾音器芯座、加速度计、水听器等拾音和测振装置。相反，对压电陶瓷施加一个外加电场时，就会使陶瓷发生形变（逆压电效应）。在外电场频率与压电陶瓷固有谐振频率一致时，形变甚大，而且随外电场的频率作机械振动，向周围媒介发射功率，这种效应可用于超声核能器、扬声器、声呐等。压电振子也是利用压电陶瓷的谐振效应，振子的机械谐振又可以由于正压电效应而输出电信号。

压电陶瓷已用于传感器、驱动器、阻尼降噪等智能系统。88 层压电陶瓷片做的驱动器可在 20 ms 内产生 50 μm 的位移，驱动器已用于光跟踪、自适应光学系统、机器人微定位器等。压电陶瓷也用于小马达，压电陶瓷和聚合物组成的传感器已用于人工智能系统。压电陶瓷纤维复合材料，将压力陶瓷纤维二维或三维阵列与聚合物、电极复合，集传感器和驱动器于一身，用于自适应结构的智能系统，在航空、航天、舰船、自动控制等领域广泛应用。压电陶瓷的电致伸缩效应也已用于制动器。

D　热释电陶瓷

均匀加热电气石晶体时，在晶体唯一的三重旋转对称轴两端，就会产生数量相等符号相反的电荷，如果将晶体冷却，电荷的变化同加热时相反。由于温度的变化而产生电极化现象称为热释电效应。实际上，在通常的压强和温度下，这种晶体就有自发极化性质。但是，这种效应被附着于晶体表面上的自由表面电荷所掩盖，只有当晶体加热时才表现出来。有对称中心的晶体，不具有热释电性，这点同压电晶体是一样的。但是，压电晶体不一定具有热释电性，只有当晶体中存在有与其他极轴都不相同的唯一极轴时，才有可能由热膨胀引起晶体总电矩的改变，从而表现出热释电效应。在 20 种压电晶体中，只有 10 种点群的晶体有可能具有热释电性。

热释电晶体的自发极化 P_s 由于热膨胀随温度 T 而发生变化，$\Delta P_s = P \Delta T$。P 称为热释电系数，是一个矢量，是晶体热释电效应大小的量度。

钛酸铅陶瓷是压电陶瓷，其介电常数和机电耦合系数好，居里点高，热释电系数随温度变化很小，可用作稳定的红外探测器。$PbTiO_3$ 陶瓷是利用铁电-顺电相变时 P_s 的变化。

锆钛酸铅（PZT）陶瓷是用量很大的压电陶瓷。$PbZr_{1-x}Ti_xO_3$ 系陶瓷，在 $x = 0.1$ 附近存在复杂相变，可制成性能良好的热释电陶瓷。$PbZr_{0.91}Ti_{0.09}O_3$ 在 70 ℃和 255 ℃均有相变。添加 Bi_2O_3，使低温相变点接近室温，并改善了热释电性能。$Pb_{0.96}Bi_{0.04}(Zr_{0.92}Ti_{0.08})O_3$ 陶瓷在室温附近具有较大的热释电系数。

$Pb_{0.98}Nb_{0.02}(Zr_{0.68}Sn_{0.25}Ti_{0.07})O_3$ 陶瓷（PZST）用作热-电能量转换热机，卡诺效率可达 38%。锆钛酸铅镧（PLZT）陶瓷的居里点高，在常温下使用不退化，热释电性能良好。

热释电陶瓷用于探测红外辐射，遥测表面温度和热-电能量转换热机。红外辐射探测已应用于辐射计、红外光谱、红外激光探测器和热成像管等。热释电陶瓷传感器已用于火灾报警、大气监测、人体物体感测等。对于用作红外探测器的热释电陶瓷，要求热释电系数大，热容量小，对红外线吸收大，这样保证红外探测器的响应快，探测能力高。最好选择室温下热释电系数大，居里温度比室温高得多的材料。热释电陶瓷同单晶体比较，制备容易，成本低。

E 铁电陶瓷

铁电陶瓷（ferroelectric ceramics）是具有铁电性的陶瓷材料。在铁电陶瓷材料中，所含有的永久偶极子彼此相互作用，结果形成许多电畴。在一个电畴的范围内，偶极子取向均相同；对不同的电畴，偶极子则有不同的取向。因此，在无电场存在时，整个晶体没有净偶极矩。但在施加足够强的电场时，那些取向和电场方向一致的畴生长变大，而其他方向的畴收缩变小，最后产生净极化强度。

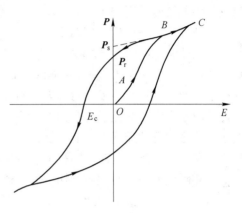

图 2.41 铁电陶瓷的电滞曲线

铁电陶瓷与其他的电介质陶瓷不同，它的极化强度不与施加电场呈线性关系，并具有明显的滞后效应。典型铁电陶瓷的极化强度与外加电场的关系如图 2.41 所示。图中 P_s 为无电场时单畴的自发极化强度；P_r 为剩余极化强度；E_c 为矫顽场强。当外加电场开始作用于未极化的样品时，其极化强度按曲线 OABC 增加。但是，当使电场强度下降并回到零时，在样品上会产生剩余极化强度 P_r。欲使剩余极化强度 P_r 减少到零，就必须在相反的方向上施加矫顽电场 E_C。而增加反方向上的电场又会引起反方向的极化，于是形成了图 2.41 所示的整个电滞回线（ferroelectrit hysteresis loop）。具有电滞回线是铁电陶瓷的重要特征。由于这类材料的电性能在物理上与铁磁材料的磁性能相似，因而称为铁电材料。这类材料不一定要包含铁作为它的一种重要组分。

铁电陶瓷在高温下失去自发极化性能，在低温时具有自发极化性能而成为铁电相。此相变温度称为居里温度（curie temperature）或居里点（curie point）。

铁电性（ferroelectricity）是指在一定温度范围内具有自发极化，在外电场作用下，自发极化能重新取向，而且电位移矢量与电场强度之间的关系呈电滞回线现象的特性。

1921 年，瓦拉塞克（Valasek）首先发现了罗息盐具有铁电性，随后又发现水晶和电气石的铁电性。但由于这些晶体的机械强度低，化学稳定性差，居里温度不高，所以应用上受到一定限制。1943 年前后，日本、美国、苏联各自发现 $BaTiO_3$ 是铁电体。$BaTiO_3$ 陶瓷的出现不仅推翻了铁电性起源于氢键的假设，开拓了铁电体相变效应的研究，而且大大促进了新型铁电陶瓷的研制，从而为铁电陶瓷作为一种新兴的功能材料奠定了基础。目前铁电晶体的数量已超过 100 种。

2.5.2.2 敏感陶瓷

敏感陶瓷是某些传感器中的关键材料之一，根据某些陶瓷的电阻率、电动势等物理量对热、湿、光、电压及某种气体、某种离子的变化特别敏感这一特性来制作敏感元件，按其相应的特性，可把这些材料分别称作热敏、气敏、湿敏、压敏、光敏及离子敏感陶瓷。此外，还有具有压电效应的压力、速度、位置、声波敏感陶瓷，具有铁氧体性质的磁敏陶瓷及具有多种敏感特性的多功能敏感陶瓷等。敏感陶瓷材料性能稳定、可靠性好、成本低，易于多功能化和集成化，已用作热敏、压敏、气敏、湿敏、光敏元件，广泛应用于工业检测、控制仪器、交通运输系统、汽车、机器人、防止公害、防灾、公安及家用电器等领域。

敏感陶瓷多属半导体陶瓷，半导体陶瓷一般是氧化物。在正常条件下，氧化物具有较宽的禁带（$E_g > 3$ eV），属绝缘体，要使绝缘体变成半导体，必须在禁带中形成附加能级、施主能级或受主能级。它们的电离能较小，在室温可受热激发产生导电载流子，形成半导体。通过化学计量比偏离或掺杂的办法，可以使氧化物陶瓷成半导体化。

在氧含量高的气氛中烧结时，陶瓷内的氧过剩，例如氧化物 MO 变成 MO_{1+x}，而在缺氧气氛中烧结时，则 MO 变成 MO_{1-x}。当氧化物存在化学计量比偏离时，晶体内将出现空格点或填隙原子，产生能带畸变。

在氧化物 MO 中，当出现金属离子空位时，其周围氧离子的负电荷得不到抵消。为保持电中性，近邻两个 O^{2-} 离子变成 O^- 离子而产生两个电子空穴 h^*。在电子空穴附近的价带电子只要获得很小能量就可以填充到空穴中去，使 O^- 离子重新变成 O^{2-} 离子。禁带中附加的电子空穴能级位于价带顶上，可接受电子，称为受主能级。在较高温度下，价带的电子受热激发可跃迁到受主能级上，使价带产生空穴，在电场作用下，价带中的空穴在晶体中漂移运动，产生电流。因氧不足造成的能带畸变也同样能使陶瓷半导体化。

在实际生产中，通常通过掺杂使陶瓷半导体化。氧化物晶体中，高价金属离子或低价金属离子的替位，都引起能带畸变，分别形成施主能级或受主能级，得到 n 型或 p 型陶瓷半导体。多晶陶瓷的晶界是气体或离子迁移的通道和掺杂聚集的地方，晶界处易产生晶格缺陷和偏析，晶粒表层易产生化学计量比偏离和缺陷，这些都导致晶体能带畸变，禁带变窄，载流子浓度增加。晶粒边界上离子的扩散激活能比晶体内低得多，易引起氧、金属及其他离子的迁移。通过控制杂质的种类和含量，可获不同需要的半导体陶瓷。根据所利用的显微结构的敏感性，半导体陶瓷可分三类。

（1）利用晶粒本身的性质：负电阻温度系数（NTC）热敏电阻、高温热敏电阻、氧气传感器；

（2）利用晶界性质：正电阻温度系数（PTC）热敏电阻、ZnO 压敏电阻；

（3）利用表面性质：气体传感器、湿度传感器。

A 热敏陶瓷

热敏陶瓷是一类电阻率随温度变化而发生明显改变的陶瓷。用于制作热敏电阻元件，其优点是灵敏度高，热稳定性好，制造容易。

根据材料的阻温特性，即电阻率随温度变化的性质，可将热敏陶瓷分为负温度系数（NTC）热敏陶瓷、正温度系数（PTC）热敏陶瓷、临界温度热敏陶瓷（CTR）和线性阻温特性热敏陶瓷四大类。图 2.42 为几种典型热敏陶瓷的阻温特性。

热敏陶瓷有着广泛的用途，例如，制作测（控）温器、热补偿元件、稳压计、电流限制器、气压计、流量计、液压计，以及彩电消磁回路、马达启动器、延时开关等。

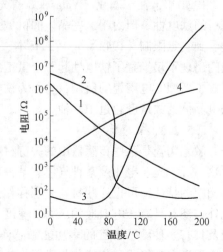

图 2.42 几种典型热敏陶瓷的阻温特性
1—NTC；2—CTR；3—开关型 PTC；4—缓变型 PTC

B 湿敏陶瓷

电阻随环境相对湿度变化而明显改变的陶瓷材料称为湿敏陶瓷。它能将湿度信息转变为电信号输出，因而广泛应用于各种湿度测控系统中。

湿敏陶瓷通常分为三种类型：高湿型、低湿型和全湿型，它们分别适用于相对湿度大于70%、小于40%及全湿度（0~100%）的环境中。按导电机理类型其又可分为质子导电型、电子导电型及质子电子综合导电型三种。

湿敏陶瓷元件的性能，要用湿度量程、灵敏度、响应速度、分辨率和温度系数等指标来衡量。通常要求湿敏元件应有一定的灵敏度，但也不必过于灵敏，以免误测偶然现象及要求检测量程过大。另外还要求其电阻随湿度的变化应具有良好的线性特性或近乎指数特性等，这样便于和指示仪表、电子计算机或其他测控设备相连接。

C 气敏陶瓷

气敏陶瓷的电阻值随所处环境的气氛而变，而且不同材质的材料对某一种或某几种气体特别敏感，电阻值随该种气体的浓度（分压）呈有规律的变化。其检测灵敏度通常为百万分之一数量级，个别甚至达到十亿分之一数量级，远远超过动物的嗅觉感知度，故有"电子鼻"之称。

利用气敏陶瓷制成的传感元件，已经广泛用于石油、化工、煤炭、电子、电力、国防及环境保护等领域。目前发展的气敏陶瓷多为掺杂金属氧化物半导体陶瓷，主要有掺杂 SnO_2、ZnO、Fe_2O_3、ZrO_2 等系列瓷。表2.30 中列出了各种气敏陶瓷的使用条件。

表2.30 各种气敏陶瓷的使用条件

	半导体材料	添加物质	探测气体	使用温度/℃
半导体陶瓷	SnO_2	PdO, Pd	CO, C_3H_8, 乙醇	200~300
	SnO_2+SnCl_2	Pt, Pd, 过渡金属	CH_4, C_3H_8, CO	200~300
	SnO_2	$PdCl_2$, $SbCl_2$	CH_4, C_3H_8, CO	200~300
	SnO_2	PdO+MgO	还原性气体	150
	SnO_2	Sb_2O_3, MnO_2, TiO_2, TlO_2	CO, 煤气, 乙醇	250~300
	SnO_2	V_2O_5, Cu	乙醇, 苯等	250~400
	SnO_2	稀土类金属	乙醇系可燃气体	
	SnO_2	Sb_2O_3, Bi_2O_3	还原性气体	500~800
	SnO_2	过渡金属	还原性气体	250~300
	SnO_2	瓷土, Bi_2O_3, WO_3	碳化氢系还原性气体	200~300
	ZnO		还原性和氧化性气体	
	ZnO	Pt, Pd	可燃性气体	
	ZnO	V_2O_5, Ag_2O	乙醇, 苯	250~400
	Fe_2O_3		丙烷	
	WO_3, MoO, CrO 等	Pt, Ir, Rh, Pd	还原性气体	600~900

对气敏元件的性能要求主要包括：应具有稳定的物理化学性质；分辨率高或选择性强；灵敏度高；可靠性好；信号输出初始稳定时间短；气敏响应快及复原特性好等。

目前，气敏陶瓷正朝着多功能（如气敏、湿敏、热敏等）集成化方向发展，同时也在努力提高产品的稳定性、可靠性、选择性、产品性能的一致性及定温检测能力。

D 光敏陶瓷

光敏陶瓷是具有光电效应的一类陶瓷材料。光电效应是一种材料的电阻随光照变化而变化的现象。其产生机理是由于材料吸收光子能量后，使价电子或空穴越过禁带而进入导带，从而使载流子（电子或空穴）数目增多，导电能力增强。

利用光敏陶瓷制成的光敏电阻，主要用作光检测元件、光复合器件、光位计、电路元件及电桥等。由于不同波长的电子具有不同的能量，因此不同材质的光敏陶瓷元件有不同的光敏区，即一定组成的材料只对一定波长范围的光谱有光电效应。对紫外光灵敏的，称紫外光敏陶瓷，如 ZnS、$CdSe$，用于探测紫外线。对可见光灵敏的称可见光光敏陶瓷，如 Se、CdS、Ti_2S 等，用于各种自控系统，如光电自动开关门窗、光电计算器、自动安全保护装置等。对红外线敏感的称红外光敏陶瓷，如 PbS、$PbSe$ 等，可用于红外通信、导弹制造等。

E 压敏陶瓷

压敏陶瓷是对外加电压变化非常敏感的材料，主要用来制作压敏电阻，其电阻在某一临界电压以下非常高，几乎没有电流通过，但当超过这一临界电压（压敏电压）时，电阻将急剧减小并有电流通过，所以，压敏陶瓷材料的伏安特性是非线性的，如图 2.43 所示。

压敏陶瓷种类很多，主要有 ZnO、SiC、$BaTiO_3$、CdS 或 Se 压敏电阻等。压敏电阻具有电压范围宽、通流能力强、电压温度系数小、使用寿命长、体积小等优点，目前已获得广泛应用，主要用于电力、通信、交通、工业保护、电子及国防等工业领域。

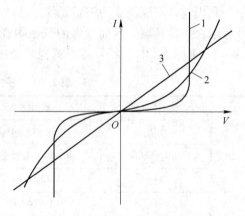

图 2.43 压敏电阻器的 I-V 特性曲线
1—ZnO；2—SiC；3—线性电阻器

2.5.2.3 磁性陶瓷

磁性陶瓷是具有磁学性能和电学性能的陶瓷，分为含铁的铁氧体陶瓷和不含铁的磁性陶瓷。铁氧体是将铁的氧化物与其他金属氧化物用制造陶瓷的工艺方法制成的具有亚铁磁性的非金属磁性材料，其化学组成主要是 Fe_2O_3，此外有一价或二价的金属如 Mn、Zn、Cu、Ni、Mg、Ba、Pb、Sr 及 Li 等氧化物，或三价的稀土金属如 Y、Eu、Gd、Tb 及 Er 等的氧化物。不含铁却具有铁磁性的氧化物材料是由某些金属氧化物复合而成的，如 $NiMnO_3$ 及 $CoMnO_3$ 等。它们广泛应用于现代无线电电子学、自动控制、微波技术、电子计算机等方面做磁芯、磁头、传感器等器件。

铁氧体是一种半导体材料，电阻率为 $10 \sim 10^7 \ \Omega \cdot m$，而一般金属磁性材料的电阻率为 $10^{-4} \sim 10^{-2} \ \Omega \cdot m$，因此用铁氧体做磁芯时，涡流损失小，介质损耗低，故广泛应用于高频和微波领域，作为高频下使用的磁性材料。而金属磁性材料，由于介质损耗大，应用的频率不能超过 10~100 kHz 这个范围。铁氧体的高频磁导率也较高，这是其他金属磁性材料所不能比拟的。铁氧体的最大弱点是饱和磁化强度较低，只有纯铁的 $1/5~1/3$，居里温度也不高，不适宜在高温或低频大功率的条件下工作。

铁氧体按晶体结构可分为尖晶石型（MFe_2O_4）、石榴石型（R_3FeO_{12}）和磁铅石型（$MFe_{12}O_3$）。其中 M 为铁族金属元素，R 为稀土元素。此外，还有钙钛矿、钨青铜型等。根据铁氧体的性质及用途不同，可将其分为软磁、硬磁、旋磁、矩磁、压磁、磁泡、磁光等铁氧体。按铁氧体材料的外观形态，可分为粉末、薄膜和体材三种；按其结晶状态可分为单晶和多晶体两种。

A 软磁铁氧体

这是一种容易磁化和退磁的铁氧体，也是目前铁氧体中发展较早、品种最多、应用最广的一种铁氧体。其使用频率可达高频、超高频范围，在通信、广播、电视机、其他无线电电子技术领域都得到了广泛的应用。

目前生产的软磁铁氧体大体分两类：一类是尖晶石型铁氧体，主要有 MnZn 系和 NiZn 系铁氧体，主要用于音频、中频及高频范围。另一类是磁铅石型的铁氧体，如 $Ba_3Co_2Fe_{24}O_{41}$，适用于超高频范围（100~1000 MHz）。对软磁铁氧体的性能要求主要包括：起始磁导率高，损耗低，截止频率高，以及对温度、震动和时效的稳定性好。

B 硬磁铁氧体

硬磁铁氧体又称永磁铁氧体，是一种磁化后永不退磁，能长久对外显示较强磁性的铁氧体。

目前，已经获得应用的硬磁铁氧体多为磁铅石型铁氧体（$MFe_{12}O_{19}$），主要有钡铁氧体（$BaFe_{12}O_{19}$）、锶铁氧体（$SrFe_{12}O_{19}$）、铅铁氧体（$PbFe_{12}O_{19}$）和它们的复合铁氧体，其中最常用的是钡、锶铁氧体，主要用于扬声器、磁选机、直流电机、微波器件、医疗设备等方面。

对硬磁铁氧体的性能要求主要是：最大磁能积高，矫顽力高，剩余磁感应强度大以及对温度、振动、时间及其他干扰因素的稳定性好。

C 矩磁铁氧体

矩磁铁氧体是具有矩形磁滞回线且矫顽力较小的铁氧体，主要制品有两大类：一是常温矩磁铁氧体，如 Mn-Mg 系、Mn-Zn 系、Cu-Mn 系等；另一类是宽温矩磁铁氧体，如 Li 系（Li-Mn、Li-Cu 等）、Ni 系（Ni-Mn、Ni-Zn 等）。目前大量使用的矩磁材料是 Mn-Mg 系和 Li 系矩磁铁氧体。

矩磁铁氧体广泛应用于电子计算机、自动控制等尖端技术领域，主要用作记忆元件、开关元件和逻辑元件等。它具有电阻率高、抗辐射性强、可靠性好、制造简单、成本低等优点。

D 旋磁铁氧体

旋磁铁氧体又称微波铁氧体，是在微波波段使用的铁氧体材料，主要用于制作雷达、通信、电视、测量、人造卫星、导弹系统等方面的微波器件。

旋磁铁氧体种类很多，目前应用较多的是尖晶石型和石榴石型。尖晶石型铁氧体主要有 Mg 系（如 Mg-Mn、Mg-Al 等）、Ni 系（Ni-Mg、Ni-Zn）和 Li 系（如 Li-Al、Li-Mg 等）铁氧。常用的石榴石型铁氧体有 Y-Al 系、Y-Cu-V 系。

E　压磁铁氧体

这是一种具有较高磁致伸缩系数的铁氧体，它在外加交变场中能产生机械形变，可用来产生超声波。由于其电阻率高，故适用于较高频段，主要用来制作超声器件（如超声发生器、超声接收器、超声探伤器等等）、水生器件（如声呐、回声探测仪等）及机械滤波仪等。其优点是电声频率高、频率响应好。

目前常用的压磁铁氧体材料有 Ni-Zn 系、Ni-Cu 系、Ni-Mg 系等，其中以 Ni-Zn 铁氧体应用最多。对压磁材料的性能要求主要有：饱和磁致伸缩系数大，灵敏度高，压磁耦合系数大，稳定性好等。

F　磁泡材料

磁泡材料又称泡畴材料，是一种新型的很有发展前途的磁存储材料。所谓磁泡，即铁氧体中的圆形磁畴，这种磁畴从一定方向上看像是气泡，故谓之磁泡。若以磁泡的"有"和"无"表示信息的"1"和"0"两种状态，由电路和磁场来控制磁泡的产生、消失、传输、分裂以及磁泡间的相互作用，就可以实现信息的存储、记录和逻辑运算等。用磁泡材料做成的存储器具有容量大、体积小、能耗低、信息可靠性好等优点。

G　磁光材料

具有磁光效应的铁氧体称为磁光铁氧体材料，主要用于制作大型计算机的外存储器，即磁存储器。所谓磁光效应，是指偏振光被磁性介质反射或透射后，其偏振状态发生改变，偏振面发生旋转的现象。磁性体的磁矩平行和反平行于传播方向时，偏振面的旋转方向正好相反，通过控制这两种不同取向对光束偏振状态的作用，即可作为信息码"1"和"0"，从而实现信息的读写功能。

磁光材料的基本性能要求是：有较好的透光性，一定的磁化强度和矫顽力，以及合适的转变温度等。目前用于磁光材料的铁氧体主要有石榴石型的钇铁氧体单晶、钆铁薄膜等。

2.5.2.4　导电陶瓷

导电陶瓷是一种在一定温度、压力等条件下，能产生电子（或空穴）电导或离子电导的陶瓷材料。能产生电子（或空穴）电导的是一些氧化物或碳化物半导体，产生离子电导的有固体电解质陶瓷，如 ZrO_2、$LaCrO_3$、$\beta\text{-}Al_2O_3$ 等。

（1）铬酸镧（$LaCrO_3$）陶瓷。这是一种以 $LaCrO_3$ 为主晶相、钙钛矿型结构的复合氧化物陶瓷材料，其特点是熔点高（2490 ℃），电阻率低（100～1800 ℃的电阻率为 1～0.104 $\Omega \cdot cm$），类似金属的导电性，是一种十分优良的耐高温纯电子导电陶瓷，用它制成的发热体，可在室温下直接通电，其表面温度可达 1900 ℃。另外，$LaCrO_3$ 是黑色氧化物，表面辐射率不大，热效率高，在高温氧化气氛下能保持稳定。

（2）$\beta\text{-}Al_2O_3$ 陶瓷。以 $\beta\text{-}Al_2O_3$ 为主晶相的陶瓷称为 $\beta\text{-}Al_2O_3$ 陶瓷。$\beta\text{-}Al_2O_3$ 是一种多铝酸盐，由铝氧复合离子和某些一价、两价阳离子组成的一系列化合物，主要包括 Na-$\beta\text{-}Al_2O_3$、K-$\beta\text{-}Al_2O_3$、Ca-$\beta\text{-}Al_2O_3$、Ag-$\beta\text{-}Al_2O_3$ 等化合物。

作为钠硫电池隔膜使用的 Na-$\beta\text{-}Al_2O_3$ 陶瓷，是由 Al_2O_3、Na_2CO_3 及适量添加剂，经过合成反应，高温烧结而成的。Na-$\beta\text{-}Al_2O_3$ 属六方晶系层状结构，由致密的铝氧层和较松散的钠氧层堆积而成，Na^+ 可以在钠氧层平面内迁移，因而具有离子电导性，用它制作的钠硫和钠溴电池的隔膜材料广泛应用于电子表、电子照相机、听诊器及心脏起搏器等。

（3）ZrO_2 陶瓷。纯 ZrO_2 陶瓷是优良的绝缘体，但加入稳定剂的 ZrO_2 在高温时具有导电性，其电阻率在 2000 ℃时只有 0.59 $\Omega \cdot cm$。这种 ZrO_2 在一定条件下具有传递氧离子的特性，利用此特性，可用 ZrO_2 导电陶瓷制作氧气传感器，即测氧计，其应用范围主要包括：热电厂、冶金、硅酸盐等部门烟气游离氧浓度的监测和自控，并能收到明显的节能效果；用于环境保护；用作高温发热材料和高温电极材料等。

2.5.2.5 超导陶瓷

所谓超导体是指电阻近为零且具有抗磁性的导体，达到这一状态的温度称为临界温度。最早发现的超导体往往需在超低温液体（如液氦等）中才具有超导性，难以实用化。随着研究的不断深入，人们发现一些氧化物陶瓷也具有超导性，其临界温度（大于 90 K）大大提高，这为超导材料实用化带来希望，人们通常又把这类高温超导材料称为超导陶瓷材料。

目前主要的超导陶瓷体系有 Y-Ba-Cu-O 系、La-Ba-Cu-O 系、La-Sr-Cu-O 系、Ba-Pb-Bi-O 系等。其制备工艺与一般陶瓷大体相似，其中预烧、成型及烧结对材料的超导性能影响最大。目前普遍采用固态反应法制备氧化物超导陶瓷，为了使材料的组分均匀，有时需要将配合料进行 2~3 次低温预烧。成型可以采用一般压机，也可采用等静压成型。对于烧结过程，主要控制烧结温度、冷却速度、烧结时间及烧结时的氧分压等。

由于超导陶瓷材料具有零电阻和抗磁性等特性，可应用于诸多领域并产生巨大的经济和社会效益。在信息领域中，超导陶瓷材料用作高速转换元件、通信元件和连接线路，将大大提高信息的传输速度及功效，同时促进通信设备及电子计算机更趋向小型化。在交通运输方面，超导陶瓷材料被用来制造磁悬浮列车及汽车、电磁推进器等。在能源方面，其可用于超导磁体发电、超导运输、超导储能等，显示出功率高、能耗低和良好的生态环境效益的优势。在生物医学领域，超导陶瓷材料实用化程度最高，目前已用于核磁共振断层摄像仪、量子干涉器、粒子线治疗装置等，显示出诊断速度快、准确性高、分辨率好的优点。

2.5.2.6 光功能陶瓷

光功能陶瓷包括透明陶瓷和光学陶瓷两大类。透明陶瓷要求具有高度透光性能，陶瓷由于是多晶多相材料，存在杂质、气孔和多相晶界，所以在光学上是非均匀质体，特别是对光线的散射和反射十分严重，因而一般是非透明的。要使陶瓷具有高透光性，其必要条件是材料密度接近理论密度；晶界处无气孔和空洞或其尺寸比入射的可见光波长小得多，减少光散射；晶界无杂质和玻璃相或与主晶相光学性质差别很小，减少光折射；晶粒细小、尺寸均一，粒内无气泡等。为达到上述要求，在制备过程中需采取一系列工艺措施，即原料纯度 99.9%且有一定活性；充分排除气孔；加入适当添加剂以抑制晶粒粗化；热压烧结提高密度等。透明陶瓷有 Al_2O_3、MgO、Y_2O_3 和一些非氧化物透明陶瓷，如 $CoCr_2S_4$、CaF_2、$GaAs$ 等，它们可用于高压钠灯管、红外探测窗、基板、红外发生器管、激光元件及磁光元件等。

光学陶瓷可分为红外光学材料、激光材料、光导纤维及光色材料等，要求材料具有分光与滤光、导光与传感、产生激光、受光变色等功能，如透明 PLZT 陶瓷可作光色材料，透明 Al_2O_3 和 MgO 可作红外材料，红宝石、透明氧化钇可作激光材料，石英玻璃可作光导材料等。此外，耐热性、耐风化、热稳定性和机械强度高、低膨胀也是光学陶瓷在应用中的优势所在。它们广泛应用于红外、激光、光通信等高技术领域。

2.5.2.7　机敏陶瓷

机敏陶瓷是机敏材料中的一种。机敏材料（smart materials）能够感知环境变化并能通过反馈系统作出有益的响应，同时具有传感功能和执行功能。如氧化锌变阻器，在正常状态下是绝缘的，当它感受到电压时，氧化锌的晶界状态方式变化，电阻下降，把电路中的功率浪涌吸收掉。$BaTiO_3$ 正温度吸收热敏电阻能根据温度变化，改变晶界状态，改变自身电阻，从而自动保持加热温度恒定。机敏陶瓷实际是一种敏感材料，由陶瓷传感器、执行器和反馈系统组成。传感器的主要功能是感知外界信息，并把表征这些原始信息的不易测量的变量（主要是非电学物理量）转为易测量和处理的物理量（主要是电学量），典型材料是敏感陶瓷和压电陶瓷；执行器的主要功能是根据输入的驱动信号，输出相应的响应动作，其典型材料以 PZT 等压电陶瓷为主；反馈系统是机敏陶瓷的关键所在，主要功能是把传感器输出的信号经过处理、加工并把驱动信号输出给执行器，控制执行器完成人们所要求的机敏反应。

2.5.2.8　智能陶瓷

智能陶瓷是智能材料中的一种，同时具备自检查功能（传感器功能），信息处理功能以及指令和执行功能的材料称为智能材料，它具有自诊断、自调节、自恢复、自转换等功能。由于智能材料与机敏材料在某些功能上有相似之处，故有时人们往往把两个概念混用。为说明智能陶瓷概念，不妨举几个实例。比如 CuO/ZnO 两种材料的 p-n 型接触，就是一个自恢复的湿敏元件。再如结构陶瓷的自诊断功能，它可在断裂前发出某种信号，提示人们在严重破坏前及时换下有严重缺陷的材料或进行适当的修复，免遭重大损失，如日本的柳田和美国的科学家在 Si_3N_4 材料中加入 SiC 晶须，该复合材料的导电性可在一定程度上反映材料内部的受力情况和内部结构，具有一定诊断裂纹缺陷的功能；ZrO_2 相变增韧与四方相与单斜相比例有关，在受力作用后，四方相转变为单斜相，从而失去了增韧效果，当用微波对单斜相进行辐射后，发现单斜相又重新转变成有增韧效果的四方相，恢复了 ZrO_2 的增韧效果，这种自恢复的方法，可使陶瓷材料实现再生利用的可能。

智能陶瓷的制备，通常是将具有某种功能（如传感器）的材料与其他基础材料复合，因此要充分考虑不同材料间物理、化学性能匹配问题，如化学相容性、力学匹配性等，否则可能达不到智能效果甚至破坏基础材料原有性能。

2.5.2.9　生物陶瓷

生物陶瓷是各种用于生命医学领域的陶瓷材料的总称，适用于人体组织和器官的修复并代行其功能的无机非金属材料。

作为生物医学材料，要求其应有良好的生物学性质，如生物相容性好，对人体无毒，无刺激等；有稳定的物理化学性质，如有足够的机械强度，在人体内长期稳定、不分解、不变质等；具有适当的孔隙度，有良好的渗透性和吸附性；易加工生产，使用操作方便等等。严格地说，目前无论是金属、有机材料或无机非金属材料，尚无一种材料能满足上述各方面的要求，但相比之下，生物陶瓷是比较好的，见表 2.31。

生物陶瓷可分为生物惰性陶瓷和生物活性陶瓷两大类，其中后者又可分为表面活性陶瓷和生物吸收性陶瓷。

表 2.31 各类生物材料比较

材料特性	金 属	高 分 子	陶 瓷
生物相容性	不太好	较好	很好
耐侵蚀性	除贵金属外，多数不耐侵蚀，表面易变质	化学性能稳定，耐侵蚀	化学性能稳定，耐侵蚀，不易氧化、水解
耐热性	较好，耐热冲击	受热易变形，易老化	热稳定性好，耐热冲击
强度	很高	差	高
耐磨性	不太好，磨损产物易污染周围组织	不耐磨	耐磨性好，有一定润滑性
加工及成型性能	非常好，可加工成任意形状，延展性良好	可加工性好，有一定韧性	塑形性好，脆性大，无延展性

A 生物惰性陶瓷

这类陶瓷的物理化学性质很稳定，在生物体内完全呈惰性状态，已在临床上获得广泛应用。主要有 Al_2O_3、ZrO_2 及碳素类材料等。

Al_2O_3 生物陶瓷的特点是生物相容性好，化学性能十分稳定，几乎不与组织液发生任何化学反应，硬度高，机械强度高，常被用作人工骨、牙根、关节、植骨螺旋等，在临床上应用较多。

部分稳定的 ZrO_2 和 Al_2O_3 一样，生物相容性好，化学性质稳定，但耐磨性及断裂韧性比 Al_2O_3 更好，常用以制作牙根、骨、股关节、瓣膜等。

碳素类生物材料包括碳素、玻璃碳、碳纤维及热解石墨等。实验证明，它们的血液相容性及抗血栓性好，且弹性模量近似天然骨，与人体组织的亲和性好，耐磨损，耐疲劳，润滑性好，能牢固黏附于其他材料表面，已在临床上用作人工心瓣膜、血管、尿管、支气管、韧带、腱、关节等。

B 生物活性陶瓷

生物活性陶瓷的特点主要是具有优异的生物相容性，能与体骨形成骨性结合界面，结合强度高，稳定性好，植入骨内还具有诱导骨细胞生长的功能，逐步参与代谢，甚至完全与生物体骨齿结合成一体。目前已经应用于临床的生物活性陶瓷主要有羟基磷灰石（HAP）、磷酸三钙（TCP）、BGC 人工骨、CaO-P_2O_5 系生物陶瓷等。

（1）羟基磷灰石（HAP）陶瓷的组成及结构近似于脊椎动物的骨、齿组成和结构，目前主要用作生物硬组织的修复和替换材料，如口腔种植、牙槽脊增高、颌面骨缺损修复等。

（2）磷酸三钙（TCP）目前主要制成多孔陶瓷作为骨骼填充剂，或作颅骨置换等。

（3）BGC 人工骨是我国研制发明的一种性能优良的生物陶瓷材料，属 CaO-P_2O_5-MgO-SiO_2-B_2O_3-Al_2O_3 系统瓷。目前 BGC 人工骨主要用于牙槽脊重建、填塞拔牙窝；用多孔材料置换颌骨，充填骨缺损等。

（4）CaO-P_2O_5 系生物陶瓷的主晶相也是磷酸三钙，植入生物体后可转化成羟基磷灰石，用它制成的人工骨片，已在修复骨缺损的临床应用中取得了成功。

2.5.2.10 纳米陶瓷

纳米材料是目前材料科学研究的一个热点，其研究始于 20 世纪 80 年代中期。所谓纳米陶瓷是指在陶瓷材料的显微结构中，晶粒、晶界以及它们之间的结合都处在纳米尺寸水平（小于 100 nm）。由于纳米陶瓷晶粒的细化，晶界数量大幅增加，可使材料的强度、韧性和超塑形大为提高，并对材料的电学、热学、磁学、光学等性能产生重要影响。

A　纳米陶瓷粉体

它是介于固体与分子之间的具有极小粒径（1~100 nm）的亚稳态中间的物质。随着粉体的超细化，其表面电子结构和晶体结构发生变化，产生了块状材料所不具有的表面效应，小尺寸效应，量子效应和宏观量子隧道效应，具有一系列的物理化学物质，已在冶金、化工、电子、国防、核技术、航天、医学和生物工程等领域得到了越来越广泛的应用。

纳米陶瓷粉体制备是纳米陶瓷材料制备的基础。其制备方法主要分两类：物理方法和化学方法。物理方法包括蒸发冷凝法、高能机械球磨法。化学方法主要包括气相沉积法（CVD）、激光诱导气相沉积法（LICVD）、等离子气相合成法（PCVD）、沉淀法、溶胶-凝胶法、喷雾热解法、水热法等。如美国的 Siegles 采用蒸汽-冷凝发制备的 TiO_2 粉体颗粒为 5~20 nm。上海硅酸研究所采用化学气相沉淀法制得了平均粒径为 30~50 nm 的 SiC 纳米粉和平均粒径小于 35 nm 的无定形 SiC/Si_3N_4 纳米复合粉体。近几年来纳米陶瓷粉体的生产由实验室规模逐步发展为工业化批量生产规模。

B　纳米陶瓷的成型与烧结

目前单相与复相纳米陶瓷材料制备工艺为：先对纳米级粉体加压成型，然后通过一定的烧结过程使之密化。由于纳米粉体晶粒尺寸较小，具有巨大的表面积，因此在材料成型和烧结过程中易出现开裂的现象。除采用常规成型方法外，国际上正研究一些新的成型方法以提高素坯密度。如采用脉冲电磁场在 Al_2O_3 纳米粉体上产生持续几个微秒的 2~10 GPa 压力脉冲，使素坯密度达到理论密度的 62%~83%。

由于纳米陶瓷粉体的比表面积巨大，烧结时驱动力剧增，扩散速率增大，扩散路径变短，烧结速率加快，缩短了烧结时间。目前，纳米陶瓷的致密化手段已趋于多样化。除采用常压烧结外，还采用了真空烧结、热锻压、微波烧结等技术。为减缓烧结过程中晶粒的长大，常采用快速烧结方法，如对粒径为 10~20 nm 的含钇 ZrO_2 纳米粉体制得的坯体烧结时，使升温、降温速率保持在 500 ℃/min，在 1200 ℃下保温 2 min，烧结密度即可达到理论密度的 95% 以上。整个烧结过程仅需 7 min。烧结体显微结构平均颗粒尺寸为 120 μm。

C　纳米陶瓷材料的应用

由于纳米颗粒有巨大的表面和界面，因而对外界环境如温度、光、湿、气等十分敏感。利用纳米氧化亚镍、FeO、CoO、Al_2O_3 和 SiC 的载体温度效应可引起电阻变化的特性，可制造温度传感器；利用纳米氧化锌，氧化亚锡和 $\gamma\text{-}Fe_2O_3$ 的半导体性质，可制造温度传感器、氧敏传感器。

利用纳米材料的巨大表面和尺寸效应，可将纳米微粒构成轻烧结体，其密度只有原矿物的 1/10，用来制造各种过滤器、热交换器。

利用纳米材料的超塑性，使陶瓷材料的脆性得以改变，如纳米 TiO_2 陶瓷在室温下就可以发生塑性形变，在 180 ℃下塑性变形可达 100%。其硬度和强度也显著提高。

在陶瓷基体中引入纳米分散相并进行复合，不仅可大幅度提高其断裂强度和断裂韧性，明显改善其耐高温性能，而且也能提高材料的硬度、弹性模量和抗热震、抗高温蠕变等性能。如日本大阪大学产业研究所开发了高韧性复合材料，在 $0.3~\mu m$ 的氧化铝和氮化硅中混合 $50\sim100~nm$ 的碳化硅并用 $\phi10~\mu m$ 的碳素纤维增韧，该复合材料 $K_{tc}>25~MPa\cdot mm^{1/2}$。弯曲强度室温为 750 MPa，1300 ℃时为 650 MPa，这种材料可用于汽轮机和陶瓷发动机以及各种工具。

纳米陶瓷材料研究尚属起步，许多基本问题需要深入探索和研究，还有许多工艺技术问题有待于解决。纳米陶瓷具有广泛的应用前景，纳米陶瓷材料的研究必将进一步推动陶瓷材料科学理论的发展。

思考题和习题

1. 什么叫陶瓷？根据性能特征分类，陶瓷有哪些类型？

2. 陶器与瓷器的区别是什么？

3. 陶瓷的制备包括哪些工序？生产陶瓷的主要原料有哪些？

4. 结合干燥曲线说明陶瓷坯体的干燥过程。

5. 陶瓷在烧结过程中会发生哪些物理化学变化？如何理解陶瓷的烧结并不依赖于化学反应的发生？

6. 何谓坯釉适应性？影响坯釉相适应的因素有哪些？

7. 如何理解"陶瓷是一种多晶多相的聚集体"？这些物相是如何形成的？

8. 玻璃相在陶瓷材料的制备和使用中的作用是什么？

9. 陶瓷中气孔的存在形式有哪些？

10. 和金属相比，陶瓷晶界的特点是什么？举例说明如何利用晶界制造新型陶瓷。

11. 何谓晶界偏析？导致晶界偏析的原因有哪些？

12. 简要说明陶瓷材料实际强度比理论强度低很多的原因并讨论提高陶瓷强度的途径。

13. 大多数陶瓷与金属一样都是晶态物质，金属材料具有高韧性，而陶瓷材料通常表现为脆性，试分析其原因。

14. 普通陶瓷材料有哪些类型？简要说明其性能特点和应用领域。

15. 特种陶瓷与普通陶瓷的区别是什么？

16. 为什么致密的 ZrO_2 陶瓷不容易制备？

17. 讨论 ZrO_2 在陶瓷材料中的增韧机制。

18. 碳化硅、氮化硅及赛龙在组成、结构和性能方面各有什么特点？

19. 何谓压电效应？产生压电效应的本质是什么？

20. 何谓热释电效应？其与压电效应有什么区别？

21. 何谓铁电性？铁电陶瓷具有什么重要特征？

22. 陶瓷半导化的方法有哪些？

23. 陶瓷要具备高透光性的条件是什么？工艺上如何实现？

24. 何谓生物相容性？和金属、高分子材料相比，陶瓷作为生物材料具备什么优势？

3 玻　璃

玻璃是非晶态固体中最重要的一族。玻璃作为非晶态材料，无论是在科学研究或实际应用上，与单晶体或多晶体（如陶瓷）相比都有它的独特之处。正因为如此，玻璃科学已经发展成为一门新兴的应用性科学，玻璃制品的生产已形成庞大的工业体系。玻璃的应用领域也在不断拓展，从传统的建筑采光玻璃、日用及装饰玻璃等到通信用玻璃纤维、核聚变用激光玻璃、加速器用闪烁玻璃、可擦写光盘用磁光玻璃、高效率太阳能电池用半导体玻璃等，玻璃的研究日益深入。本章首先对什么是玻璃、玻璃与非晶态材料有何区别进行了论述，之后对玻璃的形成规律、玻璃的结构理论和典型的玻璃结构类型、玻璃的性质进行了重点论述；最后介绍了微晶玻璃、玻璃光纤、激光玻璃等应用广泛的一些新型玻璃材料。

3.1　概　　述

3.1.1　玻璃的定义

关于玻璃的概念在科学文献中有多种不同的说法，这主要是观察角度不同所造成的。玻璃所涉及的内容丰富多彩，以至于要给它下一个准确、全面而且简明的定义，实际上是不可能的。

塔曼对玻璃的定义是"固体非晶态物质处于玻璃状态"。因此，广义的玻璃包括整个固体非晶态物质，有人把"非晶态"与"玻璃态"看作是同义词；但也有人将它们加以区别，因为狭义的玻璃仅对无机玻璃而言，即玻璃是非晶态材料的一种。我国的技术词典中把"玻璃态"定义为"熔体冷却，在室温下还保持熔体结构的固体物质状态"。习惯上称玻璃为"过冷的液体"。

本书所涉及的玻璃是指狭义的玻璃，即由熔融物过冷硬化而获得的无机玻璃。按此定义，可以将无机固体材料进行如下分类：晶体，无机玻璃，非晶态材料，其中无机玻璃作为一种独特的非晶态材料，从非晶态材料中分离出来单独列为一类。

那么，上述三种材料，特别是后两者之间有何不同呢？图 3.1 显示了它们的区别。图 3.1 中（a）、（b）、（c）分别是 SiO_2 晶体（方石英）、SiO_2 玻璃和硅胶的 X 射线衍射图，三者的化学组成均是 SiO_2。图 3.1（a）显示出了尖峰，而图 3.1（b）和（c）在 $2\theta = 23°$ 附近峰却呈现出非常宽幅的晕。在晶体中能够看到尖峰，这是由于原子规则排列构成了一定间隔的晶面，而在这些晶面发生了 X 射线衍射的结果。玻璃和硅胶中的原子排列不规则，因此不能产生这样的衍射现象，而会由于在几个原子范围内存在着短程有序区域，即微晶子，它们的尺寸远小于 X 射线的波长，从而导致散射强度在整个衍射角度范围内都较为均匀，形成一个相对平坦的峰。所以图 3.1（b）和（c）与其说是 X 射线衍射图，还不如说是 X 射线散射图。

在图 3.1 (b) 和 (c) 之间，当衍射角很小时能够看到差别。对于图 3.1 (c)，在 2θ
处于 3°~5° 的小角则能够看到很大的散射，这被称为小角散射。凝胶是由固体粒子凝结而
成，在粒子的间隙中能进入气体（空气）、液体（水），由于固体部分和液体部分的密度
不同，所以能表现出小角散射。

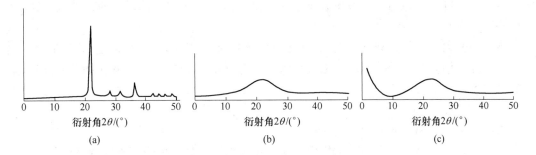

图 3.1　方石英、石英玻璃、硅胶 XRD 图
(a) 方石英；(b) 石英玻璃；(c) 硅胶

以能量差别可以更清楚地说明上述三类材料的区别。晶体具有最低的能量，是最稳定
的；由熔体形成的玻璃具有较高的能量；用其他方法制成的非晶态固体能量更高。这样将
玻璃与其他非晶态固体自然地区分开来，即无序结构的玻璃（表面积小而存在近程有序）
及高能量的其他非晶态材料。

必须指出，各类之间有时并无明显的分界，而是存在许多过渡类型。

3.1.2　玻璃的分类

玻璃的分类方法很多，常见的有以下几种。

3.1.2.1　按组成分类

这是一种较严密的分类方法，该方法的特点是从名称上就直接反映了玻璃的主要组成
和大概结构、性质，文献资料中均采用这种分类方式。一般玻璃按组成分类有元素玻璃、
氧化物玻璃及非氧化物玻璃三类。

A　元素玻璃

指由单一元素的原子构成的玻璃，如硫玻璃、硒玻璃等。

B　氧化物玻璃

借助氧桥形成聚合结构的玻璃均归入此类，它包括了当前已有的大部分玻璃品种。这
类玻璃在实际应用和理论研究上最为重要。

此类玻璃的名称是这样确定的：如果为单一氧化物组分，不含或者含质量分数低于
3% 的其他氧化物，则玻璃的名称与组分的名称一致。例如，石英玻璃（纯 SiO_2 组成）、
硼氧玻璃（B_2O_3 形成的玻璃）等。对于其他情况，则在玻璃生成氧化物为基础的"硅酸
盐""硼酸盐""磷酸盐"等名称之前加上与所考虑组分相应的"铝""钛"等字样。如
果还有其他组分，则罗列时按它们在玻璃中的摩尔分数由小到大顺序排列，命名末尾总是
主要玻璃生成氧化物的名称。例如"硼铝硅酸盐玻璃"是指玻璃中的玻璃生成氧化物是
SiO_2，在考虑命名的组分中，占第二位的是 Al_2O_3，第三位的是 B_2O_3。又如"铝硅硼酸盐

玻璃"的名称是指 B_2O_3 起主要作用，占第二、第三位的分别是 SiO_2 和 Al_2O_3。若一价或二价金属氧化物（R_2O 或 RO）作为考虑成分时，一般放在名称的最前面。因此，玻璃的全称应该是：先列出一价元素氧化物（Li_2O、Na_2O 等），再列出二价主族元素氧化物（BeO、MgO、CaO 等）和副族元素氧化物（ZnO、PbO 等），然后列出三价以上氧化物（按摩尔分数由小到大排列），最后是主要的玻璃生成氧化物。当玻璃中 R_2O 或 RO 氧化物有两种以上同时存在时，一般按分子量从小到大排列。例如，钠钙硅酸盐玻璃（Na_2O-CaO-SiO_2）等。

当前研究得最多的是硅酸盐玻璃、硼酸盐玻璃和磷酸盐玻璃。其他氧化物玻璃有：锗酸盐玻璃，碲酸盐和硒酸盐玻璃，铝酸盐和镓酸盐玻璃，砷酸盐、锑酸盐和铋酸盐玻璃，钛酸盐玻璃，钒酸盐玻璃等。

C　非氧化物玻璃

当前，这类玻璃主要有两类。

第一类是卤化物玻璃。玻璃结构中的连接桥为卤族元素，能形成玻璃的卤素化合物远较氧化物少，研究得较多的是氟化物玻璃（如 BeF_2 玻璃，GdF_3-BaF_2-ZrF_4 玻璃，NaF-BeF_2 玻璃等）和氯化物玻璃（如 $ZnCl_2$ 玻璃，$ThCl_4$-NaCl-KCl 玻璃等）。

第二类为硫族化合物玻璃，是指除氧以外的第六族元素桥连各种结构单元形成的一大类硫系玻璃（也包括桥元素单独形成的玻璃，如前已提及的元素玻璃），分别是硫化物、硒化物玻璃。

除了上面三类以外，还有氧化物和非氧化物的混合玻璃，如 BaF_2-Al_2O_3-P_2O_5 玻璃，PbO-ZnF_2-TeO 玻璃，As_2S_3-As_2Se_3-Sb_2O_3 玻璃等。

3.1.2.2　按应用分类

这是日常生活中普遍采用的一种分类方法，它的优点在于直接指明了玻璃的主要用途及使用性能，通常有以下几类：

（1）建筑玻璃：主要包括各种平板玻璃，压延玻璃、钢化玻璃、磨光玻璃、夹层玻璃、中空玻璃等品种。

（2）日用轻工玻璃：这类玻璃包括瓶罐玻璃、器皿玻璃、保温瓶玻璃以及工艺美术玻璃等。

（3）仪器玻璃：主要有高硅氧玻璃（SiO_2 的质量分数大于 96%，用以代替石英玻璃作耐热仪器），高硼硅仪器玻璃（用于耐热玻璃仪器、化工反应器、管道、泵等），硼酸盐中性玻璃（pH = 7，用于注射器、安瓿等），高铝玻璃（Al_2O_3 的质量分数为 20% ~ 35%），以及温度计玻璃、过渡玻璃等。仪器玻璃耐蚀，耐温性能好，可用于燃烧管、高压水银灯、锅炉水表等。

（4）光学玻璃：有无色和有色之分，无色光学玻璃按折射率和色散不同分为冕牌和火石玻璃两大类，共 18 类 141 个牌号，用于显微镜、望远镜、照相机、电视机及各种光学仪器；有色光学玻璃共有 13 类 96 个牌号，用于各种滤色片、信号灯、彩色摄影机及各种仪器显示器。此外，光学玻璃中还包括眼镜玻璃、变色玻璃等。

（5）电真空玻璃：按照线膨胀系数范围分成石英玻璃、钨组玻璃、铝组玻璃、铂组玻璃以及中间玻璃、焊接玻璃等品种，主要用于电子工业，用来制造玻壳、芯柱、排气管及封接玻璃材料。

3.1.2.3 按性能分类

这种分类方法一般用于有专门用途的玻璃，从名称上就反映了玻璃所具有的某一方面的特性。例如光学特性方面的光敏玻璃、声光玻璃、光色玻璃、高折射玻璃、低色散玻璃、反射玻璃、半透过玻璃；热学特性方面的热敏玻璃、隔热玻璃、耐高温玻璃、低膨胀玻璃；电学方面的高绝缘玻璃、导电玻璃、半导体玻璃、高介电性玻璃、超导玻璃；力学方面的高强玻璃、耐磨玻璃；化学稳定性方面的耐碱玻璃、耐酸玻璃等。

除了上述几种主要分类方法以外，也有按玻璃形态分类的，如泡沫玻璃、玻璃纤维、薄膜（片）玻璃等。或者按照外观分类，如无色玻璃、颜色玻璃、半透明玻璃、乳白玻璃等。

当前玻璃材料科学领域中，某些新品种是根据特殊用途专门研制的，其成分、性能、制造工艺均与一般工业和日用玻璃有所差别，它们往往被归入专门的一类，叫作特种玻璃，比如 20 世纪 50 年代问世的微晶玻璃，以及近年出现的激光玻璃、超声延迟线玻璃、光导纤维玻璃、生物玻璃、金属玻璃、非线性光学玻璃等。

3.1.3 玻璃的共性

如前所述，玻璃具有有别于其他物质的结构特征，其内部原子不像晶体那样远程有序排列，而近似于液体，即近程有序；其外部形态又像固体一样能保持一定的外形，而不像液体那样在自重作用下流动。无论用何种方法生产的玻璃，在性质上都有下列共同的基本特征。

3.1.3.1 各向同性

玻璃态物质因其质点排列的不规则和宏观的均匀性，所以在任何方向上都具有相同的性质，即玻璃态物质在各个方向的硬度、弹性模量、线膨胀系数、导热系数、折射率、电导率等都是相同的。而非等轴结晶态物质在不同方向上的性质不同，表现为各向异性。实际上，玻璃的各向同性是统计均质的外在表现。

必须指出，当结构中存在内应力时，玻璃的均匀性就遭受破坏，从而显示出各向异性，例如产生双折射现象。此外，由于玻璃表面与内部结构上的差异，其表面与内部的性质也不相同。

3.1.3.2 介稳性

熔融态向玻璃态转变时，黏度急剧增大，质点来不及作有规则地排列，虽然伴有放热现象，但释出的热量小于相应晶体的熔化潜热，而且其热值也不固定，随冷却速度而异。因此玻璃态物质比相应的晶态物质含有较大的内能，未处于能量最低的稳定状态，而是处于介稳状态。按热力学观点，玻璃态是不稳定的，它有自发释放能量向晶体转化的趋势；但由于玻璃常温黏度很大，动力学上是稳定的，实际上玻璃又不会自发地转化成晶体，仅在具备一定条件时，克服析晶活化能，即物质由玻璃态转化为晶态的势垒，才能使玻璃析晶。

3.1.3.3 固态和熔融态间转化的渐变性和可逆性

玻璃在固态和熔融态之间的转变是可逆的，其物理化学性质的变化是连续的和渐变的。当物质由熔体向固体转化时，如果是结晶过程，则系统中必有新相出现，在结晶温度，许多性质会发生突变。但当熔体向固态玻璃转化时，是在较宽的温度范围内完成的，随温度下降熔体黏度剧增，最后形成固态玻璃，不会有新的晶相出现。从熔体向固态玻璃转变的温度（通常用 T_g 表示）取决于玻璃的成分，也与冷却速度有关，一般在几十至几百摄氏度的范围内波动。因而玻璃没有固定的熔点，而只存在一个软化温度范围。同样，玻璃加热变为熔体的过程也是渐变的，具有可逆性。

以物质的内能与体积为例，它们随温度变化的曲线如图 3.2 所示。从图中可以看出，若将熔体 A 逐渐冷却，熔体将沿 AB 收缩，内能减小，达到熔点 T_m 时，如果固化为晶体，内能 Q、体积 V 以及其他一些物理化学性质会发生突变（沿 BC 变化）。当全部熔体都晶化后（即达到 C 点后），温度再降低时，晶体体积及内能就沿 CD 减小。可见熔体冷却为晶体时整个曲线在 T_m 处出现不连续变化。如果熔体 A 冷却形成玻璃时，其内能和体积等性质不发生异常变化，而是在 T_m 时沿 BK 变为过冷液体，这一过程是连续的和可逆的，其中有一段温度区域呈塑性，称为"转变"或"反常"区域，在这一区域内玻璃性质有特殊变化。图 3.2 中，F 点对应的温度为玻璃的转变温度 T_g（或称脆性温度）。当玻璃组成不变时，T_g 与冷却速度有关，冷却越快，T_g 越高，因此，T_g 是一个随冷却速度变化的温度范围。T_g 是区分玻璃与其他非晶态固体的重要特征温度。T_f 为玻璃的软化温度，T_g—T_f 称为"转变"或"反常"区域。

从图 3.2 还可以看出，玻璃的体积与温度变化快慢有关，降温速度大，形成的玻璃体积变大。

3.1.3.4 性质随成分变化的连续性和渐变性

在玻璃形成范围内，玻璃的性质将随成分发生连续和逐渐的变化。图 3.3 为 R_2O-SiO_2 系统玻璃弹性模量的变化。从图中可以看出，玻璃的弹性模量随着 Na_2O 或 K_2O 的增加而下降；随着 SiO_2 的增加而上升，而且这种变化是连续的和渐变的。

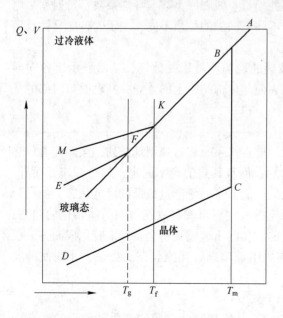

图 3.2　物质内能与体积随温度的变化

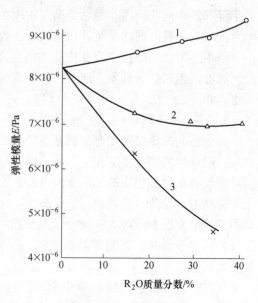

图 3.3　R_2O-SiO_2 系统玻璃弹性模量变化
1—Li_2O；2—Na_2O；3—K_2O

具有上述四点共性的物质都属于玻璃。从上面的分析可以知道，玻璃的物理化学性质除了随成分变化外，很大程度上取决于它的热历史，即玻璃从高温液态冷却，通过转变温度区域和退火温度区域的经历。对成分确定的玻璃来说，一定的热历史必然有其相应的结构状态，从而必然反映在它外部的性质。例如图 3.2 中，快冷的玻璃较慢冷玻璃具有较大的体积。在转变温度范围内某一温度保温，随着保温时间的增加，快冷玻璃体积逐渐减小，而慢冷玻璃的体积则会逐渐增大，最后趋向一平衡值。玻璃的黏度、密度、电阻等亦有这种情况。显然，这些现象都和玻璃的热历史密切相关。

3.2 玻璃的形成规律及其相变

3.2.1 玻璃的形成条件

随着科学技术的不断发展，对玻璃材料提出了新的和更高的要求。为了探索更多特殊性能的玻璃，除了了解玻璃的组成、性能及结构的关系外，还必须解决设计的组成能否形成玻璃以及如何制备稳定性好的玻璃制品等问题。因此从热力学、动力学和晶体化学等几个方面来讨论玻璃的形成是很有必要的。

3.2.1.1 热力学条件

从热力学角度来看，玻璃态物质较之相应的结晶态物质具有较大的内能，因此它总是有降低内能向晶态转变的趋势，所以说玻璃是不稳定的或亚稳的：在一定条件下（如热处理），可以释放能量，通过析晶或分相的途径使其处于更低能量的稳定状态。另外，玻璃也是处于一个小的能谷中，其析晶要克服势垒，因此玻璃这种能量上的亚稳态在实际上能够保持相对稳定。一般在足够高温度下，$\Delta G = \Delta H - T\Delta S$ 中的 $-T\Delta S$ 项起主要作用，而代表焓效应的 ΔH 居次要地位，亦即溶液熵对自由能的负贡献超过热焓 ΔH 的正贡献，因此 $\Delta G < 0$，从热力学上说熔体属于稳定相。当熔体从高温降温，由于温度降低，$-T\Delta S$ 项逐渐占次要地位，而与焓效应有关的如离子场强，配位等逐渐增强其作用。降到一定温度时（如液相线以下），ΔH 对自由能的正贡献超过溶液熵的负贡献，体系自由能相应增大，从而处于不稳定状态，有分相或析晶趋势，以使其处于低能量的稳定态。

一般来说，同组成的晶体和玻璃体的内能差别越大，玻璃越容易析晶，即越难生成玻璃。例如 SiO_2 玻璃比方石英晶体的生成热高 10.5 kJ/mol，Pb_2SiO_4 玻璃比相应晶体的生成热高 15.5 kJ/mol，而 $Na_2O \cdot SiO_2$ 玻璃比相应晶体的生成热高 20.5 kJ/mol，显然 SiO_2 比 Pb_2SiO_4，而 Pb_2SiO_4 又比 $Na_2O \cdot SiO_2$ 的成玻能力强。

3.2.1.2 动力学条件

热力学确实是了解反应和平衡的得力工具，但是无法帮助我们了解为什么一些物质（如 B_2O_3）容易形成玻璃，而另一些类似的物质（如 V_2O_5）却较难成玻。这主要是玻璃的形成实际是非平衡过程，亦即动力学过程，其形成能力随冷却条件的不同而有很大变化。

前已述及，从热力学角度看玻璃是介稳的，但从动力学角度来讲玻璃却是稳定的，转变成晶体的概率很小。这是因为玻璃在析晶过程中必须克服一定的势垒（析晶活化能），它包括成核所需建立新界面的界面能及晶核长大所需的质点扩散的激活能等。如果这些势垒较大，尤其当熔体冷却速度很快时，黏度增加甚大，质点来不及进行有规律排列，晶核形成和长大均难于实现，从而有利于玻璃的形成。事实上，如果将熔体缓慢冷却，即使像 SiO_2 这样最好的玻璃生成物也会析晶；反之，若将熔体高速冷却，使冷却速度大于质点排列速度，则不易形成玻璃的物质（如金属合金）也能保持其高温的无定形态。

因此从动力学的观点看，生成玻璃的关键是熔体的冷却速度（黏度增大速度）。曾设想过用各种表征冷却速度的标准来衡量玻璃的生成能力，例如晶体线生长速度 γ 的倒数（$1/\gamma$），临界冷却速度（能获得玻璃的最小冷却速度）等。

泰曼最先提出的熔体冷却过程中，将析晶分为晶核生成与晶体生长两个过程。他认为玻璃的形成是由于过冷液体中晶核生成最大速度的温度低于晶体生长最大速度所致。因为熔体冷却时，温度降到晶体生长最大速度时，晶核生成速率较小，仅少量晶核长大，而熔体冷到晶核生成最大速率时，晶体生长速度又很小，晶核不能充分长大，最终不能结晶而成玻璃。因此，晶核生成速率与晶体生长速度之间温差越大，越易形成玻璃；反之，越易析晶。图 3.4 为晶核生成速率和晶体生长速度与过冷度关系。晶核形成要求的温度比晶体长大要低，图 3.4 中两条曲线的交点温度为最佳析晶温度。要形成玻璃必须要快速越过两条曲线的重合部分，因为在重合的部分既有一定的晶核形成速度，又有一定的晶体生长速度，最容易析晶。

近来乌尔曼（Uhlmann）提出了三 T 图（温度-时间-转变）。他认为，为了判断一种物质是否能成为玻璃态，首先必须确定玻璃中可以检测到的晶体的最小体积，然后再考虑熔体究竟需要多大的冷却速度才能防止这一结晶的产生而获得"合格"的玻璃。实质上也是确定各种物质的临界冷却速度值。据估计，玻璃中可检测到的均匀分布的晶体最小体积占玻璃总体积之比约为 10^{-6}（即容积分率 $V_c/V=10^{-6}$）。利用测得的动力学数据，算出某物质在不同温度时形成可测定的容积分率为 10^{-6} 时对应的时间，即可作出三 T 图。三 T 图的一般形状如图 3.5 所示。由图可见，在 dk 线峰值（称为鼻尖）所对应的时间最少。即当温度降低时，结晶驱动力增大而加速结晶，然而同时质点活动自由度下降又使结晶困难，两个矛盾因素综合结果形成了曲线极值点。所以利用三 T 图可求出防止产生一定结

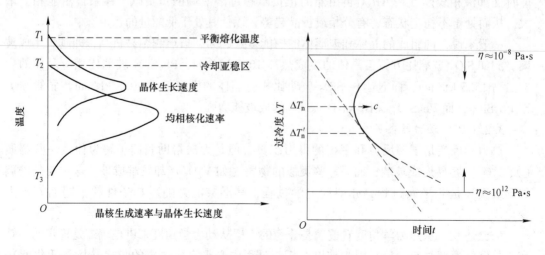

图 3.4　晶核生成速率与晶体生长速度和过冷度关系　　　图 3.5　三 T 图的一般形状

晶容积分率的临界冷却速度 $(dT/dt)_c$，常常直接取曲线鼻尖对应的过冷度 ΔT_n 和时间 τ_n 来近似求出：

$$\left(\frac{dT}{dt}\right)_c \approx \frac{\Delta T_n}{\tau_n} \tag{3.1}$$

式中，$\Delta T_n = T_m - T_n$，T_m 为熔点。

乌尔曼等人提出用析晶容积分率为 10^{-6} 时得到的临界冷却速度来比较不同物质形成玻璃能力的大小。若临界冷却速度大，则成玻璃困难，反之则容易些。随着科学进步，能获得的冷却速率越来越大，可形成玻璃的物质也就会越来越多，形成玻璃的范围扩大。需要指出，样品的厚度直接影响到样品的冷却速度，因此过冷却形成玻璃的样品厚度亦是重要的玻璃形成能力描述的参数。

此外，还有以表示玻璃形成化合物和单质的 T_n 与 T_m 关系来判别形成能力的二分之二法则等。

总之，关于玻璃生成动力学观点的表达方式很多，但有两种物理化学因素是主要的：

（1）为增大结晶的势垒，在凝固点（热力学熔点 T_m）附近的熔体黏度的大小，是决定能否生成玻璃的主要标志。

（2）在相似的黏度-温度变化曲线情况下，具有较低的熔点，即 T_g/T_m 值较大时，易于获得玻璃态。

3.2.1.3　晶体化学条件

动力学因素虽然是玻璃形成的重要条件，但它毕竟是反映物质内部结构的外部属性。玻璃的形成还需从其内在结构——化学键类型、结构堆积排列状况等物质的根本性质来探求。因此，在玻璃形成理论中，晶体化学条件是研究的最广泛和最令人感兴趣的领域。综合各学派的看法，可归纳出影响玻璃形成的结晶化学因素主要是熔体结构、键性和键强。

A　熔体结构

熔体自高温冷却，原子、分子的动能减小，必然将聚合并形成大阴离子，从而使熔体黏度增大。通常认为，如果熔体中负离子团是高聚合的，则错综复杂的大负离子团位移、移动和重排都比较困难，所以其结晶激活能比较大，易形成玻璃。反之，如果熔体是低聚合的简单负离子团组成，特别是正负离子容易位移、转动和重排，则易调整为晶体（例如 NaCl 熔体在冷却时易形成 NaCl 晶体）。这里应当指出，负离子团重新排列为晶格所要克服的能垒，也与负离子团的对称有关，因为晶体结构是对称性的，如果负离子团较大地偏离这种对称性，则要进行较大的位移、移动和重排才能形成晶格。特别在多元系统中，负离子团的对称性的影响更为显著。

熔体的黏度是玻璃形成能力的重要标志之一，过冷液体在降温过程中固化成玻璃态时熔体黏度需连续升高许多个数量级（从 $10^{-1}Pa \cdot s$ 到 $10^{12}Pa \cdot s$）。熔体的黏度反映了熔体要发生状态变化时的结构。如果熔体中负离子团聚合程度大，负离子团结构越复杂，则熔体黏度越大，也就越有利于玻璃形成。

B　键性

化学键的性质是决定物质结构的主要因素，因而它对玻璃形成也有重要影响，影响较大的是离子键和共价键。

离子键没有方向性和饱和性，故离子倾向于紧密排列，原子间相对位置易改变，因此离子相遇组成晶格的概率比较大，离子化合物的析晶活化能小，容易调整成为晶体。例如，离子化合物 NaCl、CaF_2 等在熔融状态时，以正负离子形式单独存在，流动度很大，冷却时在凝固点正负离子靠库仑力迅速结合而排列成有序晶格。

共价键有方向性和饱和性，作用范围较小。但单纯共价键的化合物大多为分子结构，而作用于分子间的是范德华力，基于范德华力无方向性，故组成晶格的概率比较大，一般易在冷却过程中形成分子晶格。共价键化合物一般也难形成玻璃。

由上可知，两种纯粹的键型在一般条件下都不能形成玻璃，然而，当离子键向共价键过渡而形成离子-共价的混合键时，通过强烈的极化作用，使化学键具有方向性和饱和键的趋势，在能量上则有利于形成一种低配位数（3，4）或一种非对称结构，容易形成远程无序排列的玻璃态。离子键向共价键过渡的混合键称为极性共价键，这种混合键既具有离子键易改变键角、易形成无对称变形的趋势，又具有共价键的方向性和饱和性，不易改变键长和键角的倾向；前者有利于造成玻璃的远程无序，后者则造成玻璃的近程有序。因此，极性共价键化合物比较容易形成玻璃。例如具极性共价键性的 SiO_2、B_2O_3 等均易形成玻璃。

实际表明，在极性共价键中，键的离子性占 50% 左右才能形成玻璃。

C　键强

根据许多实验数据来看，化学键的强度对形成玻璃有重要影响。因熔体中存在一定聚合度的大分子结构，则在熔体析晶时需破坏原有化学键，使质点位移，才能调整为具有晶格排列的结构。对于化学键键强度大者，不易破坏而难以调整为规则排列，因此易于生成玻璃；反之就易于析晶。可以用单键强度（即 MO_x 的解离能除以阳离子 M 的配位数）来衡量玻璃的形成能力。各种氧化物的单键强度见表 3.1。

表 3.1　各种氧化物的单键强度

元素	原子价	每个 MO_x 的解离能 /$kJ \cdot mol^{-1}$	配位数	M—O 的单键强度 /$kJ \cdot mol^{-1}$	类　型
B	3	1400	3	498	
Si	4	1771	4	444	
Ge	4	1804	4	452	
Al	3	1083~1327	4	423~331	
B	3	1400	4	373	
P	5	1850	4	465~368	网络形成体
V	5	1880	4	469~377	
As	5	1461	4	364~293	
Sb	5	1419	4	356~285	
Zr	4	2020	6	339	
Th	4	2461	8	308	
Ti	4	1821	6	303	中间体
Zn	2	603	2	301	

续表 3.1

元素	原子价	每个 MO_x 的解离能 /kJ·mol^{-1}	配位数	M—O 的单键强度 /kJ·mol^{-1}	类 型
Pb	2	607	2	303	
Al	3	1327~1633	6	221~280	
Be	2	1047	4	303	中间体
Zr	4	2060	8	254	
Gd	2	498	2	249	
Se	3	1515	6	249	
Y	3	1670	8	209	
Th	4	2461	12	205	
Sn	4	1164	6	191	
Gd	3	1116	6	186	
In	3	1034	6	181	
Pb	4	971	6	162	
Mg	2	920	6	155	
Li	4	603	4	151	
Pb	2	607	4	152	
Zn	2	603	4	154	
Ba	2	1088	8	136	网络外体
Ca	2	1076	8	135	
Sr	2	1072	8	131	
Cd	2	498	4	125	
Na	4	502	6	84	
Cd	2	498	6	83	
K	4	484	9	53	
Rb	4	484	10	48	
Hg	2	285	6	47	
Cs	1	477	12	40	

有人提出另一种表示键强的阳离子场强作为衡量玻璃形成能力的标准。凡场强大于 1.8 的阳离子如 Si^{4+}、B^{3+}、P^{5+} 等，都是网络形成体，能够生成玻璃。凡场强小于 0.8 的阳离子如碱金属、碱土金属离子，则是网络外体，其本身不能生成玻璃。阳离子场强介于 0.3~1.8 的则是中间体氧化物，它们可作为调整离子出现，有时又可以类似于网络形成体参加网络。

虽然应用键强作判据符合大部分观察结果，但有一定局限性。如计算解离能的方法和数据很不严格，某些阳离子的配位数还不确定等。另外，由于原子间距难以确定，因此利用单键强度或阳离子场强来衡量玻璃生成能力，并不是很精确的。

3.2.2　玻璃的形成方法

目前，制作玻璃的工艺和方法很多，除了传统的熔体冷却法以外，近年来发展了许多非熔融方法，而且熔体冷却法本身也有了发展。因此，能够得到玻璃态物质的范围不断在扩大。

3.2.2.1　熔体冷却法

传统熔体冷却法是将玻璃原料加热、熔融，并将透明的熔体在高温下澄清、均化，然后在常规条件下冷却而成固态玻璃物质。由于不需要复杂的制冷设备，世界上生产的绝大部分玻璃品种都是通过这种方法获得的。

用熔体冷却法制作玻璃态物质，其远程无序结构由加热熔化的方法获得。至于能否保持其远程无序结构，则取决于熔体达到过冷状态的倾向大小，即取决于熔点以下熔体过冷而不致引起成核和结晶的能力。显然，只有那些过冷程度很大而不析晶的液体，才可能成为玻璃。

此外，利用高速冷却熔体方法可以使金属、合金或一些离子化合物成为玻璃态。有人研究了用机械式高速旋转进行喷吹，然后冲击冷却的板面，也可以利用离心力将熔融金属液喷射在冷却的板面上，这种冷却方法得到的冷却速度可以是传统熔体冷却法的 20～30 倍以上。活塞-砧法（或称为锤-砧法）则将熔融金属液滴在迅速移动的活塞（锤）与砧之间，该液滴被压缩；因铜垫的快速传热，被压缩的液滴能急冷成玻璃。该方法获得的玻璃片可有一定厚度（几十微米），其形状规则，且两面平行度较好。冷却速度比传统的熔体冷却法高 2～3 个数量级。在两个旋转轮之间浇入熔体，熔体被轧平，并急冷成均匀长带状试样，这种方法称为轧辊急冷法，该法可制成宽 5～10 mm，厚 0.01～0.12 mm 的连续带，在实用上也有一定价值，轧辊急冷法的冷却速度可达 10^8 K/s 或更高些。

3.2.2.2　气相沉积法

通过气相沉积法制作玻璃态物质的方法主要有真空蒸发法、阴极溅射法及化学气相沉积法等几种。

（1）真空蒸发法：使物质在真空条件下气化，然后使之在冷却的衬底上冷凝成无定形态的薄膜。气化的加热方式有电阻加热、电子束加热和高频加热等。真空压力为 $1.33\times10^{-5}\sim1.33\times10^{-2}$ Pa，被沉积物质的气相压力保持在 1.33 Pa 以下。真空蒸发法的优点是无污染，能制备金属、氧化物等多种材料。

（2）阴极溅射法：利用阴极电子或惰性气体原子或离子束轰击近阴极的金属和氧化物靶，使之溅射到衬底上，经冷却而形成一层均匀的非晶态薄膜。此法可沉积单质金属或合金，并被广泛应用于电子学和光学领域。连续溅射装置用来在玻璃板上镀制金属或氧化物膜层，用于建筑物的采光控制。在工业生产装置中还使用交流电场和磁场（称为磁控溅射）增加离子运动的路程，从而提高它们相互碰撞的概率以便得到更好的溅射效果。

（3）化学气相沉积法（Chemical Vapor Deposition，简称 CVD）：利用气态物质在固体表面进行化学反应生成的固态沉淀物，作为一种反应产物凝结在衬底上且保持远程无序的结构状态。该方法应用的条件是反应剂在室温或不太高的温度下呈气态或蒸气压较高，且纯度高；能形成所需要的沉积层而其他反应产物易挥发；工艺上重现性好，成本低。目前

在这方面已做的工作大多数集中在 SiO_2、Si_3N_4、SiO_2-P_2O_5、SiO_2-B_2O_3 和 Al_2O_3 薄膜的制备。

3.2.2.4 溶胶-凝胶法（sol-gel）

溶胶-凝胶法又称溶液低温合成法，用于制备玻璃已有几十年历史，它的原理是将处于液态的适当组成的金属有机化合物（金属醇盐）通过水解反应和缩聚反应形成凝胶，然后除去凝胶中的水分及有机物等液相，最后通过烧结除去固相残余物而制得玻璃。

这种从先驱体出发合成玻璃及陶瓷和复合材料的方法是目前发展最迅速的材料科学技术领域之一。在世界重要的玻璃科学技术实验室里，用溶胶-凝胶法制取玻璃的研究十分活跃。目前已报道了用此法制得薄膜、纤维、块状玻璃及中空玻璃微球等。与传统高温熔融法相比，溶胶-凝胶法具有以下优点：

（1）此方法是利用溶液中的化学反应，原料可在分子水平上得到均匀混合，因此产品均匀性高。尤其对于多组分玻璃而言，这个优点更突出。

（2）醇盐原料易于提纯，故产物的纯度很高。

（3）该法的热处理温度大大低于相应玻璃的熔化温度，因此节约能源，减少了挥发损失和污染。

（4）可以制得一些用熔融法难以制取的高黏度易分相、析晶的组成所得的玻璃。

溶胶-凝胶法的主要缺点是原料价格高，在干燥及烧结阶段制品容易开裂，处理时间相对较长。综上所述，形成玻璃的方法虽然很多，新的工艺不断产生，但总的可以分为熔体冷却法和非熔融法两类。熔体冷却法中的传统熔体冷却工艺仍然是大量生产玻璃的主要工艺。因此，本节就以熔体冷却法讨论玻璃的制备工艺。

3.2.3 传统熔体法制备玻璃工艺

3.2.3.1 玻璃的化学成分

玻璃的成分（或称化学组成）常用各氧化物的质量分数来表示，几种常用玻璃的化学组成见表 3.2。

表 3.2 几种常用玻璃的化学组成 （质量分数，%）

种 类	SiO_2	Al_2O_3	CaO	MgO	B_2O_3	PbO	Na_2O+K_2O
平板玻璃	71~73	0.5~2.5	6.0~10.0	1.5~4.5			14~16
瓶罐玻璃	70~75	1~5.0	5.5~9.0	0.2~2.5			13.5~17
灯泡壳玻璃	73.1	0.3	4.0	2.7	0.8	2.1	14.5~15.5
无碱玻璃纤维	54.0	0.5~2.5	16.0	4.0	8.5		< 0.5
高硅氧玻璃	96.3	0.4			2.9		< 0.2

由表 3.2 可以看出常用的玻璃都含有 SiO_2 和 Al_2O_3 以及碱金属和碱土金属氧化物，下面介绍这些氧化物的作用。

SiO_2 是玻璃的最主要成分，玻璃具有较高的耐热、耐压、脆性、化学稳定性和透明度，这些主要是由 SiO_2 提供的。单纯的 SiO_2 可制成性能优异的石英玻璃，但熔制该玻璃所需温度太高。

Na$_2$O 和 K$_2$O 属碱金属氧化物，可统一用 R$_2$O 表示，它的引入能降低玻璃黏度，有利于熔化和成型，但引入过多使化学稳定性和机械强度降低。

CaO 和 MgO 同属于碱土金属氧化物，它们能降低玻璃的析晶倾向，提高化学稳定性和抗张强度。

Al$_2$O$_3$ 能降低析晶倾向，提高化学稳定性，但增大玻璃液黏度，引入过多不利于熔化。

Fe$_2$O$_3$ 是一种有害的杂质，在原料本身或在其加工过程中不可避免地会引入 Fe$_2$O 或 Fe$_2$O$_3$，能使玻璃着上绿色（上述其他几种成分均不带颜色），含量越多，颜色越深，造成玻璃的透光率下降。

3.2.3.2 制作玻璃的原料

凡能被用于制造玻璃的矿物原料、化工原料、碎玻璃等统称为玻璃原料。为了熔制具有某种组成的玻璃多采用的具有一定配比的各种玻璃原料的混合物称为玻璃配合料。各种原料在配合料中起的作用不同，一类是为了引入玻璃的主要成分，称为主要原料；另一类则是为了工艺上某种需要或使玻璃具有某种特性而加入的，称为辅助原料。以下分别简要介绍这两类原料。

A 主要原料

a 引入 SiO$_2$ 的原料

SiO$_2$ 是重要的玻璃形成氧化物，它能提高玻璃的化学稳定性、力学性能、电学性能、热学性能等。但是其含量过高则会提高熔化温度（SiO$_2$ 的熔点为 1713 ℃）而且可能导致析晶。引用 SiO$_2$ 的原料主要是硅砂和砂岩。

砂岩是一种由石英颗粒和少量黏结物构成的岩石，它坚硬、表面粗糙，呈淡黄色或淡红色。砂岩中 SiO$_2$ 含量很高（大于 97%），杂质少，含铁量低（小于 0.3%），成分稳定。硅砂主要成分是石英颗粒，白色或淡黄色，SiO$_2$ 含量在 90% 以上，杂质一般较多，成分和杂质含量不够稳定，但由于硅砂颗粒度小，可不必再进行破碎加工。表 3.3 为硅质原料的成分范围。

表 3.3 硅质原料的成分范围 （质量分数,%）

名称	SiO$_2$	Al$_2$O$_3$	Fe$_2$O$_3$	CaO	MgO	R$_2$O
硅砂	90~98	1~5	0.1~0.2	0.1~1	0~0.2	1~3
砂岩	95~99	0.3~0.5	0.1~0.3	0.05~0.1	0.1~0.15	0.2~1.5

b 引入 Al$_2$O$_3$ 的原料

常使用长石，除了引入 Al$_2$O$_3$ 外，还能引入一定量的 R$_2$O，减少了纯碱的用量，降低了成本。

c 引入 CaO 和 MgO 的原料

白云石（又称苦灰石）是同时引入 MgO 和 CaO 的原料，它的主要成分为钙和镁的碳酸盐。如果单一使用白云石引入的 MgO 和 CaO 不能同时满足玻璃成分的要求，可采用石灰石或菱镁矿（又称菱苦土，主要含 MgCO$_3$）分别补充 CaO 或 MgO 的不足。

d 引入 Na$_2$O 的原料

引入 Na$_2$O 的原料主要是纯碱和芒硝。纯碱是化工产品，主要成分是 Na$_2$CO$_3$，含量大于 98%，有很强的吸湿性，必须贮藏在干燥库房内，不能露天存放。

芒硝有无水芒硝和含水芒硝（$Na_2SO_4 \cdot 10H_2O$）两类，主要成分为 Na_2SO_4（含量超过 85%），用作玻璃原料的最好是不含结晶水的无水芒硝（又称元明粉）。芒硝不仅可以代碱，而且还是一种良好的澄清剂，与纯碱相比，它的耗热大，对耐火材料侵蚀严重，且使用芒硝时，要按一定比例加入煤粉。

由于各厂玻璃成分不一样，所用原料产地也不同，所以选用的主要原料的数目和品种也不一定相同。按照玻璃成分要求和各原料的化学成分分析结果可进行配料计算，确定各原料的使用量。硅砂或砂岩、白云石、纯碱、芒硝都是玻璃配合料所必需的；长石是否选用取决于其他原料带入的 Al_2O_3 能否达到成分要求。

B　辅助原料

（1）澄清剂：指在熔制过程中能分解产生气体，或能降低玻璃黏度促使气泡排除的原料。目前使用的澄清剂有三种，第一种是氧化砷和氧化锑，它们与硝酸盐组合在低温吸收氧气，在高温放出氧气；第二种为硫酸盐，其典型代表是芒硝，它在高温分解逸出气体，同时又是引入 Na_2O 的主要原料；第三种是氟化物，包括萤石及氟硅酸钠，主要起到降低玻璃液黏度的作用。

（2）还原剂：由于芒硝的分解温度很高，熔制时为了保证其充分分解，可加入还原剂使芒硝的分解温度大大下降。常使用的是碳粉，由煤灰或煤粉提供。

（3）助熔剂：能促使玻璃熔制过程加速的原料称为助熔剂。常用的有萤石（CaF_2 含量大于 80%），但萤石对耐火材料有破坏力，还能降低玻璃的化学稳定性，因此其用量一般不能超过 1%。

（4）脱色剂：主要是为了减弱铁化合物对玻璃着色的影响，分化学脱色剂和物理脱色剂两类。玻璃中铁以 FeO 及 Fe_2O_3 两种形式存在，FeO 的着色能力比 Fe_2O_3 高 10 倍左右。化学脱色剂的作用就是通过化学反应使玻璃中的 FeO 氧化成 Fe_2O_3，尽量降低玻璃中 FeO/Fe_2O_3 的比值，从而提高玻璃的透明度。常用的化学脱色剂有白砒、三氧化二锑、硝酸盐、氟化合物等。物理脱色是通过引入适当的着色剂来"中和"原来玻璃所带的颜色，使玻璃变成白色或灰色，这种方法也称为物理补色。常用的物理脱色剂有硒、氧化亚钴、氧化亚镍、氧化锰和氧化钕等。一般，氧化铁含量转低时（0.06% 以下），物理脱色的效果较好。

（5）着色剂：生产颜色玻璃时要加入着色剂，根据着色机理的特点，着色剂大致可以分为离子着色剂、硫硒化合物着色剂和金属胶体着色剂三大类。离子着色剂是通过金属离子内部不饱和电子层中的价电子，在不同能级间跃迁引起对可见光的选择性吸收而导致着色，如 Ti、V、Cu、Ni 等离子。胶体着色剂是由于胶态金属颗粒的光散色引起选择性吸收而着色，如铜红（深红）、金红（玫瑰红）、银黄即属于这一类。化合物着色剂的着色原理是电子跃迁引起光的选择性吸收，该类着色剂主要有硫、硒、镉的化合物。

（6）熟料（碎玻璃）：碎玻璃掺入配合料中再次入窑熔化，能对配合料起助熔作用，也节省了原料。但碎玻璃引入过多会使微小气泡增多。碎玻璃宜破碎成 15～30 mm 的块度，加入量一般控制在 15%～30%。

上述各种原料根据具体要求进行加工，如粉碎、筛分等，然后按照一定配比进行称量制备混合料。

3.2.3.3 玻璃的熔制

将配合料经过高温加热成为均匀的、无可见气泡并符合成型要求的玻璃液的过程称为玻璃的熔制。玻璃的熔制是玻璃生产中最重要的环节，玻璃的许多缺陷如气泡、条纹、结石等都是在熔制过程中造成的，玻璃的产量、质量、合格率、生产成本、熔窑寿命等都与玻璃的熔制有关，是工厂节能的关键工序。

玻璃的熔制是一个非常复杂的过程，它包括一系列物理的、化学的以及物理化学的变化过程。通常，将玻璃熔制过程分为五个阶段（以硅酸盐玻璃为例）：硅酸盐形成、玻璃液的形成、澄清、均化和冷却。

A 硅酸盐形成

配合料中各组分在加热过程中经过一系列的物理变化和化学变化，主要反应结束，大部分气态产物逸出，配合料变成由各种硅酸盐和未反应完的 SiO_2 共同组成的半熔融的烧结物。这个阶段是配合料直接投入高温窑内进行的，各种变化同时交叉进行，经过很短的时间（3~5 min）就完成了。

影响硅酸盐形成阶段的因素较多，如温度、时间、原料颗粒度、玻璃设计成分等。值得一提的是复盐的形成会大大降低硅酸盐形成的反应温度。

B 玻璃液的形成

随着温度的升高，首先是各种硅酸盐烧结物进一步熔融并相互扩散，另外，没有反应完的石英颗粒在熔体中进行溶解和扩散变为含有大量气泡、极不均匀的透明玻璃液。后者又分成两步，即先把石英颗粒表面的 SiO_2 溶解，然后溶解的 SiO_2 因浓度梯度而向周围扩散。以上过程以 SiO_2 的扩散最慢，硅酸盐半熔融烧结物的熔融相对较快。因此，整个玻璃液的形成速度取决于 SiO_2 的扩散速度。

显然，影响玻璃液形成阶段的因素除了温度以外，还与玻璃组成、石英颗粒大小有关。玻璃组成中难熔成分如 SiO_2、Al_2O_3 等较多时，熔体黏度大，石英颗粒溶解就慢些；反之，增加助熔剂和加速剂的量，有利于硅氧四面体网络的断开，可加快玻璃液的形成速度。总体来看，玻璃液形成阶段需要的时间为 30~35 min。

C 玻璃液的澄清

玻璃液的澄清是在玻璃液中建立气体平衡、排除可见气泡的过程，它是玻璃熔制过程中非常重要的一个阶段。

玻璃液中气体产生的途径主要有三种：配合料中各种盐类高温下分解放出的气体，如 CO_2、O_2、SO_2 和 NO_2 等；高温下玻璃液和耐火材料相互作用放出的 CO_2 气体（包括耐火材料被侵蚀过程中气孔中气体的排出）；玻璃液和炉气相互扩散引入的 N_2、CO、O_2、SO_2、CO_2 等。这些气体在玻璃液中以下列几种形式存在：

（1）可见气泡：这类气体占玻璃液中气体总体积约1%；

（2）化学溶解：以羟基、盐类（如 $NaSO_4$ 等）、变价氧化物等形式存在于玻璃结构中，其溶解量与玻璃组成及气体种类有关；

（3）物理溶解：与玻璃不反应的气体（如 N_2 等）存在于网络间隙，溶解量与网络结构致密性、溶解气体的分子直径有关。

玻璃液中气泡的生成是一个新相产生的过程，即先形成泡核，然后再长大成为可见气泡。泡核的析出和长大与气体在玻璃液中的过饱和度（或者溶解度）有关，过饱和度增大（或气体在玻液中溶解度减小），易析出泡核及长大成气泡，反之亦然。

在高温澄清过程中，玻璃液内溶解的气体、气泡中的气体及炉气三者之间的平衡是以某种气体在各相中的分压所决定，平衡破坏时，气体总是从分压高的相进入分压低的相。气体之间的转化和平衡与澄清温度、炉气压力和成分、气泡中气体的分压和种类、玻璃成分等因素有关，变动这些因素均会影响气泡的形成和排除。

玻璃液中排除可见气泡的途径一般有两条：在澄清前期，大量气体的排除是通过气泡长大，上升到液面逸出的。也可以通过升高温度或添加澄清剂产生新的气体，从而减小气体在玻璃液中的溶解度（过饱和度增大），气体进入气泡中使气泡逐渐长大，上升到液面破裂而将气体释放入炉气中。对于一些直径很小（小于 0.1 mm）的气泡，上述外界条件变动较难使它长大。在澄清后期，随着温度的下降，气体在玻璃液中溶解度增加，小气泡中的气体就能溶解于玻璃液中，为维持气体在气泡和玻璃液之间的平衡，小气泡体积减小，则在表面张力作用下，气泡中气体继续向玻璃液中扩散转移，气泡体积进一步缩小直到肉眼看不见。

D　玻璃液的均化

均化的目的是消除玻璃液中各部分的化学组成不均匀及热不均匀性，使达到均匀一致。玻璃均化不良会使制品产生条纹、波筋等缺陷，影响玻璃的外观及光学性能，还会因各部分膨胀系数不同而产生内应力造成玻璃力学性能的下降，不均匀造成的界面处易形成新的气泡甚至产生析晶。

玻璃液的均化和澄清往往同时进行，互相联系，互相影响，澄清使气泡排除，同时起了搅动作用，能促进玻璃液中不均匀部分的相互扩散而有利于均化，若采用机械搅拌等均化措施也会因加快气体扩散而利于澄清。玻璃液的均化过程主要靠分子扩散和热对流作用实现。

（1）扩散作用：由于玻璃液内部的浓度差引起的分子扩散，使玻璃内的某些组分从浓度高处迁移至浓度低处，达到玻璃液组成均化。扩散速度随熔体的黏度下降而增加，因此提高温度，增加组成中的助熔剂、加速剂（如 Na_2O、CaF_2 等）含量，均有利于均化。

（2）对流作用：窑内玻璃液的纵向、横向存在的温度梯度，气泡的上升和玻璃成型流动均造成了玻璃液的流动，有助于分子的扩散。对于某些均匀度要求较高的玻璃，还采用机械搅拌、鼓泡等辅助措施帮助均化。

E　玻璃液的冷却

通过降温，使已均化良好的玻璃液黏度增高到成型所需要的范围叫玻璃液的冷却。显然，成型方法不同，冷却过程中玻璃液降温程度是不一样的。

玻璃液的冷却必须均匀，尽量保持各部分玻璃液的热均匀性，以免造成几何尺寸的厚薄不匀、波筋等缺陷而影响产品的质量。同时在冷却过程中特别要注意防止二次气泡的产生。二次气泡也叫再生气泡，它的产生往往是因为冷却阶段温度剧烈波动，破坏了玻璃液中已建立的气体平衡，使得溶解在玻璃液中的气体重新以小气泡形式析出，这种气泡一旦形成，就在玻璃液中均匀分布，而且相当密集，直径一般小于 0.1 mm（俗称"灰泡"），很难再消除。此外，有时因为压力、气氛的变化，机械振动及一些化学原因如耐火材料的被侵蚀等造成玻璃组成变化，影响溶解度也都会形成二次气泡。

从玻璃熔制的五个阶段可以知道，玻璃液的形成需要配合料经过复杂的物理化学变化，这些变化可以归纳如下：

（1）物理过程：有配合料的加热、吸附水的排除、个别组分的熔融、多晶转变及个别组分的挥发。

（2）化学过程：包括固相反应、各种盐类的分解、水化物的分解、化学结合水的排除、组分间的相互作用及硅酸盐的形成。

（3）物理化学过程：包括低共熔物的生成、组分或生成物间的相互溶解、玻璃液与炉气介质及气泡间的相互作用，玻璃液与耐火材料间的相互作用等。

F　玻璃的成型

玻璃的成型是熔融的玻璃转变为具有固定几何形状制品的过程。玻璃在温度较高时属于热塑性材料，因此它一般采用热塑成型。常见的成型方法有：吹制法（如瓶罐等空心玻璃），压制法（如烟缸、盘子等器皿玻璃），压延法（如压花玻璃等），拉制法（如纤维、管子等），浇铸法（光学玻璃等），离心法（如显像管玻壳、玻璃棉等），喷吹法（玻璃珠、玻璃棉等），漂浮法（平板玻璃等），烧结法（泡沫玻璃）以及焊接法（艺术玻璃、仪器玻璃等）等。本书仅介绍用量较大的平板玻璃的成型方法。

a　垂直引上法

平板玻璃的垂直引上法拉制工艺是将玻璃液垂直向上拉引形成平板玻璃的工艺过程。垂直引上法分为有槽法、无槽法和对辊法三种，如图 3.6 所示。国内大多采用有槽法，后两种只有很少几家工厂采用。

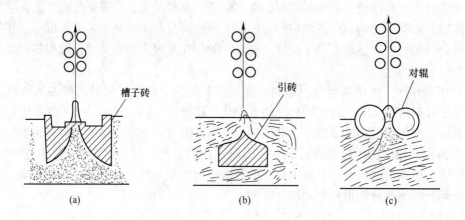

图 3.6　垂直引上法示意图
（a）有槽法；（b）无槽法；（c）对辊法

垂直引上法玻璃的成型和退火均是在垂直引上机内完成的。玻璃液经澄清均化、冷却后流到成型室（又称引上室），靠垂直引上机的拉力缓慢向上拉引成型，这时玻璃板的温度在 930~970 ℃范围内；在上升过程中，玻璃带在引上机内同时进行了充分的退火，到达引上机顶端后，先进行掰板，然后再按预定尺寸对玻璃板进行切割，产品经检验后包装入库。

不同的引上法在工艺上有所差别。所谓有槽法是指在熔窑引上室中玻璃液面上压有一块槽子砖，达到成型温度和黏度的玻璃液在静压力差和拉力的作用下溢出槽口，垂直向上拉引成玻璃带。无槽法不用槽子砖，而是在引上室玻璃液中浸有两块引砖，玻璃原板是从引砖上方玻璃自由液面被垂直向上拉引成型的。

b 浮法

浮法玻璃生产工艺是指玻璃液在熔融金属液面（通常为熔融锡）上浮前进形成平板玻璃的工艺（见图3.7）。质地均匀的玻璃液达到成型所需的温度和黏度后，由熔窑出口流出，经流槽进入锡槽（即成型室）内的锡液表面上。锡槽内保持微正压，以防外部空气侵入。锡槽的锡液面上方通有氮氢保护气体，用以防止锡液被氧化。锡槽两侧有拉边器和挡边轮，以促使玻璃展薄或增厚。玻璃液流到锡液面上，在重力和表面张力的作用下，形成自然厚度（6 mm左右）的玻璃带，玻璃带通过拉边器与挡边器的作用调整到要求的厚度，并继续向前移动，在600 ℃左右被拉引出锡槽，经过渡辊台送入退火窑进行退火。经良好退火处理的玻璃带再经切割、检验、装箱，最后送入成品库。

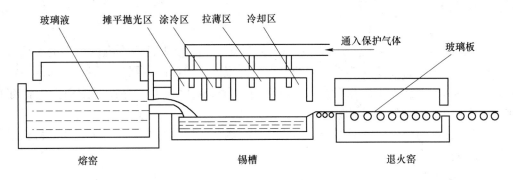

图3.7 浮法生产示意图

浮法是目前世界上最先进的平板玻璃生产工艺，具有质量好、产量高、玻璃宽度和厚度调节范围大、玻璃自身缺陷较少的特点。

c 平拉法

平拉法又分柯尔本法和格法。柯尔本法俗称小平拉，生产规模较小。该法是在玻璃熔窑末端设有一个深度仅为150~200 mm的成型池，成型池盆砖是由一个整体的异形耐火材料模制件构成的，其宽度为2600~3800 mm，长1000 mm左右，盆的下方有加热保温机构，玻璃液到达成型池以后，在平拉机辊子的牵引力作用下先垂直向上拉引，然后经转向辊转向水平方向，由平拉辊牵引，送入水平设置的退火窑中退火，退火后经切割、检验后包装入库。

柯尔本法目前在国内逐渐被淘汰，取而代之的是经改进后的另一种平拉法——格法。格法俗称大平拉，又称深池平拉。该法取消了柯尔本法浅成型池的整体盆砖和池盆以下的加热保温机构，采用深成型池，成型池内借鉴了无槽法的技术也使用了引砖，玻璃液到达深成型池后，在拉引机辊子的牵引力作用下，被向上拉引，然后转向水平拉引，其他工艺与柯尔本法基本相同。

较之于浮法和垂直引上法，平拉法尤其适宜于生产薄玻璃和超薄玻璃。

d 压延法

压延法玻璃生产工艺是指玻璃液通过压延展薄形成平板玻璃的工艺。达到成型温度和黏度的玻璃液从熔窑尾部的溢流口经溢流槽和托砖进入压延机的一对压延辊之间，不断转动的压延辊把玻璃液挤出，使其延展形成一定厚度的玻璃带，玻璃带随即被送入退火窑中进行退火，退火后的玻璃带经切割、检验后包装入库。

这种工艺所生产的玻璃的表面光洁度不高，也影响了玻璃的透明度，所以压延法目前主要用于生产压花玻璃和夹丝玻璃。

G 玻璃的退火

玻璃的退火就是消除或减小玻璃中热应力至允许值的热处理过程。玻璃制品在成型后的冷却过程中，经受激烈的、不均匀的温度变化，产生的热应力会导致大多数制品在存放、加工及使用中自行破裂，所以一般玻璃制品在成型或热处理后均要经过退火以减少或消除热应力。退火的质量直接影响到制品的机械强度、热稳定性及光学性能。

玻璃中的应力一般可分为三类：热应力、结构应力、机械应力。

玻璃中由于存在温度差而产生的应力，称为热应力，在玻璃中热应力分为暂时应力和永久应力两种。

a 暂时应力

温度低于应变点（对应于 $10^{13.6}$ Pa·s 黏度值）而处于弹性变形温度范围的玻璃，在加热或冷却过程中，即使加热或冷却的速度不是很大，玻璃的内层和外层也会形成一定的温度梯度，从而产生一定的热应力。这种热应力随着温度梯度的存在（或消失）而存在（或消失），所以称为暂时应力。

应该指出，对玻璃中的暂时应力值也必须控制，如果暂时应力超过了玻璃的抗张强度极限，玻璃同样会破裂。

b 永久应力

常温下，玻璃内外层温度均衡后，即温度梯度消失后，仍然残留的热应力称为永久应力（也叫作残余应力）。玻璃中永久热应力的产生源于其高于转变温度（对应于 10^{12} Pa·s 黏度值）降温的热经历。当玻璃从转变温度到退火温度区，在每一温度下均有其相应的平衡结构，在冷却过程中，随着温度的降低，玻璃结构将发生连续地、逐渐变化。当玻璃中存在温度梯度时，各温度所对应的结构也是不相同的，亦即相应出现了结构梯度。而当温度快速冷却到应变点以下时，这种结构梯度也被保留了下来。这种结构因素引起了内外层的膨胀系数不同，在内外层温度均达到常温时，由于其体积变化不同，就产生了残留的永久应力。

永久应力的大小取决于转变温度附近到退火温度范围内的冷却速度、冷却前后的温差、玻璃调整结构的速度（即松弛速度）及制品的厚度等。过大的永久应力会使玻璃在加工或使用过程中炸裂。

玻璃的永久应力产生于转变温度附近到退火区的结构调整，因此，为了消除永久应力，必须将制品加热到质点可以移动、调整的温度（此温度下制品应该不至于变形）。玻璃在转变温度以下的相当温度范围内，玻璃中的质点仍能机械调整而玻璃的黏度值相当大，不至于造成可测出的变形，因此可以在该温度区机械退火。

玻璃的最高退火温度是指在该温度下保持 3 min 能消除 95% 的应力，将其定为退火上限（相当于转变温度）；最低退火温度指该温度下保温 3 min 仅能消除 5% 的应力，为退火下限（对应于应变点）。玻璃的退火温度上限与其化学组成有关，大部分器皿玻璃的退火上限为 (550±20)℃，平板玻璃为 550~570 ℃，瓶罐玻璃为 550~600 ℃，而铅玻璃则为460~490 ℃。实际生产中常取退火上限低于转变温度 20~30 ℃。

玻璃处于退火上限，保持一定时间可使结构得到调整而松弛内部的热应力。在退火上限冷却到退火下限的过程中，必须采取缓慢冷却方式以避免或控制新的永久应力产生；在退火下限温度以下，则可以快速冷却，冷却速度以产生的暂时热应力不致使制品破裂为原则。

3.2.4 熔体和玻璃体的相变

研究熔体和玻璃体的相变，对改变和提高玻璃的性能、防止玻璃析晶以及对微晶玻璃的生产都有重要的意义。这里所讨论的相变，主要是指熔体和玻璃体在冷却或热处理过程中，从均匀的液相或玻璃相转变为晶相或分解为两种互不相溶的液相。

3.2.4.1 熔体和玻璃体的成核过程

晶体从熔体或玻璃体中析出一般要经过晶核形成和晶体长大两个步骤，晶核的形成表征新相的产生，晶体的长大是新相进一步的扩展。

A 均匀成核

均匀成核是指在宏观均匀的玻璃中，在没有外来物参与下与晶界、结构缺陷等无关的成核过程，又称为本征成核或自发成核。

当玻璃处于过冷态时，由于热运动引起组成和结构上的起伏，一部分变成晶相。晶相内质点的有规律排列导致体积自由能减小。然而在新相产生的同时，又将在新相和液相之间形成新的界面，引起界面自由能的增加，对成核造成势垒。当新相颗粒太小时，界面对体积的比例增大，整个体系自由能增大。当新相达到一定大小（临界值）时，界面对体积的比例就减小，系统的自由能减小，这时新相就可能稳定成长。这种可能稳定成长的新相区域称为晶核。那些较小的不能稳定成长的新相称为晶胚。若假定晶核（或晶胚）为球形，其半径为 r，则体系自由能 ΔG 变化可表示为：

$$\Delta G = \frac{4}{3}\pi r^3 \Delta G_V + 4\pi r^2 \sigma \tag{3.2}$$

式中，ΔG 为相变过程中单位体积的自由能变量；σ 为新相与熔体之间的界面自由能（或表面张力），根据热力学推导有：

$$\Delta G = n\frac{D}{M} \cdot \frac{\Delta H \Delta T}{T_e} \tag{3.3}$$

式中，n 为新相所含分子数；D 为新相密度；M 为新相的相对分子质量；ΔH 为熔变；T_e 为新、旧两相的平衡温度，即"熔点"或析晶温度；$\Delta T = T_e - T$，即过冷度，T 为系统实际温度。

按式（3.2）作 $\Delta G\text{-}r$ 图（见图3.8），可见曲线有一个极大值，与此极大值相应的核半径称为"临界核半径"，用 r^* 表示。由数学原理可知，当 $r = r^*$ 时，应有 $\mathrm{d}(\Delta G)/\mathrm{d}r = 0$，由此可得出：

$$r^* = -\frac{2\sigma M T_e}{nD\Delta H \Delta T} \tag{3.4}$$

r^* 是形成稳定的晶核所必须达到的核半径，其值越小则晶核越易形成。

B 非均匀成核

非均匀成核是依靠相界、晶界或基质的结构缺陷等不均匀的部位而形核的过程，又称非本征成核。

一般认为，在非均匀成核情况下，由成核剂或二液相提供的界面使界面能降低，因而影响到相应于临界半径 r^* 的 ΔG 值，此值与熔体对晶核的润湿角 θ 有关，即

$$\Delta G = \frac{16\pi\sigma^3}{3(\Delta G_v)^2} \times \frac{(2 + \cos\theta)(1 - \cos\theta)^2}{4}$$

(3.5)

当 $\theta < 180°$ 时，非均匀成核的自由能势垒就比均匀成核小。当 $\theta = 60°$ 时，势垒为均匀成核的 1/6 左右，因此非均匀成核比均匀成核易于发生。

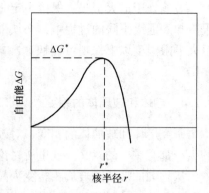

图 3.8 核自由能与半径的关系

3.2.4.2 晶体生长

当稳定的晶核形成后，在适当的过冷度和饱和度条件下，熔体中的原子（或原子团）向界面迁移，到达适当的生长位置，晶体长大。晶体生长速度取决于物质扩散到晶核表面的速度和物质加入晶体结构的速度，而界面的性质对于结晶的形态和动力学条件有决定性的影响。

正常生长过程，晶体的生长速度 u 可表示为：

$$u = v a_0 \left[1 - \exp\left(\frac{\Delta G}{kT}\right) \right]$$

(3.6)

式中，u 为单位面积的生长速度；v 为晶液界面质点迁移的频率因子；k 为 Boltzmann 常数；a_0 为界面层厚度，约等于分子直径；ΔG 为液体与固体自由能之差（即结晶过程自由焓的变化）。

当离开平衡态很小，即 T 接近于 T_m（熔点）时，$\Delta G \ll KT$，这时晶体生长速度与推动力（过冷度 ΔT）呈直线关系，生长速度随过冷度的增大而增大。

但当离开平衡态很大，即 $T \ll T_m$ 时，则 $\Delta G \gg KT$，式（3.6）中的 $[1 - \exp(\Delta G/(KT))]$ 项接近于1，即 $u \approx v a_0$，说明晶体生长速度受到原子扩散速度的控制，达到极限值。

通常影响结晶的因素主要有：

（1）温度。当熔体从 T_m 冷却时，ΔT 增大，成核和晶体生长的驱动力增加；与此同时，黏度上升，成核和晶体生长的阻力也增大。

（2）黏度。当温度降低时（远在 T_m 点以下），黏度对质点扩散的阻碍作用限制着结晶速度，尤其是限制晶核长大的速度。

（3）杂质。杂质的引入会促进结晶，杂质起成核作用，同时增加界面处的流动度，使晶核更快地长大。杂质往往富集在分相玻璃的一相中，富集到一定浓度时将促进这些微相由非晶相转化为晶相。

（4）界面能。固体的界面能越小，核的生长所需的能量越低，结晶速度越大。

3.2.4.3 玻璃的分相

玻璃在高温下为均匀的熔体，在冷却过程中或在一定温度下热处理时，由于内部质点迁移，某些组分分别浓集（偏聚），从而形成化学组成不同的两个相，此过程称为分相。

分相区一般可从几纳米至几百纳米分布，具有亚微结构不均匀性。这种微相区只能用高倍显微镜观察。

研究指出，在玻璃系统中存在有两种不同类型的不混溶特性，一是在液相线以上就开始发生分相，在热力学上这种分相叫稳定分相（或稳定不混溶性）。二是在液线温度以下才开始发生分相，叫亚稳分相（或亚稳不混溶性）。前者给玻璃生产带来困难，它使玻璃具有层状结构或产生强烈的乳浊现象；后者对玻璃有重要的实际意义。绝大部分玻璃都是在液相线下发生亚稳分相，分相是玻璃形成系统中的普遍现象，它对玻璃的结构和性质有重大影响。

在相平衡图中不混溶区内，自由焓 G 与化学组成 C 的关系曲线上存在着拐点 S（inflection point），其位置随温度而改变（见图 3.9（a））。作为温度函数的拐点轨迹，即 S-T 曲线称为亚稳极限曲线。此曲线上的任一点 $\frac{\partial^2 G}{\partial C^2} = 0$（见图 3.9（b）），其外围的实曲线为不混溶区边界。由亚稳极限曲线所围成的区域（S 区），称为亚稳分解区（或不稳区）。介于亚稳极限曲线和不混溶区边界之间的区域（即 N 区）称为不混溶区（或不稳区）。

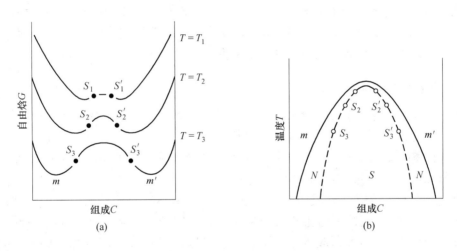

图 3.9 化学组成与自由焓及温度之间关系
（a）组成-自由焓曲线；（b）组成-温度曲线

从图 3.9（b）可看出，在 S 区内，$\frac{\partial^2 G}{\partial C^2} < 0$，成分无限小的起伏，导致自由焓减小，单相是不稳定的，分相是瞬时的、自发的，在 S 区发生亚稳分解。高温均匀液体冷却到亚稳极限曲线上时，晶核形成成功趋于零，进入 S 区后，就不再存在成核势垒，因此液相分离是自发的，只受不同类分子的迁移率所限制。新相的主要组分由低浓度相向高浓度相扩散。在亚稳分解区（S 区）中，成分和密度的无限小的起伏，将产生一些中心，由这些中心出发，产生了成分的波动变化。这是一种从均匀玻璃的平均组成出发在径向上成分的逐渐改变。

在 N 区内，$\frac{\partial^2 G}{\partial C^2} > 0$，成分无限小的起伏将导致自由焓增大，因此单相液体对成分无限小的起伏是稳定的或亚稳定的。在该亚稳区内，新相的形成需要做功，并可以由组成核和生长的过程来分离成一个平衡的两相系统。生成晶核需要一定的成核能，如生成液核就需要创造新的界面而需要一定的界面能。当然它比晶核成核能小得多，因此液核较容易产生。在该亚稳区内，晶核一旦形成，其长大通常由扩散过程控制。随着某些颗粒的长大，颗粒群同时在恒定的体积内发生重排。随后，大颗粒在消耗小颗粒的过程中长大。

3.3　玻璃的结构理论

玻璃态物质结构的概念是指构成玻璃的质点在空间的几何配置以及它们彼此间的结合状态。玻璃态物质结构的研究可以正确理解玻璃态物质的内部结构，指导玻璃的工业生产。基于玻璃态是处于热力学不稳定状态的事实，玻璃的不同成分，玻璃形成的热历史及一些生成条件都会对其结构产生影响，进而显示出种种不同的客观物理化学性能。人们对玻璃结构的认识，是一个实践，认识，再实践，再认识并不断深化的过程。最早提出玻璃结构理论的是门捷列夫，他认为玻璃是无定形物质，没有固定的化学组成，与合金类似。泰曼（Tamman）将玻璃看成"过冷液体"。索克曼（So cman）等提出玻璃基本结构单元是具有一定化学组成的分子集聚体。多年以来，学者们提出过各种有关玻璃结构的假说，从不同角度揭示了玻璃态物质结构的局部规律，但由于涉及的问题比较复杂，至今还没有完全一致的结论。目前人们能较为普遍接受的是"晶子学说"和"无规则网络学说"。

3.3.1　晶子学说

晶子学说是 1921 年初由苏联学者列别捷夫创立的，他在研究硅酸盐玻璃时发现，无论从高温冷却还是从低温升温，当温度达到 573 ℃时，玻璃的性质必然发生反常变化，而 573 ℃是石英由 α 晶型转变为 β 晶型的温度。于是，他认为玻璃是高分散晶体（晶子）的集合体。后来的研究也清楚地表明任何成分的玻璃都有这种现象。

瓦连可夫和波拉依-柯希茨研究了成分递变的硅酸钠双组分玻璃的 X 射线强度曲线。结果表明，玻璃的 X 射线谱不仅与成分有关，而且与玻璃的制备条件有关。提供热处理温度或延长加热时间，X 射线谱的主散射峰陡度增加，衍射图也越清晰，他们认为这是由于晶子长大所造成的。

虽然结晶物质和相应玻璃态物质的 X 射线衍射或散射强度曲线极大值的位置大体相似，但不一致的地方也很明显，很多学者认为这是玻璃中晶子点阵结构畸变所致。

根据很多实验研究可以得出晶子学说的主要论点为：玻璃结构中存在微晶体，它们不同于正常晶格的微小晶体，而是晶格极度变形的极微小的有序排列区域，被称为"晶子""微晶子"或"雏晶"。在成分复杂的玻璃中微晶应该与相应玻璃成分的系统状态相图相一致，既不能用可见光，也不能用紫外光观察到。晶子与晶子之间由无定形中间层隔离，即分散在无定形介质中，从晶子到无定形部分是逐渐过渡的，两者之间并无明显界线。这个学说正确地指出了玻璃中存在有规则的排列区域，亦即有一定的有序区域，这构成了学说的合理部分。

晶子的数目占玻璃的 10%~15%，晶子大小为 1.0~1.5 nm，相当于 2~4 个多面体的有规则排列。图 3.10 为玻璃晶子结构示意图。

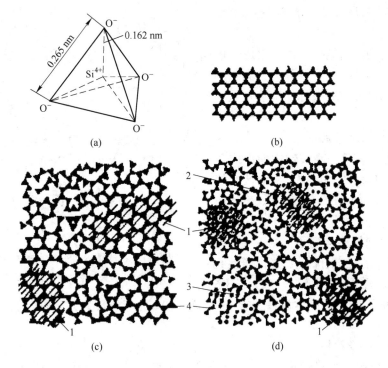

图 3.10 ［SiO₄］石英晶体结构以及石英玻璃、钠硅酸盐玻璃晶子结构示意图
（a）硅氧四面体结构；（b）石英晶体结构；（c）石英玻璃晶子结构；（d）钠硅酸盐玻璃晶子结构
1—石英晶子；2—硅酸钠晶子；3—钠离子；4—四面体

3.3.2 无规则网络学说

无规则网络学说是 1932 年查哈里阿森（ZachsrLasen W H）借助哥德施密特（Goldschmidt V M）的离子结晶化学原则，并参照玻璃的某些性能（如硬度、热传导、电绝缘性等）与对应晶体的相似性而提出的。他认为玻璃的结构与相应的晶体结构相似，形成连续的三维空间的网络结构。它们的结构单元相同，但玻璃的网络是不规则的，非周期性的，因而其内能大于晶体。例如硅酸盐中的 ［SiO₄］ 四面体，在晶体中呈有序排列，而在玻璃中则形成无序的网络，每个四面体仅对邻近的四面体保持着一定取向上的规律性，离开这个四面体越远，逐渐失去这种规律性而随意排布，如图 3.11 （a）和（b）所示 。

在无机氧化物所组成的普通玻璃中，网络是由氧离子的多面体构筑起来的。根据可以形成网络的键合类型，查哈里阿森提出下列形成氧化物玻璃的四个条件：（1）一个氧离子最多只能与 2 个阳离子相连；（2）阳离子的配位数要小，为 3 或 4，阳离子处于氧多面体的中央；（3）氧多面体之间只能共角，不能共边或共面；（4）每个氧多面体必须至少有三个角与另一多面体共有。结构中公共氧（称作"桥氧"）越多，网络的连接程度越好。

无规则网络学说宏观上强调了玻璃中离子与氧多面体相互排列的连续性、均匀性和无序性，较好地说明了玻璃的各向同性，以及玻璃性质随成分变化的连续性等基本特性。因此，它长期以来是玻璃结构学说的主要学派。

根据无规则网络结构学说，组成玻璃的氧化物在玻璃结构中一般分为三类：网络形成体、网络外体（或称作调整体）和网络中间体。

3.3.2.1 网络形成体

能单独形成玻璃，在玻璃中能形成各自特有的网络体系的氧化物，称为玻璃的网络形成体。如 B_2O_3、As_2O_3、SiO_2、GeO_2 及 P_2O_5 等。

以 F 代表网络形成离子，则 F—O 键是共价键与离子键的混合键，键的离子性约占 50%；F—O 的单键能较大，一般大于 335

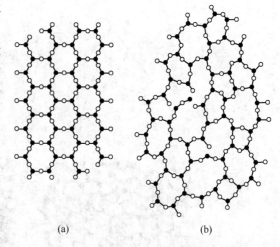

图 3.11 石英晶体和石英玻璃结构示意图
（a）石英晶体；（b）石英玻璃

kJ/mol，阳离子（F）的配位数是 3 或 4，阴离子 O^{2-} 的配位数为 2；构成的配位多面体为 $[FO_4]$ 或 $[FO_3]$。

3.3.2.2 网络外体

网络外体又称为网络调整体，它不能单独生成玻璃，一般不进入网络而是处于网络之外。网络外体往往起调整玻璃一些性质的作用，常见的有 R_2O_3、RO_2、R_2O_5 类型氧化物，如 Li_2O、Na_2O、K_2O、CaO、BaO、MgO、CaO、SrO 等。

以 M 代表网络外离子，则 M—O 键一般为离子键，电场强度较小，单键能一般小于 251 kJ/mol。

由于 M 的离子性强，键强度小，氧离子易摆脱阳离子的束缚，成为"游离氧"。在玻璃结构中，网络外体 M 离子往往起断网作用，即将桥氧键切断成为非桥氧。阳离子给出"游离氧"的能力与其电场强度的大小有关；阳离子场强越小，则给氧能力越大，如 K^+、Na^+、Ba^{2+} 等；阳离子场强越大，给氧能力越小，如 Mg^{2+}、Zn^{2+} 等；在阳离子（特别是高电价、小半径的阳离子）的场强较大时，可能对非桥氧起积聚作用，它们将使结构变得较为紧密而在一定程度上改善玻璃的性质，但对玻璃的析晶也有一定的促进作用，如 Zr^{4+}、In^{3+} 等。

3.3.2.3 网络中间体

网络中间体一般不能单独形成玻璃，其作用介于网络形成体和网络外体之间，如 Al_2O_3、BeO、ZnO、Ga_2O_3、TiO_2 等。

基于玻璃无规则网络结构的基本概念，并考虑玻璃中各原子或离子的相互依存关系，和便于比较玻璃各种物理性质，引用一些基本结构参数来描述玻璃的网络特性。如用 X 表示氧多面体的平均非桥氧数，Y 表示氧多面体的平均桥氧数，Z 表示包围一种网络形成正离子的氧离子数目，即网络形成正离子的配位数 Z 为 3 或 4；R 表示玻璃中全部氧离子与全部网络形成体离子数之比。四个结构参数之间的关系为：

$$\begin{cases} X + Y = Z \\ X + \dfrac{1}{2}Y = R \end{cases} \quad 即 \quad \begin{cases} X = 2R - Z \\ Y = 2Z - 2R \end{cases} \tag{3.7}$$

根据四个结构参数之间的关系，可以计算出桥氧 Y 和非桥氧 X 的数量，并由此判断玻璃网络结构连接程度的好坏。

例如，石英玻璃 SiO_2 的 Z 为 4，氧与网络形成体的比例 R 为 2，则计算得 X 为 0，Y 为 4，说明所有氧离子都是桥氧，[SiO_4] 四面体的所有顶角都是共有，玻璃网络连接程度达最大值。又如玻璃含 Na_2O 12%、CaO 10% 和 SiO_2 78%（摩尔分数），则 R = (12 + 10 + 156)/78 = 2.28，Z = 4，算得 X 为 0.56，Y 为 3.44，表明玻璃网络结构连接程度比石英玻璃差。

结构参数 Y 对玻璃性质有重要意义，Y 越大网络连接程度越紧密，玻璃的机械强度越高；Y 越小，网络连接越疏松，网络空穴越大，网络改性离子在网络空穴中越易移动，玻璃的线膨胀系数增大，电导增加，高温下的黏度下降。

由上可见，无规则网络学说着重说明了玻璃结构的连续性、无序性和均匀性，而晶子学说则比较强调玻璃的微不均匀性和有序性。实际上，两种学说从不同角度反映了玻璃结构这个复杂问题的两个方面，随着研究的深入，两个学说的支持者相互汲取了对方合理部分而有所靠近。当前比较统一的看法是：玻璃结构具有近程有序，远程无序的特点，即在宏观上是均匀的和无序的，微观上却又是微不均匀和有序的。

3.3.3 玻璃结构的近程有序论

Ivailo 将玻璃结构中的有序区域分为 5 类：（1）电子有序区，以化学键、原子和分子轨道为结构单元；（2）Zachariasen 有序区，以原子或离子与最近邻的配位体（第一配位圈）构成的配位多面体为结构单元；（3）分子有序区，以配位多面体结合而成的分子为结构单元；（4）簇团有序区，以多个分子结合而成的大阴离子团或大分子团为结构单元；（5）相有序区，以微相为结构单元（如微晶玻璃，分相玻璃）。这五种有序区范围依次由小到大。

作者认为，由于无规则网络学说是建立在若干假设基础上的，因此，用它来描述各种玻璃的结构及解释与结构有关的性能变化规律存在较大的局限性。根据有序区域的划分，将晶子学说做一些改进用于对各种玻璃结构的描述似乎更有普遍的适应性。

（1）玻璃结构中的有序区域不应包括相有序区，微晶玻璃应归属于介于晶态与非晶态之间的一种物质形态。

（2）"分相玻璃"则要分两种情况来考虑：发生分相后，如果母体与分相物都具有玻璃的特征（非晶态、存在转变温度 T_g 且透明），则可称之为玻璃；如果母体是玻璃，而分相物是非晶态物质，但不透明也不存在转变温度 T_g，则不能称之为玻璃。这种含分相物的混杂物结构中也不存在相有序区。

（3）玻璃态物质结构中的近程有序范围可以是电子有序区、Zachariasen 有序区、分子有序区和簇团有序区。

（4）如果将有序区按核坯、晶核、微晶体和晶体来划分，玻璃态物质结构中有序区的范围可界定为小于或等于晶核的尺寸，允许存在的有序区含量可界定为其体积分数 (V_β/V) 应小于 10^{-6}。

对玻璃结构的研究至今还在继续进行，对无序区与有序区的大小、结构等的判定仍有分歧。随着结构分析技术的进步，玻璃结构理论将得到不断发展和完善。

3.3.4 几种典型的玻璃结构

3.3.4.1 石英玻璃

石英玻璃的结构是无序而均匀的，有序范围为 0.7~0.8 nm。经 X 射线衍射分析可知，石英玻璃的结构是连续的，熔融石英玻璃中 Si—O—Si 键角分布如图 3.12 所示。图 3.11中表明，玻璃的键角分配为 120°~180°，比结晶态方石英宽，而 Si—O 和 O—O 的距离与相应的晶体中一样。硅氧四面体 [SiO₄] 之间的旋转角宽度完全是无序分布的，[SiO₄] 以顶角相连，形成一种向三度空间发展的架状结构。

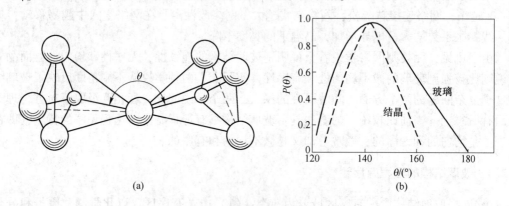

(a)

(b)

图 3.12　Si—O—Si 键角及其分布示意图
(a) 相邻两硅氧四面体间的 Si—O—Si 键角示意图；
(b) 石英玻璃和方石英晶体的 Si—O—Si 键角分布曲线

3.3.4.2 钠钙硅酸盐玻璃

熔融石英玻璃在结构、性能方面都比较理想，其硅氧比值（1∶2）与 SiO₂ 分子式相同，可以把它近似地看成由硅氧网络形成的独立"大分子"。如果在熔融石英玻璃中加入碱金属氧化物（如 Na₂O），就使原有的"大分子"发生解聚作用。由于硅氧的比值增大，玻璃中每个氧已不可能都为两个硅原子所共用（这种氧称为氧桥），开始出现与一个硅原子键合的氧（非桥氧），使硅氧网络发生断裂。而碱金属离子处于非桥氧附近的网穴中，这就形成了碱硅酸盐玻璃，但因其性能不好，没有实用价值。图 3.13 为碱硅酸盐玻璃结构示意图。

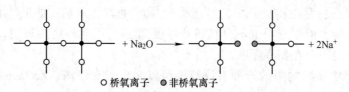

○桥氧离子　◉非桥氧离子

图 3.13　氧化钠与硅氧四面体间作用示意图

在实用的硅酸盐玻璃成分中，除含有碱金属氧化物以外，还含有碱土金属氧化物，最常见的是 CaO 的引入，从而构成了 Na₂O-CaO-SiO₂ 三元系统玻璃。CaO 与 Na₂O 一样，也能提供游离氧，使硅氧网络断裂，出现非桥氧，但由于 Ga^{2+} 的离子半径（$9.9×10^{-2}$ nm）虽然与 Na⁺ 的离子半径（$9.8×10^{-2}$ nm）相近，而 Ca^{2+} 的电荷却比 Na⁺ 大一倍，它的电场强度比 Na$^+$ 大得多，因此 CaO 的加入强化了 Na$_2$O-SiO$_2$ 二元玻璃的结构，同时也限制了 Na$^+$ 的活动。与碱硅二元玻璃相比，钠钙硅三元玻璃结构加强，性能变好，成为大多数实用玻璃（例如瓶罐玻璃、器皿玻璃、保温瓶玻璃、泡壳玻璃、平板玻璃等）的基础成分。为了进一步改善玻璃的使用性能及工艺性能，在钠钙硅成分的基础上还加入适量的 Al$_2$O$_3$ 和 MgO 等组分。

3.3.4.3　硼酸盐玻璃

A　B$_2$O$_3$ 玻璃结构

从结晶化学基本规则（即阴阳离子比对配位数的影响出发），结合 X 射线研究，基本上证实纯 B$_2$O$_3$ 玻璃的基本结构单元是由一个 B^{3+} 离子和三个 O^{2-} 离子组成［BO$_3$］三角体。但硼氧配位体相互间究竟如何连接，目前还未有统一的认识。主要有以下三种观点：

（1）呈无序层状结构，如图 3.14（a）所示；

（2）以分子 B$_4$O$_6$ 为基础的结构，如图 3.14（b）所示；

（3）呈链状结构，如图 3.14（c）所示。

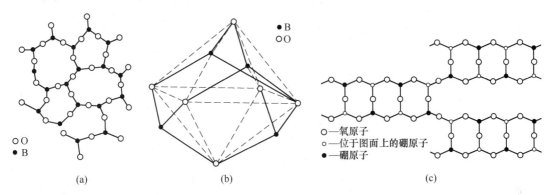

图 3.14　B$_2$O$_3$ 玻璃结构模型

（a）无序层状网络结构；（b）分子 B$_4$O$_6$ 结构；（c）链状结构

目前倾向性意见认为：氧化硼玻璃属于层状或链状结构，较符合实际情况。

单组分的硼氧玻璃软化点低（约 450 ℃），化学稳定性差（置于空气中发生潮解），线膨胀系数高（约为 150×10^{-7} K^{-1}），因而没有实用价值。

需要注意的是，硼氧键能很大（约略大于硅氧键），但 B$_2$O$_3$ 玻璃的一系列物理化学性能却比 SiO$_2$ 玻璃差得多，主要是由于 B$_2$O$_3$ 玻璃的层状（或链状）结构的特性决定的。尽管在 B$_2$O$_3$ 玻璃中同一层（或链）中有强的 B—O 链相连，但层间（或链间）是由很弱的分子引力（范德华力）维系在一起，成为结构中的薄弱环节，导致 B$_2$O$_3$ 的一系列性能比 SiO$_2$ 玻璃要差很多。

B　碱硼酸盐玻璃以及硼硅酸盐玻璃结构

玻璃态氧化硼中加入氧化物 R$_2$O 或 RO 后所引起结构变化也有着很多争论。从玻璃成分与性质关系的研究结果出发，可有以下观点：

（1）玻璃态氧化硼中加入 R$_2$O 与 RO 后分子体积、膨胀系数下降，可能是氧化硼由链状或层状的硼氧三角体［BO$_3$］向三维空间接连的硼氧四面体［BO$_4$］变化的结果。

（2）由于硼氧四面体［BO$_4$］带有负电，周围必须围绕若干阳离子以达到电性中和。

并且因电荷的斥力原因，［BO_4］相互间不能直接连接，在［BO_4］之间必有一定数量的不带电的硼氧三角体［BO_3］加以隔离。

　　根据上述观点，在 R_2O-B_2O_3 二元玻璃中，碱金属氧化物提供的氧，可使硼从三配位转变成四配位，即在一定范围内，它们提供的氧不像在熔融石英玻璃中使网络断裂而成为非桥氧，相反是使硼氧三角体转变成由桥氧构成的硼氧四面体，使部分形成三维空间架状结构，使原有二维结构有所加强，并因此引起玻璃的各种理化性能变好。这种与相同条件下碱硅酸盐玻璃相比出现相反变化的现象，人们称为"硼氧反常性"。硼氧反常性如图 3.15 和图 3.16 所示。除了硼反常外，在钠硼铝硅玻璃中还出现"硼-铝反常"现象。

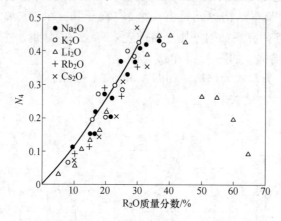

图 3.15　四配位的硼含量与碱金属氧化物含量间关系

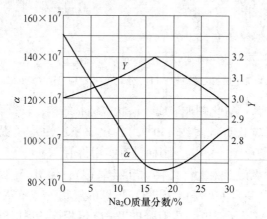

图 3.16　钠硼玻璃的 Y 与膨胀系数 α 的关系

　　以 Na_2O，B_2O_3，SiO_2 为基本成分的玻璃，称为硼硅酸盐玻璃。著名的"Pyrex"玻璃是它的典型代表。这类玻璃的特点是含有两种玻璃形成的氧化物，由于 SiO_2 和 B_2O_3 在结构上的差异，难以形成均一的熔体，冷却过程中将形成互不溶解的二层玻璃（分相），当加入 Na_2O 后，通过 Na_2O 提供的游离氧使二维的硼氧三角体［BO_3］转变为三维连接的［BO_4］，为 B_2O_3 和 SiO_2 形成均匀的玻璃创造条件。

　　［BO_3］三角体转变为［BO_4］四面体的数量与 Na_2O/B_2O_3 的比值有关，当 $Na_2O/B_2O_3 > 1$ 时，认为 B^{3+} 以四面体结构为主，与［SiO_4］组成均匀，连续、统一的网络结构，

Na$^+$则以网络外离子配置在 [BO$_4$] 四面体附近，以维持电荷平衡。当 Na$_2$O/B$_2$O$_3$<1 时，结构中有部分 B^{3+}离子仍处于 [BO$_3$] 结构状态且不能与 [SiO$_4$] 组成统一、均匀、连续的结构网络，而独立形成层状结构，玻璃会产生分相现象，[BO$_3$] 三角体数量越多，则分相区域也越大。

由此可见，Na$_2$O-B$_2$O$_3$-SiO$_2$ 系统玻璃中，如果氧化硼的含量超过一定限度时，结构和性质会发生逆转现象，在性质变化曲线上则出现极大值或极小值，这种现象也称为"硼反常"现象。显然，它是因硼的配位数变化而引起结构改变所产生的。

3.3.4.4 磷酸盐玻璃结构

相对于硅酸盐与硼酸盐玻璃而言，对磷酸盐玻璃的研究资料较少。

已经证明，和晶态 P$_2$O$_5$ 一样，磷氧玻璃的基本结构单元是磷氧四面体 [PO$_4$]，但每一磷氧四面体中有一个带双键的氧。这一点与 SiO$_2$、B$_2$O$_3$ 玻璃不同，P$_2$O$_5$ 玻璃结构中有

不对称中心 ⊃—P—O ，是导致磷酸盐玻璃黏度小、化学稳定性差和热膨胀系数差的主要

原因。

有关磷酸盐玻璃的结构模型有以下几种看法：有人认为 P$_2$O$_5$ 熔体的黏滞流动活化能与 B$_2$O$_3$ 熔体很接近（分别为 173.6 kJ/mol 和 167 kJ/mol），因为 B$_2$O$_3$ 是层状结构，故认为 P$_2$O$_5$ 也是层状结构，层之间由范德华力维系在一起，当 P$_2$O$_5$ 熔体中加入 Na$_2$O 时，将从层状变为链状，而链之间由 Na—O 离子键合在一起。也有人认为 P$_2$O$_5$ 玻璃结构和晶态 P$_2$O$_5$ 相同，都由分子 P$_2$O$_5$ 所构成，结构示意图如图 3.17 和图 3.18 所示。

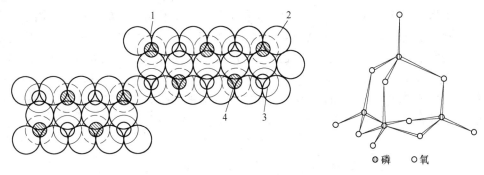

图 3.17　P$_2$O$_5$ 玻璃的层状结构　　　　图 3.18　P$_4$O$_{10}$ 分子结构示意图

1—平面图下的氧；2—平面图中的氧；3—平面图上的氧；4—磷

在玻璃态 P$_2$O$_5$ 中添加其他氧化物有可能引起两种不同的反应，反应Ⅰ使层状或交织的链状结构趋向骨架结构，反应Ⅱ使结构层或封闭链继续断裂。

$$
\text{II} \quad \begin{array}{ccc} & \overset{\displaystyle O}{\underset{\displaystyle |}{\|}} & & \overset{\displaystyle O}{\underset{\displaystyle |}{\|}} \\ \supset\!\!-\!\!P\!\!-\!\!O\!\!-\!\!P\!\!-\!\!C \end{array} + R_2O \longrightarrow \begin{array}{ccc} & \overset{\displaystyle O}{\|} & & \overset{\displaystyle O}{\|} \\ \supset\!\!-\!\!P\!\!-\!\!O\!\!-\!\!P\!\!-\!\!C \\ & \underset{\displaystyle O^-R^+}{|} & & \underset{\displaystyle O^-R^+}{|} \end{array}
$$

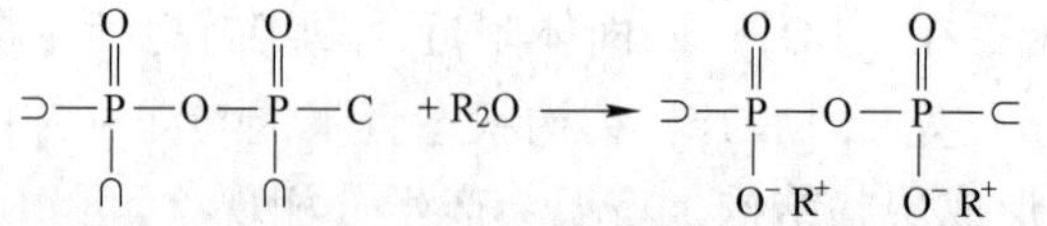

磷酸盐玻璃中加入 B_2O_3、Al_2O_3 和 Ga_2O_3 等按反应 I 进行，而加入 Na_2O、K_2O 等按反应 II 进行；当在磷酸盐玻璃中加入二价金属氧化物时，可能随加入氧化物的性质不同而有所不同，第一类包括 BeO、MgO、ZnO 等，起反应 I 作用；除此之外的氧化物皆起反应 II 作用；在网络破坏程度高的区域加入网络外体氧化物时，一方面如反应 II 所示继续破坏链间连接，另一方面阳离子充填于空隙，因静电引力紧密了结构，为反应 III 所示。反应 III 随着 R^{2+} 离子半径减小，离子位移极化下降而更牢固地被固定。

$$
\text{III} \quad \begin{array}{ccc} & \overset{\displaystyle O}{\|} & & \overset{\displaystyle O}{\|} \\ \supset\!\!-\!\!P\!\!-\!\!O\!\!-\!\!P\!\!-\!\!C \end{array} + RO \longrightarrow
$$

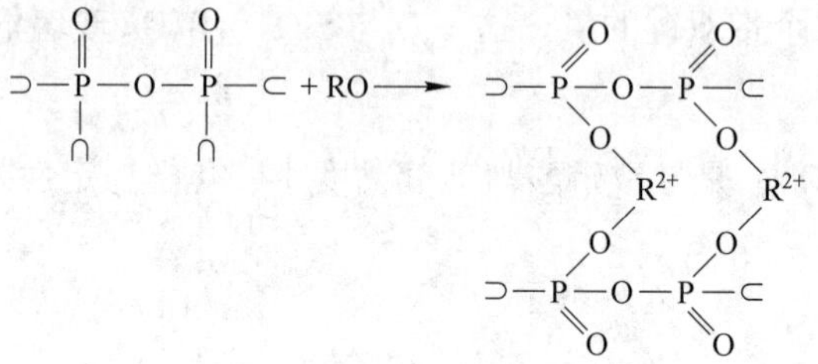

不仅对二价氧化物，反应 III 不可忽视，对离子半径较小的一价氧化物如 Li_2O 也起一定作用。

对于三元或成分更复杂的磷酸盐玻璃，上述三种结构变化互相交替，性质变化也就更多种多样。

3.3.4.5　其他氧化物玻璃

有人指出，凡能通过桥氧形成聚合结构的氧化物，都有可能形成玻璃，在周期表中划定一个界限，示出一些能形成玻璃的氧化物的元素（图 3.19）。实践证明在这范围内及靠近边界附近元素的氧化物，大多能单独（或与一价、二价氧化物）形成玻璃。如 As_2O_3、BeO、Al_2O_3、Ga_2O_3 及 TeO_2 等。比较常见的玻璃种类有，能透过波长范围大于 $6~\mu m$ 的红外线的铝酸盐玻璃，具有低膨胀和良好的电学性能的铝硼酸盐玻璃，具有低折射率的铍酸盐玻璃及具有半导体性能的钒酸盐玻璃等。

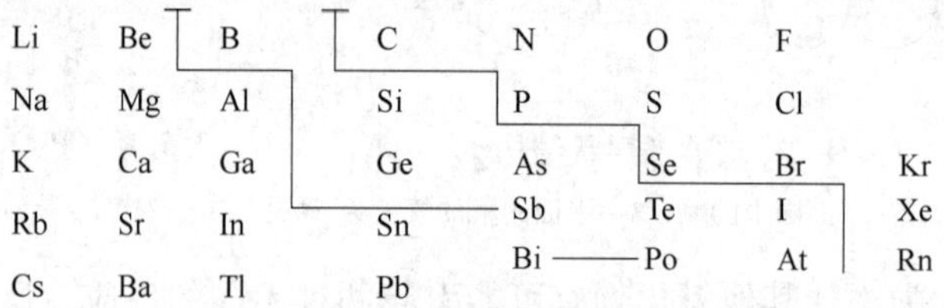

Li	Be	B		C	N	O	F	
Na	Mg	Al		Si	P	S	Cl	
K	Ca	Ga		Ge	As	Se	Br	Kr
Rb	Sr	In		Sn	Sb	Te	I	Xe
Cs	Ba	Tl	Pb		Bi — Po	At		Rn

图 3.19　周期表中形成玻璃的氧化物元素

3.3.4.6　非氧化物玻璃结构特点

A　卤化物玻璃

与传统的氧化物系统相比，卤化物系统在玻璃形成，性质、结构等方面具有独特的一面。在这类玻璃中，阴离子是电负性最强的氟、氯、溴、碘等卤族离子，它们与金属离子，特别是低价金属离子结合时，往往具有很强的独占价电子的倾向形成纯离子键，并以稳定性由库仑力所决定的晶态存在。另外，由于卤素是负一价，容易与高价阳离子形成易挥发的单分子卤化物，如 SiF_4、$FeCl_3$、UF_6 等。因此卤化物玻璃往往只能在一些特定系统中，较小的组成范围内获得，并需要较高的冷却速率。本身能形成玻璃的卤化物目前只在 RX_2 中发现，它们是 BeF_2、$ZnCl_2$、$ZnBr_2$ 等。

同氧化物相似，假如小的易极化的阳离子和氟相结合，就可能形成共价键。理想的情况是在形成的三维空间大的阴离子中，共价性和离子性两者结合，在阴离子中，小的阳离子和阴离子形成了三维无序网络，而大尺寸阳离子则由静电相互作用而填充在网络中，并增加了非桥卤元素数目而使形成无序网络的自由度增加。这种情况的典型例子是 ZrF_4-BaF_2 简单系统。$BaZr_2F_{10}$ 玻璃较稳定是嵌入在大的阴离子团 $[Zr_2F_{10}]^{2-}$ 中的 Ba^{2+} 离子作用的结果，结构研究表明阴离子团是由 $[ZrF_7]$ 和 $[ZrF_8]$ 多面体的共角或共边缔合而成。

卤化物玻璃的结构特点是通过卤族元素的"桥联"作用，把结构单元联结成架状、层状或链状结构。除某些 RX_2 系统外，在玻璃结构单元中，阳离子与卤素离子的配位数不是 3 或 4，而是 6，7，8。多面体之间除了以顶角相连外，还存在以边相连的情况。

最早知道的卤化物玻璃是 BeF_2，一般认为 $[BeF_4]$ 的四面体是它的结构单元，在玻璃中形成类似于 SiO_2 结构的空间排列，铍与硅的离子半径相近，氟与氧的离子半径也相似，两者区别在于化合价相差一倍，所以认为 BeF_2 是 SiO_2 相应形态的倍弱化模型。Be—F 的键强度仅为 Si—O 键强度的 1/4，因此，BeF_2 玻璃的黏度很小。BeF_2 玻璃中引入一价碱金属氟化物后，玻璃结构趋向层状或链状。氟化铍玻璃中可引入较多的二价碱土金属氧化物，并且 AlF_3 属于中间体物质能使玻璃趋向稳定。近年来已制得氧化物-氟化物玻璃，这种玻璃中氧和氟都起桥联作用。

氟化物玻璃具有超低折射和色散的特性，是重要的光学材料。

B 硫属化合物玻璃

单质硫和单质硒都能形成玻璃态物质。单质硫的分子相当于分子式 S_8，它具有环状结构，每个硫原子采取 sp^3 杂化态并形成两个共价单键，并且聚合成长链。

硫属化合物主要是以砷、锗的硫化物、硒化物和碘化物为基础制成，通过硫属元素的"桥联"作用来实现的。其中最主要的是砷-硫系统（以 As_2S_3、As_2Se_3 为代表）。结构分析证明，由 As_2S_3 组成的玻璃很接近于线状有机聚合体（链状结构），一般认为由 As_2S_3 以及由 As_2Se_3-As_2Te_3 所组成的玻璃同样也是链状结构。而由 GeS_2 和 $CeSe_2$ 组成的玻璃（配位数为 4）则是由相应的四面体形成的无序结构。

硫系化合物玻璃中不同组成元素间电负性差别很小，键性的变化也不大，除了共价键外还报道过在一定组成中亦存在金属键。一般来说，阴离子的半径增大（从 S 到 Te），金属键所占比例增大，因而玻璃形成倾向也降低。

硫系化合物玻璃的组成通常用组分间的原子比来表示。

硫属化合物玻璃是重要的半导体材料、透红外材料及易熔封接材料，它具有特殊的开关效应，近年来已用作光开关的光电导体将为玻璃在新技术应用方面开辟新的途径。

3.4 玻璃的性质

热、电、光、机械力、化学介质等外来因素作用于玻璃，玻璃作出一定反应，该反应即为玻璃的性质。玻璃性质与组成及结构密切相关。根据玻璃不同性质间的共同特点，可将玻璃的性质分为三类。

第一类是与玻璃中离子迁移有关的性质，如：黏度、电阻率、化学稳定性等。其共同特点是：这些性质取决于离子迁移过程中需克服的能量势垒和离子迁移能力的大小，性质与组成之间不是简单的加和关系。当玻璃从高温经过转变温度范围而冷却的过程中，这类性质一般是逐渐变化的。

第二类性质主要与玻璃的网络骨架及网络与网络外阳离子的相互作用有关。如：密度、强度、折射率、膨胀系数、硬度等。在常温下，玻璃的这类性质可假设为构成玻璃的各种离子性质的总和。这些性质通常在玻璃的转变温度范围内出现突变。

第三类性质包括玻璃的光吸收、颜色等。这些性质与玻璃中离子的电子跃迁及原子或原子团的振动有关。

3.4.1 黏度

黏度是玻璃的重要性质之一，直接影响着玻璃的熔制、澄清、均化、成型、退火及其加工、热处理等过程。为此要对其进行深入了解。

黏度是指面积为 S 的二平行液层，以一定速度梯度 dv/dx 移动时需克服的内摩擦力 f，即

$$f = \eta S dv/dx \tag{3.8}$$

式中，η 为黏度或黏度系数，其单位为帕·秒（Pa·s）。

3.4.1.1 玻璃黏度与温度的关系

玻璃的黏度随温度降低而增大，从玻璃液到固态玻璃的转变，黏度是连续变化的。所有实用硅酸盐玻璃，其黏度随温度的变化规律都属于同一类型，只是黏度随温度的变化速度以及对应于某给定黏度的温度有所不同。

图 3.20 为 $Na_2O\text{-}CaO\text{-}SiO_2$ 玻璃的弹性模量、黏度与温度的关系。在温度较高的 A 区，玻璃表现为典型的黏性液体，它的弹性性质近于消失，黏度仅决定于玻璃的组成和温度；

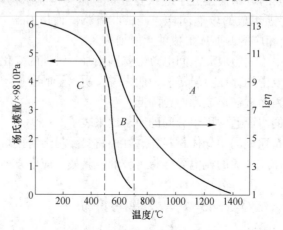

图 3.20 $Na_2O\text{-}CaO\text{-}SiO_2$ 玻璃弹性模量、黏度与温度关系

在 B 区（一般叫转变区），黏度随温度下降而迅速增大，弹性模量也迅速增大，此时，黏度除决定于组成和温度外，还与时间有关；在 C 区，由于温度继续下降，弹性模量进一步增大，黏滞流动变得非常小，这时，玻璃的黏度又仅决定于组成和温度而与时间无关。

黏度随温度变化快慢是一个很重要的玻璃生产指标，常称其为玻璃的料性，黏度随温度变化快的玻璃称为短性玻璃，反之称为长性玻璃。

3.4.1.2 特征黏度点

在玻璃的温度-黏度曲线上，存在一些代表性的点，称为特征温度或特征黏度。用它们可以描述玻璃的状态或某些特征，是玻璃工艺中的重要参数，常用的有以下一些（见图 3.21）。

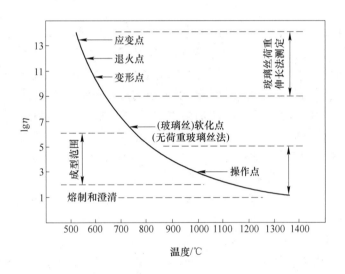

图 3.21 硅酸盐玻璃的黏度-温度曲线

（1）应变点：大致相当于黏度为 $10^{13.6}$ Pa·s 的温度。玻璃从该点黏度以上，内部应力松弛停止，作为玻璃退火下限的参数。

（2）转变点（T_g）：相当于黏度为 $10^{12.4}$ Pa·s 的温度，又称玻璃转化温度，高于此点，玻璃脆性消除，因结构的变化造成许多物理性质出现急剧变化。通常以低于 T_g（5~10 ℃）作为退火上限温度。

（3）变形点（垂点）：相当于黏度为 $10^{10} \sim 10^{11}$ Pa·s 的温度范围，对应于线膨胀曲线上最高点的温度即膨胀软化温度。

（4）软化温度：相当于黏度为 $3 \times 10^6 \sim 1.5 \times 10^7$ Pa·s 的温度，它与玻璃的密度和表面张力有关。

（5）成型操作范围：相当于成型时玻璃液表面的温度范围，从准备成型操作时的温度一直到能保持制品形状的温度为止，与不同的成型工艺选用有关，操作范围的黏度为 $10^3 \sim 10^7$ Pa·s。

（6）熔化温度：相当于黏度为 10 Pa·s 的温度，在该温度下，玻璃的澄清、均化得以完成。

3.4.1.3 黏度与组成的关系

组成是通过改变熔体结构而对黏度发生影响的。不同的组成，质点间相互作用力不同，熔体结构也会改变，从而导致玻璃的黏度不同。具体的是以硅氧比、键强度、结构的对称性、配位数以及离子的极化等因素来影响黏度的。

一般而言，玻璃组成中引入 SiO_2、Al_2O_3、ZrO_2 和 ThO_2 等高电荷、小半径离子氧化物时，倾向于形成较复杂的大阴离子团，使黏滞活化能变大而增高黏度。

在硅酸盐玻璃中，黏度取决于硅氧四面体网络的连接程度，它随硅氧比的上升而增高。

当引入碱金属氧化物，因这些阳离子电荷少，半径大，与 O^{2-} 离子作用力小，随着 O/Si 值增大，使原来复杂的硅氧阴离子团解离成较简单的单元，黏滞活化能变小，从而黏度降低。

二价金属氧化物对黏度影响有两种效应。它们一方面与碱金属离子一样，能使复合阴离子团解离而引起黏度减小；另一方面因这些阳离子电价稍高（二价），离子半径也不大，故键强度一般较一价阳离子大，可能夺取硅氧阴离子团中的氧离子来包围自己，产生所谓"缔合"作用。因此，随着二价阳离子半径的减小，降低黏度的顺序依次为 Ba^{2+} > Sr^{2+} > Ca^{2+} > Mg^{2+}。其中 CaO 在低温时增加熔体黏度，高温时，当含量小于 10% ~ 12% 时降低黏度，当含量大于 10% ~ 12% 时增大黏度，因此，在工业生产中，CaO 常和 Na_2O 一起用以调节钠钙硅酸盐系统玻璃的料性。显然，CaO 含量增多（质量分数小于 10% ~ 12%），或 Na_2O 含量减小，有利于玻璃硬化速度的提高，即缩短料性。

必须指出，离子极化对黏度有显著影响，含 18 电子层离子，如 Pb^{2+}、Zr^{2+}、Cd^{2+} 等的玻璃比 8 电子层的碱土金属离子具有较低的黏度，特别是 PbO 的引入，由于形成不对称的结构形式，降低黏度效应更显著。

此外，B_2O_3 的引入根据玻璃基础组成不同，它的引入量不同，会引起配位数的变化而影响玻璃结构变化，使黏度随着 B_2O_3 含量出现硼反常现象。

3.4.2 密度

玻璃的密度表示玻璃单位体积的质量，与其摩尔体积成反比，因此，它主要与构成玻璃的各组分的原子量、原子堆积的紧密程度以及配位数有关，是表征玻璃结构的一个重要标志。

3.4.2.1 玻璃密度与成分的关系

玻璃的密度与成分关系密切。在各种实用玻璃中，密度的差别是很大的，例如，石英玻璃的密度仅为 $2.21~g/cm^3$，含大量 PbO 的重火石玻璃的密度可达 $6.5~g/cm^3$，某些防辐射玻璃的密度高达 $8~g/cm^3$，普通钠钙硅酸盐玻璃的密度在 $2.5~g/cm^3$ 左右。

单纯由网络形成体构成的单组分玻璃密度一般较小，如 B_2O_3 为 $1.83~g/cm^3$；P_2O_5 为 $2.74~g/cm^3$；GaO_2 为 $3.64~g/cm^3$；当添加网络外体时，密度增大，这是因为这些网络外体离子增加了存在的原子数，即它们对密度增大作用大于网络断裂、膨胀增大分子体积对密度下降的作用。如石英玻璃中引入碱金属氧化物，整个空间填充率增加，且按 Li、Na、K 的次序增大密度；引入 CaO 等碱土金属氧化物时，也有相类似的效应。

当同一种氧化物在玻璃中配位状态改变时，对其密度也产生明显的影响，如 $[BO_3]$

三角体转变成［BO_4］四面体，或者中间体氧化物（如 Al_2O_3、Ga_2O_3 等）从网络内四面体［RO_4］转变到网络外八面体［RO_6］时，均使密度上升。因此，在 R_2O-B_2O_3-SiO_2 系统玻璃中，当 $Na_2O/B_2O_3>1$ 时，B^{3+} 由三角体转变为四面体，把结构中断裂的键连接起来，即原为单一键连接的氧离子由硼与硅两种键固定，同时，［BO_4］体积比［SiO_4］小，使玻璃结构紧密，从而密度增大。当 $Na_2O/B_2O_3<1$ 时，由于 Na_2O 不足，［BO_4］又转变成［BO_3］，促使玻璃结构松懈，密度下降，出现"硼反常现象"。

通常，玻璃中引入高价的网络非氧化物时（如 TiO_2、ZrO_2 等氧化物），因为它们的填充作用及高场强的积聚性，使玻璃结构紧密，密度变大。

玻璃的密度可由性质随组成变化的加和性求得。

3.4.2.2 玻璃密度与温度及热处理的关系

随着温度升高，质点振动的振幅增大，质点距离也增大，玻璃的比容（密度的倒数）相应增高，密度随之下降。一般工业玻璃，当温度从室温升到 1300 ℃，密度下降 6%～12%。

玻璃的密度与热处理也有关。淬冷玻璃的密度一般比退火玻璃低，冷却速度越快，玻璃的结构越保持在高温的疏松状态，密度也越小。在退火温度下，保持一定时间后，淬火玻璃和退火玻璃的密度都会趋向于该温度时的平衡密度，并且由于淬火玻璃的结构较退火玻璃疏松，处于较大的不平衡状态，结构调整要快些。

3.4.2.3 玻璃密度的工艺意义

在玻璃生产中，往往因工艺制度控制不严而发生一些不正常情况，如配料称量不准、原料成分波动、温度制度波动、含水量变化等，这些都会导致产品性能的改变而影响质量。

玻璃密度是个较敏感的性质，只要成分发生微小变化，立刻会反映出来。利用密度超出正常波动范围的现象可进行生产工艺的控制。例如砂子水分含量在 3%～10%（质量分数）以内的波动，能导致密度有 0.01 g/cm^3 的变化。

3.4.3 力学性质

3.4.3.1 强度

玻璃是一种脆性材料，它的机械强度一般用抗压强度、抗折强度、抗张强度和抗冲击强度等指标表示。玻璃以其抗压强度和硬度高而得到广泛应用，也因其抗张强度与抗折强度不高，脆性大而使其应用受到一定限制。影响玻璃机械强度的主要因素有：

（1）化学组成。不同组成的玻璃结构间的键强度也不同，从而影响玻璃的机械强度。石英玻璃的强度最高，含有 R^{2+} 离子的玻璃强度次之，强度最低的是含有大量 R^+ 离子的玻璃。

1）各组成氧化物对玻璃抗张强度提高的顺序是：$CaO>B_2O_3>BaO>Al_2O_3>PbO>K_2O>Na_2O$（$MgO$，$Fe_2O_3$）。

2）各组成氧化物对玻璃抗压强度提高的顺序是：$Al_2O_3>$（SiO_2，MgO，ZnO）$>B_2O_3>Fe_2O_3>$（CaO，PbO）。

（2）玻璃中的缺陷。宏观缺陷如固态夹杂物、气态夹杂物、化学不均匀等，由于其化学组成与主体玻璃不一致而造成内应力。同时，一些微观缺陷如点缺陷、局部析晶等在宏观缺陷地方集中，导致玻璃产生微裂纹，严重影响玻璃的强度。

（3）温度。在不同的温度下玻璃的强度不同，根据对−20~500 ℃范围内的测试结果可知，强度最低值位于200 ℃左右。一般认为，随着温度的升高，热起伏现象增加，使缺陷处积聚了更多的应变能，增加了破裂的概率。当温度高于200℃时，由于裂口的钝化，缓和了应力集中，从而使玻璃强度增大。

（4）玻璃中的应力。玻璃中的残余应力，特别是分布不均匀的残余应力，使强度大为降低。然而，玻璃进行钢化后，表面存在压应力，内部存在张应力，而且是有规则地均匀分布，所以玻璃强度得以提高。

玻璃的抗张强度和抗压强度可按加和性法则计算，即

$$\sigma_F = P_1 F_1 + P_2 F_2 + \cdots + P_n F_n \tag{3.9}$$

$$\sigma_C = P_1 C_1 + P_2 C_2 + \cdots + P_n C_n \tag{3.10}$$

式中，P_1，P_2，$\cdots$，P_n 为玻璃中各组成氧化物的质量分数，%；F_1，F_2，$\cdots$，F_n 为各组成氧化物抗张强度计算系数，见表3.4；C_1，C_2，$\cdots$，C_n 为各组成氧化物抗压强度计算系数，见表3.4。

表3.4 抗张强度与抗压强度计算系数

计算系数	氧 化 物					
	Na_2O	K_2O	MgO	CaO	BaO	ZnO
抗张强度系数 F	0.02	0.01	0.01	0.20	0.05	0.15
抗压强度系数 C	0.52	0.05	1.10	0.20	0.65	0.60

计算系数	氧 化 物					
	PbO	Al_2O_3	As_2O_3	B_2O_3	P_2O_5	SiO_2
抗张强度系数 F	0.025	0.05	0.03	0.065	0.075	0.09
抗压强度系数 C	0.480	1.00	—	0.900	0.760	1.23

玻璃的实际强度比理论强度小2~3个数量级。这是由于玻璃的脆性和玻璃中存在有微裂纹及不均匀区所致。目前提高玻璃的强度，除了设计高强度组成、严格遵守工艺制度（包括良好的退火以及减少缺陷和应力）以外，还有以下两种途径：第一种是表面处理，如表面脱碱、火抛光、酸碱腐蚀以及涂层；另一种是加强玻璃的抵抗张应力的能力，主要是通过物理及化学钢化，使表面产生压应力层，提高玻璃的抗张强度，也包括微晶化，与其他材料制成高强度的复合材料。现分别介绍如下：

（1）表面脱碱。玻璃制品在退火上限附近，活动离子（主要是碱金属离子）向玻璃表面移动。在此温度下通入 SO_2、HCl 等气体，能在表面生成 Na_2SO_4 或 NaCl，通过清洗去除这些盐类后，在表面形成缺碱富硅的压应力层以提高玻璃的强度。

（2）火抛光。利用表层局部高温加热，产生瞬时融化的效果。这样，具有流动性的表层玻璃就在表面张应力作用下，在达到光滑平整的表面同时，也愈合了微裂纹，使强度提高。

（3）化学腐蚀。使用氢氟酸或其他能去除玻璃表面层的试剂（包括碱性溶液），与玻

璃表层发生反应，通过不断清除表面反应的产物或更换溶液，可以使暴露的玻璃表层均匀地除去一层，其中也包括微裂纹。用这种方法可以得到新的高强度表面。但是，腐蚀后的表面和新制成的玻璃表面一样是十分敏感的，因此，其作用也可能不长久，但有一点是肯定的，凡能渗入裂纹尖端并扩大其曲率半径的任何化学试剂都会使玻璃表面增强。

（4）物理钢化。把玻璃加热到低于软化温度（黏度值接近于 10^8 Pa·s）后，进行均匀快速冷却。玻璃外表面因冷却速度大而迅速固化，当内层继续收缩时，使玻璃表面产生了压应力，内层则为张应力。整个钢化过程，因经过转变温度区（T_g 附近）玻璃的松弛应力转化为最终的永久应力。

物理钢化冷却介质可以是冷风，也可以用液体（焦油等）或盐类（硝酸盐等）及金属板。据报道，玻璃经物理钢化后，强度比退火良好的玻璃提高 4~6 倍，热稳定性可提高到 300 ℃左右。

（5）化学钢化。在转变温度（T_g）以上，通过玻璃制品表面某些离子和熔盐中的离子进行相互交换，在玻璃表面形成比基体玻璃小的低膨胀系数薄层。从而当冷却时，因表层和基体的收缩不一致，形成表面压应力。显然，这种压应力的大小与内外层膨胀系数差有关。如 $Na_2O\text{-}Al_2O_3\text{-}SiO_2$ 系统玻璃在 850 ℃时与以 Li_2SO_4 为主的熔盐接触，在表面形成以 β-锂霞石为主的低膨胀系数薄层，冷却后表面的压应力提高了玻璃的强度。

为了避免玻璃在高于 T_g 时易于变形的危险，在生产上常采取低于应变点温度进行离子交换的工艺。这种工艺以离子半径大的一价正离子置换玻璃中离子半径小的一价正离子，使玻璃表面"挤塞"膨胀，产生压应力层。例如将 $Na_2O\text{-}Al_2O_3\text{-}SiO_2$ 玻璃浸在 KNO_3 熔盐中，600 ℃左右交换 24 h，可以提高玻璃的强度。与上一种离子交换增强玻璃工艺相比较，这种工艺又叫低温型化学钢化，它一般不会产生任何结构松弛。但无论是高温型还是低温型化学钢化，表层形成的压应力均要比物理钢化大，但应力层厚度一般较薄（几十微米），不耐机械磨损。

（6）表面涂层。基体玻璃外面涂覆一层膨胀系数比它低的薄膜，它的效果和上述的化学钢化相似，同时，此方法除了产生压应力层之外，也可使原有的粗裂纹得到愈合，假如和酸抛光工艺结合运用，则可较显著提高玻璃的强度。

其他诸如玻璃微晶化能限制微裂纹的产生、大小以及扩展，使应力不能集中；碳纤维增强玻璃复合材料能提高断裂能，阻碍裂纹扩展等都是提高玻璃强度的措施。

3.4.3.2 硬度

玻璃的硬度也很高，其莫氏硬度值为 5~7。化学成分决定玻璃硬度的大小，石英玻璃和含有 10%~12% B_2O_3 的硼硅酸盐玻璃硬度最大，含铅或碱性氧化物的玻璃硬度较小。网络形成体离子使玻璃具有高硬度，而网络外体离子则使玻璃硬度降低。各种氧化物组分对玻璃硬度提高的作用大致为：

$$SiO_2 > B_2O_3 > (MgO, ZnO, BaO) > Al_2O_3 > Fe_2O_3 > K_2O > Na_2O > PbO$$

3.4.3.3 脆性

玻璃的脆性是指当负荷超过玻璃的极限强度时立即破裂的特性，通常用它被破坏时所受到的冲击强度来表示。玻璃的最大弱点是脆性大。人们对玻璃的弹性、强度、硬度、弹性模量、脆性等力学性质进行了多方面的研究，以力求改善玻璃的脆性。多数非晶态金属呈现塑性变形。玻璃、陶瓷、微晶玻璃则呈现脆性，其根本原因在于材料内部原子间键性不同，金属键结合呈现塑性，共价键结合、离子键结合则呈现脆性。玻璃的脆性是由其结构特点决定的，玻璃的远程无序性使其没有屈服极限阶段，而玻璃的近程有序性使其在低温下裂纹扩展而不产生塑性变形，呈现典型的脆性，在一定条件下，裂纹尖端处产生较大拉应力出现脆性断裂。一般来说，随着强度或硬度增加，脆性趋势提高。

石英玻璃脆性很大，玻璃中加入 R_2O 和 RO 氧化物时，脆性更大，并随加入离子半径的增大而增大。含硼的硅酸盐玻璃，B^{3+} 离子处于三角体时比处于四面体时脆性要小。因此，应当在玻璃中引入阳离子半径小的氧化物如 Li_2O、MgO、B_2O_3 等组分。此外，热处理对玻璃脆性也有影响。

3.4.3.4 弹性

玻璃的弹性主要用弹性模量 E（杨氏模量）、剪切模量 G、泊松比 μ 和体积压缩系数 K 来表征。

玻璃的弹性模量 E 与玻璃的化学组成、温度和热处理有关。弹性模量直接与其内部组成质点间化学键强度有关，键力愈强变形愈小。

各种氧化物对提高玻璃弹性模量的作用是：

$$CaO > MgO > B_2O_3 > Fe_2O_3 > Al_2O_3 > BaO > ZnO > PbO$$

玻璃中引入大离子半径、低电荷的 Na^+、K^+、Sr^{2+}、Ba^{2+} 等氧化物不利于提高弹性模量，而引入离子半径小、极化能力强的 Li^+、Be^{2+}、Mg^{2+}、Al^{3+}、Ti^{4+} 等往往能提高玻璃的弹性模量。Na_2O-B_2O_3-SiO_2 系统玻璃中，弹性模量随 B_2O_3 代替部分 SiO_2 会出现"硼反常"现象。

3.4.4 热学性质

玻璃的热学性质包括线膨胀系数、导热性、比热、热稳定性等，其中以线膨胀系数最为重要，它和玻璃制品的使用和生产都有密切关系。线膨胀系数对玻璃的成型、退火、钢化，玻璃与金属、玻璃与玻璃及玻璃与陶瓷的封接，以及玻璃的热稳定性等性质均有着重要的意义。当需要高的耐热性时，线膨胀系数就必须小；当希望有高的内应力时，如钢化玻璃，线膨胀系数就应该大；当玻璃与玻璃焊接，涉及的几种玻璃线膨胀系数必须"匹配"，玻璃与金属封接，要求与上述相同；实验室仪器容量的变化也要考虑线膨胀系数。

玻璃的热膨胀性能通常用线膨胀系数 α 和体膨胀系数 β 表示，一般情况下，体膨胀系数 β 近似为线膨胀系数 α 的 3 倍，即 $\beta = 3\alpha$。因此，在讨论玻璃的膨胀系数时，通常采用线膨胀系数。

玻璃的线膨胀系数与其组成和热处理工艺有密切关系，主要取决于离子间的键力、配位数、电价及离子间的距离。$Si—O$ 键的键力强，所以石英玻璃的线膨胀系数为最小（$\alpha = 5.05 \times 10^{-7}\ K^{-1}$）。$R^+—O$ 的键强弱，随着 R_2O 的引入和 R^+ 离子半径的增大，线膨胀系数不断增大。RO 的作用和 R_2O 相类似，但因电价为二价（高于 R_2O），因此对线膨胀系数的影响较 R_2O 小些。高价网络外氧化物（如 La_2O_3、In_2O_3、ZrO_2 等）则因大的键力及对周围阴离子团的积聚作用使线膨胀系数 α 下降。

另外，从玻璃整体结构来看，玻璃的网络骨架对热膨胀起着重要作用。石英玻璃三维空间网络完整，刚性大，不易膨胀；R_2O 及 RO 的引入，使网络断开，α 上升。而单组成 B_2O_3 玻璃，虽然它的键能大于 $Si—O$，但由于 $[BO_3]$ 的层状或链状结构不紧密，线膨胀系数较大（$\alpha = 152 \times 10^{-7} \ K^{-1}$）。当硅酸盐玻璃中引入 B_2O_3 或 Al_2O_3 时，在有足够的游离氧提供的前提下，以 ［BO_4］或［AlO_4］形式和［SiO_4］共同构成网络整体，对断网起到"补网"作用，则可使 α 下降。

玻璃的热历史对线膨胀系数有重要影响。玻璃的线膨胀系数在退火温度以下几乎不随温度变化，可以认为是一个常数。图 3.22 为退火玻璃和淬火玻璃的热膨胀曲线。退火玻璃曲线发生曲折是由于温度超过 T_g 以后，伴随玻璃转变发生结构变化，膨胀更加剧烈。至于急冷玻璃，是由于试样存在热应变，在某温度以上开始出现弛豫。

除了线膨胀系数之外，玻璃还有其他一些热学性质。玻璃的比热容随温度的升高而增加，导热系数亦随温度的升高而增大。玻璃的热稳定性是玻璃经受剧烈的温度变化而不破坏的性能，又称玻璃的耐热性。热稳定性的大小用试样在保持

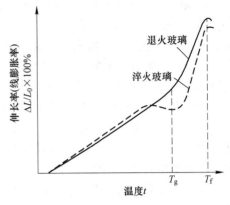

图 3.22 玻璃的热膨胀曲线

不破坏条件下所能经受的最大温度差来表示。在热冲击条件下玻璃产生破裂的原因主要是由于温差的存在，致使沿玻璃的厚度，从表面到内部，不同处有着不同的膨胀量，由此产生内部不平衡应力使玻璃破裂。由此可见，提高玻璃热稳定性的途径，主要是降低玻璃的线膨胀系数。

3.4.5 电学性质

玻璃的电学性质是与现代工程信息应用技术密切相关的一项重要性质。玻璃作为具有高电阻率的绝缘材料，在各方面已早有应用。例如近代在高压输电线路上采用钢化玻璃绝缘体，玻璃纤维与树脂复合成为电绝缘制品，以玻璃作为介电体制成的电容器，易熔封接玻璃在电真空、半导体以及集成电路元器件的制作中也占有一定地位。近年来，微晶玻璃的电学性质，玻璃超离子导体的发现，更开拓了人们对玻璃电学性质的认识。

3.4.5.1 玻璃的电导率

常温下，一般玻璃是绝缘材料，属于电介质。但是随着温度的上升，玻璃的导电性迅速提高，特别是在转变温度 T_g 以上，电导率有飞跃地增加。到熔融状态时，玻璃已成为良导体。一般钠钙玻璃电导率常温下为 $10^{-11} \sim 10^{-12} \ \Omega^{-1} \cdot cm^{-1}$，熔融状态急剧增高到 $10^2 \sim 10^3 \ \Omega^{-1} \cdot cm^{-1}$。

除了某些过渡元素氧化物玻璃及硫属半导体玻璃（不含氧的硫化物、硒化物和锑化物）是电子导电之外，一般玻璃都是离子导电。离子导电是以离子为载流体，在外加电场驱动下，载流子离子长程迁移贯穿于玻璃体而显示其导电作用。玻璃载电体一般是一价碱金属离子（Na^+、K^+等），仅当不存在一价金属离子的玻璃中，碱土金属离子才显出导电能力。一般情况下，和 Na^+ 相比，Ca^{2+} 的导电作用几乎可以忽略不计，硅和氧则作为不动的基体。常温下，玻璃中硅氧或硼氧骨架在外电场作用下几乎没有移动能力。但当温度提高到玻璃的软化点以上后，玻璃中的阴离子也开始参加导电，随着温度的升高，参加传递电流的阳离子和阴离子的数目也逐渐增多。

玻璃的电导率分为体积电导率和表面电导率两种，如无特殊说明，一般系指体积电导率。影响玻璃电导率的主要因素有如下因素。

A　组成

室温时，玻璃的导电性随组成而变，对电导率影响特别显著的是碱性氧化物，其中 Na_2O 的影响比 K_2O 大，Li_2O 居中。石英玻璃的绝缘性最好，它的电阻率高达 10^{17} Ω · cm。石英玻璃中，只要加入 10^{-6} 级的 Na^+，就可以使石英玻璃的电阻率大大降低。二价金属离子对玻璃电导率的影响一般随其离子半径的增大而减小：$BeO<MgO<ZnO<CaO<SrO<PbO<BaO$。

如果在玻璃中用碱土金属氧化物（CaO 或 MgO）代替碱金属氧化物（Na_2O 或 K_2O）时，一般使电导率下降。这是由于碱土金属离子所带电荷较多，它们在玻璃结构中较难迁移，却可以把碱金属离子包围禁闭起来，这种二价阳离子对一价阳离子的导电性所起的压制作用通常称为"压制效应"。

在二元碱硅酸盐或碱硼酸盐玻璃中，如果一种碱性氧化物被另一种碱性氧化物逐渐取代，电阻率并不成直线变化，但当两种碱金属达到大致相等的摩尔分数时；电阻率会出现一个非常明显的极大值，这就是众所周知的"中和效应"（双碱效应或混合碱效应）。图 3.23 为锂硅酸盐玻璃中加入钠离子后对电阻率的影响。两种碱金属的摩尔数相等的组成，电阻率比基础玻璃大 10^4 倍。图 3.24 为 $33.3R_2O$ · $66.7SiO_2$ 玻璃体积电阻率的混合碱效应。试验表明，两种碱金属离子半径相差越大，中和效应就越显著。中和效应除了在玻璃电阻率上出现以外，在其他各种和离子的活性或迁移性相关（主要是碱金属离子）的性质中均有反映，比如化学稳定性、线膨胀系数及介电损耗等。

R_nO_m 类氧化物（$m \geqslant 2$）引入玻璃组成中，由于它们的高电场、高配位数阻止了 R^+ 的移动，使玻璃的电阻率上升，如 In_2O_3、Y_2O_3、TiO_2、ThO_2 及 ZrO_2 等。

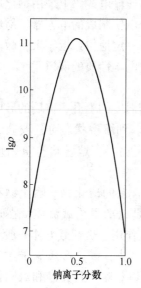

图 3.23　$(26-x)Li_2O$ · xNa_2O · $74SiO_2$ 玻璃的电阻率

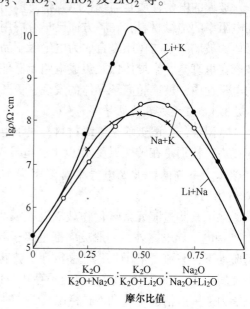

图 3.24　$33.3R_2O$ · $66.7SiO_2$ 玻璃体积电阻率的混合碱效应

对于玻璃结构中存在两种配位状态的组成，则要考虑它们对网络空隙大小的影响。这类氧化物以 B_2O_3 和 Al_2O_3 为主。B_2O_3 的配位数改变，从［BO_3］转变为［BO_4］时，进入玻璃三维网络结构，强化了玻璃的结构，加上［BO_4］的空隙要小于［SiO_4］，因此，使玻璃的电阻率增大，反之亦然。Al_2O_3 对含碱硅酸盐玻璃的影响较为复杂，具体要看 Al^{3+} 离子处于哪种配位状态，当以［AlO_6］结构为主时，玻璃结构中空隙较少，它像其他高价高配位数阳离子一样阻挡了 R^+ 的移动使电阻率增大，而当 Al_2O_3 以［AlO_4］的配位形式参与网络形成时，往往因为［AlO_4］四面体体积大于［SiO_4］四面体，网络空隙相对较大，玻璃电阻率会降低，一般说，在低碱或无碱玻璃中加入 Al_2O_3 对电阻率影响较小。

B　温度

玻璃的电阻率随温度变化很大，一般玻璃均为离子电导。因此，温度的改变将因为影响离子的活动性而影响玻璃的电阻率，很难用单一的公式来描述温度和电阻率之间的关系。根据研究结果，在高温时（熔融态），玻璃电阻率与温度的关系符合下面形式：

$$\lg\rho = \alpha + \beta T + \gamma T^2 \tag{3.11}$$

式中，α、β、γ 为常数，且 β 常为负数。

在低温时，可用下式表示：

$$\lg\rho = A + \frac{B}{T} \tag{3.12}$$

式中，A 和 B 为常数，B 为 3000~6000 K。玻璃的电阻率越高，B 值越大。A 值处于 1.5（对应高电阻玻璃）和 −4.5（对应于低电阻玻璃）范围内。A、B 两值并非是单一的线性变化。从式（3.12）看出 $\lg\rho$ 和 $1/T$ 为直线关系。图 3.25 为一些典型玻璃的电阻率和温度的关系。

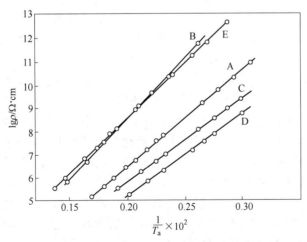

图 3.25　玻璃的电阻率与温度的关系

A—18Na$_2$O·10CaO·72SiO$_2$；B—10Na$_2$O·20CaO·70SiO$_2$；

C—12Na$_2$O·88SiO$_2$；D—24Na$_2$O·76SiO$_2$；E—派勒克斯玻璃

为了比较不同化学组成的玻璃电阻率，常常用玻璃在电阻率为 100×10^6 Ω·cm 时的温度（或电导率达到了 10^{-8} Ω^{-1}·cm^{-1} 时需要的温度）为标准，用 $T_{K\text{-}100}$ 表示。$T_{K\text{-}100}$ 值

越大，则玻璃在室温时的电阻率越大（电导率越小）。例如，在 $R_2O\text{-}RO\text{-}SiO_2$ 三元系统中，当 R_2O 和 SiO_2 固定时，RO 对 $T_{K\text{-}100}$ 值的提高作用依次为 BaO>CaO>MgO；$K_2O\text{-}RO\text{-}SiO_2$ 玻璃的 $T_{K\text{-}100}$ 大于 $Na_2O\text{-}RO\text{-}SiO_2$ 玻璃。

C 热处理

热处理对玻璃的电导率有很大的影响。未退火的玻璃电导率约为退火玻璃的 3 倍，而淬火玻璃比退火玻璃的电导率更高。显然，这是因为玻璃结构越疏松，越有利于碱金属离子的迁移。

分相也会影响玻璃的电导率，要和分相后的结构状态联系起来分相。如果电导率大的相以互相隔离的滴状形式存在，玻璃的电阻就会比分相前增大；反之，高电导率相成连通结构则会降低电阻率。例如，$5Na_2O\text{-}95SiO_2$ 玻璃经过不同的热处理后，电阻有变大和变小两种情况，相互间差别达 $10^5\ \Omega\cdot cm$。

玻璃微晶化后，也能提高其电绝缘性能，但根据其析出晶相的种类和玻璃相的组成而有所不同。

3.4.5.2 玻璃的介电常数

电介质的极化过程可用介电常数 ε 来衡量。介质极化一般有原子和离子中的电子位移极化（α_e），离子位移极化（α_i），极性分子的取向极化（α_d）和空间电荷极化（α_s）几种。此外，还有玻璃特有的在外场作用下，质点热运动的无序性减弱所引起的热离子极化及因玻璃结构网络变形所引起的结构极化。

在常温下，极性分子的取向极化及空间电荷极化可以不计，结构极化及热离子极化甚小。因此，在高频电场中，玻璃的总极化率主要是电子极化与离子极化的贡献。玻璃的 ε 数一般介于 4~20，如石英玻璃 $\varepsilon = 3.75$，而含 80%PbO 的玻璃 $\varepsilon = 16.2$。作为电绝缘材料的玻璃 ε 要小，相反，作为电容用的玻璃 ε 要大。

介电常数与玻璃的组成、电场的频率、温度等因素有关。

玻璃的组成主要通过网络骨架强度、离子半径及键强度等因素影响 ε。网络形成氧化物的电子极化率很小，所以 ε 也较小；石英玻璃的介电常数又比硼氧及磷氧玻璃的介电常数大，可能因为 Si—O 距离（0.162 nm）大于 B—O（0.139 nm）距离及 P—O 间距（0.155 nm），而 Si—O 键能（444 kJ/mol）则小于 B—O 键能（498 kJ/mol）及 P—O 键能（464 kJ/mol），所以它们的桥氧离子极化率依次为 $(O_{Si}^0)_{\alpha_i} > (O_P^0)_{\alpha_i} > (O_B^0)_{\alpha_i}$，另外，网络外体的阳离子的 α_e 远比网络形成体的 α_e 大，因此，当这些组分增加时，玻璃的 ε 变大。对于 PbO 类的易氧化阳离子引入则因极化率显著增大而显著提高 ε。

玻璃的介电常数随频率增高而减小。对于玻璃，高频率引起 ε 减小是由于电子云在较高频率下变形困难所致，但频率对石英玻璃的 ε 影响较小。

一般，温度增高，ε 也增加。当温度在 100 ℃ 以下时，玻璃的介电常数变动不大，当为 20~100 ℃ 时，ε 平均增加 3%~10%。当温度超过 250 ℃ 时，ε 迅速增大。ε 增大现象与温度和玻璃中 R_2O 含量有关，R_2O 含量越大，则 ε 突然增大时的温度越低。

通常，结晶态玻璃的 ε 相应玻璃的 ε 小。若微晶玻璃中含有铁电体化合物晶相，如 $BaTiO_3$、$CdNbO_3$ 等，介电常数可高达 2000 左右。

3.4.6 光学性质

玻璃的光学性质是指玻璃的折射、吸收、透过和反射等性质，可以通过调整成分、光照、热处理、光化学反应以及涂膜等物理和化学方法来满足一系列重要的光学处理对光性能以及理化性能的要求。

3.4.6.1 折射率

玻璃折射率可以理解为电磁波在玻璃中传播速度的降低。这是由于光通过玻璃时，光波引起玻璃内部质点的极化变形，光波损失部分能量，使光速降低。折射率可以表示为：

$$n = c/v \tag{3.13}$$

式中，n 为玻璃折射率；c，v 分别为光在真空和玻璃中的传播速度。

当光通过玻璃时，必然引起玻璃内部质点（如离子、离子团和电子）的极化（变形）。在可见光范围内，这种变化表现为离子或原子核外电子云的变形，并随着光波电场的交变而来回变化。这种变化所需要的能量来自光波。因此，光通过玻璃时，给出了一部分能量而引起了光速降低，即低于其在空气或真空中的传播速度。

玻璃的折射率与入射光的波长、玻璃的密度、温度以及玻璃的组成有密切关系。

A 玻璃的组成

离子大小影响到光波在玻璃中的传播速度，从而决定了玻璃的折射率。另外，玻璃的密度也影响折射率，即玻璃的密度越大，光在玻璃中的传播速度越慢而折射率越大。对于玻璃中的某一组分，其极化率 a、密度 ρ 与折射率 n 之间有如下关系：

$$a = K\frac{n^2 - 1}{n^2 + 2}\frac{M}{\rho} \tag{3.14}$$

式中，M 为该组分氧化物的摩尔质量；K 为常数。

习惯上用组成氧化物的摩尔体积 V_m（$V_m = M/\rho$）及摩尔折射度 R（$R = a/K$）来表示上述关系，则得：

$$R = \frac{n^2 - 1}{n^2 + 2}V_m \tag{3.15}$$

由此可得折射率的表达式：

$$n = \sqrt{\frac{1 + 2R/V_m}{1 - R/V_m}} \tag{3.16}$$

从式（3.16）可以看出，摩尔折射度越大，折射率越大；而摩尔体积越大，折射率越小。摩尔折射度和摩尔体积对玻璃折射率的作用刚好相反。所以，玻璃组成对折射率的影响应该是这两个方面影响的总和。

对于网络外体的阳离子，当原子价相同的阳离子半径增大时，摩尔体积与摩尔折射度同时上升，前者降低玻璃折射率，而后者使之增高，故玻璃折射率与离子半径大小之间不存在直线关系。由图 3.26 可以看出，离子半径小的氧化物对降低摩尔体积起主要作用，而离子半径大的氧化物对提高极化率起主要作用。因此，这些玻璃都具有较大的折射率，而离子半径居中的氧化物，如 Na_2O、MgO、ZrO_2 等，在同族元素氧化物中具有较低的折射率。

对于 Si^{4+}、P^{5+}、B^{3+} 等网络形成体阳离子而言，它们电价高，半径小，本身极化率较低，加上对桥氧束缚牢固，氧的二次极化效应不大，因此，摩尔折射度小。在玻璃结构中，它们的摩尔体积也较大，因此具有较低的折射率。

外层含有惰性电子对如 Pb^{2+}、Bi^{3+} 等或 18 电子层结构如 Zn^{2+}、Cd^{2+}、Hg^{2+} 等阳离子，

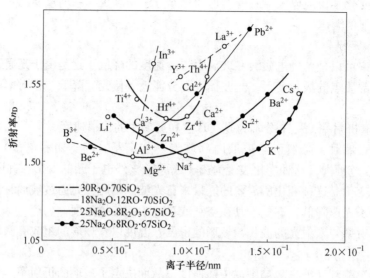

图 3.26 阳离子半径对玻璃折射率的影响

极化率较高且起主要作用，故折射率较高。

对于 B_2O_3 和 Al_2O_3，它们在玻璃结构中可能以两种配位状态存在，因此会出现"硼反常"及"铝硼反常"现象。

B 温度

当温度升高时，玻璃的折射率将受到两个作用相反的因素影响。一方面温度升高，由于玻璃受热膨胀，使密度减小，折射率下降；另一方面，电子振动的本征频率（或产生跃迁的禁带宽度）随温度上升而减小，使紫外吸收极限向长波方向移动，折射率上升。因此，对于一般玻璃，在温度低于玻璃的转变温度时，折射率一般随温度的升高略有上升（$\Delta n = (0.1 \sim 12.08) \times 10^{-6}$）。温度进一步升高，玻璃的折射率急剧下降。

C 热历史

玻璃的热处理影响玻璃的密度，从而影响玻璃的折射率。当玻璃在退火温度范围内，因为玻璃结构的调整，玻璃的折射率趋于所处温度下的平衡折射率。该玻璃原来折射率离平衡折射率越远，则趋向平衡折射率的速度越快。当玻璃保持一定退火温度与时间并达到平衡折射率后，不同的冷却速度得到的折射率不同。冷却速度越快，折射率越低。相同组成的玻璃的退火玻璃的密度大于淬火玻璃的密度，因此退火玻璃的折射率也高于淬火玻璃。

D 光波的波长

根据折射率的定义，折射率反映了光波和玻璃相互作用。因此，折射率除了与玻璃有关外，还与光波本身有关。入射光的波长不同，玻璃的折射率不同，此即色散现象。国际上统一规定的波长标准有：

钠光谱的 D 线 黄色 $\lambda = 589.3$ nm

氦光谱的 d 线 黄色 $\lambda = 587.6$ nm

氢光谱的 F 线 浅蓝色 $\lambda = 435.8$ nm

氢光谱的 C 线 红色 $\lambda = 656.3$ nm

汞光谱的 g 线 　　　　浅蓝色 　　　　$\lambda = 516.1$ nm

氢光谱的 G 线 　　　　浅蓝色 　　　　$\lambda = 434.1$ nm

通常所说的折射率是以钠灯的 D 线（$\lambda = 589.3$ nm）为入射光时测得的折射率，记为 n_D。玻璃的主折射率以前为 n_d，即氦的 d 线为入射光。现改为 n_e 即 $\lambda = 516.1$ nm。此时 λ 对应为绿光，肉眼最敏感，测试方便。

3.4.6.2　玻璃的色散

玻璃的折射率随入射光波长的变化而变化的现象即为玻璃的色散。一般地，折射率随入射光波长的增大而减小，此即正常色散。但当光波波长接近于材料吸收带时，折射率急剧增大，此即反常色散。发生反常色散是由于光通过玻璃时，某些离子的电子随光波的变化而产生振动，当电子振动的频率等于光波的振动频率时，发生共振，振动加强，从而大量吸收光能，光速大大减小，折射率 n 急剧增大。

色散在数值上是以折射率之差来表示的，经常采用的有以下几种：

（1）平均色散 $n_F - n_C$，记为 Δ；

（2）部分色散 $n_F - n_D$，$n_D - n_C$，$n_d - n_D$ 等；

（3）色散的倒数又称色散系数或阿贝数，记为 γ，$\gamma = \dfrac{n_D - 1}{n_F - n_C}$；

（4）相对部分色散 $\dfrac{n_D - n_C}{n_F - n_C}$，$\dfrac{n - n_F}{n_F - n_C}$ 等。

光学玻璃中，通常按折射率和阿贝数进行分类。大致在 $n_D < 1.6$ 及 $\gamma > 50$ 范围的玻璃定为冕牌玻璃（记为 K），在上述范围以外的玻璃称为火石（燧石）玻璃（记为 F）。将折射率对波长作图，对每种玻璃可得特征色散曲线，如图 3.27 所示。由图可见，在可见光及紫外及近红外区域内，冕牌玻璃的色散曲线比较平坦，燧石玻璃的色散曲线斜率较大。不同类型的玻璃，其色散曲线相似，但又不尽相同。

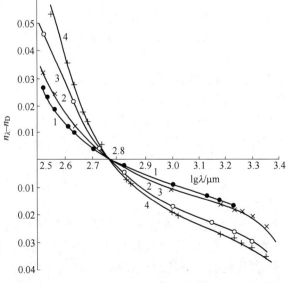

图 3.27　光学玻璃色散曲线

1—K517/641；2—BK534/554；3—F620/363；4—ZF755/275

复色光通过光学系统时，由于各自对应的折射率不同因而成像在轴上的位置不同，从而呈现彩色光带，称这种现象为色差。可利用冕牌玻璃的凸透镜和火石玻璃的凹透镜组合消除色差。

3.4.6.3 玻璃对光的透过、吸收和反射

除了折射率、阿贝数外，玻璃对光的透过率 T、吸收率 K 和反射率 R 也是重要参数。光线通过玻璃时，除了被光反射掉和透过的部分外，部分被玻璃本身吸收。这三项性质可用百分数表示，即

$$T(\%) + K(\%) + R(\%) = 100\% \tag{3.17}$$

当光线从空气通过玻璃再进入空气时，在玻璃的两个表面都会产生反射损失，从一个表面反射出去的光强与入射光强之比为反射率 R。当投射角为 $90°$，而吸收率相对较小的情况下，反射率 R 可用下式表示：

$$R = \left(\frac{n-1}{n+1}\right)^2 \tag{3.18}$$

由式（3.18）可知，玻璃折射率增大，反射率也增大。例如，当折射率分别为 1.5，1.9 及 2.4 时，反射率对应为 4%，10% 及 17%。

玻璃的光吸收可以分为两类：即由玻璃基质的电子跃迁和网络振动引起的特征吸收以及由于某些具有未充满 d 电子层和 f 电子层的离子（如过渡金属元素和稀土元素离子）或其他杂质引起的选择吸收。

光的透过率：

$$T = (I/I_0) \times 100\% \tag{3.19}$$

式中，I_0 为进入玻璃时的光强（已除去反射损失）；I 为经过光程长度 d 后透出玻璃的光强。

描述 I_0 和 I 关系的表达式是 Lanbert-Bear 定律，即为：

$$I = I_0 e^{-\varepsilon d} \tag{3.20}$$

式中，ε 为玻璃单位厚度的吸收系数，当厚度 d 的单位为 cm 时，ε 的单位是 cm^{-1}。

实际中，常用另一个参数光密度来表示光的吸收和反射损失。$D = -\lg T$，即透过率的负对数。

如前所述，光照射玻璃后，玻璃将吸收一部分能量的光。对气体原子电子是在固定能级间的跃迁，故可观察到一定波长的吸收谱线，而对玻璃及液态来说，电子跃迁的结果，将观察到的是一个能量范围的吸收带，而不是谱线。

玻璃的吸收是产生红外性质、紫外性质及选择性吸收着色的基础。

3.4.6.4 玻璃的着色

玻璃的着色在理论上和实践上都有重要的意义，它不仅关系到各种颜色玻璃的生产，也是一种研究玻璃结构的手段。

根据原子结构的观点，物质之所以能够吸光，是由于原子中电子（主要是价电子）受到光能的激发，从能量较低（E_1）的"轨道"跃迁到能量较高（E_2）的"轨道"，即从基态跃迁到激发态所致。因此，只要基态和激发态之间的能量差（$E_2 - E_1$）处于可见光的能量范围时，相应波长的光就被吸收，从而呈现颜色。

根据着色机理的特点，颜色玻璃大致可以分为离子着色，硫、硒化物着色和金属胶体

着色三大类。

A 离子着色

凡金属离子内部不饱和电子层（包括 d 层和 f 层）中的价电子，在不同能级间跃迁，由此引起对可见光的选择性吸收而导致着色的均可归于离子着色。这一类主要包括过渡金属离子及稀土金属离子。下面就常见的离子着色进行简单介绍。

a 钛的着色

钛的稳定氧化态是 Ti^{4+}，钛可能以 Ti^{2+}、Ti^{3+} 两种状态存在于玻璃中，Ti^{4+} 是无色的，但由于它强烈地吸收紫外线而使玻璃产生棕黄色。少量的钛、铁或钛、锰共同作用都能产生深棕色，含钛、铜的玻璃呈现绿色。

b 钒的着色

钒可能以 V^{3+}，V^{4+} 和 V^{5+} 三种状态存在于玻璃中。钒在钠钙硅玻璃中产生绿色，一般认为主要是由 V^{3+} 产生的，V^{5+} 不着色。在强氧化条件下，钒易形成无色的钒酸盐。钒在钠硼酸盐玻璃中，根据钠含量和熔制条件不同，可以产生蓝色、青绿色、绿色、棕色或无色。

含 V^{3+} 的玻璃经光照还原作用会转变为紫色，被认为是 V^{3+} 还原成 V^{2+} 所致。

c 铬的着色

铬在玻璃中可能以 Cr^{3+} 和 Cr^{6+} 两种状态存在，经常以 Cr^{3+} 出现，Cr^{3+} 产生绿色，Cr^{6+} 产生黄绿色。铬在硅酸盐玻璃中溶解度小，可利用这一特性制造铬金星玻璃。

d 锰的着色

锰一般以 Mn^{2+} 和 Mn^{3+} 状态存在于玻璃中，在氧化条件下多以 Mn^{3+} 存在，使玻璃产生深紫色。在铝酸盐玻璃中，锰产生棕红色。

e 铁的着色

在钠钙玻璃中铁以 Fe^{2+} 和 Fe^{3+} 状态存在，玻璃的颜色主要决定于两者之间的平衡状态，着色强度则取决于铁的含量。Fe^{3+} 着色很弱，Fe^{2+} 使玻璃着成淡蓝色。

铁离子由于具有吸收紫外线和红外线的特性，常用于生产太阳眼镜和电焊片玻璃。

在磷酸盐玻璃中，还原条件下，铁可能完全处于 Fe^{2+} 状态，它是著名的吸热玻璃。其特点是吸热性好，可见光透过率高。

f 钴的着色

钴在玻璃中常以 Co^{2+} 状态存在，着色稳定。在硅酸盐玻璃中常以 4 配位出现，着色能力很强，只要引入 $0.01\%Co_2O_3$，就能使玻璃产生深蓝色。钴不吸收紫外线，在磷酸盐玻璃中与氧化镍共同作用可制造黑色透短波紫外线玻璃。

g 镍的着色

镍一般在玻璃中以 Ni^{2+} 状态存在，Ni^{2+} 着色亦较稳定。在玻璃中有 ［NiO_6］ 和 ［NiO_4］ 两种状态，前者着灰黄色，后者产生紫色。

h 铜的着色

根据氧化还原条件不同，铜可能以 Cu^0、Cu^+ 和 Cu^{2+} 三种状态存在于玻璃中。Cu^{2+} 在红光部分有强烈吸收，因此常与铬一起用于制造绿色信号玻璃。

i 铈的着色

铈在玻璃中有 Ce^{3+} 和 Ce^{4+} 两种状态。Ce^{4+} 强烈地吸收紫外线，但可见光区的透过率很高。在一定条件下，Ce^{4+}的紫外线吸收带常常进入可见光区，使玻璃产生淡黄色。

铈和钛可使玻璃产生金黄色，在不同的基础玻璃成分下变动铈、钛比例，可以制成黄、金黄、棕、蓝等一系列颜色玻璃。

j　钕的着色

不变价的钕（Nd^{3+}）在玻璃中产生美丽的紫红色，可用于制造艺术玻璃。

B　硫、硒及其化合物着色

a　单质硫、硒着色

单质硫只是在含硼很高的玻璃中才是稳定的，它使玻璃产生蓝色。

单质硒可以在中性条件下存在于玻璃中，产生淡紫红色。在氧化条件下，其紫色显得更纯更美，但氧化不能过分，否则将形成 SeO_2 或无色的硒酸盐，使硒着色减弱或失色。为了防止产生无色的碱硒化物和棕色的硒化铁，必须严防还原作用。

b　硫碳着色

"硫碳"着色玻璃，颜色棕而透红，色似琥珀。在硫碳着色玻璃中，碳仅起还原剂作用，并不参加着色。一般认为它的着色是硫化物（S^{2+}）和三价铁离子（Fe^{3+}）共存而产生的。有人认为琥珀基团是由于［FeO_4］中的一个 O^{2-} 为取代而形成，玻璃中 Fe^{2+}/Fe^{3+} 和 S^{2-}/SO_4^{2-} 的比例对玻璃的着色情况有重要作用，一般说 Fe^{3+} 和 S^{2-} 含量越高，着色越深，反之着色越淡。

c　硫化镉和硒化镉着色

硫化镉和硒化镉着色玻璃是目前黄色和红色玻璃中颜色鲜明、光谱特性最好的一种玻璃。这种玻璃的着色物质为胶态的 CdS、CdSe 等，着色主要取决于硫化镉与硒化镉的比值，而与胶体粒子的大小关系不大。

氧化镉玻璃是无色的，硫化镉玻璃是黄色的，硫/硒化镉随 CdS/CdSe 比值的减小，颜色从橙红到深红，碲化镉玻璃是黑的。

镉黄、硒红一类的玻璃，通常是含锌的硅酸盐玻璃中加入一定量的硫化镉和硒粉熔制而成，有时还需经二次显色。

C　金属胶体着色

玻璃可以通过微细分散状态的金属对光的选择性吸收而着色。一般认为，选择性吸收是由于胶态金属颗粒的光散射而引起。铜红、金红、银黄玻璃即属于这一类。玻璃的颜色很大程度上取决于金属粒子的大小。例如金红玻璃，金粒子粒径小于 20 nm 时为弱黄，20~50 nm 时为红色，50~100 nm 时为紫色，100~150 nm 时为黄色，大于 150 nm 时发生晶粒沉析。铜、银、金为贵金属，它们的氧化物都易分解为金属状态，这是金属胶体着色的共同特点。为了实现金属胶体着色，它们先是以离子状态溶解于玻璃熔体中，然后通过还原剂或热处理，使之还原为原子状态，并进一步使金属原子聚集，并使其长大成胶体态，从而使玻璃着色。

3.4.7　玻璃的化学稳定性

玻璃抵抗水、酸、碱、盐、大气及其他化学试剂等侵蚀破坏的能力，统称为玻璃的化学稳定性。依据侵蚀介质的不同，分别称为耐水性、耐酸性、耐碱盐、耐候性。玻璃的化学稳定性通常以一定条件下，玻璃在侵蚀介质中的失重来表示，也有通过测定侵蚀介质的电导率或 pH 值的变化来反映的。玻璃的化学稳定性对其生产、使用有着重要影响。如：平板玻璃在存放、运输过程中黏片、发霉而导致产品报废；药用玻璃发生严重脱片，导致药液变质，严重威胁人体生命安全；化学仪器玻璃若化学稳定性差，则直接影响到实验分析结果的准确性。

实践中，通常是利用玻璃化学稳定性高的特点，如高精度玻璃分析仪器，核废物固化玻璃等。但在某些特定条件下，化学稳定性差的玻璃也有一定的工业应用价值。如 Fe、Mn、Cu、Zn、B 等元素的磷硅酸盐玻璃可作为玻璃肥料使用；能溶于水的二元钠硅酸盐玻璃可用于生产黏结剂。不论利用玻璃化学稳定性的哪一面，搞清其受侵蚀机理对于玻璃的组成设计及应用均有指导意义。

3.4.7.1 玻璃的侵蚀机理

A 水对玻璃的侵蚀

水对硅酸盐玻璃的侵蚀过程开始于水中的 H^+ 和玻璃中的 Na^+ 进行离子交换，而后进行水化、中和反应，其反应过程如下：

$$\text{离子交换过程：} —\overset{|}{\underset{|}{Si}}—O—Na^+ + H^+ OH^- \longrightarrow —\overset{|}{\underset{|}{Si}}—OH + NaOH \tag{3.21}$$

$$\text{水化过程：} —\overset{|}{Si}—OH + \frac{3}{2}H_2O \longrightarrow Si(OH)_4 \tag{3.22}$$

$$\text{中和过程：} \quad Si(OH)_4 + NaOH \longrightarrow [Si(OH)_3O]^- Na^+ + H_2O \tag{3.23}$$

这三步反应互为因果，循环进行。由于第二、三步的反应物均为第一步反应的生成物，因而其反应速度决定了水对玻璃的侵蚀的进程，故第一步反应是水对玻璃侵蚀过程的最主要环节。

另外，H_2O 分子也能对硅氧骨架直接起反应：

$$—\overset{|}{\underset{|}{Si}}—O—\overset{|}{\underset{|}{Si}}+ H_2O \longrightarrow 2(—\overset{|}{Si}—OH) \tag{3.24}$$

随着这一水化反应的继续，Si 原子周围原有的四个桥氧成为 OH 形成 $Si(OH)_4$。该反应产物 $Si(OH)_4$ 是一种极性分子，能使周围的水分子极化，而定向地附着在自己的周围，成为 $Si(OH)_4 \cdot nH_2O$，通常称为硅酸凝胶，它大部分附着在玻璃表面，形成一层薄膜。这层硅氧膜有较强的抗水和抗酸能力，并且因膜层的存在，使 H^+ 和 Na^+ 的离子交换缓慢，在玻璃表层，反应式（3.21）几乎不能进行，从而使反应式（3.22）和式（3.23）也相继停止，水对玻璃的侵蚀也趋于停止。

B 酸对玻璃的侵蚀

酸（HF 除外）本身不与玻璃直接反应，它对玻璃侵蚀首先开始于酸溶液中水对玻璃的侵蚀。因此，浓酸因其中的水含量低于稀酸，而对玻璃的侵蚀作用较稀酸弱。

酸在侵蚀过程中起两方面的作用：（1）酸中 H^+ 浓度较水中大，所以酸加剧了玻璃表面 Na^+ 与 H^+ 间的离子交换，式（3.21）所示的反应加快；（2）酸中和了第一步反应产生的碱，阻碍 $Si(OH)_4$ 保护膜的溶解过程，可减少玻璃的进一步受蚀。二者同时发生作用，谁占据主导地位取决于原始玻璃组成，如高碱玻璃，因 Na^+ 多，第（1）种作用强于（2），故耐酸性比耐水性差；而高硅玻璃，第（2）种作用占主导，故耐酸性大于耐水性。

HF 因能与 SiO_2 发生式 (3.25) 所示的化学反应,因此氢氟酸对硅酸盐玻璃的网络骨架起直接的破坏作用,这是玻璃传统化学蚀刻、酸抛光、蒙砂等一系列工艺过程的基础。

$$SiO_2 + 4HF \longrightarrow SiF_4 + 2H_2O \tag{3.25}$$

C 碱对玻璃的侵蚀

硅酸盐玻璃一般不耐碱,其侵蚀是通过 OH^- 离子破坏硅氧骨架,使 Si—O—Si 键断裂,增加了非桥氧的数目,被碱破坏的 SiO_2 骨架溶解到溶液中,发生下列反应:

$$—Si—O—Si+ OH^- \longrightarrow —Si—O^- + HO—Si— \tag{3.26}$$

同时在碱液中存在式 (3.24) 反应,但不同的是在 pH 值较高的碱液中,反应式 (3.21) 不断地进行,不形成硅酸凝胶薄膜,而使玻璃表层全部脱落,玻璃的侵蚀程度与侵蚀时间成直线关系。一般来说,玻璃的被侵蚀程度随着碱液 pH 值的增大而提高。硅酸盐玻璃的耐碱性要差于耐酸性及耐水性。

D 大气对玻璃的侵蚀

大气的侵蚀实质上是水汽、二氧化碳、二氧化硫等作用的总和。玻璃受潮湿大气的侵蚀首先始于玻璃表面。玻璃表面某些离子吸附大气中的水分子,水分子以 OH^- 离子基团形式覆盖在玻璃表面,这些离子团不断吸附水分子或其他物质,形成一油层。若玻璃中 K_2O、Na_2O、CaO 含量少,薄层不再继续发展;若玻璃中含碱性氧化物较多,被吸附的水膜成为碱金属氢氧化物溶液,释放出的碱在玻璃表面不断积累,浓度越来越高,pH 值迅速上升,最后类似于碱对玻璃的侵蚀而使侵蚀加剧。实践证明,水汽比水溶液有更大的侵蚀性。

3.4.7.2 影响玻璃化学稳定性的因素

A 化学组成

硅酸盐玻璃的耐水性主要取决于硅氧和碱金属氧化物的含量。SiO_2 含量越多,$[SiO_4]$ 四面体相互连接程度越大,玻璃的化学稳定性越高。反之,碱金属氧化物含量越高,网络结构越容易被破坏,对离子交换越有利,玻璃的化学稳定性就越低。碱金属离子半径越小,对硅酸盐玻璃化学稳定性的影响越小。对于小半径的 Li^+ 离子,电场强度大,在玻璃结构中如用 Li^+ 取代 Na^+ 或 K^+ 可加强网络,提高化学稳定性。但引入量过多时,由于"积聚"而促进玻璃分相,反而降低了玻璃的化学稳定性。玻璃中同时存在两种碱金属氧化物时,玻璃的化学稳定性因"混合碱效应"而得到改善。当用 Ca^{2+}、Mg^{2+} 等碱土金属取代碱金属氧化物时,则因"压制效应"可以明显提高玻璃的化学稳定性。

B_2O_3 对玻璃化学稳定性的影响存在"硼反常"现象,在引入量为 16% 以上时,化学稳定性出现极大值。当其以 $[BO_4]$ 的配位形式存在于玻璃的网络结构中时,有加强网络作用,玻璃的抗侵蚀能力提高;而当其以 $[BO_3]$ 三角体存在时,因结构较疏松,使玻璃的稳定性降低。

当 Al_2O_3 量较少时,因其对玻璃三维网络的"补网"作用,可以提高化学稳定性;但是当 Al_2O_3 引入量过多时,由于 $[AlO_4]$ 的体积大于 $[SiO_4]$ 四面体的体积,有利于溶液离子的扩散,玻璃的化学稳定性随之下降。

一般认为,凡能增强玻璃网络结构或侵蚀生成物是难溶解的,能在玻璃表面形成一层

保护膜的组分，都可以提高玻璃的化学稳定性。

B 热处理

玻璃的退火程度不同，则其结构的稳定性不同。一般来说，急冷玻璃比慢冷玻璃的密度小，折射率低，处于结构较松弛的介稳状态，其化学稳定性也较差。

玻璃在酸性炉气中退火时，其化学稳定性随退火时间延长、退火温度提高而增加，这是众所周知的"硫霜化"现象。即部分碱性氧化物在退火时转移到表面，被炉气中的酸性气体（主要是 SiO_2）所中和而形成所谓的"白霜"（主要成分是 Na_2SO_4）。因"白霜"易被除去而降低玻璃表面碱性氧化物的含量，从而提高玻璃的抗侵蚀能力。相反，在非酸性炉气中退火，将引起碱在玻璃表面的富集，从而降低玻璃的化学稳定性。

退火玻璃由于网络结构比较紧密，化学稳定性比淬火玻璃高。但硼酸盐玻璃是个例外，有时退火玻璃反而比淬火玻璃化学稳定性低，这是由于硼酸盐玻璃在退火过程中容易发生分相引起的。而且退火温度越高，时间越长，化学稳定性越差。

C 温度

玻璃的化学稳定性随温度的升高而剧烈变化。在 100 ℃ 以下，温度每升高 10 ℃，侵蚀介质对玻璃侵蚀速度增加 50%~150%；100 ℃ 以上时，侵蚀作用始终都是剧烈的。

D 压力

当压力提高到（2.94~9.8)×10^6 Pa 时，甚至较稳定的玻璃也可在短时间内剧烈地破坏，同时大量的 SiO_2 转入溶液中。

3.5 新型玻璃材料

新型玻璃又称为特种玻璃，是指除日用玻璃以外的，采用精制、高纯或新型原料，采用新工艺在特殊条件下或严格控制形成过程制成的一些具有特殊功能或特殊用途的玻璃，也包括经玻璃晶化获得的微晶玻璃。它们是在普通玻璃所具有的透光性、耐久性、气密性、形状不变性、耐热性、电绝缘性、组成多样性、易成型性和可加工性等优异性能的基础上，通过使玻璃具有特殊的功能，或将上述某项特性发挥至极点，或将上述某项特性置换为另一种特性，或牺牲上述某些性能而赋予某项有用的特性之后获得的。习惯上，人们把能够大规模生产的平板玻璃、器皿玻璃、电真空玻璃和光学玻璃称作普通玻璃，而把 SiO_2 含量在 85% 以上或 55% 以下的硅酸盐玻璃、非硅酸盐氧化物玻璃（如硼酸盐、磷酸盐、锗酸盐、碲酸盐、铝酸盐及氧氮玻璃、氧碳玻璃等）以及非氧化物玻璃（如卤化物、氮化物、硫系物、硫卤化物和金属玻璃等新型无机玻璃系统）等称作特种玻璃。新型玻璃除了具有普通玻璃的性质以外，它与普通玻璃的不同主要表现在：（1）玻璃化方面，普通玻璃是在大气中进行熔融而制得的，而新型玻璃是采用超急冷法、溶胶凝胶法、CVD、PVD、等离子溅射、材料复合等各种高新技术。（2）成型方面，普通玻璃主要产品是板材、管材、成瓶、成纤等，而新型玻璃则是微粉末、薄膜、纤维状等。（3）加工方面，普通玻璃采用烧制、研磨、急冷强化等方法，而新型玻璃则采用结晶化、离子交换法、分子溅射、分相、微细加工技术等。（4）用途方面，普通玻璃主要用于建筑、容器、光学制品等，而新型玻璃主要用于光电子、光信息情报处理、传感显示、精密机械以及生物工程等领域。

3.5.1 微晶玻璃

将加有成核剂（个别可不加）的特定组成的基础玻璃，在一定温度下热处理后，就变成具有微晶体和玻璃相均匀分布的复合材料，称之为微晶玻璃。微晶玻璃的结构、性能及生产方法同玻璃和陶瓷都有所不同，其性能集中了后两者的特点，成为一类独特的材料，所以也称为玻璃陶瓷或结晶化玻璃。微晶玻璃的发现是玻璃材料发展史上的一个新的里程碑，大大地丰富了玻璃结构的研究内容，同时也开发了数以千计的微晶玻璃新材料，作为先进结构材料和高性能功能材料，在国防、运输、建筑、生产、科研及生活等领域内得到了广泛应用。

微晶玻璃可按不同标准分类，从外观看有透明微晶玻璃和不透明微晶玻璃；按微晶化原理可分为光敏微晶玻璃和热敏微晶玻璃；按照性能分为耐高温、耐热冲击、高强度、耐磨、易机械加工、易化学蚀刻、耐腐蚀、低膨胀、零膨胀、低介电损失、强介电性、强磁性和生物相容等种类；按基础玻璃组成可分为硅酸盐、铝硅酸盐、硼硅酸盐、硼酸盐及磷酸盐等五大类；按所用材料则分为技术微晶玻璃和矿渣微晶玻璃两类。此外，还可按所含氧化物特点等方法分类，不一一列举。

3.5.1.1 微晶玻璃的性质

（1）力学性质。

1）机械强度。微晶玻璃的机械强度比一般玻璃、陶瓷材料以及某些金属材料高很多，其抗压强度为 0.59~1.02 GPa，抗弯强度为 88.2~220.5 MPa，抗张强度为 49~137.2 MPa；特殊的或增强的微晶玻璃，抗弯强度高达 411.6~548.8 MPa。微晶玻璃的抗冲击强度为 2.94~9.81 MPa，是普通玻璃的 1~2 倍，但仍属于脆性材料。

2）硬度及耐磨性。微晶玻璃硬度很高，具有突出的耐磨性能。其硬度高于高碳钢、花岗岩，接近淬火工具钢的硬度。维氏硬度值为 5.9~9.3 GPa。属于高硬度的微晶玻璃有 $CaO-Al_2O_3-SiO_2$、$MgO-BaO-Al_2O_3-CaO-TiO_2-CeO_2$ 等。

3）弹性模量。微晶玻璃的弹性模量一般为 88~98 GPa，泊松比为 0.215~0.29。此外，微晶玻璃比铝轻，密度值为 2.4~2.6 g/cm^3。

（2）热学性质。

1）线膨胀系数 α。采用不同组成及热处理制度，可以制得多种线膨胀系数的微晶玻璃。如以 β-石英为主晶相的 $Li_2O-Al_2O_3-SiO_2$ 系统玻璃（Li_2O 少），α 值为 $(-4~4) \times 10^{-7}$ K^{-1}，最高使用温度为 800~850 ℃。因为这种微晶玻璃是透明的，所以可代替透明的石英玻璃。以 β-锂辉石为主晶相的 $Li_2O-Al_2O_3-SiO_2$ 系统玻璃（Li_2O 少），α 值为 $(7~11) \times 10^{-7}$ K^{-1}（25~300 ℃），最高使用温度为 1170 ℃，烧至红热态投入水中也不破裂，可用于制烹饪器皿等。

2）热稳定性。由于微晶玻璃 α 值低，抗张强度高，所以具有优良的热稳定性。有的可以经受 100~150 ℃的温度剧变而不破坏，也能在温差高达 400 ℃的条件下使用。

3）软化温度。由于微晶玻璃中含有大量晶体，所以在晶体的熔化点以下时，其黏度几乎与温度没有关系。当晶体熔化后，其黏度显著降低，故在微晶玻璃所含晶体的熔化温度以下时，它有比一般玻璃高得多的使用温度。其荷重软化温度为 560~1340 ℃。

4）微晶玻璃在 25~400 ℃时比热为（7.74~9.21）×10² J/（kg·K）。

5）微晶玻璃的导热性比较低，是热绝缘材料，各种微晶玻璃 25 ℃时的热导率为 0.796~4.19 W/（m·K）。

（3）化学稳定性。微晶玻璃的耐酸耐碱性高于一般玻璃，大致同硼硅酸盐玻璃相当。对王水有非常高的稳定性，仅被轻微侵蚀。例如，以 β-石英为主晶相的微晶玻璃，在 90 ℃时与 15% HCl 作用，经 24 h，其侵蚀量为 0.04%~0.05%，以 β-锂辉石为主晶相的微晶玻璃则为 0.02%~0.03%。

（4）光学性质。光敏微晶玻璃具有感光显影性质，可像一般照相胶片一样进行曝光和显影。以 Au、Ag 和 Cu 等金属为成核剂的玻璃，用镂空图案的铅皮、铁片、照相底片等贴在玻璃表面，然后用紫外线照射进行曝光；曝光后的玻璃加热到高于退火温度进行热处理；最终，被紫外线照射部分微晶化或着色，而没有被照射部分仍然颜色不变或透明，从而所需的图案就在玻璃中显示出来了。热处理过程也称为显影过程。

3.5.1.2 微晶玻璃的生产

微晶玻璃的生产过程除增加热处理工序外，同普通玻璃的生产过程一样，包括配合料的制备、玻璃的熔融、成型加工等工序。其中，热处理是微晶玻璃生产的关键工序，微晶玻璃的结构取决于热处理的温度制度。热处理时，玻璃中先后发生分相、晶核形成、晶体生长、二次结晶生长等过程。热处理温度制度可以归纳为阶梯型和等温型两种类型，如图 3.28 所示。

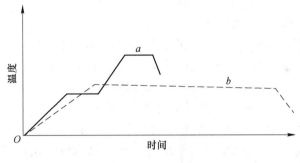

图 3.28 结晶化热处理过程

a—阶梯制度；*b*—等温制度

（1）阶梯型温度制度。一般采用分段方式。第一阶段在一定温度下保温，使玻璃中产生尽可能多的晶核；第二阶段在较高温度下使晶体生长，基础玻璃转化为以微晶结构为主的微晶玻璃。多数微晶玻璃经过两个阶段就可以完成全部晶化过程，但有时也需要在更高的温度下进行第三次热处理，才能得到设计的晶相。

（2）等温型温度制度。某些系统的基础玻璃，由于晶核形成的温度区域与晶体生长的温度区域重叠，因此在它们共同范围中的某一温度下，能同时进行晶核形成和晶体生长两个过程。在这种情况下，基础玻璃可以采用等温温度制度进行微晶化处理。热处理时，需要注意选择适当的晶化速度，以避免制品软化变形或应力过大而破裂。

3.5.1.3 微晶玻璃的应用

表 3.5 为微晶玻璃利用其不同的性质在不同领域的应用。

表 3.5 微晶玻璃的应用

性　能	用　途
低膨胀、耐高温、耐热冲击	天文反射望远镜、炊具、餐具、高温电光源用玻璃、高温热交换器
高强度	汽车、飞机、火箭的结构材料、墙体材料、饰面材料、封接材料
高硬度、耐磨	轴承、切削工具、研磨设备内衬及研磨介质、活塞、离合器、地板、楼梯踏板
耐腐蚀	化工管道、高级化工产品生产设备、衬垫
易机械加工	可机械钻孔、切削，生产要求耐腐蚀、耐热冲击及加工精度高的部件、代不锈钢
透明、耐高温、耐热冲击	高温观察窗、化学输送管道、泵、阀
低介电损耗	雷达罩、集成电路的基极、丝网印刷介电体
强介电性、透明	彩色电视材料、光变色元件、指标元件

3.5.2　光导纤维

光导纤维是光纤通信的传输介质。所谓光导纤维通信就是利用有特殊光学性能的纤维来传递光束或图像等信息的通信技术，所用的能导光的纤维就叫光导纤维，简称光纤。光纤可把光从一端独立地传递到它的另一端，自 1970 年世界上研制成功损耗 20 dB/km 的掺杂石英光纤后，现已达到实用化并形成产业，它使信息传输和转换完成了由电向光过渡的伟大革命。

3.5.2.1　光导纤维的传光原理

光纤由纤维芯和纤维包皮组成，一般呈圆柱形，直径从几微米至几百微米，光被约束在纤维内曲折向前传播，光纤导光的机理可用几何光学的全反射原理来解释。

光学纤维按照折射率的变化可分为阶跃型和梯度型两类。阶跃型光学纤维由芯子和包覆芯子的包层组成，其中芯子是高折射率玻璃，它的直径为 $10 \sim 50~\mu m$；包层是低折射率玻璃，为了保证光学绝缘，包层的厚度必须大于所传递波长的 1/2。光一边在芯子中传输，一边在芯子与包层之间发生界面全反射，光线的传播形式为折射形式，如图 3.29（a）所示。

梯度型光学纤维的折射率在芯部最高，随着向周围靠近，折射率呈抛物线形式减小。入射光在纤维中的传播是沿轴线方向振荡式进行，形成一种正弦形曲线，如图 3.29（b）所示。梯度型光学纤维能起透镜的作用，单根纤维即可传像，相当于能弯曲的透镜，所以又称作自聚焦纤维。

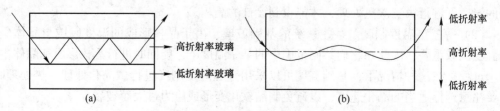

图 3.29　光学纤维示意图
（a）阶跃型；（b）梯度型

影响光纤导光的主要障碍是光损耗，光损耗使入射光信号在纤维中大大衰减。因此，并非所有透明材料均可用作光纤。光纤材料必须保证光损耗极小，为此，光导纤维除少量是用塑料制成的以外，大量的是用无色光学玻璃和石英玻璃拉制而成。

3.5.2.2　光导纤维对玻璃材料的要求

玻璃是制造光导纤维的基本材料，光导纤维由玻璃材料经加热拉伸并迅速冷却而成，所形成的玻璃纤维与同成分的块状玻璃在光学和热学性能上均有很大差异。在玻璃纤维中要求包皮玻璃和芯玻璃有大面积的黏结，因而所用玻璃的热学性质和机械性质的差别都将影响纤维制品的强度，而且在拉制纤维的高温下，它们还会相互作用；在制成各种电子管用的纤维面板时，纤维还需经受热压、堵漏和管壳封接等多次处理，因此，对制造光导纤维的玻璃各种性能的要求远远比经典光学中应用的光学玻璃严格得多。

（1）光透过率。对制造光学纤维的芯、皮玻璃的透明性有特别高的要求，其光吸收系数应远小于 0.001 cm^{-1}。

（2）缺陷。不允许玻璃中有气泡、条纹和任何夹杂物等缺陷存在。在制造光纤元件时，芯皮边界在各制造工序中均不产生析晶、乳化、发泡、生色等干扰光传递的现象。

（3）黏度。有适宜的温度-黏度曲线，能够拉制纤维制品。在工作温度范围内，芯、皮玻璃的黏度相近。

（4）软化点。软化点较高，以能烧失黏附在纤维上的有机杂质，且在加热操作中，光学参数不易变化。

（5）线膨胀系数。芯玻璃的线膨胀系数稍微大于皮玻璃时，可制得结实的纤维制品，$\Delta\alpha < 45 \times 10^{-7}$ K^{-1}时，能制得最结实的纤维元件。

（6）玻璃组成　芯玻璃和皮玻璃要有相同的基本成分，对于激光纤维则应引入钕、镱等氧化物，对于荧光纤维（用紫外线、X 射线、高能粒子激发后能发射荧光）要引入荧光活性剂。

3.5.2.3　光导纤维的制造

制作光导纤维最简便的方法是管棒法，其装置如图 3.30 所示。将棒-管组合件逐渐送入炉内，下端抽出的丝缠绕于鼓轮上，用此法可制得芯径小于 15 μm 的单丝，要求芯、皮料的对应面精确抛光。

光导纤维的另一个制备工艺是双坩埚法，如图 3.31 所示。该法采用内外层同心而上下底又相通的锥形坩埚，把折射率不同的芯皮玻璃分别加在坩埚内外层，同时熔化并拉制。此法可以不断加入玻璃料而连续生产，但温度控制要求严格，且加料时易生成气泡，引起纤维透光度不良。

3.5.2.4　光导纤维的应用

光导纤维应用方面最为人们熟悉的是用于照明光源或配合各种光学传感元件的光导管、工业及医用内窥镜、"光刀"等。特别有价值的应用是光通信方面，较之于目前常用的电波通信，它有以下独特的优越性：

（1）光通信具有巨大的信息量和宽广的应用范围。光纤传送的讯号频带极其宽阔，其通信容量可以比电通信容量高数千倍；

（2）光纤传送的是光波，其本身又是电磁的良好绝缘体，因此没有电磁感应的有害作用；

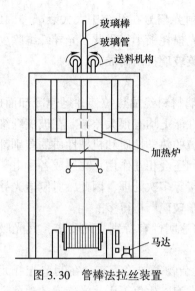

图 3.30 管棒法拉丝装置

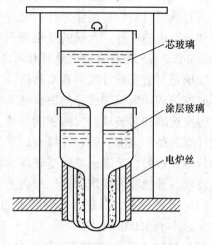

图 3.31 双坩埚法拉丝装置

（3）光纤具有良好的机械适应性，柔软可绕，便于操作和铺设线路；

（4）光纤通信的保密性极好，不易被窃听；

（5）光纤通信中光损耗较小，可减少设置中继站；

（6）光导纤维的主要成分是硅，原料丰富，成本低廉，取代电通信后，还可节省大量的金属铜和铝；

（7）光缆比电缆质量轻，结构坚固，耐潮湿，耐化学腐蚀。

3.5.3　光色玻璃

材料在触及光或者被光遮断时，其化学结构发生变化，部分可视的吸收光谱发生改变。这种可逆的或不可逆的显色、消色现象称为光致变色，光色玻璃就是其中的一类。当受紫外线或日光照射时，玻璃由于在可见光区产生光吸收而自动变色；当光照停止时，玻璃能可逆地自动恢复到初始的透明状态。具有这种性质的玻璃称为光致变色玻璃（也称光色玻璃）。许多有机物、无机物有光致变色性能，但光色玻璃具有优于其他光色材料之处的是因为它可以长时间反复变色而无疲劳（老化）现象，化学稳定性好，可制备形状复杂的制品。

3.5.3.1　光色玻璃种类

光色玻璃主要有三种，即掺 Ce^{3+} 或 Eu^{3+} 的高纯度碱硅酸盐玻璃，含卤化银或卤化铊的玻璃及玻璃结构缺陷变成色心的还原硅酸盐玻璃。目前多采用含卤化银的碱铝硼酸盐玻璃，但也有采用含卤化银的硼酸盐玻璃及磷酸盐玻璃等。

3.5.3.2　卤化物光致变色玻璃

光色玻璃的光色特性与玻璃的基础组分、光敏相的种类和聚焦状态、分相热处理条件以及其他许多因素有关。光色玻璃的变色过程和照相过程有一些相似，在照相中，入射光子将胶卷上的银离子分解成为银原子和卤素，通过显影的化学反应，把卤素从原来的位置扩散出去，这一过程是不可逆的。在光色玻璃中光子将银离子变为银原子，但卤素并没有

从晶体玻璃中扩散出去，仍存在于银原子附近，当光照去除后，仍旧可以和银结合成卤化物。这一变化可表示为：

$$nAg(Cl，Br) \xrightarrow{hv} nAg^0 + n(Cl^0，Br^0) \qquad (3.27)$$

光色玻璃的逆过程可由热能或比使玻璃变色的激活辐射更长的可见光波长提供的活化能来完成。光吸收峰值位置和玻璃含碱类有关，随着碱金属离子半径的增加吸收带峰值向长波区域漂移；不同的卤化银对玻璃的光色性能也有影响，光吸收峰值随着卤素原子序数的增加而向长波区延伸。为了使玻璃具有良好的光色性，提高对激活辐射的灵敏度和加快色心的破坏速度，在玻璃成分中添加敏化剂，Cu_2O 是最有效的敏化剂之一。

包括变色组成及必要的敏化剂配合料在一定的气氛下高温熔炼后，退火，再进行变色性能热处理使银颗粒达到 $10 \sim 20 \ \mu m$ 时才有光色效应。除了使用熔融法制造光色玻璃外，还可用离子交换法将含有卤素、铜的 $Na_2O\text{-}Al_2O_3\text{-}B_2O_3\text{-}SiO_2$ 玻璃浸入 $AgNO_3$ 熔盐，使 Na^+ 与 Ag^+ 交换，Ag^+ 进入玻璃表面层，再经热处理使银与卤素聚集成 AgX 微晶体，再经热处理后颗粒长大到一定的尺寸范围，才有光色效应。玻璃的热处理温度通常在转变点和软化点之间，即高于退火温度 $20\% \sim 100\%$，在一般情况下避免使用过高的温度，以防止玻璃变形或者乳浊。

3.5.3.3 无银的光色玻璃

虽然卤化银光色玻璃有许多优点，但需要耗费银。无银的光色玻璃在无银的玻璃加入一些变价的金属氧化物如铈、铕、锰、钨、钼等的氧化物，制成的玻璃经过热处理或用紫外线辐照后，形成了着色中心，玻璃就会具有光色性能。玻璃中这种着色中心在 77 K 温度下均为稳定的，而在 60 ℃ 以上则全部是非稳定的。着色中心形成之后，使得玻璃在可见光波段的光敏性增加，产生了附加吸收。用一价铜离子作为添加剂加入玻璃中，得到卤化铜光色玻璃。这种玻璃未经热处理时，在紫外、可见光波段均为透明的，热处理后，透明度显著下降，并出现乳光，且吸收限向长波方向移动了。卤化铜光色玻璃即使在加工时，也会发现吸收与乳光增强现象，对应用不利，但其优点是具有比较快的变暗速度和褪色速度，而且变暗幅度也大。

在无银的、添加 Ce^{3+} 或 Eu^{2+} 变价金属氧化物的光色玻璃光敏性最低。以镉硼硅酸盐为基的光色玻璃，光化学特性非常稳定，在 1250 次变暗-褪色循环后，其光色性仍然完好。

3.5.3.4 光色玻璃的应用

光色玻璃已广泛用作制造太阳眼镜，用作图像记录、全息照相材料，作储存、光记忆在显示装置的元件中进行应用；若用光调谐笔在黑板上书写，所写的东西在一定时间后能自然消失，则可以不用粉笔，不擦黑板；当光色互变性足够快时，可用于光阀、相机镜头、紫外线剂量计等；光色玻璃可作为汽车保护玻璃及建筑物的自动调光窗玻璃；光色玻璃制成光学纤维面板可用于计算技术和显示技术。

3.5.4 激光玻璃

激光玻璃是在 1960 年第一台激光器问世以后的第二年出现的，用玻璃作为激光工作物质的特点是可以广泛改变化学组成和制造工艺以获得许多重要的性质，如荧光性、高热稳定性、线膨胀系数小、负的温度折射系数、高度的光学均匀性，以及容易得到各种尺寸和形状，价格低廉等。

3.5.4.1 激光玻璃的要求

激光玻璃由基质玻璃和激活离子构成。激光玻璃的各种物理化学性质主要取决于基质玻璃，而它的光谱特性主要由激活离子决定，但它们之间也存在相互联系和影响，在新型激光玻璃的研究开发中，两者之间的相互关系非常重要。激光玻璃通常要满足下列条件：

（1）从辐射性能来考虑，要求激光材料能容易地渗入性能好的激活离子，要求材料有大的受激辐射截面（即高的受激辐射增益），长的荧光寿命。

（2）从光学性能上说，要求激光材料对泵浦光有较高的吸收，对所产生的激光有低的线性吸收和非线性损耗，要有高的光学均匀性。

（3）从强激光产生的条件出发，要求激光材料有高的光损伤阈值，低的折射率温度系数，低的线膨胀系数，高的热导率和高的物理化学稳定性。

激活离子是激光材料中产生激光的最主要成分，激活离子有过渡金属离子和稀土元素离子两大类。过渡金属离子的 3d 电子没有外层电子屏蔽，它在玻璃材料中受周围无规网络的影响较大，很难保持优秀的受激辐射特性。玻璃激光材料中常用的激活离子是结构中有外层屏蔽电子的三价稀土元素离子。这类激活离子的激光跃迁是由 4f 电子的受激辐射跃迁产生的，它们在玻璃的无规网络中，由于配位场不同而导致不同向的能级分裂和位移，总的谱线是由一些不同网络造成中心频率略有不同的谱线的组合，因而辐射谱线及吸收谱线都较宽。辐射谱线的非均匀加宽，使激光材料的受激辐射截面较小，略逊于晶体激光材料；但吸收谱线的加宽，有利于泵浦光能的吸收，使泵浦光的利用率较高。激光性能最好的是钕离子 $1.05 \sim 1.08\ \mu m$ 激光辐射，钕离子的 $0.93\ \mu m$ 和钆离子的 $0.3125\ \mu m$ 两个激光辐射只能在低温 77 K 实现，其他稀土离子的激光跃迁主要用于玻璃光纤。

最早实现激光输出的是掺钕钡冕玻璃，因为它是当时光学质量最好的无色光学玻璃，可以获得较低的激光损耗。之后，几乎对所有的无色光学玻璃都进行了掺钕激光试验，由于钕离子的优秀激光辐射特性，所有的光学玻璃都实现了激光输出。逐渐开发了专门用于激光的玻璃品种，推动了调 Q、锁模等超短脉冲技术、激光核聚变技术以及光通信技术的发展。

3.5.4.2 激光玻璃的种类

基质玻璃体系主要是硅酸盐、磷酸盐和氯磷酸盐，近年来氧化物激光玻璃的研究十分活跃，它是一类优异的激光基质材料。目前专门开发用作激光玻璃的大体可分为以下四种类型。

A 硅酸盐激光玻璃

无色光学冕玻璃掺钕后，受激发射截面较高、荧光寿命较长，是优秀的激光材料。与激光晶体相比，它的连续激光阈值较高，热导率较差，因此并不宜用作连续激光器；然而它的荧光寿命低、荧光半宽度大，因而储能明显优于激光晶体，用它开发了许多调 Q 巨脉冲激光器件以及锁模超短脉冲器件。组分为 $Na_2O\text{-}K_2O\text{-}CaO\text{-}SiO_2$ 的 N3 牌号硅酸盐激光玻璃是目前最常用的激光玻璃材料，它制作工艺成熟，玻璃尺寸最大，成本低廉，适宜于一般工业应用。组分为 $Li_2O\text{-}Al_2O_3\text{-}SiO_2$ 的 N11 牌号锂硅酸盐激光玻璃的受激发射截面较高，并可以通过离子交换技术进行化学增强，它被用于早期高功率激光系统，获得调 Q

的巨脉冲激光。

掺稀土激活离子的石英玻璃光纤是一种特殊的硅酸盐激光玻璃,除钕离子掺杂外,铒、镱、铥、铥等三阶稀土激光离子在石英玻璃光纤中都获得了激光输出。其中用掺铒的单模石英玻璃光纤制成的 $1.55~\mu m$ 激光放大器,其波长与光通信兼容,尺寸上又有集成前景,已在光纤通信中获得广泛应用。

B 磷酸盐激光玻璃

要实现核靶材料的聚变增益,激光器的功率必须大于 10^{12} W,激光器系统应该是超短光脉冲的多路多级系统,即要有多路激光器,每一路由一级超短脉冲的前级种子激光器和若干级后续放大器组成。玻璃激光材料不宜于作为前级种子激光器材料,但它是后续放大器的优选材料。前级种子激光器材料以掺钕氟化钇锂等激光晶体较为适宜,它们能高效率地产生 $1.053~\mu m$ 的超短脉冲。牌号为 N21 和 N24 的磷酸盐激光玻璃的 $1.054~\mu m$ 与此前级波长适配。掺钕磷酸盐激光玻璃具有受激发射截面大、发光量子效率高、非线性光学损耗低等优点,通过调整玻璃组成可获得折射率温度系数为负值,热光性质稳定的玻璃,特别适宜于制作聚变用的激光放大器。

磷酸盐玻璃中,随 P_2O_5 含量的增加,组成近似为 $LiNd_xLa_{1-x}P_4O_{12}$ 的高铁浓度激光玻璃,其钕浓度高达 $2.7\times10^{21}~cm^{-3}$ 时,量子效率仍未明显下降。用这种激光玻璃制成的 $\phi46.3~mm\times70~mm$ 的激光棒,在输入 200 J 时效率达 6.3%,是优秀的高效激光玻璃材料。

C 氟磷酸盐激光玻璃

掺钕的氟磷酸盐激光玻璃的激光波长与前级种子激光器的氟化物晶体适配,而且它有更低的非线性折射率,在高功率密度时,光损耗极低,并且能保持较高的受激发射截面和高的量子效率。其主要组成为 AlF_3-RF_2-$Al(PO_3)_3$-$NdPO_3$ (式中 R 为碱土金属),氟组成对坩埚材料腐蚀较重,在高温时氟容易与水汽反应形成难溶的氟氧化物,玻璃中往往存在许多微小的固体夹杂物,使激光损伤阈值下降,难以在高功率激光器中应用。

D 氟化物激光玻璃

其激光波长也与前级种子激光接近,而且发光量子效率高。氟化物激光玻璃从紫外到中红外有极宽的透光范围,这为激光波长在近紫外或中红外的一些激活离子掺杂、制作新激光波长激光器提供了好的条件。然而,它也与氟磷酸盐激光玻璃相似,存在微小的团体包裹物,难以在高功率激光器中使用。

氟化物激光玻璃的组成分为两类,一类是氟铍酸盐玻璃,另一类是氟锆酸盐玻璃。掺钕氟铍酸盐的组分为 BeF_2-KF-CaF-AlF_3-NdF_3,它的非线性折射率非常低,受激发射截面比氟磷酸盐激光玻璃还要高,也能掺入很高的钕离子浓度而没有明显的浓度淬火效应。但是铍的剧毒给玻璃的制备加工带来很大困难,使其应用难以推广。

氟锆酸盐玻璃是一种超低损耗的红外光纤材料,在中红外区具有很高的透过率。

其他稀土离子,如铒、铥、铥等在氟锆酸盐玻璃光纤中都获得了激光输出。它可以用大功率半导体激光器作为高效的泵浦源,在掺稀土离子的玻璃光纤中,被称为双光子吸收上转换激光输出,制作成激光波长分别为 455 nm 蓝紫光、488 nm 蓝光、550 nm 绿光等可见光全固化光纤激光器。

3.5.5 声光玻璃

3.5.5.1 声光效应及应用

声光效应又称为弹光效应，是在介质中有声波（或称为弹性波）场时，所通过的光波受到声波场的衍射而使其强度、相位及传播方向都被声波场所带有的信号调制的现象。原则上，任何一种对光波和声波都"透明"（即低损耗）的介质，无论是液体或固体，都能产生声光效应，其区别仅在于声光效应的大小。

声光器件分为低频（0~80 MHz）和高频（大于 80 MHz）两大类。声光介质要求具有高的声光衍射效率、低的光波和声波损耗以及热的稳定性。为提高声光衍射效率，要求声光玻璃有较高的折射率、大的弹光系数和小的密度；此外低的声速有利于提高衍射效率，但不利于高频的应用。与晶态、陶瓷等固体声光介质相比，玻璃由于长程无序的结构，一般具有较低的声速，有利于获得高的声光衍射效率。但是长程无序结构易产生声子黏滞效应，因而声损耗比晶态材料高，其工作频率无法做得很高。大多数声光玻璃折射率低，为改进这个性能，常在组分中引入较高成分的钡、铅、碲、镧等氧化物，以提高声光衍射品质因子。此外，硫系玻璃的折射率很高，而且有很宽的红外光透过率，它常用来制作红外光波段的声光器件。

声光玻璃由于各向同性特点，通常能制成低频各向同性衍射的各种优秀声光器件。玻璃对光波和声波的损耗都很低，很早被用作声光技术的研究，制成各种声光器件。20 世纪 60 年代激光产生后，声光玻璃最早被用于制作成激光强度调制器、声光开关、声光偏转器等，在光电子技术中得到广泛应用。光通信技术及光信息技术发展后，声光玻璃又被制作成波导和声表面波器件，对光信号实行调制、分束或互联，推动了光电子技术发展。

3.5.5.2 声光玻璃种类

（1）融石英玻璃。用纯 SiO_2 制成，具有低的声速，较高的声光衍射效率、很低的声损耗和光波损耗，容易制成高光学质量、宽透光波段的大块声光器件，应用于高功率、多种激光波长的声光调制，是目前最常用的声光玻璃材料。

（2）各种重火石玻璃。玻璃组分中含有多种重金属元素氧化物，它们具有特别高的折射率，因而具有高的声光衍射效率。缺点是重金属元素的引入，常使其透明波段的短波限红移，使用波段相应较窄，光学均匀性及光透过率都比石英玻璃差。

（3）硫系玻璃。组分是些不合氧的硫化物、硒化物或砷化物玻璃，以硫化物玻璃最为常用。硫、硒和砷的化合物在近程范围仍保持共价键特性并形成交联网络结构，因而这些玻璃具有高的折射率和较低的声损耗，从而有优秀的声光特性。这种玻璃对紫或紫外短波的光透过率低，但对红外或中红外光透过率高，常用作红外声光材料。这类玻璃中，含砷玻璃的失透温度较高，在室温工作时不易失透，性能较其他玻璃稳定。

（4）单质半导体玻璃。主要是非晶态硒玻璃和碲玻璃，它们具有半导体特性，具有极高的折射率，声速比硫系玻璃低，在红外波段也有宽的透过率，是优秀的红外声光材料。

（5）其他玻璃。As_2S_3、As_2Se_3、$As_{12}Se_{55}Ge_{33}$ 等。

3.5.6 磁光玻璃

3.5.6.1 磁光效应

介质在磁场的作用下产生光学各向异性变化的物理效应，所用磁场可以是介质本身的固有磁矩的磁场，也可以是外磁场作用的感生磁场。任何介质，无论是气体、液体或固体，无论是晶态、多晶或非晶态，无论是抗磁、顺磁或铁磁物质，它们都具有磁光效应，它使光波呈现反射率、透过率、偏振态各种复杂的变化，从而派生出多种子效应。磁光玻璃是最早被发现的磁光材料，也是目前可供实用的极少数种磁光材料之一。

磁光法拉第效应：一束偏振光通过透明的玻璃材料，当沿通光方向施加磁场 H 时，透过光波的偏振面就产生磁致偏转。旋转的角度与光在玻璃中传播距离和通光方向磁场强度 H 成正比，比例系数称为费尔德常数。磁致旋光是非互易的，即反射光的偏振旋转角和反射系数的变化均具有不可逆性。

磁光克尔效应：线偏振光在铁磁材料表面反射后，产生反射的椭圆偏振光，且偏振面旋转一个角度。磁光克尔效应依其磁化强度矢量与材料表面及入射面的相对关系又分为极向克尔效应、纵向克尔效应和横向克尔效应等，在上述三种特殊情况下，反射光的偏振态以及反射率都有不同的改变，它们亦是非互易的。

介质的磁致光学各向异性变化还可以表现为其他几种子磁光效应。如光波垂直于磁化强度矢量方向透过磁光材料时，将产生类似于普通晶体中的双折射现象，这种效应称为磁致双折射效应或科顿-莫顿效应。再如在磁光介质中传播的左旋和右旋圆偏振光将会有不同的吸收系数，透过光波的偏振态就会有复杂的变化，这种磁光效应被称为磁致圆偏振二向色性。

目前光电子技术中应用得最多的磁光效应是磁光法拉第效应和磁光克尔效应。前者用作光隔离器以克服前后两级光学系统之间的反馈串扰，要求对所用波长光波有高的透过率、有大的费尔德常数以及有稳定的工作特性；后者主要用于光盘，作磁光信息存储和读出，因而它并不要求对光波透明，但要求有高的克尔旋转角以及用激光读写信息的能力。

3.5.6.2 磁致旋光玻璃材料

磁光玻璃的法拉第效应品质因子可用费尔德常数与光吸收系数的比值来表征，它综合地反映了磁致旋光玻璃的性能。玻璃是一种原子排列长程无序的非晶固体，其费尔德常数主要取决于原子的自旋-轨道互作用强弱。有大的原子序数，又有未成对成键电子的一些原子可以形成大的磁致旋光效应。常用的优秀磁致旋光玻璃，主要是一些含重原子铅的氧化物玻璃，砷的三硫化物玻璃和重原子铽的硼酸盐和磷酸盐玻璃。

氧化物玻璃在可见光和近红外有低的吸收系数，其法拉第效应品质因子较高，是这些波段重要的磁致旋光材料。硫化物玻璃有半导体特性，可见光波段吸收系数大，但在红外波段则有高的品质因子，是红外波段重要的磁致旋光材料。

常用的磁致旋光玻璃如：重火石玻璃（schott SFS-6、coning 8363）、硼酸铽玻璃、磷酸铽玻璃、硼硅酸铽玻璃（hoya Fr-5）、三硫化砷玻璃。这些磁光玻璃除制作光隔离器外，还常制作激光调制器，对激光的强度实行磁场或电流的调制。

3.5.6.3 可擦写光盘用磁光玻璃

用光作为记录和读出信息，比靠磁记录和读出的硬盘和软盘，信息容量提高了一个多数量级，信噪比高达 55 dB。第一个实用光盘是用非晶态金属玻璃钆钴（Gd-Co）膜制成，以后发展了铽铁钴（Tb-Fe-Co）、铽铁（Tb-Fe）、钆铁铋（Gd-Fe-Bi）、钆铽铁（Gd-Tb-Fe）、钆铽铁钴（Gd-Tb-Fe-Co）、镝铁（Dy-Fe）、铽镝铁（Tb-Dy-Fe）等金属玻璃薄膜。这些金属玻璃薄膜都是一些稀土（RE）和过渡金属（TM）的非晶态合金。通常称这类材料为 RE-TM 非晶薄膜材料。在 RE-TM 材料中，稀土离子和过渡金属离子各自都有未成对的成键电子，其离子磁矩都不等于零，玻璃态的近程序，使这两种离子相互成最近邻键合，这样就诱发了强烈的反铁磁耦合，离子磁矩方向为薄膜的法向，但它们的方向相反。薄膜具有与表面垂直的易磁化轴，其磁性是亚铁磁性的。这种金属玻璃薄膜与早先作为"磁泡"的铁氧体晶体薄膜具有十分类似的磁性能，可以用作优秀的磁光存储介质。

3.5.7　电解质玻璃

普通硅酸盐和硼酸盐玻璃都是电学绝缘介质，它们的室温电导率低至 $10^{-15} \sim 10^{-13}$ S/cm。第二次世界大战中，玻璃作为电容器中的电解质以代替短缺的天然云母材料。20 世纪 50 年代，苏联的科学家发现硫系玻璃的室温电导率可达到 $10^{-9} \sim 10^2$ S/cm，而且具有半导体的许多特性从而被用于太阳能转换、光电记录。同时，还发现了电导率高达 $10^{-2} \sim 10^3$ S/cm，可与融盐电导率相比拟的超离子导体玻璃材料。20 世纪 80 年代又发现了半导体超晶格非晶玻璃材料。使玻璃从传统的电绝缘材料发展到半导体和导体，具有电解质功能的新型玻璃材料。

3.5.7.1　电容器玻璃

电容介质的介电常数越大，厚度越薄，电容量就越大，低频传导阻抗就越小。除电容量这个参数外，还要求介质损耗小、工作温度高、温度稳定性好、高频高压特性好等等。

（1）玻璃电容器介质制作。玻璃粉料直接轧制成膜状，或者把玻璃粉料与由有机黏合剂、溶剂调制成的胶液均匀混合后涂敷成膜，再经烧结后就能制成微米量级的电容器介质薄膜。这种工艺简便、成熟，可制成致密、均匀的各种玻璃薄膜。玻璃的组成多样，其性能可调性很大，可按应用要求制成不同性能的电容器。

（2）玻璃电容器种类。常用的电容器玻璃组分是低碱和无碱金属氧化物玻璃。这类玻璃介电常数不十分高，介电损耗较大，但薄膜成型性能特别好，常用于制作容量不太大的低功率电容器。在这类玻璃组分中添加铅、锌、镉、钛、铋、铝、硼等氧化物，可以改善其电学性能和加工性能。常用添加碱金属氧化物（R_2O）制作较低的低碱玻璃，如 $R_2O\text{-}PbO\text{-}TiO_2\text{-}SiO_2$、$R_2O\text{-}B_2O_3\text{-}TiO_2\text{-}SiO_2$ 以及无碱玻璃，如 $Bi_2O_3\text{-}B_2O_3$、$CaO\text{-}Bi_2O_3\text{-}B_2O_3$、$PbO\text{-}Al_2O_3\text{-}SiO_2$。

具有高介电常数、低介质损耗的电容器玻璃主要有硼硅酸盐玻璃和铝硅酸盐玻璃（$Li_2O\text{-}MgO\text{-}Al_2O_3\text{-}SiO_2$），它们的介电损耗正切值（$\tan\delta$）可小于 10^{-3}，可作高功率电容器。

$Li_2O\text{-}ZnO\text{-}Al_2O_3\text{-}SiO_2$ 系列和 $MgO\text{-}Al_2O_3\text{-}SiO_2$ 系列玻璃薄膜作适当的析晶处理后制成的微晶玻璃膜具有极低的温度系数，可达 $(0\pm25)\times10^{-6}$ ℃$^{-1}$，所制成的电容器温度稳定性极高，相对介电常数高达 400，可在 700 ℃高温时使用，是性能优秀的高功率电容器玻璃材料。

用作电容介质的微晶玻璃膜近年来有很大发展。晶化热处理所析出的微晶有高的介电常数，其温度系数符号往往与玻璃的相反，具有负温度系数，适当控制配比以及析晶条件可获得介电常数的温度系数为零的电容器薄膜。

含有 $BaTiO_3$、$PbTiO_3$、$LiNbO_3$、$LiTaO_3$ 和 $Pb_5Ge_3O_{11}$ 等强介电晶体微晶的膜，相对介电常数大于 600，而且介电损耗很低。这类膜被称为强介电玻璃膜，可以制成大容量、小型化叠层电容器和耐高压电容器，还可用于厚膜、多层和混合集成电路印刷或电容器封装等。

3.5.7.2 半导体玻璃

PbS、CdS 和 Cu_2O 这些金属氧化物和硫化物的多晶及其单晶具有半导体性能，20 世纪 50 年代发现这类化合物的玻璃态也具有半导体特性，成为最早被发现的非晶半导体材料。玻璃中的原子在近程是有序的，它们仍保持与晶态极为类似的组成和键型，因而性能也会具有半导体特征；然而结构上长程无序的特征，使其半导体性能与晶态有了较大的差异。

已被发现的半导体玻璃主要有以共价键结构为特征的非晶态单质或化合物半导体、以离子键结构为特征的某些氧化物玻璃和硫系玻璃。

A 半导体玻璃的制作

这些玻璃中，氧化物玻璃以及硫系玻璃都可以用传统的玻璃熔炼方法制作。近程结构为四面体的非晶半导体比较难以用液相冷却法来形成非晶玻璃，通常用气相沉积法制作非晶薄膜。气相沉积法先用各种不同的工艺将晶态材料的原子或分子离解出来，然后使它们无规则地沉积到低温冷却的底板上，利用高的冷却速率形成非晶态薄膜。由于受导热的限制，一般只能制得厚度在几十纳米到微米量级的非晶薄膜。高速溅射，才可制备出几毫米厚的块状非晶。气相沉积法据离解和沉积的方式不同，又细分为溅射、真空蒸发、辉光放电、电解和化学沉积等方法，各适用于制备不同组分、不同类型的非晶态材料。

B 半导体玻璃类型

玻璃半导体主要属于杂质半导体类型，可分为两类。

(1) 氧化物玻璃 (含有大量钒、铁、钨、钴、镍等过渡元素)。研究得较多的是钒磷酸盐玻璃和铜硼酸盐玻璃，通常是 N 型半导体，电阻率为 $10 \sim 10^6$ $\Omega \cdot m$，载流子密度为 10^{10} cm^{-3}，迁移率一般在 $10^{-8} \sim 10^{-2}$ $cm^2/(V \cdot s)$。如离子键结构的氧化物玻璃 V_2O_5-P_2O_5、V_2O_5-P_2O_5-BaO、V_2O_5-GeO_2-BaO、V_2O_5-PbO-Fe_2O_3、CuO-B_2O_3-CaO、MnO-Al_2O_3-SiO_2、CaO-Al_2O_3-SiO_2、TiO-B_2O_3-BaO 等。其导电性是由于过渡金属离子具有两种不同价态而引起的电子跃迁过程造成的。表征氧化物玻璃的热电转换常数赛贝克系数在 $100 \sim 1000$ V/K (300 ℃以下) 范围。

(2) 非氧化物玻璃 (硫系玻璃)。这类玻璃是砷、锑、钛、磷、锗、硅等元素的硫化物、硒化物、碲化物以适当比例混合熔融而成。例如，近程结构为四面体的非晶态 Si、Ge、SiC、InSb、GaAs、GaSb 等；近程结构为"链状"的非晶态 S、Se、Te 以及硫系玻璃 As_2Se_3、As_2S_3 等；近程结构为交链网络的 Ge-Sb-Se、Ge-As-Se、As-Se-Te、As-Te-Ge-Si、As_2Se_3-As_2Te_3、Tl_2Se-As_2Te_3 等。玻璃电导率随成分而变，界限为 $10^{-12} \sim 10^{-1}$ S/m，是电子导电。

C 玻璃半导体的特性

(1) 伏安特性。玻璃半导体的种类不同，其电性能也不同。有一类玻璃半导体，原先是处于兆欧级的高阻绝缘态（关态），当外加电压超过一定数值（阈值）时，就会在 10^{-9} s 级时间内变成只有几个欧姆的低阻态（开态），这种特性称为"开关效应"。另一类玻璃半导体，当它变成低阻态后，不需维持电压便能永久地保持低阻态，具有永久记忆特性，这就是玻璃半导体特有的"存储效应"。然而，如果瞬时对其加一个大电流脉冲后，它又会恢复到兆欧级的高阻态。利用这一类玻璃半导体两种高低阻态可逆变化的特性可制作电存储器件。

许多硫系玻璃具有存储特性。存储效应的原因是硫系玻璃在阈值电压作用下较容易晶化，形成小的晶态区域，俗称导电丝，丝的直径为 $3\sim5\ \mu m$，它的电导率比玻璃态区域高几个数量级，达到低阻态；脉冲电流使已形成的导电丝重新熔化掉，从而可以反复存储。

（2）玻璃半导体存储器件的特点有：1）结构简单，体积小，读出速度快，可达 10^{-9} s 级，这对提高电子计算机的运算速度很重要；2）对杂质不太敏感，抗辐射能力强，这对需要抗辐射的导弹、宇宙飞船以及核反应堆的器件很有价值；3）无功耗记忆。

D　玻璃半导体的应用

玻璃半导体除有开关和记忆效应外，还有光导、光敏、热敏、整流、二次电子发射以及透红外等性能，并有相应的用途（见表 3.6）。此外，硫系玻璃薄膜在一定能量的激光照射下，结构发生变化，控制激光照射的能量可获得结构的可逆转变。利用玻璃薄膜在两种结构状态下对光的透射、反射和衍射性能上的敏锐变化，可制成光存储材料。由于激光点的尺寸很小，因此能得到高密度、大容量的光存储器和激光全息记录介质。

表 3.6　玻璃半导体的应用

种类	性能	用途
氧化物玻璃	电导率随温度变化	测温温度计，电子线路补偿敏感元件，红外检测，高压敏感元件
	电流电压的非线性	开关，记忆元件
	光电子发射	光电信增管
	电子导电	复合电子材料介电体、电阻黏合剂
硫系玻璃	电导率随温度变化	测温温度计，电子线路补偿敏感元件，高压敏感元件
	电流电压的非线性	开关，记忆元件
	光导性	静电复印
	开关效应	三极管
	折射率变化	省光偏转器，激光全息储存器
非晶硅	光伏效应	太阳能电池
$CaO\text{-}B_2O_3\text{-}SiO_2$	电阻随光变化	光敏元件

a　太阳能电池

太阳能电池能将太阳光直接转变为电能，它结构简单，无环境污染。单晶硅开发得最早，它光电转换较高，制备技术比较成熟，是优秀的太阳能电池材料。但是大面积单晶硅很难制作，而且工艺复杂、价格较高，目前主要用于空间太阳能电池及一些要求较高场合，制作大功率电站因成本太高，尚无法与传统能源技术竞争。

为降低成本，陆续发展了多晶硅、非晶硅和其他半导体材料，目前以非晶硅最受人们重视。研究表明，只有隙间定域态较低的非晶硅才能制作实用的太阳能电池，在纯非晶硅中掺入氢或氟，经大量补偿电镀后、再经特定掺杂（例如磷或硼）以获得太阳能电池所要求的导电类型的 a-Si:H 或 a-Si:F:H 材料。

与单晶硅和多晶硅相比，非晶硅太阳能电池材料有如下优点：（1）较高的光吸收系数。在太阳光谱范围内，其值为单晶硅的 40 倍；只要 1 μm 厚的非晶硅就可吸收几乎全部入射的太阳光。（2）非晶硅的吸收光谱比单晶硅偏短，与太阳光谱有更好的匹配，而且开路电压大于单晶硅，这使其在弱光场合比单晶硅性能优越。（3）可以通过控制氢和其他掺杂剂且来改变能隙，制成超晶格材料，以提高其效率。

目前，非晶硅制作的太阳能电池，小面积（1 cm^2）已可获得 12% 转换效率，大面积（100 cm^2）已达到 10%。广泛应用在手表、计算器、收音机等低功率场合，家庭用小功率太阳能电站也以非晶硅为优选材料。

镍掺杂硫系半导体玻璃（$Ge_{0.32}Te_{0.32}Se_{0.32}As_{0.04}$）$_{1-x}Ni_x$ 有很高的电导率，材料结构稳定，通过改变镍含量，可设计出不同能带隙的半导体，亦可制作成高效率的太阳能电池。

b 光电导器件

光电导效应是半导体玻璃的一种基本性质。光照可以在半导体玻璃中产生非平衡载流子，引起电导率改变。应用这种效应，可以制成光导复印膜、图像（彩色）传感膜、摄像靶面等。玻璃态非晶硒所制成的复印鼓是目前应用最广泛的光电导器件。纯非晶硒的转变温度只有 40 ℃，因此多次辐照和充放电将使其结构发生改变，降低性能，掺入 V 族元素如砷和磷，可以提高其转变温度到 100 ℃ 以上，制成结构稳定的实用静电复印鼓。非晶 a-Si:H 以及一些硫系玻璃也可制作复印鼓，但目前仍以硒鼓应用最为普遍。

a-Si:H 的光电导可制作光传感器，用于传真发送机和信息处理机。长为 210 mm 含有 1728 元件的线型光传感器，对 A4 大小图像的扫描只需 23 s。可根据分色技术制成色敏传感器，用于自动色分辨或色鉴别装置，色分辨精度高；也可用于人工智能机器人的眼睛。将这种色敏传感器集成在 n-MOS 器件上，研制成集成化彩色摄像管，图像清晰。

c 光存储器

非晶硫系半导体玻璃具有非破坏性的记忆开关效应，当材料加电后，有高阻和低阻两种稳定态，使用适当的置位电流，可使材料由高阻态向低阻态转换。转换后，电源完全去除，原先的稳定态也不会消失。材料的这两种稳定态，可用脉冲电流读出，根据这个原理，可做成记忆开关元件：电改写只读存储器，用作电子计算机部件。

硫系半导体玻璃的开关效应伴随着材料结构的改变，这种变化主要是非晶态、晶态之间的可逆变化。结构的变化，不仅对应着电学状态的变化，也伴随着光学状态的变化，它不仅可以用电信号来驱动，也可以用光信号驱动，用光来读出。由此，发展了用激光写入、读取和擦除的光信息存储器：光盘。与电（磁）信息存、读相比，光盘具有更高的存储密度（高一个数量级）。光化学烧孔法来实现二维信息再加一维频率的"三维"存储，可再提高存储密度，有高数据速率（Mb/s 量级）、长存储寿命（十年以上）以及低的信息位价格。

d 薄膜晶体管（TFT）

晶态半导体材料的最主要应用是制作各种晶体管和集成电路。非晶半导体玻璃由于隙间定、域态密度大，长期以来很难制成性能优秀的晶体管器件。氢化或掺氟的非晶硅材料补偿了高密度的隙态，实现了不同导电类型非晶 a-Si：H 材料的制备。非晶硅超晶格材料制作成功，显著提高了材料的电导率。在这些技术进展的基础上，非晶硅晶体管器件——薄膜晶体管，已成功地应用于液晶显示和光阀的寻址开关。

3.5.7.3 超离子导体玻璃

某些液体电解质具有高的离子电导率（大于 0.01 S/cm），低的离子电导激活能（小于 0.4 eV），是好的离子导体。玻璃具有与液体类似的结构，理应具有离子导电特性。20 世纪 30 年代，发现一些固体（包括晶体、玻璃和陶瓷）具有与熔盐同量级的离子电导率，可以用作固体电池的电解质、离子选择电极和其他电化学器件。称这些固体离子导体为超离子导体或快离子导体。

超离子导体玻璃的离子电导性能是由其结构特征和组分决定的。常见的氧化物玻璃结构中，具有由硅、硼、磷、钒等氧化物形成的结构网络，此外还有一些碱和碱土金属离子分布在这些网络的空洞中。由于网络空洞无确定尺寸，原则上说，很多阳离子（或阴离子）可以在其中找到传导途径而形成超离子导体。在已经发现的性能较好的超离子导体玻璃中，其传导离子主要是 Li^+、Ag^+ 或 F^- 离子，超离子导体玻璃也常按传导离子类型进行分类。

碱金属离子导体中的 Li^+ 离子导体玻璃，包括电导率较高的含氧化锂或卤化锂的硼硅酸盐玻璃和磷酸盐系列锂玻璃等，其最高室温电导率达 10^{-7} S/cm。当组成中含有两种碱离子时，电导率会下降，并在一定配比时出现极小值，这种现象被称为混合碱效应。Ag^+ 离子导体玻璃主要有碘化银与银的含氧酸二元系和 $AgI\text{-}Ag_2O\text{-}M_xO_y$ 三元系玻璃，这里 M_xO_y 主要是 B_2O_3、SiO_2 和 P_2O_5 等。银离子导体玻璃的室温电导率较高，最佳可达 10^{-2} S/cm，这个值已达到液体电解质的水平。上述锂离子和银离子导体玻璃又统称为阳离子导体玻璃。氟离子是已知离子导体玻璃系列中唯一的电导率较高的阴离子载流子，由于其离子半径较大，因而其离子电导率远比阳离子导体玻璃低。以硫化物替代氧化物玻璃中的氧也可以形成多种阳离子导体玻璃，这些硫化物离子导体玻璃的电导率较氧化物玻璃高。超离子导体玻璃的电导率都比晶态超离子导体差。但是，它们的电导率是各向同性的、成分和组元可在较大范围内变动、容易加工成型、容易制成薄膜，从而使电阻率大为降低，使其有广泛的应用。

3.5.8 生物玻璃

生物玻璃是指能够满足或达到特定生物生理功能的特种玻璃。无机非金属材料作为医用生物材料尽管已有较长的历史，但真正把生物玻璃提出作为一种新型无机材料，并将它同生物医学联系在一起，是在 20 世纪 70 年代初期由美国佛罗里达大学的亨茨教授研究开发而成的。他把易降解的玻璃材料植入生物体内，作为骨骼和牙齿替代物，从而开创了一个崭新的生物材料研究领域——生物玻璃和生物微晶玻璃材料。

生物玻璃材料大致可分为两大类：一类是非活性的或近似惰性的；另一类则是生物活性的。

3.5.8.1 非活性生物玻璃

（1）人工骨用生物玻璃。MgO-Al_2O_3-TiO_2-SiO_2-CaF 系统是这类微晶玻璃的典型，其组成范围为（质量分数）43%~53%SiO_2、25%~31%Al_2O_3、11%~14%MgO、8%~12%TiO_2 和 0~2%CaF_2，这种微晶玻璃具有好的耐酸碱腐蚀性，高的抗折、抗压强度，良好的耐磨性能。

（2）治疗用生物玻璃。近年来，插入生物体内起治疗癌症作用的生物玻璃发展很快，已进入临床试验。这类玻璃主要有两种体系：第一种是以含有 Fe_2O_3、Al_2O_3、Li_2O 等具有较强磁性成分的磷酸盐微晶玻璃，将它埋入肿瘤部位附近，当把该部位置于交流磁场时，材料由于磁滞损耗而发热，于 42~45 ℃加热能杀死癌细胞；第二种是以 Y_2O_3-Al_2O_3-SiO_2 系统为代表的玻璃。这种生物玻璃经中子线照射，把玻璃中的钇变成半衰期为 64 h 的 β 射线，将其植入肿瘤部位附近，该射线可杀死癌细胞。上述两种生物玻璃具有生物相容性，在体内是稳定无害的。

（3）人工齿冠用生物微晶玻璃。这类玻璃具有可铸造，可切削研磨加工，审美性高，强度高，导热系数低，对齿髓温度刺激性小，生物相容性好，与天然齿类似，可透过 X 射线，不溶出对人体有害离子等一系列优点。根据玻璃中析出晶相成分，这类微晶玻璃又可分成以 SiO_2 为主的云母系及以 CaO-P_2O_5 为主要成分的磷酸钙或磷灰石系。

3.5.8.2 活性生物玻璃

（1）Na_2O-CaO-SiO_2-P_2O_5 系统生物玻璃。代表组成（质量分数）是：45%SiO_2、24.5%Na_2O、24.5%CaO 以及 6.5%P_2O_5（牌号为 4555），这种玻璃埋入人骨的缺损部位，30 天内玻璃与骨形成牢固的化学结合，表明它具有生物活性。这种生物玻璃的抗折强度只有 70~80 MPa，不能用于强度高的人工骨和关节，可埋在拔牙后的齿槽套骨内，也可用作中耳的锤骨等。

（2）Na_2O-K_2O-MgO-CaO-SiO_2-P_2O_5 系统生物微晶玻璃。代表组成（质量分数）为：4.8%Na_2O、0.4%K_2O、2.9%MgO、34%CaO、46.2%SiO_2 和 11.7%P_2O_5，这种玻璃在模拟体液中的离子释放水平比生物玻璃低得多（几分之一），稳定性更好，能和骨组织产生牢固的化学结合。这种玻璃抗折强度可达 147 MPa，抗压强度为 490 MPa，可用作人工齿根和胯骨。

（3）MgO-CaO-SiO_2-P_2O_5 系统生物微晶玻璃。具有代表性的是 A-W 微晶玻璃，其质量分数是：4.6%MgO、44.9%CaO、34.2%SiO_2、16.3%P_2O_5 和 0.5%CaF_2。该类玻璃经晶化处理后，不仅含磷灰石相，而且含有硅灰石晶体，其力学性能很好，抗折强度可达 178 MPa，抗压强度高达 1039.5 MPa，还可切削加工，便于应用。例如，可作承受很大弯曲应力的长管骨、椎骨的置换材料。

（4）Na_2O-K_2O-MgO-CaO-Al_2O_3-SiO_2-P_2O_5 系统金云母生物微晶玻璃。组成范围（质量分数）是：19%~54%SiO_2、8%~15%Al_2O_3，2%~21%MgO、3%~8%R_2O、3%~23%CaF_2，10%~34%CaO 和 2%~10%P_2O_5。当 CaO-P_2O_5 量少时会析出金云母相，反之易析出磷灰石相。控制成分，可得到 40%（体积分数）的磷灰石和 20%金云母的可切削生物玻璃，也可得 20%磷灰石和 70%金云母的可切削生物玻璃。它植入生物体中，表面能形成磷灰石层，和周围骨组织产生牢固的化学结合。

目前，生物玻璃在世界各国已引起许多科学家和研究者的兴趣，正在采取不同的材料制备工艺和技术开展各种应用试验研究，生物玻璃的应用日趋广泛。

思考题和习题

1. 简述玻璃的定义和通性。如何理解玻璃是一种介稳态物质？

2. 从热力学和动力学的角度说明形成玻璃的条件分别是什么？

3. 简述形成玻璃的晶体化学条件。

4. 形成玻璃的方法有哪些？溶胶-凝胶法在制备无机非金属材料方面有什么优势？

5. 玻璃原料的种类及引入各氧化物的原料有哪些？

6. 玻璃的熔制包括哪几个阶段？

7. 有哪些方法可以提高玻璃液的澄清和均化效果？

8. 玻璃退火的目的是什么？

9. 何谓均匀成核和非均匀成核？

10. 什么是玻璃的分相？

11. 简述玻璃结构理论中的无规则网络学说和晶子学说的主要观点。

12. 对比硅酸盐玻璃、硼酸盐玻璃和磷酸盐玻璃结构和性能特点。

13. 已知 A 玻璃含 12% Na_2O、14% CaO 和 74% SiO_2（摩尔分数），B 玻璃含 14% Na_2O、8% CaO 和 78% SiO_2（摩尔分数），通过计算比较两种玻璃网络结构连接程度的好坏。

14. 什么是黏度？玻璃的组成是如何影响玻璃黏度的？

15. 分析在硼酸盐玻璃中出现"硼反常"的原因，讨论如何利用硼反常来改善硼酸盐玻璃的热学性能。

16. 影响玻璃强度的因素有哪些？查阅文献讨论如何提高玻璃的强度。

17. 何谓玻璃的光学常数？折射率与入射光的波长有无关系？

18. 水对玻璃的侵蚀是怎样进行的？影响玻璃化学稳定性的因素有哪些？

19. 微晶玻璃和玻璃、陶瓷的区别是什么？谈谈微晶玻璃的用途。

20. 石英光纤要想实现光的全反射，入射光需要满足什么临界条件（$n = 1.46$）？

21. 对光纤的纤芯和包层用的玻璃物理性能有何要求？

22. 何谓光致变色？光致变色玻璃的变色机理是什么？

23. 何谓声光效应？常见的声光玻璃有哪些？

24. 何谓磁光法拉第效应和磁光克尔效应？

25. 查阅文献说明半导体玻璃的应用。

26. 常用的生物玻璃有哪些？

4 水　泥

在无机非金属材料中，水泥占有突出的地位，它是基本建设的主要原材料之一，不仅广泛应用于工业与民用建筑，还广泛应用于交通、农林、国防、城市建设、水利以及海洋开发等工程。同时，水泥制品在代替钢材、木材等方面，也显示出在资源利用和技术经济上的优越性。常用的水泥有硅酸盐水泥、普通硅酸盐水泥、矿渣硅酸盐水泥、火山灰质硅酸盐水泥和粉煤灰硅酸盐水泥等五大品种水泥，其中，以硅酸盐水泥最为广泛。因此，本章将以硅酸盐水泥为代表，系统介绍水泥的矿物组成、制备工艺、水化硬化机理及硅酸盐水泥主要技术与应用上的一些基本原理，并对其他类型的水泥作简要论述。

4.1　概　　述

4.1.1　水泥的定义

凡细磨成粉末状，加入适量水后，可成为塑性浆体，既能在空气中硬化，又能在水中硬化，并能将砂、石等材料牢固地胶结在一起的水硬性胶凝材料，通称为水泥。胶凝材料是指能在物理、化学作用下，从浆体变成坚固的石状体，并能胶结其他物料，且有一定机械强度的物质。它包括无机和有机两大类。沥青和各种树脂属于有机胶凝材料。无机胶凝材料按照硬化条件又可分为水硬性和非水硬性两种。非水硬性胶凝材料只能在空气中硬化，如石灰、石膏、耐酸胶结料等。水硬性胶凝材料在拌水后既能在空气中硬化又能在水中硬化，水泥就是一种重要的水硬性胶凝材料。

4.1.2　水泥的分类

水泥的种类很多，主要有两种不同的分类方法。

（1）按照水泥用途和性能可分为：通用水泥、专用水泥及特性水泥三大类。

1）通用水泥是用于大量土木建筑工程的一般建筑用途的水泥，如我国的五大品种水泥：硅酸盐水泥、普通硅酸盐水泥、矿渣硅酸盐水泥、火山灰质硅酸盐水泥和粉煤灰硅酸盐水泥等。

2）专用水泥是指有专门用途的水泥，如油井水泥、大坝水泥、砌筑水泥、道路水泥等，它们一般具有某些特殊性能和比较固定的用途。

3）特性水泥是某种性能比较特殊的一类水泥，如快硬硅酸盐水泥、低热矿渣硅酸盐水泥、抗硫酸盐硅酸盐水泥、膨胀硫铝酸盐水泥、自应力铝酸盐水泥等，它们一般用于比较特殊的场合。

（2）按照水泥成分中起主导作用的水硬性矿物的不同，水泥又可分为硅酸盐水泥、铝酸盐水泥、硫铝酸盐水泥、氟铝酸盐水泥以及少熟料水泥和无熟料水泥等。

应该指出，水泥种类的划分是具有相对性的。目前水泥品种已达一百余种，并且随着生产与技术的发展而不断增加。水泥的命名允许按不同类别分别以水泥的主要水硬性矿物、混合材料、用途和主要特性进行，并力求简明准确，名称过长时，允许有简称。例如，普通硅酸盐水泥，简称普通水泥。

4.1.3　水泥工业的发展

自从水泥作为工业性产品投入应用，至今一个半世纪以来，生产持续扩大，工艺和设备不断改进，品种和质量也有极大的发展。硅酸盐水泥是在第一次产业革命中问世的，当时，用间歇式的土窑烧制水泥熟料。随着以冶炼技术为突破口的第二次产业革命的兴起，推动了水泥生产设备的更新。1877 年用回转炉烧制水泥熟料的技术获得专利权，继而出现单筒冷却机、立式磨以及单仓钢球磨等，有效地提高了产量和质量。19 世纪末与 20 世纪初，由于其他工业所提供的燃料、工艺技术和生产设备，使水泥工业一直进行着频繁地改造与更新。1910 年立窑实现了机械化连续生产。1928 年立波尔窑的出现，使窑的产量明显提高，热耗降低较多。特别是在第二次世界大战后，以原子能、合成化工为标志的第三次产业革命达到了高度工业化阶段，水泥工业又相应发生了深刻的变化。20 世纪 50 年代初悬浮预热器窑的应用，更是热耗大幅度降低，其他的水泥制造设备也不断更新换代。到 1950 年全世界水泥产量为 1.33 亿吨。

20 世纪 60 年代初，以电子计算机为代表的新技术在水泥工业中开始得到应用。同时，日本将德国的悬浮预热器技术引进后，于 1971 年开发了水泥窑外分解技术，从而带来了水泥生产技术的重大突破。另外，随着原料预均化、生料均化等多种生产技术以及 X 射线荧光分析等检测方法的发展和逐步完善，使干法生产的熟料质量明显提高，在节能方面取得了突破性的进展，干法工艺已具有压倒的优越性。到 20 世纪 70 年代中期，先进的水泥厂通过电子计算机和自动化的仪表等设备，已经采用全厂集中控制、巡回检查的方式，在生料、烧成车间以及包装发运、矿山开采等环节分别实现了自动控制。另外，在水泥的科学研究中，各种高效测试仪器的应用，使水泥有关的基础理论和应用研究也取得了长足的进展。1980 年世界水泥总产量已达 8.7 亿吨。据预测，到 21 世纪末，全世界水泥总产量将达到 16 亿~60 亿吨。

我国早在 1889 年就于河北唐山建立了启新洋灰公司（今启新水泥厂）。但是，在建国前，我国的水泥工业发展非常缓慢。建国后，水泥产量快速上升，水泥工业布局基本展开，技术上有了很大进步。在 20 世纪 50 年代中期，我国就开始试制湿法回转窑和半干法立波尔窑成套设备，迈出了我国水泥技术发展的重要一步。从 20 世纪 50 年代到 60 年代，我国依靠自己的科研设计力量进行了预热器窑实验。20 世纪 70 年代初，又先后组织了预热分解窑的开发工作，并陆续建成了几条立筒预热器和旋风预热器生产线及分解窑试生产线。从 1978 年起，相继从国外引进了一批日产 2000~4000 t 熟料的预热分解窑干法生产成套设备，不仅增加了水泥产量，而且迅速提高了我国新型干法技术水平。同时，我国自行设计制造了日产 700 t 和 2000 t 熟料的水泥生产设备，并在江西水泥厂建成了第一条主要设备都是国产的生产线，标志着我国新型干法技术达到了一个新水平。到 20 世纪 80 年代末，我国新型干法生产能力可占大中型水泥厂生产能力的 1/4。值得注意的是，我国的小水泥在经过 20 世纪 50 年代末和 70 年代两个发展高潮后，已成为我国水泥工业的一个重要方面，其产量占整个水泥工业总产量的80%以上。1980年以后，以提高质量、降低成本为目标进行了一系列技术改造，将普通立窑改造为机械化立窑，并将电子计算机配料、控制等多种新技术逐步引入立窑生产，对提高熟料产量和质量、生产新品种、改善劳动条件以及解决粉尘污染问题等都有显著作用，使我国机械化立窑生产技术水平又迈进了一大步。

新中国成立以来，水泥工业的科学研究工作也得到了很快的发展，我国的水泥品种，在多品种、多标号方针的指导下，已经由初期仅有硅酸盐水泥和白水泥等3~4种，发展到5个通用水泥系列以及硅酸盐和铝酸盐两大类别。各个系列的特种水泥已满足石油、水电、冶金、化工、机械等工业部门以及海港和国防等特种工程的需要。另外、我国在煅烧、粉磨、熟料形成、水泥的新矿物系列、水化硬化、混合材、外加剂、节能技术等有关的基础理论以及测试方法的研究和应用方面，也取得了较好的成绩。特别是根据材料科学的发展，加强了组成、结构及其与性能的关系以及生产、应用过程中的变化和行为等方面的研究，获得了可喜的进展。我国的水泥工业虽然在若干方面已处于世界前沿，但是也应该看到，与国际先进水平相比，还存在不小差距。我国水泥总产量虽居世界首位，但人均产量仍较低。大中型水泥厂的生产设备，陈旧落后的占相当数量，能耗高的湿法工艺仍占总生产能力的较大比例。小水泥厂生产成本高，劳动生产率低。有些厂质量不够稳定，环境污染比较严重，水泥工业技术队伍力量不足，人才相当缺乏。

当前，世界水泥工业的中心课题仍是能源、资源和环境保护等。由于当今和未来世界工业结构的不断发展以及社会结构的不断变革，人类社会的需求也在不断地变化。因此，世界水泥工业将相应地在开发高性能多功能新型水泥方面有所突破。根据水泥生产的特点，调整水泥工业结构，开发利废技术，建立社会体系，积极、有效地利用其他工业排放的工业废料、废渣和城市垃圾作为水泥生产原料和燃料，已成为水泥工业大搞综合利用、保护资源、节能降耗、变废为利的一条有效途径，使水泥工业成为具有环境净化功能并与环境相容的领域。

4.2 硅酸盐水泥的生产

硅酸盐水泥的生产工艺主要经过三个阶段，即生料制备、熟料煅烧与水泥粉磨，可用"两磨一烧"来概括。

4.2.1 硅酸盐水泥的原料

4.2.1.1 硅酸盐水泥熟料用原料

生产硅酸盐水泥熟料的主要原料是石灰质原料，黏土质原料和铁质校正原料。

（1）石灰质原料以碳酸钙（$CaCO_3$）为主要成分，在熟料的烧成过程中，$CaCO_3$受热分解生成CaO并放出CO_2气体。石灰质原料是水泥熟料中CaO的主要来源，是水泥生产中使用最多的一种原料。常用的天然石灰质原料有石灰岩、泥灰岩、白垩、贝壳等。石灰岩中的白云石（$CaCO_3 \cdot MgCO_3$）是熟料中氧化镁的主要来源，为使熟料中的氧化镁含量少于5.0%，石灰岩中的MgO含量应少于3.0%。除天然的石灰质原料外，某些工业废渣，如电石渣、碱渣和白泥等，都可以作为石灰质原料使用。

（2）黏土质原料主要提供 SiO_2、Al_2O_3 以及少量的 Fe_2O_3，此外，黏土质原料往往还含有少量的 CaO、MgO、K_2O、Na_2O、TiO_2 等成分。天然黏土质原料主要有黄土、黏土、页岩、泥岩、粉砂岩及河泥等，其中黄土与黏土用量最广。除此之外，粉煤灰、冶金工业炉渣、煤矸石等其他工业废料，也可作为黏土质工业原料使用。

（3）当石灰质原料和黏土质原料配合所得生料成分不能符合配料方案时，必须根据所缺少的组分，掺加相应的原料，这些原料被称为校正原料。其中，掺加氧化铁含量大于40%的铁质校正原料最为多见。常用的有低品位铁矿石、炼铁厂尾矿以及硫酸厂工业废渣（硫铁矿渣）等。若氧化硅含量不足时，须掺加硅质校正原料，常用的有砂岩、河砂、粉砂岩等。

4.2.1.2　石膏

石膏是作为缓凝剂和激发剂加入到硅酸盐水泥中的，其加入量主要决定于熟料中铝酸盐的含量，以三氧化硫（SO_3）计不能超过 3.5%。引入石膏的主要原料有天然石膏矿和工业副产品石膏。天然石膏矿有天然二水石膏和天然无水石膏。前者质地较软，称为软石膏；后者则质地较硬，故称为硬石膏。工业副产品石膏主要指以硫酸钙为主要成分的副产品，如磷石膏、氟石膏、盐石膏、乳石膏等。

4.2.1.3　混合材料

在水泥生产过程中，为改善水泥性能，调节水泥标号，扩大使用范围而掺入的天然或人工的矿质原料称为混合材料。目前所用的混合材料大部分是工业废渣，因此，水泥中掺入混合材料又是废渣综合利用的重要途径，有利于环境保护。

水泥工业所使用的混合材料品种很多，通常按照性质分为活性和非活性两大类。凡是天然的或人工的矿物质材料，磨成细粉，加水后本身不硬化（或有潜在水硬活性），但与激发剂混合加水拌和后，不但能在空气中而且能在水中继续硬化者，称为活性混合材料。按照成分和特性的不同，活性混合材料可分为各种工业炉渣（粒化高炉矿渣、钢渣、化铁炉渣、磷渣等）、火山灰质混合材料和粉煤灰三大类，它们的活性指标均应符合有关的国家标准或专业标准。

常用的激发剂有两类，碱性激发剂（硅酸盐水泥熟料和石灰）、硫酸盐激发剂（各类天然石膏或以 $CaSO_4$ 为主要成分的化工副产品，如氟石膏、磷石膏等）。

非活性混合材料是指活性指标达不到活性混合材料要求的矿渣、火山灰材料、粉煤灰以及石灰岩、砂岩等，一般对非活性混合材料的要求是对水泥性能无害等。有效非活性混合材料仅起填充作用，如砂岩，它不含与 $Ca(OH)_2$ 起反应的组分，但可改善水泥的颗粒组成，可能对水泥强度提高有利。但有效非活性混合材料不仅仅起填充作用，如石灰石中 $CaCO_3$ 可与熟料中的 C_3A 作用生产水化碳铝酸钙 $CaCO_3 \cdot C_3A \cdot 11H_2O$，对水化硫铝酸钙起稳定作用，提高早期强度。但石灰石也不含有与 $Ca(OH)_2$ 反应的活性组分，因此它虽然可以促进水泥早期强度的发挥，但对后期强度没有什么贡献。

4.2.2　生料制备

生料的制备指生料入窑前将石灰质原料、黏土质原料与少量校正原料经破碎后，按一定比例配合磨细，并调配为成分合适、质量均匀的生料加工过程，包括原料的破碎、预均化、配料控制、烘干和粉磨以及生料均化等环节。生料制备过程按其工作性质，可分为粉碎和均化两大过程。粉碎包括破碎和粉磨。一般把粉碎后产品粒度大于 2 mm 的过程称为破碎，产品粒度小于 0.1 mm 的过程称为粉磨。原料中的石灰石颗粒粒径较大，须经破碎和粉磨方可达到小于 0.08 mm 的细度，生产中先将石灰石破碎到一定粒度，再与其他原料一起进入粉磨设备磨细。根据所确定的化学成分的要求，将上述各种原料按比例配合，磨细到规定的细度并使其混合均匀。生料的细度及其成分的均匀性对熟料的低烧过程都有着重要的影响。生料的均化过程实际贯穿于生料制备的全过程，矿山搭配开采、原料预均化堆场、生料粉磨过程的均化作用和生料均化等，各个环节都会使原料或产品得到进一步均化，各个环节的均化作用不同，均化效果也不一样，其结果都是为了保证入窑生料成分均匀、稳定，以利于熟料矿物的形成。

生料的制备方法有干法和湿法两种，前者是将原料同时烘干与粉磨或先烘干后粉磨成生料粉，然后喂入干法窑内煅烧成熟料的生产方法。而后者是将原料加水粉磨成生料浆后喂入湿法回转窑煅烧成熟料的生产方法。

4.2.3 熟料的煅烧

4.2.3.1 熟料煅烧过程

熟料的煅烧是水泥生产的关键，煅烧水泥熟料的窑型主要有回转窑和立窑两类。窑内煅烧过程虽因窑型不同而有所差别，但基本反应是相同的。现以湿法回转窑为例进行说明。

湿法回转窑用于煅烧含水 30%~40% 的料浆，图 4.1 为湿法回转窑内熟料煅烧过程。燃料与一次空气由窑头喷入，和二次空气（由冷却机进入窑头与熟料进行热交换后加热了的空气）一起进行燃烧，火焰温度高达 1650~1700 ℃。燃烧烟气在向窑尾运动的过程中，将热量传给物料，温度逐渐降低，最后由窑尾排出。料浆由窑尾喂入，在向窑头运动的同时，温度逐渐升高并进行一系列反应，烧成熟料后由窑头卸出，进入冷却机。

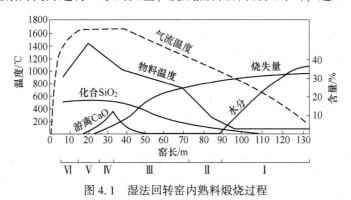

图 4.1 湿法回转窑内熟料煅烧过程

料浆入窑后，首先发生自由水的蒸发过程，当水分接近零时，温度达 150 ℃左右，这一区域称为干燥带。

随着物料温度上升，发生黏土矿物脱水与碳酸镁分解过程，这一区域称为预热带。

物料温度升高至 750~800 ℃时，SiO_2 开始明显增加，同时进行 $CaCO_3$ 分解与固相反应，物料因 $CaCO_3$ 分解反应吸收大量热而升温缓慢。当温度升到大约 1100 ℃时，$CaCO_3$ 分解速度极为迅速，游离 CaO 数量达极大值。这一区域称为碳酸盐分解带。

碳酸盐分解结束后，固相反应仍然进行，放出大量的热，再加上火焰的传热，物料温度迅速上升到 300 ℃ 左右，这一区域称为放热反应带。

在 1250~1280 ℃ 时开始出现液相，一直到 1450 ℃，液相量继续增加，同时游离 CaO 被迅速吸收，水泥熟料化合物形成，这一区域称为烧成带。

熟料继续向前运动，与温度较低的二次空气进行热交换，熟料温度下降，这一区域称为冷却带。

应该指出，上述各带的划分是十分粗略的，物料在这些带中所发生的各种变化往往是交叉或同时进行的。

4.2.3.2 煅烧过程中的物理和化学变化

A 干燥和脱水

干燥即物料中自由水的蒸发，而脱水则是黏土矿物分解脱出化合水。自由水的蒸发温度一般为 100 ℃ 左右。

生料中的自由水因生产方法与窑型的不同而异，干法窑生料含水量一般不超过 1.0%，湿法窑的料浆水分通常为 30%~40%。自由水蒸发热耗巨大，如 35% 左右水分的料浆，每生产 1 kg 熟料用于蒸发水分的热量高达 2100 kJ，占湿法窑热耗的 35% 以上。

黏土矿物的化合水有两种：一种以 OH^- 离子状态存在于晶体结构中，称为晶体配位水；一种以水分子状态吸附在晶层结构间，称为晶层间水或层间吸附水。所有的黏土矿物都含有配位水；多水高岭石、蒙脱石还含有层间水；伊利石的层间水因风化程度而异。对于黏土矿物，在 500~600 ℃ 下失去结晶水时所产生的变化和产物，主要有两种观点，一种认为产生了无水铝酸盐（偏高岭土），其反应式为：

$$Al_2O_3 \cdot 2SiO_2 \cdot 2H_2O \longrightarrow Al_2O_3 \cdot 2SiO_2 + 2H_2O$$

另一种认为高岭土脱水分解为无定型氧化硅与氧化铝，其反应式为：

$$Al_2O_3 \cdot 2SiO_2 \cdot 2H_2O \longrightarrow Al_2O_3 + 2SiO_2 + 2H_2O$$

B 碳酸盐分解

生料中的碳酸钙与少量碳酸镁在煅烧过程中都分解放出二氧化碳，碳酸钙约在 600 ℃ 就开始有微量的分解，至 898 ℃ 时，分解出的 CO_2 分压达 1 atm（1 atm = 101.325 kPa）；1100~1200 ℃ 时，分解速度更为迅速。其分解反应式如下：

$$MgCO_3 \longrightarrow MgO + CO_2$$

$$CaCO_3 \longrightarrow CaO + CO_2$$

上述反应可逆，温度、窑系统的 CO_2 分压、生料细度和颗粒级配、生料悬浮分散程度、石灰石的种类和物理性质以及生料中黏土质组分的性质是影响碳酸钙分解的主要因素。碳酸盐分解反应需要吸收大量的热量，所以物料升温较慢。同时由于分解后放出大量的 CO_2 气体，使粉状物料处于流态状态，物料运动速度较快。因此，要完成分解任务，需要较长的时间。

C 固相反应

在碳酸钙分解的同时，石灰质和黏土质组分间，通过质点间的相互扩散，进行固相反应，固相反应是放热反应，其反应过程大致如下：

约 800 ℃：
$$CaO + Al_2O_3 \longrightarrow CaO \cdot Al_2O_3$$
$$CaO + Fe_2O_3 \longrightarrow CaO \cdot Fe_2O_3$$

$$2CaO + SiO_2 \longrightarrow 2CaO \cdot SiO_2 \quad (C_2S 开始形成)$$

$$800\sim900\ ℃:\quad 7(CaO \cdot Al_2O_3) + 5CaO \longrightarrow 12CaO \cdot 7Al_2O_3$$

$$CaO \cdot Fe_2O_3 + CaO \longrightarrow 2CaO \cdot Fe_2O_3$$

$$900\sim1100\ ℃:\quad 12CaO \cdot 7Al_2O_3 + 9CaO \longrightarrow 7(3CaO \cdot Al_2O_3)$$

$$7(2CaO \cdot Fe_2O_3) + 2CaO + 12CaO \cdot 7Al_2O_3 \longrightarrow 7(4CaO \cdot Al_2O_3 \cdot Fe_2O)$$

铝酸三钙（C_3A）和铁铝酸四钙（C_4AF）开始形成，所有的 $CaCO_3$ 分解完毕，游离氧化钙（f-CaO）达最高值。

D　熟料烧结

一般硅酸盐水泥生料约在 1250 ℃时，开始熔融并出现液相，从而为 C_2S 吸收 CaO 创造条件。这时生料中的 MgO 一部分以方镁石小晶体析出，一部分以分散状态存在于液相中。当温度升至 1300~1450 ℃，C_3A 和 C_4AF 呈熔融状态，产生的液相把 C_2S 与 f-CaO 溶解在其中，C_2S 吸收 CaO 形成硅酸三钙（C_3S）主要矿物，其反应式如下：

$$C_2S + CaO \longrightarrow C_3S$$

随着温度的升高和时间的延长，液相量增加，黏度逐渐减小，C_2S、CaO 不断溶解、扩散，C_3S 晶核不断形成，并且小晶体逐渐发育长大，最终形成几十微米大小的发育良好的阿利特（C_3S 固溶体）晶体，水泥熟料逐渐烧结，物料逐渐由疏松状转变为色泽灰黑、结构致密的熟料。这一过程是煅烧水泥的关键，必须有足够的烧结使反应完全，否则，将有不少 f-CaO 存在于水泥中，从而影响水泥的性能。

经过以上各阶段烧结，形成了硅酸盐水泥熟料，其矿物组成主要是 C_3S、C_2S、C_3A 和 C_4AF，其中硅酸钙（C_3S+C_2S）占 70%以上。

E　熟料冷却

熟料冷却速度的快慢对熟料矿物组成和矿物相变有很大影响。急速冷却可使高温下形成的液相来不及结晶而形成玻璃相。表 4.1 中给出了不同冷却制度下，C_3S-C_2S-C_4AF 系统的熟料矿物组成。

表 4.1　C_3S-C_2S-C_4AF 系统的熟料矿物组成　　　　　　　（%）

冷却制度	C_3S	C_2S	C_4AF	CaO	玻璃体
平衡冷却	52.9	24.9	22.2	—	—
独立结晶	50.6	26.8	22.0	0.6	—
急速冷却	41.1	26.9	—	—	32

熟料在冷却时，形成的矿物还会进行相变，其中 C_2S 由 β 型转变为 γ 型，C_3S 会分解为 C_2S 与二次 f-CaO。若冷却速度快并固溶一些离子（如 Sr^{2+}、Ba^{2+}、B^{2+}、S^{2+}）等可以阻止相变。

总之，熟料的快速冷却不仅能使水泥熟料的使用性能，如水泥的活性、安定性、抗硫酸盐性能等变好，而且也能使熟料的工艺性能，特别是易磨性变好。因此，在工艺装备允许的条件下尽可能采用快速冷却。

4.2.4　水泥的粉磨

水泥粉磨的主要任务是将熟料、石膏和某些混合材料在磨机中磨成细粉，在水泥生产过程中的重要性仅次于熟料燃烧。水泥粉磨细度在很大程度上决定其产品品质。水泥水化速度越快，水化越完全，对水泥胶凝性质的有效利用率就越高。一般试验条件下，水泥颗粒大小与水化的关系是：

（1）小于 10 μm，水化最快；

（2）3~30 μm，是水泥的主要活性组分；

（3）大于 60 μm，水化缓慢；

（4）>90 μm，表面水化，只起微集料作用。

在熟料矿物成分相同的条件下，提高水泥细度，增加比表面积，水泥颗粒的水化速度加快，从而可达到更高的强度。影响水泥粉磨系统质量的因素有：喂料的均匀性、入磨物料温度、磨内通风等。在粉磨过程中，加入少量的助磨剂，可消除细粉的黏附和凝聚现象，加速物料粉磨过程，提高粉磨效率，降低单位粉磨电耗，提高产量，还有利于水泥早期强度的发挥。但加入量过多，会明显降低水泥强度。同时助磨剂的加入不得损害水泥的质量。

4.3　硅酸盐水泥熟料的组成

由硅酸盐水泥熟料、0~5%石灰石或粒化高炉矿渣、适量石膏磨细制成的水硬性胶凝材料，称为硅酸盐水泥，即国外通称的波特兰水泥（Portland cement）。硅酸盐水泥分为两种类型，不掺混合材料的称为Ⅰ型硅酸盐水泥，代号为 P·Ⅰ；在硅酸盐水泥熟料粉磨时掺入不超过水泥质量 5%的石灰石或粒化高炉矿渣混合材料的称为Ⅱ型硅酸盐水泥，代号为 P·Ⅱ。由硅酸盐水泥熟料，加入不大于 15%的活性混合材料或不大于 10%的非活性混合材料以及适量石膏磨细制成的水硬性胶凝材料，称为普通硅酸盐水泥（简称普通水泥）。硅酸盐水泥是应用最广泛和研究最深入的一种水泥。

4.3.1　硅酸盐水泥熟料的化学组成

硅酸盐水泥的质量主要取决于其主要组分——熟料的质量。优质熟料应该具有合适的矿物组成和合理的岩相结构，而合理的岩相结构的形成又与熟料的化学成分密切相关。因此，控制熟料的化学成分，是水泥生产的中心环节之一。

硅酸盐水泥熟料主要由氧化钙（CaO）、氧化硅（SiO_2）、氧化铝（Al_2O_3）和三氧化二铁（Fe_2O_3）四种氧化物组成，它们通常在熟料中的质量分数之和为 95%以上。同时熟料中还含有 5%以下的少量其他氧化物，如氧化镁（MgO）、硫酐（SO_3）、二氧化钛（TiO_2）、氧化磷（P_2O_5）以及碱（K_2O 和 Na_2O）等。现代生产的硅酸盐水泥熟料，各主要氧化物含量（质量分数）的波动范围为：CaO 62%~67%；SiO_2 20%~24%；Al_2O_3 4%~7%；Fe_2O_3 2.5%~6.0%。

化学组成的不同直接影响着水泥的质量和性能。在某些情况下，由于水泥品种、原料成分以及工艺过程的差异，各主要氧化物的含量也可以不在上述范围内。例如，白色硅酸盐水泥熟料中 Fe_2O_3 含量必须小于 0.5%，而 SiO_2 含量可高于 24%，甚至可达 27%。

4.3.2　硅酸盐水泥熟料的矿物组成

在硅酸盐水泥熟料中，CaO、SiO_2、Al_2O_3 和 Fe_2O_3 并不是以单独的氧化物形式存在，而是在经过高温煅烧后,与两种或两种以上的氧化物反应生成的多种矿物集合体,其结晶细小,通常为 $30 \sim 60 \, \mu m$。因此,熟料是一种多矿物组成的结晶细小的人造岩石。

在硅酸盐水泥熟料中主要形成四种矿物:硅酸三钙($3CaO \cdot SiO_2$),可简写为 C_3S;硅酸二钙($2CaO \cdot SiO_2$),可简写为 C_2S;铝酸三钙($3CaO \cdot Al_2O_3$),可简写为 C_3A;铁相固溶体通常以铁铝酸四钙($4CaO \cdot Al_2O_3 \cdot Fe_2O_3$)为其代表,可简写为 C_4AF。另外,还有少量的游离氧化钙(f-CaO)、方镁石(结晶 MgO)、含碱矿物以及玻璃体等。

通常,硅酸盐熟料中 C_3S 和 C_2S 的含量之和占 75% 左右,称为硅酸盐矿物;C_3A 和 C_4AF 的含量之和占 22% 左右。在煅烧过程中,后两种矿物与氧化镁、碱等从 $1250 \sim 1280 \, ℃$ 开始逐渐熔融成液相以促进硅酸三钙的顺利形成,故称为熔剂矿物。

4.3.2.1 硅酸三钙

硅酸三钙是硅酸盐水泥熟料的主要矿物,其含量通常为 50% 左右,有时甚至高达 60% 以上,对水泥的性质有重要影响。

纯 C_3S 只在 $1250 \sim 2065 \, ℃$ 温度范围内才稳定,超过 $2065 \, ℃$ 不一致熔融为 CaO 与液相,在 $1250 \, ℃$ 以下分解为 C_2S 和 CaO。实际情况下 C_3S 的分解反应进行得比较缓慢,致使纯 C_3S 在室温下可以呈介稳状态存在。

在硅酸盐水泥熟料中,C_3S 并不以纯的形式存在,总固溶有少量的其他氧化物,如 Al_2O_3、MgO 等,此 C_3S 称为阿利特(alite)或 A 矿。在 C_3S 中,MgO 的极限含量为 1.0% ~ 1.5%,Al_2O_3 的极限含量为 6% ~ 7%。因此,A 矿的组成不固定。

对 C_3S 结晶结构形态的研究指出,它可能存在三种晶系六个晶型,即三方晶系 R 型;单斜晶系 M 型,有两种形态,M_1 和 M_2 型;三斜晶系 T 型,它有三种形态,T_1、T_2、T_3 型。各种晶型会相互转变,转变温度为:

$$T_1 \xleftrightarrow{650 \, ℃} T_2 \xleftrightarrow{921 \, ℃} T_3 \xleftrightarrow{980 \, ℃} M_1 \xleftrightarrow{990 \, ℃} M_2 \xleftrightarrow{1050 \, ℃} R$$

常温下保留下来的一般是 T 型 C_3S,但如果有少量 MgO 或 Al_2O_3 等氧化物与之形成固溶体,就可以使 M 型和 R 型 C_3S 稳定下来。实验证明,固溶程度较高的高温型 A 矿具有较高的强度。

C_3S 加水调和后,水化较快,凝结时间正常。粒径为 $40 \sim 45 \, \mu m$ 的 C_3S 颗粒加水后 28 天,可以水化 70% 左右,所以 C_3S 强度发展较快,早期强度较高,且强度增进率较大,28 天强度可达它一年强度的 70% ~ 80%,就 28 天或一年强度来说,在四种矿物中它最高。适当提高熟料中 C_3S 含量,且其岩相结构良好,可获得高质量的熟料。但硅酸三钙水化热较高,抗水性较差,如要求水泥的水化热低,抗水性较高时,则熟料中 C_3S 含量要适当低一些。

4.3.2.2 硅酸二钙

硅酸二钙在熟料中含量一般为 20% 左右,是硅酸盐水泥熟料的主要矿物之一。一般说来,C_2S 中间也会固溶有少量的其他氧化物,这种固溶有少量氧化物的 C_2S 称为贝利特(belite)或 B 矿。

C_2S 具有四种晶型,即 $\alpha\text{-}C_2S$、$\alpha'\text{-}C_2S$、$\beta\text{-}C_2S$、$\gamma\text{-}C_2S$。$\alpha\text{-}C_2S$ 在 $1447 \, ℃$ 以上是稳定的。$1447 \, ℃$ 以下 $\alpha\text{-}C_2S$ 转变为 $\alpha'\text{-}C_2S$,$\alpha'\text{-}C_2S$ 在 $830 \sim 1447 \, ℃$ 温度范围内是稳定的,在 $830 \, ℃$ 以下,$\alpha'\text{-}C_2S$ 可以直接转变为 $\gamma\text{-}C_2S$,但要实现这种转变,晶格要作很大幅度的重

排。如果冷却速度很大，这种晶格的重排还来不及完成，便形成介稳的 β-C_2S。

贝利特水化较慢，至 28 天龄期仅水化 20% 左右，其凝结硬化缓慢，早期强度较低，但 28 天以后，强度仍能较快增长，在一年以后，可以赶上阿利特。贝利特水化热较小，抗水性较好，因而对大体积工程或处于侵蚀性强的工程用水泥，适当提高贝利特含量，降低阿利特含量是有利的。

4.3.2.3　中间相

A　铝酸钙

熟料中的铝酸钙主要是铝酸三钙（C_3A），有时还可能有七铝酸十二钙（$C_{12}A$）。纯铝酸三钙属等轴晶系，没有多晶转变。C_3A 中也可固溶部分其他氧化物，如微量的二氧化硅、氧化铁、氧化镁、氧化钾和氧化钠等。

C_3A 水化迅速，放热多，凝结很快，如不加石膏等缓凝剂，易使水泥急凝。C_3A 硬化也很快，它的强度 3 天内就大部分发挥出来，故早期强度较高，但绝对值不高，以后几乎不再增长，甚至倒缩。C_3A 的干缩变形大，抗硫酸性能差。

B　铁相固溶体

熟料中含铁相比较复杂，是化学组成为 $C_8A_3F \sim C_2F$ 的一系列连续固溶体，也有人认为其组成为 $C_6A_2F \sim C_6AF_2$ 之间的一系列固溶体，通常称为铁相固溶体。在一般硅酸盐水泥熟料中，其成分接近于铁铝酸四钙（C_4AF），所以常用 C_4AF 来代表熟料中的铁相固溶体，称才利特（celite）或 C 矿。

铁铝酸四钙的水化速度在早期介于铝酸三钙与硅酸三钙之间，但随后的发展不如硅酸三钙。它的强度早期发展较快，后期还能不断增长，类似于硅酸二钙。才利特的抗冲击性能和抗硫酸盐性能较好，水化热较铝酸三钙低。

C　玻璃体

玻璃相的形成是由于熟料烧至部分熔融时部分液相在冷却时来不及析晶的结果，因此，它是热力学不稳定的，具有一定的活性，其主要成分为 Al_2O_3，Fe_2O_3，CaO 以及少量的 MgO 和 R_2O 等。

D　游离氧化钙和方镁石

游离氧化钙（f-CaO）是指经高温煅烧而仍未化合的氧化钙，也称游离石灰。经高温煅烧的 f-CaO 结构比较致密，水化很慢，通常要在 3 天后才明显反应。水化生成氢氧化钙，体积增加 97.9%，在硬化的水泥浆体中造成局部膨胀应力。随着 f-CaO 含量的增加，首先是抗折强度下降，进而引起 3 天以后强度倒缩，严重时引起安定性不良。因此，在熟料煅烧中要严格控制游离氧化钙含量。我国回转窑一般控制在 1.5% 以下，而立窑在 3.0% 以下。因为立窑熟料的游离氧化物中有一部分没有经过高温煅烧，这种游离氧化钙水化快，对硬化水泥浆体的破坏力较小。

方镁石是指游离状态的 MgO 晶体。MgO 由于与 SiO_2，Fe_2O_3 的化学亲和力很小，在熟料煅烧过程中一般不参与化学反应。它以下列三种形式存在于熟料中：（1）溶解于 C_3A、C_3S 中形成固溶体；（2）溶于玻璃体中；（3）以游离状态的方镁石形式存在。其中前两种形式存在的 MgO 含量约为熟料的 2%，它们对硬化水泥浆体无破坏作用。以方镁石形式存在时，由于其水化速度很慢，要在 0.5~1 年后才明显开始水化，而且水化生成氢氧化镁，体积膨胀 148%，因此也导致安定性不良。方镁石膨胀的严重程度与晶体尺寸、含量均有关系。尺寸越大，含量越高，危害越大。在生产中应尽量采取快冷措施减小方镁石的晶体尺寸。

硅酸盐水泥熟料在反光显微镜下和扫描电子显微镜下的照片如图4.2（a）和（b）所示。阿利特 C_3S 结晶轮廓清晰，为灰色多角形颗粒，晶粒较大，多为六角形和棱柱形。贝利特 C_2S 常呈圆粒状，也可见其他不规则形状。反光显微镜下有的有黑白交叉双晶条纹。铝酸盐熔融物中间相 C_3A 一般呈不规则的微晶体，如点滴状、矩形或柱状。由于反光能力弱，反光镜下呈暗灰色，常称黑色中间相。铁酸盐熔融物中间相 C_4AF 常呈棱柱状和圆粒状，反射能力强，反光镜下呈亮白色，称白色中间相。

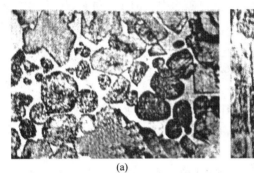 

（a）   （b）

图4.2　硅酸盐水泥熟料矿物显微照片

（a）反光片；（b）扫描电镜片

4.3.3　熟料的率值

水泥熟料是一种多矿物集合体，生产中不仅要控制熟料水泥中各氧化物的含量，还要控制各氧化物之间的比例即率值，这样可以比较方便地表示化学成分和矿物组成之间的关系，明确地表示对水泥熟料的性能和煅烧的影响。因此生产中，用率值作为生产控制的一种指标。

1868 年，德国的米哈埃利斯（W. Michaelis）首先提出了水硬率（Hydraulic modulus），作为控制熟料适宜石灰石的一个系数。它是熟料 CaO 与酸性氧化物之和的质量分数的比值，以 HM 或 m 表示。其计算式如下：

$$HM = \frac{w(CaO)}{w(SiO)_2 + w(Al_2O_3) + w(Fe_2O_3)} \tag{4.1}$$

式中，$w(CaO)$、$w(SiO_2)$、$w(Al_2O_3)$、$w(Fe_2O_3)$ 为熟料中该氧化物的质量分数。通常水硬率波动在$1.8\sim2.4$。式（4.1）假定各酸性氧化物所结合的 $w(CaO)$ 是相同的，实际上各酸性氧化物比例变动时虽总和不变，但所需要 CaO 的量并不相同。因此，只控制同样的水硬率，并不能保证熟料中有同样的矿物组成。古特曼（A. Guttmann）与杰尔（F. Gille）认为酸性氧化物形成碱度最高的矿物为 C_3S、C_3A、C_4AF，从而提出了石灰石理论极限含量。为便于计算，将 C_4AF 改写成 "C_3A" 和 "CF"，令 "C_3A" 和 C_3A 相加。在 "C_3A"+C_3A 和 "CF" 中，每1%酸性氧化物所需 CaO 量分别为：

$$每1\%Al_2O_3 \ 形成\ C_3A\ 所需\ CaO = \frac{3 \times CaO\ 分子量}{Al_2O_3\ 分子量} = \frac{3 \times 56.08}{101.96} = 1.65$$

$$每1\%Fe_2O_3 \text{ 形成“CF”所需 } CaO = \frac{CaO \text{ 分子量}}{Fe_2O_3 \text{ 分子量}} = \frac{56.08}{159.70} = 0.35$$

$$每1\%SiO_2 \text{ 形成 } C_3S \text{ 所需 } CaO = \frac{3 \times CaO \text{ 分子量}}{SiO_2 \text{ 分子量}} = \frac{3 \times 56.08}{60.09} = 2.8$$

由每1%酸性氧化物所需 CaO 量乘以相应酸性氧化物含量，便可得石灰石理论极限含量计算式：

$$w(CaO) = 2.8w(SiO_2) + 1.65w(Al_2O_3) + 0.35w(Fe_2O_3) \tag{4.2}$$

苏联学者金德和容克根据石灰石理论极限含量提出了石灰石饱和系数，用 KH 表示。他们认为，实际生产时硅酸盐水泥熟料的四个主要矿物中，Al_2O_3 和 Fe_2O_3 优先为 CaO 所饱和，唯独 SiO_2 可能不完全被 CaO 饱和生成 C_3S，而存在一部分 C_2S，否则，熟料就会出现游离氧化钙。因此，应将 KH 作为 SiO_2 的系数，即

$$w(CaO) = KH2.8w(SiO_2) + 1.65w(Al_2O_3) + 0.35w(Fe_2O_3) \tag{4.3}$$

将式（4.3）改写为：

$$KH = \frac{w(CaO) - 1.65w(Al_2O_3) - 0.35w(Fe_2O_3)}{2.8w(SiO_2)} \tag{4.4}$$

由此可知，石灰饱和系数 KH 值为熟料中全部 SiO_2 生成硅酸钙（C_3S 和 C_2S）所需 CaO 含量与 SiO_2 全部生成 C_3S 所需 CaO 最大量的比值，也即熟料中 SiO_2 被 CaO 饱和形成 C_3S 的程度。

式（4.4）用于 $Al_2O_3/Fe_2O_3 \geqslant 0.64$ 的熟料，如 $Al_2O_3/Fe_2O_3 < 0.64$ 则熟料矿物组成为 C_3S、C_2S、C_2F 和 $_4AF$。同理，将 C_4AF 改写成"C_2A"和"C_2F"，令"C_2F"和 C_2F 相加。根据矿物 C_3S、C_2S、"C_2A"与 C_2F+"C_2F"可得：

$$KH = \frac{w(CaO) - 1.1w(Al_2O_3) - 0.7w(Fe_2O_3)}{2.8w(SiO_2)} \tag{4.5}$$

当 KH 等于 1.0 时，此时形成的矿物为 C_3S、C_3A 和 C_4AF，而无 C_2S；当 KH 等于 0.667 时，此时形成的矿物为 C_2S、C_3A 和 C_4AF，而无 C_3S。为了熟料矿物顺利形成，不因过多的游离石灰而影响熟料品质，通常在工厂条件下，KH 为 0.82~0.94。KH 值和矿物组成之间的关系，可用数学式表示如下：

$$KH = \frac{w(C_3S) + 0.8838w(C_2S)}{w(C_3S) + 1.3256w(C_2S)} \tag{4.6}$$

式中，$w(C_3S)$、$w(C_2S)$ 分别为熟料中该矿物的质量分数。可见 KH 值随 C_3S/C_2S 比值大小而增减。熟料中各酸性氧化物之间的比例可通过硅率表示，硅率（silica modulus）又称硅酸率，以 SM 或 n 表示；铝率（iron modulus）又称铁率或铝氧率，以 IM 或 p 表示。其计算式如下：

$$SM = \frac{w(SiO_2)}{w(Al_2O_3) + w(Fe_2O_3)} \tag{4.7}$$

$$IM = \frac{w(Al_2O_3)}{w(Fe_2O_3)} \tag{4.8}$$

式中，$w(SiO_2)$、$w(Al_2O_3)$、$w(Fe_2O_3)$ 分别为熟料中各氧化物的质量分数。

通常，硅酸盐水泥熟料的硅率为 1.7~2.7，铝率为 0.8~1.7。但白色硅酸盐水泥熟料

的硅率可高达 4.0 左右，而抗硫酸盐水泥或低热水泥的铝率可低至 0.7。硅率表示了熟料中 SiO_2 含量与 Al_2O_3、Fe_2O_3 之和的比，也表示了熟料中硅酸盐矿物与熔剂矿物的比。当铝率大于 0.64 时，硅率和矿物组成之间关系的数学式为：

$$SM = \frac{w(C_3S) + 1.325w(C_2S)}{1.434w(C_3A) + 2.046w(C_4AF)} \tag{4.9}$$

式中，$w(C_3S)$、$w(C_2S)$、$w(C_3A)$、$w(C_4AF)$ 分别为各该矿物的质量分数。可见，硅率随硅酸盐矿物与熔剂矿物之比而增减。如果熟料中硅率过高，则煅烧时由于液相量显著减少，熟料煅烧困难；特别当 CaO 含量低，C_2S 含量多时，熟料易于粉化。硅率过低，则熟料中硅酸盐矿物太少而影响水泥强度，并且由于液相过多，易出现结大块、结炉瘤、结圈等，影响窑的操作。

铝率是表示熟料中 Al_2O_3 和 Fe_2O_3 的质量比，也表示熟料熔剂矿物中 C_3A 与 C_4AF 的比例。当铝率大于 0.64 时，铝率和矿物组成关系的数学式为：

$$IM = \frac{1.15w(C_3A)}{w(C_4AF)} + 0.64 \tag{4.10}$$

式中，$w(C_3A)$、$w(C_4AF)$ 为熟料中各该矿物的质量分数。可见铝率随 C_3A/C_4AF 比而增减。铝率的高低，在一定程度上反映了水泥煅烧过程中高温液相的黏度。铝率高，熟料中 C_3A 多，相应 C_4AF 就少，则液相黏度大，物料难烧；铝率过低，虽然液相黏度较小，液相中质点易于扩散，对 C_3S 形成有利，但烧结范围变窄，窑内易结大块，不利于窑的操作。

我国目前大多采用的是石灰饱和系数 KH，硅率 n 和铝率 p 三个率值，生产中三个率值都应加以控制并要互相配合适当，不能单独强调其中某一个数值，控制指标应根据各工厂的原燃料和设备等具体条件而定。

熟料的矿物组成可用岩相分析、X 射线分析和红外光谱等分析测定，也可根据化学成分算出。用化学成分计算熟料矿物的方法较多，现列出如下两种计算式：

(1) 已知石灰饱和系数和化学成分求矿物组成。

$$w(C_3S) = 3.8(3KH - 2)w(SiO_2) \tag{4.11}$$

$$w(C_2S) = 8.6(1 - KH)w(SiO_2) \tag{4.12}$$

$$w(C_3A) = 2.65(w(Al_2O_3) - 0.64w(Fe_2O_3)) \tag{4.13}$$

$$w(C_4AF) = 3.04w(Fe_2O_3) \tag{4.14}$$

(2) 已知化学成分求矿物组成（鲍格法）。

$$w(C_3S) = 4.07w(CaO) - 7.60w(SiO_2) - 6.72w(Al_2O_3) - 1.43w(Fe_2O_3) - 2.86w(SO_3) \tag{4.15}$$

$$w(C_2S) = 2.87w(SiO_2) - 0.754w(C_3S) \tag{4.16}$$

$$w(C_3A) = 2.65w(Al_2O_3) - 1.69w(Fe_2O_3) \tag{4.17}$$

$$w(C_4AF) = 3.04w(Fe_2O_3) \tag{4.18}$$

$$w(CaSO_4) = 1.70w(SO_3) \tag{4.19}$$

从石灰饱和系数 KH、硅率 SM 和铝率 IM 表达式还可导出由率值计算的化学成分的计算式：

$$w(\mathrm{Fe_2O_3}) = \frac{\sum}{(2.8\mathrm{KH} + 1)(\mathrm{IM} + 1)\mathrm{SM} + 2.65\mathrm{IM} + 1.35} \qquad (4.20)$$

$$w(\mathrm{Al_2O_3}) = \mathrm{IM} \cdot w(\mathrm{Fe_2O_3}) \qquad (4.21)$$

$$w(\mathrm{SiO_2}) = \mathrm{SM}(w(\mathrm{Al_2O_3}) + w(\mathrm{Fe_2O_3})) \qquad (4.22)$$

$$w(\mathrm{CaO}) = \sum - (w(\mathrm{SiO_2}) + w(\mathrm{Al_2O_3}) + w(\mathrm{Fe_2O_3})) \qquad (4.23)$$

式中，$\sum$ 为设计熟料中 $w(\mathrm{CaO})$，$w(\mathrm{SiO_2})$，$w(\mathrm{Al_2O_3})$，$w(\mathrm{Fe_2O_3})$ 四种氧化物含量的总和。

4.4　硅酸盐水泥的水化硬化

水泥加适量的水拌和后，立即发生化学反应，水泥的各个组分溶解并产生了复杂物理、化学与物理化学的变化，随后可塑性浆体逐渐失去流动性能，转变为具有一定强度的石状体。这一过程即为水泥的凝结硬化。水泥的凝结硬化是以水化为前提的，而水化反应可以持续较长的时间，因此，一般情况下水泥硬化浆体的强度和其他性质也是在不断变化的。由于水泥是多种矿物的集合体，水化作用比较复杂，不仅各种水泥水化产物互相干扰不易分辨，而且各种熟料矿物的水化又会相互影响，石膏和混合材料的存在也使水化硬化更为复杂化。

4.4.1　熟料矿物的水化

4.4.1.1　水泥熟料矿物水化反应能力的热力学判断

硅酸盐水泥熟料矿物（C_3S、C_2S、C_3A、C_4AF 等）的水化反应能力主要与其内部结构有关。从热力学角度看，结构的稳定性愈低，则水化反应能力愈强。表4.2 中列出了水泥熟料矿物与水化物的热力学数据。

表 4.2　水泥熟料矿物与水化物的热力学数据

化合物名称	状态	$\Delta H^{\ominus}_{298}/\mathrm{kJ \cdot mol^{-1}}$	$-\Delta G^{\ominus}_{298}/\mathrm{kJ \cdot mol^{-1}}$	$S^{\ominus}_{298}/\mathrm{J \cdot mol^{-1} \cdot ℃^{-1}}$
CaO	晶体	635.5	604.2	39.7
$Ca(OH)_2$	晶体	986.6	896.8	76.1
$\beta\text{-}C_2S$	晶体	2308.5	2193.2	127.6
C_3S	晶体	2968.3	2784.4	168.6
$C_2SH_{1.17}$	晶体	2665.8	2480.7	160.7
$C_5S_6H_3$	晶体	9937.0	9267.6	513.2
$C_5S_6H_{5.5}$	晶体	10695.6	9880.3	611.5
$C_5S_6H_{10.5}$	晶体	12180.7	17076.3	808.1
C_3A	晶体	3556.4	3376.5	205.4
C_4AF	晶体	5066.8	4790.7	326.4
C_3AH_6	晶体	5510.3	4966.4	372.4

化合物名称	状态	$\Delta H_{298}^{\ominus}/kJ \cdot mol^{-1}$	$-\Delta G_{298}^{\ominus}/kJ \cdot mol^{-1}$	$S_{298}^{\ominus}/J \cdot mol^{-1} \cdot {}^{\circ}C^{-1}$
C_2AH_8	晶体	5401.5	4778.1	414.2
C_4AH_{13}	晶体	8299.0	7317.8	686.2
C_4AH_{19}	晶体	10079.3	8752.9	920.5
$C_3ACaSO_4 \cdot H_{12}$	晶体	8714.4	7713.6	
$C_3A \cdot 3CaSO_4 \cdot H_{31}$	晶体	17199.9	14879.8	
H_2O	液体	285.8	237.2	69.9
$\alpha\text{-}SiO_2$（石英）	晶体	910.4	—	
$\beta\text{-}SiO_2$（石英）	晶体	911.1	853.5	41.8
SiO_2（玻璃）	固体	901.6	848.6	46.9
Al_2O_3	固体	1669.8	1576.5	51.0
Fe_2O_3	固体	822.2	741.0	90.0

在氧化物以及由这些氧化物所形成的熟料中，原子排列的有序程度，即其稳定性可以用反应过程的熵变值来表征。下面计算由氧化物形成不同熟料矿物的反应过程的熵变值：

（1）$2CaO + SiO_2 \Longrightarrow \beta\text{-}2CaO \cdot SiO_2(\beta\text{-}C_2S)$

$$\Delta S_{298}^{\ominus} = 127.6 - 2 \times 39.7 - 41.8 = 6.4[J/(mol \cdot {}^{\circ}C)]$$

（2）$3CaO + SiO_2 \Longrightarrow 3CaO \cdot SiO_2(C_3S)$

$$\Delta S_{298}^{\ominus} = 168.6 - 3 \times 39.7 - 41.8 = 7.7[J/(mol \cdot {}^{\circ}C)]$$

（3）$3CaO + Al_2O_3 \Longrightarrow 3CaO \cdot Al_2O_3(C_3A)$

$$\Delta S_{298}^{\ominus} = 205.4 - 3 \times 39.7 - 51.0 = 35.3[J/(mol \cdot {}^{\circ}C)]$$

（4）$4CaO + Al_2O_3 + Fe_2O_3 \Longrightarrow 4CaO \cdot Al_2O_3 \cdot Fe_2O_3(C_4AF)$

$$\Delta S_{298}^{\ominus} = 326.4 - 4 \times 39.7 - 51.0 - 90.0 = 26.6[J/(mol \cdot {}^{\circ}C)]$$

上述四个反应中，熵变值均为正值，即左边氧化物的熵的和都小于右边生成的熟料矿物的熵值。这表明其结构的有序度降低，或混乱程度增加。一般认为，熵变 ΔS 愈大，其有序度愈低，结构稳定性差。

比较上述四个反应的 $\Delta S_{298}^{\ominus}$ 值可知，$\beta\text{-}C_2S$ 的熵变值是最低的，表明其结构的有序度较大，因而具有较小的化学活性；而 C_3A 和 C_4AF 则具有较高的 $\Delta S_{298}^{\ominus}$ 值，其结构的有序度较低，具有较高的活性。

另外，可以从熟料矿物与水的互相作用过程自由能的变化，来分析水泥熟料矿物水化反应的可能性。

（1）$2CaO \cdot SiO_2 + 1.17H_2O \Longrightarrow 2CaO \cdot SiO_2 \cdot 1.17H_2O(C_2SH_{1.17})$

$$\Delta G_{298}^{\ominus} = -2480.7 + 2193.2 + 1.17 \times 237.2 = -9.976(J/mol)$$

（2）$3CaO \cdot SiO_2 + 2.17H_2O \Longrightarrow 2CaO \cdot SiO_2 \cdot 1.17H_2O + Ca(OH)_2$

$$\Delta G_{298}^{\ominus} = -2480.7 - 896.8 + 2784.4 + 2.17 \times 237.2 = -78.376(J/mol)$$

（3）$3CaO \cdot Al_2O_3 + 15H_2O \Longrightarrow 3CaO \cdot Al_2O_3 \cdot 6H_2O + 9H_2O$

$$\Delta G_{298}^{\ominus} = -4966.4 - 9 \times 237.2 + 3376.5 + 15 \times 237.2 = -166.7(J/mol)$$

上述反应过程自由能变化均为负值，表明其水化反应过程都能自发进行。ΔG 值越小，则反应进行的可能性越大。

上述两个方面的热力学计算表明水泥熟料矿物的水化反应能力依序为：$C_3A > C_3S > C_2S$。这个事实已为大量实验所证实。

下面进一步从能量的角度来讨论熟料矿物水化反应能力（水化活性）。可以近似地认为，Si—O 与 Al—O 键能不论是对水泥熟料或是其水化物来说都是基本不变的。因此用无水化合物与水化物中 Ca—O 键能的平均变化值来表征熟料矿物的水化反应过程的能量变化。Ca—O 键能变化见表 4.3。

表 4.3 水泥矿物及其水化物中 Ca—O 平均键能的变化 （kJ/mol）

水泥矿物			水化物			水泥矿物转化为水化物时能量的增加
矿物	阴离子	Ca—O 平均键能	水化物	阴离子	Ca—O 平均键能	
C_3S	SiO_4^{4-}	556.7	$C_2SH_{1..17}$	$Si_6O_7^{10-}$	588.3	31.6
C_2S	SiO_4^{4-}	568.0	$C_2SH_{1..17}$	$Si_6O_7^{10-}$	588.3	20.3
C_3A	AlO_4^-	534.3	C_4AH_{19}	$Al(OH)_6^{3-}$	592.5	58.2
CA	AlO_4^-	545.6	C_4AH_{19}	$Al(OH)_6^{3-}$	592.5	46.9

从表 4.3 可知，由无水矿物向水化物的转变是键能增大并趋向稳定的过程。C_3A 增大值为 58.2 kJ，C_3S 增大值为 31.6 kJ，C_2S 增大值为 20.3 kJ。这表明 C_3A 的化学活性和反应能力大，C_2S 的化学活性与反应能力小。这个结论与 $\Delta S_{298}^{\ominus}$ 及 $\Delta G_{298}^{\ominus}$ 值的变化规律是一致的。

应该指出的是，热力学方法只能指明反应过程的可能性、方向及限度。至于反应过程的速度和历程，热力学方法是不能解决的。另外，热力学方法在水泥化学方面的应用时间不长，许多热力学参数或缺乏或不够准确，再加上水泥水化反应过程本身比较复杂，这些都使得热力学方法的应用受到限制。虽然如此，热力学的理论和方法，依然是研究水泥化学的一个重要工具。

4.4.1.2 硅酸三钙和硅酸二钙的水化

硬化水泥浆体的性能在很大程度上取决于 C_3S 的水化作用、水化产物，C_3S 在常温下的水化反应大致可用下式表示：

$$3CaO \cdot SiO_2 + nH_2O = xCaO \cdot SiO_2 \cdot yH_2O + (3-x)Ca(OH)_2$$

简写为：

$$C_3S + nH = C\text{-}S\text{-}H + (3-x)CH$$

上式表明其水化产物是 C-S-H 凝胶和 $Ca(OH)_2$，C-S-H 有时也被笼统地称为水化硅酸钙，它的组成是不固定的，其 CaO/SiO_2 分子比（或缩写为 C/S 比）和 H_2O/SiO_2 分子比（或缩写为 H/S 比）都在较大范围内变动。C-S-H 凝胶的组成与它所处的碱性溶液的浓度有关。当溶液的 CaO 浓度为 1~2 mmol/L 时，生成水化硅酸钙和硅酸凝胶；当溶液的 CaO 浓度为 2~20 mmol/L 时，生成 C/S 比为 0.8~1.5 的水化硅酸钙，其组成可用(0.8~1.5) $CaO \cdot SiO_2 \cdot$ (0.5~2.5) H_2O 表示，称为 C-S-H（Ⅰ）；当溶液的 CaO 浓度饱和（即 CaO 浓度不低于 20 mmol/L）时，生成碱度更高的（C/S = 1.5~2.0）的水化硅酸钙，

一般可用 $(1.5\sim2.0)$ CaO·SiO$_2$·$(1\sim4)$ H$_2$O 表示，称为 C-S-H（Ⅱ）。C-S-H（Ⅰ）和 C-S-H（Ⅱ）的尺寸都非常小，接近于胶体范畴，在显微镜下，C-S-H（Ⅰ）为薄片状结构；而 C-S-H（Ⅱ）为纤维状结构，像一束棒状或板状晶体，它的末端有典型的扫帚状结构。Ca(OH)$_2$ 是一种具有固定组成的六方板状晶体。

硅酸三钙的水化速率很快，其水化过程根据水化放热速率-时间曲线（见图 4.3），可分为五个阶段：

（1）初始水解期。加水后立即发生急剧反应迅速放热，Ca^{2+} 和 OH$^-$ 迅速从 C$_3$S 粒子表面释放，几分钟内 pH 值上升超过 12，溶液具有强碱性，此阶段约在 15 min 内结束。

（2）诱导期。此阶段水解反应很慢，又称为静止期或潜伏期。一般维持 2~4 h，是硅酸盐水泥能在几小时内保持塑性的原因。

（3）加速期。反应重新加快，反应速率随时间而增长，出现第二个放热峰，在峰顶达最大反应速率，相应为最大放热速率。加速期处于 4~8 h，然后开始早期硬化。

（4）衰减期。反应速率随时间下降，又称减速期，处于 12~24 h。由于水化产物 CH 和 C-S-H 从溶液中结晶出来而在 C$_3$S 表面形成包裹层，故水化作用受水通过产物层的扩散控制而变慢。

（5）稳定期。是反应速率很低并基本稳定的阶段，水化完全受扩散速率控制。

由此可见，在加水初期，水化反应非常迅速，但反应速率很快就变得相当缓慢，这就是进入了诱导期。在诱导期末水化反应重新加速，生成较多的水化产物，然后水化速率即随时间的增长而逐渐下降。影响诱导期长短的因素较多，主要有水固比、C$_3$S 的细度、水化温度以及外加剂等。诱导期的终止时间与初凝时间有一定的关系，而终凝时间则大致发生在加速期的中间阶段。

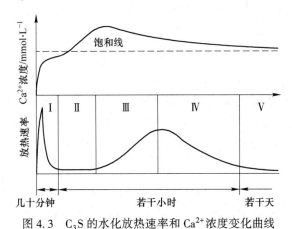

图 4.3 C$_3$S 的水化放热速率和 Ca^{2+} 浓度变化曲线

Ⅰ—初始水解期；Ⅱ—诱导期；Ⅲ—加速期；Ⅳ—衰减期；Ⅴ—稳定期

硅酸二钙的水化和 C$_3$S 极为相似，但水化速率慢得多，为 C$_3$S 的 1/20 左右，其水化反应可采用下式表示：

$$2CaO·SiO_2 + mH_2O \Longrightarrow xCaO·SiO_2·yH_2O + (2-x)Ca(OH)_2$$

即
$$C_3S + mH \Longrightarrow C\text{-}S\text{-}H + (2-x)CH$$

所形成的水化硅酸钙与 C$_3$S 生成的在 C/S 比和形貌等方面差别不大，故也通称为

C-S-H。但 CH 生成量比 C_3S 的少，结晶也比 C_3S 的粗大些。

4.4.1.3　铝酸三钙的水化

铝酸三钙与水反应迅速，水化产物的组成与结构受溶液中氧化钙、氧化铝浓度和温度的影响很大。常温下水化反应为：

$$2(3CaO \cdot Al_2O_3) + 27H_2O \Longleftrightarrow 4CaO \cdot Al_2O_3 \cdot 19H_2O + 2CaO \cdot Al_2O_3 \cdot 8H_2O$$

即

$$2C_3A + 27H \Longleftrightarrow C_4AH_{19} + C_2AH_8$$

C_4AH_{19} 在低于 85% 的相对湿度时，将失去 6 mol 的结晶水而成为 C_4AH_{13}。C_4AH_{19}、C_4AH_{13} 和 C_2AH_8 均为六方片状晶体；在常温下处于介稳状态，有向 C_3AH_6 等轴晶体转化的趋势。

$$C_4AH_{19} \Longleftrightarrow C_4AH_{13} + 6H$$

$$C_4AH_{13} + C_2AH_8 \Longleftrightarrow 2C_3AH_6 + 9H$$

上述过程随温度的升高而加速，而 C_3A 本身的水化热很高，所以极易按上式转化，同时在温度较高（35 ℃以上）的情况下，甚至还会直接生成 C_3AH_6 晶体：

$$C_3A + 6H \Longleftrightarrow C_3AH_6$$

溶液的氧化钙浓度达到饱和时，C_3A 还可能依下式水化：

$$C_3A + CH + 12H \Longleftrightarrow C_4AH_{13}$$

这个反应在硅酸盐水泥浆体的碱性液相中最易发生；而处于碱性介质中的六方片状 C_4AH_{13} 在室温下又能稳定存在，其数量迅速增多，阻碍粒子的相对移动，这是使水泥浆体产生瞬时凝结的一个主要原因。为此水泥粉磨时通常都掺加石膏，在石膏、氧化钙同时存在的条件下，C_3A 虽然开始也快速水化成 C_4AH_{13}，但接着就会与石膏按下式进行：

$$4CaO \cdot Al_2O_3 \cdot 13H_2O + 3(CaSO_4 \cdot 2H_2O) + 14H_2O \Longleftrightarrow$$
$$3CaO \cdot Al_2O_3 \cdot 3CaSO_4 \cdot 32H_2O + Ca(OH)_2$$

即

$$C_4AH_{13} + 3C\bar{S}H_2 + 14H \Longleftrightarrow C_3A \cdot 3C\bar{S} \cdot H_{32} + CH$$

所形成的三硫型水化硫铝酸钙，又称钙矾石。由于其中的铝可以被铁置换而成为含铝、铁的三硫酸盐相，故常以 AFt 表示。当 C_3A 尚未完全水化而石膏已经耗尽时，则 C_3A 水化所成的 C_4AH_{13} 又能与先前形成的钙矾石反应，形成单硫型水化硫铝酸钙（AFm）：

$$C_3A \cdot 3C\bar{S} \cdot H_{32} + 2C_4AH_{13} \Longleftrightarrow 3(C_3A \cdot C\bar{S} \cdot H_{12}) + 2CH + 20H$$

当石膏掺量极少，在所有的钙矾石都转化成单硫型水化硫铝酸钙后，就可能还有未水化的 C_3A 剩留。在这种情况下，则会形成 $C_3A \cdot C\bar{S} \cdot H_{12}$ 和 C_4AH_{13} 的固溶体。

4.4.1.4　铁相固溶体的水化

水泥熟料中的一系列铁相固溶体除用 C_4AF 作为其代表式外，还可以 Fss 来表示。C_4AF 的水化速率比 C_3A 略慢，水化热较低，即使单独水化也不会引起瞬凝。铁铝酸钙的水化产物与 C_3A 极为相似。氧化铁基本上起着与氧化铝相同的作用，也就是在水化产物中铁置换部分铝，形成水化硫铝酸钙和水化硫铁酸钙的固溶体，或者水化铝酸钙和水化铁酸钙的固溶体。

4.4.2 硅酸盐水泥的水化

硅酸盐水泥的水化，由于是多种矿物共同存在，有些矿物遇水的瞬间，就开始溶解、水化。因此，填充在颗粒之间的液相，实际上不是纯水，而是含有各种离子的溶液。硅酸盐水泥的水化如图 4.4 所示。

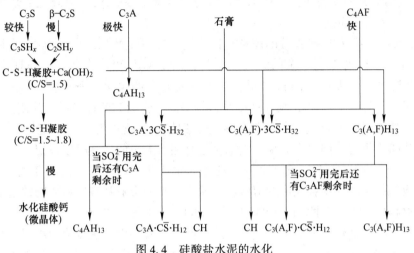

图 4.4　硅酸盐水泥的水化

水泥加水后，C_3A 立即发生反应，C_3S 和 C_4AF 也很快水化，而 C_2S 则较慢。几分钟后可见在水泥颗粒表面生成钙矾石针状晶体、无定型的水化硅酸钙以及 $Ca(OH)_2$ 或水化铝酸钙等六方板状晶体。由于钙矾石不断生成，使液相中 SO^{2-} 离子逐渐减少并在耗尽之后，就会有单硫型水化硫铝（铁）酸钙出现。如果石膏不足，还有 C_3A 或 C_4AF 剩留，则生成单硫型水化物和 $C_4(A, F)H_{13}$ 的固溶体，甚至单独的 $C_4(A, F)H_{13}$。因此，水泥的主要水化产物是氢氧化钙、C-S-H 凝胶、水化硫铝酸钙和水化硫铝（铁）酸钙以及水化铝酸钙、水化铁酸钙等。

水泥水化放出大量的热量，硅酸盐水泥的水化放热曲线如图 4.5 所示。

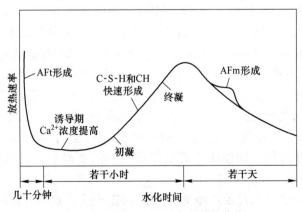

图 4.5　硅酸盐水泥的水化放热曲线

根据水化放热曲线，可以将硅酸盐水泥的水化概括为如下三个阶段：

（1）钙矾石形成期：C_3A 率先水化，与石膏迅速形成钙矾石，导致第一放热峰。

（2）C_3S 水化期：C_3S 开始迅速水化，大量放热，形成第二放热峰。由于钙矾石转化为单硫型水化硫铝酸钙，有时会有第三放热峰或在第二放热峰上出现一个"峰肩"，同时，C_2S 与 C_4AF 也不同程度参与这两个阶段的反应。

（3）结构形成和发展期：大量水化产物逐渐连接，交织发展成硬化的浆体结构，放热速率很低，趋于稳定。

水泥既然是多矿物、多组分的体系，各熟料矿物不可能单独进行水化，它们之间的相互作用必然对水化进程有一定的影响。例如，由于 C_3S 较快水化，迅速提高液相中的 Ca^{2+} 离子的浓度，促进 $Ca(OH)_2$ 结晶，从而能使 C_2S 的水化有所加速。C_3A 和 C_4AF 都要与硫酸根离子结合，但 C_3A 反应速度快，较多的石膏由其消耗掉后，就使 C_4AF 不能按计量要求形成铝（铁）酸钙，有可能使水化受到较小程度的延缓。一定量的石膏可使硅酸盐的水化略有加速，同时在 C-S-H 内部会结合相当数量的硫酸根以及铝、铁等离子；因此 C_3S 又要与 C_3A、C_4AF 一起，共同消耗硫酸根离子。可见水泥的水化过程非常复杂，液相的组成依赖于水泥中各组成的溶解度，而反过来又影响到各熟料矿物的水化，因此在水泥水化过程中，固、液两相处于随时间而变的动态平衡之中。

熟料各矿物与水作用形成水化产物是放热反应，所放出的热量称为水泥的水化热。在冬季施工时水泥水化放热可提高浆体温度，保持水泥的正常凝结硬化，但对于大体积工程，因内部热量不易散失而使混凝土内部与表面温差过大产生温度应力导致裂缝。水泥的水化热是由各熟料矿物水化作用所产生的，总的规律是：C_3A 的水化热与放热速率最大，C_3S 与 C_4AF 次之，C_2S 的水化热最小，放热速率也最慢。因此，适当增加 C_4AF 的含量以减少 C_3A 或者减少 C_3S 并相应增加 C_2S 的含量，均能降低水化热，这是调整熟料矿物组成，配制低热水泥的基本措施。

4.4.3 水化速率的调节

水泥的水化速度是决定水泥性能的一个重要的指标。所谓水化速度是指单位时间内水泥的水化程度或水化深度。而水化程度是指某一时刻水泥发生水化作用的量和完全水化的量的比值，以百分率表示。影响水化程度的因素很多，主要有以下几种：

（1）熟料矿物组成。熟料中四种主要矿物的水化速率顺序为 $C_3A>C_3S>C_4AF>C_2S$。

（2）水灰比。水灰比（water cement ratio）大，则水泥颗粒能高度分散，水与水泥的接触面积大，因此水化速率快。另外，水灰比大，使水化产物有足够的扩散空间，有利于水泥颗粒继续与水接触而起反应。但水灰比大使水泥凝结慢，强度下降。

（3）细度。水泥细度细，与水接触面积大，水化快；另外，细度细，水泥晶格扭曲、缺陷多，也有利于水化。一般认为，水泥颗粒粉磨至粒径小于 40 μm，水化活性较高，技术经济较合理。细度过细，往往使早期水化反应和强度提高，但对后期强度没有多大益处。

（4）养护温度。水泥水化反应也遵循一般的化学反应规律。温度提高，水化加快，特别是对水泥早期水化速率影响更大，但水化程度的差别到后期逐渐趋小。

（5）外加剂。常用的外加剂有促凝剂、促硬剂及延缓剂等。绝大多数无机电解质都

有促进水泥水化的作用。历史使用最早的是 $CaCl_2$，主要是增加 Ca^{2+} 浓度，加快 $Ca(OH)_2$ 的结晶，缩短诱导期。大多数有机外加剂对水化有延缓作用，最常使用的是各种木质素磺酸盐。

4.4.4　水泥的凝结与硬化过程

从整体来看，凝结与硬化是同一过程的不同阶段，凝结标志着水泥浆失去流动性而具有一定塑性强度，硬化则表示水泥浆固化后所建立的结构具有一定的机械强度。

有关水泥凝结硬化过程的看法，历来是有争论的。1882 年吕·查德理（H. Le-Chatelier）提出结晶理论。1892 年米哈埃利斯（W. Michaelis）又提出了胶体理论。接着有学者提出三维网状理论等论点。洛赫尔（F. W. Locher）等人从水化产物形成及其发展的角度，把硬化过程分为三个阶段，概括地表明了各主要水化产物的生成情况，有助于形象地了解浆体结构的形成过程（见图 4.6）。

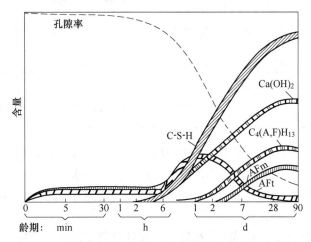

图 4.6　水泥水化产物的形成和浆体结构的发展示意图

第一阶段，大约在水泥拌水起到初凝为止，C_3S 和水迅速反应生成 $Ca(OH)_2$ 饱和溶液，并从中析出 $Ca(OH)_2$ 晶体。同时，石膏也很快进入溶液和 C_3A 反应生成细小的钙矾石晶体。在这一阶段，由于水化产物尺寸细小，数量又少，不足以在颗粒间架桥相联，网状结构尚未形成，水泥浆呈塑性状态。

第二阶段，大约从初凝起至 24 h 为止。水泥水化加速，生成较多的 $Ca(OH)_2$ 和钙矾石晶体。同时水泥颗粒上长出纤维状的 C-S-H。随着颗粒接触点数目的增加，网状结构不断加强，强度相应增长；原先剩留在颗粒间的非结合水逐渐被分割成各种尺寸的水滴，填充在相应大小的孔隙之中。

第三阶段，24 h 以后直到水化结束。一般情况下，石膏已耗尽，钙矾石转化为单硫型水化硫铝酸钙，还可能形成 $C_4(A,F)H_{13}$。随着水化产物的增加，水泥颗粒之间的毛细孔不断被填实，加之水化产物中的氢氧化钙晶体、水化铝酸钙晶体不断贯穿于水化硅酸钙等凝胶体之中，逐渐形成了具有一定强度的水泥石，从而进入硬化阶段。

4.4.5　硬化水泥浆体的组成和结构

硬化水泥浆体是一非均质的多相体系，由各种水化产物和残存熟料所构成的固相以及存在于孔隙中的水和空气所组成，所以是固、液、气三相多孔体。它具有一定的机械强度和孔隙率，外观和其他性能与天然石材相似，所以又称之为水泥石。常温下硬化而成的水泥石，通常由水泥凝胶、吸附在凝胶孔内的凝胶水、$Ca(OH)_2$ 等结晶相、未水化水泥颗粒、毛细孔及毛细孔水所组成。在充分水化的水泥浆体中 C-S-H 凝胶占 70% 左右，$Ca(OH)_2$ 约 20%，钙矾石和单硫型水化硫铝酸钙等大约为 7%，未水化的残留熟料和其他微量组分约 3%。C-S-H 凝胶组成硬化水泥浆体的主体，对硬化水泥浆体的性质有着重要的影响。各主要水化产物的基本特征见表 4.4。

表 4.4　水泥硬化浆体中主要水化产物的基本特征

名　称	密度/g·cm⁻³	结晶程度	形　貌	尺　寸	鉴别手段
C-S-H	2.3~2.6	极差	纤维状、网络状、皱箔状等大粒状，水化后期不易分辨	1 μm×0.1 μm 厚度小于 0.01 μm	扫描电镜
氢氧化钙	2.24	良好	六方板状	0.01~0.1 μm	光学显微镜、扫描电镜
钙矾石	1.75	好	带棱针状	10 μm×0.5 μm	光学显微镜、扫描电镜
单硫型水化硫铝酸钙	1.95	尚好	六方薄板状、不规则花瓣状	1 μm×1 μm×0.1 μm	扫描电镜

各种尺寸的孔也是硬化水泥浆体结构中的一个主要部分，总孔隙率、孔径大小的分布以及孔的形态等，都是硬化水泥浆体的重要结构特征。在水化过程中，水化产物的体积要大于熟料矿物的体积。例如体积为 1 cm³ 的水泥，水化后水化产物约需占据 2.2 cm³ 的空间。

硬化水泥浆体中的水有不同的存在形式，按其与固相组成的作用情况，可以分为结晶水、吸附水和自由水三种基本类型。结晶水（化学结合水）分为强结晶水和弱结晶水，强结晶水又称晶体配位水，以 OH^- 离子状态存在，并占有晶格上的固定位置，和其他元素有确定的含量比，结合力强，只有在较高的温度下晶格破坏时才能将其脱去；弱结晶水是以中性水分子形式存在的，在晶格上也占据固定的位置，由氢键和晶格上剩余键相结合，但不如强结晶水牢固，脱水温度不高，在 100~200 ℃ 即可脱去，而且也不会导致晶格的破坏。吸附水以中性水分子的形式存在，但并不参与组成水化物的晶体结构，而是在吸附效应或毛细管力的作用下被机械地吸附于固相粒子表面或孔隙之中，按其所处的位置分为凝胶水和毛细孔水两种，凝胶水由于受表面强烈吸附而高度定向，结合强弱可能有相当差别，脱水温度有较大范围，凝胶水的数量大体上正比凝胶体的数量；毛细孔水仅受到毛细管力的作用，结合力较弱，脱水温度也较低，在数量上取决于毛细孔的数量。自由水（游离水）存在于粗大孔隙内，与一般水的性质相同。

综上所述，硬化水泥浆体中既有固相的水泥水化产物和未水化的残存熟料，又有水或空气充填在各类孔隙之中，所以是非均质的固、液、气三相体系。其中作为主要部分的水化产物，不但化学组成各异，根据视点不同，相的组成也是不同的，且有不同的形貌，如在扫描电镜下观察可有纤维状、棱柱状或针棒状、管状、板状、片状、鳞片状以及无定型等多种基本形式，是一个十分复杂且随时间和外界条件而变化的体系。

4.5　硅酸盐水泥的性质

4.5.1　密度和容积密度

水泥在绝对紧密（没有空隙）的状态下，单位容积所具有的质量称为水泥的密度。它主要受熟料矿物组成和煅烧温度、水泥贮存时间和条件以及混合材种类和掺加量等因素的影响。熟料中 C_4AF 含量高、熟料煅烧充分、贮存期短、混合材掺加量少、细度较粗的水泥其密度较大。常用水泥的密度一般波动在如下范围：

（1）硅酸盐水泥、普通水泥：$3.1 \sim 3.2 \ g/cm^3$；

（2）矿渣水泥：$3.0 \sim 3.1 \ g/cm^3$；

（3）火山灰水泥、粉煤灰水泥：$2.7 \sim 3.1 \ g/cm^3$。

单位容积（包括空隙）的水泥具有的质量称为水泥的容积密度，它分为松装和紧装两种情况。硅酸盐水泥的松装容积密度为 $0.9 \sim 1.3 \ g/cm^3$，紧装容积密度为 $1.4 \sim 1.7 \ g/cm^3$。

4.5.2　水泥细度

水泥颗粒的粗细程度称为细度，可以用筛余百分数、比表面积、颗粒平均直径和颗粒级配等多种方法表示。水泥的细度与凝结时间、强度、干缩率以及水化放热速率等一系列性能都有密切的关系，必须控制在合适的范围内。通常，水泥细度越细，水化速度越快，越易水化完全，对水泥胶凝性质的有效利用率就越高。但必须注意，水泥细度过细，比表面积过大，水泥浆体要达到同样流动度，需水量就过多，将使硬化水泥浆体因水分过多引起孔隙率增加而降低强度。我国水泥标准规定，用筛孔尺寸为 $80 \ \mu m$ 的方孔筛进行筛分，其筛余不得超过 10%，否则为不合格。

此外，随着水泥比表面积的提高，干缩率和水化放热速率也会变大；磨机的台时产量下降，电耗、球段和衬板的消耗也相应增加。通常，水泥粉磨的比表面积在 $3000 \ cm^2/g$ 左右。

4.5.3　凝结时间

水泥从加水时算起，开始凝结失去流动性和部分可塑性所需的时间称为初凝时间，水泥浆体完全失去可塑性并开始产生强度所需的时间称为终凝时间。

水泥浆体的凝结时间对于工程施工具有重要意义。如果凝结过快，混凝土会很快失去流动性，以致无法浇筑，所以初凝时间不宜过短，以便有足够的时间在初凝之前完成混凝土各工序的施工操作；但终凝时间又不宜太迟，以便混凝土在浇捣完毕后，尽早完成凝结硬化。否则会妨碍工程进度，造成实际工作中的困难。为此，各国标准都规定了水泥的凝结时间，硅酸盐水泥的初凝时间不得早于 45 min，终凝时间不得迟于 12 h。

凡是影响水泥水化速度的各种因素，也同样影响着水泥的凝结时间，如矿物组成、细度、水灰比、温度和外加剂等。从矿物组成看，C_3A 水化最为迅速，如不控制则会造成"急凝"。C_3S 水化也快，数量也多，因而这两种矿物与水泥凝结速度的关系最为密切。水泥粉磨时加入适量石膏不仅可调节其凝结时间以利于施工，同时还可以改善水泥的一系列性能，如提高水泥的强度，改善水泥的耐蚀性、抗冻性、抗渗性，降低干缩变形等。但石膏对水泥凝结时间的影响，并不与掺量成正比，而是突变的，当掺量超过一定数量时，略有增加就会使凝结时间变化很大。石膏掺量太少，起不到缓凝的作用；但掺量太多，会在水泥水化后期继续形成钙矾石，使初期硬化的浆体产生膨胀应力，削弱强度，发展严重的还会造成安定性不良的后果。为此，国家标准限制了出厂水泥中石膏的掺入量，其根据是使水泥的各种性能不会恶化的最大允许含量。

在实际生产中，通常用同一熟料掺各种百分比的石膏（SO_3 为 1%~4%），分别磨到同一细度，然后进行凝结时间、不同龄期的强度等性能试验，用所得数据作出强度与 SO_3 含量的关系曲线，根据曲线，结合各龄期情况综合考虑，选择在凝结时间正常时能达到最高强度的适宜 SO_3 掺入量，这个掺入量称为最佳石膏加入量。

另外，水泥在调和几分钟后还会发生一种不正常的早期固化或过早变硬现象，即"假凝"现象。这主要由于水泥在粉磨时受到高温，使二水石膏脱水成半水石膏。当水泥加水后，半水石膏迅速溶于水，溶解度也大，部分又重新水化为二水石膏析出，形成针状结晶网状结构，引起浆体固化。假凝与急凝不同：假凝不产生大量热量，而且经剧烈搅拌后，浆体可恢复塑性，达到正常凝结，对强度无不利影响。

4.5.4 体积安定性

水泥在凝结硬化过程中体积变化的均匀性称为水泥的体积安定性。简称安定性。水泥石硬化过程中或之后产生较剧烈的不均匀性体积变化而导致构件弯曲、开裂甚至崩溃的现象称之为体积安定性不良，安定性是水泥的重要指标之一。体积安定性不良的水泥应作废品处理，不得应用于工程中，否则将导致严重后果。

导致体积安定性不良的原因一般是熟料中的游离氧化钙、氧化镁含量过多或石膏掺加量过多，致使水泥已经凝结硬化后，甚至已经应用于结构物中，这些成分继续水化，体积膨胀，引起不均匀的体积膨胀，造成水泥石开裂。水泥中碱的过多存在也可能导致混凝土的安定性不良。

4.5.5 强度及标号

水泥强度是指硬化的水泥石能够承受外力破坏的能力，它是评定水泥质量最重要的指标之一。一般用水泥标号作为水泥强度的等级划分标准。用水泥 28 天抗压强度指标来表示水泥标号。由于强度是逐渐增长的，所以必须同时说明养护周期。通常把 28 天以前的强度称为早期强度，28 天及其后的强度则称为后期强度，也有将 3 个月、6 个月或更长时间的强度称为长期强度。水泥强度的测定，必须严格遵守国家标准的规定。

硅酸盐水泥的强度受熟料矿物组成的影响较大，不同熟料矿物在标准条件下，强度的发展见表 4.5。

表 4.5 水泥熟料单矿物的强度

矿物名称	抗压强度（×9.8×10⁴）/Pa				
	3 天	7 天	28 天	90 天	180 天
C_3S	296	320	496	556	626

矿物名称	抗压强度(×9.8×10⁴)/Pa				
	3 天	7 天	28 天	90 天	180 天
C_2S	14	22	46	194	286
C_3A	60	52	40	80	80
C_4AF	154	168	186	166	196

从表 4.5 可以看出，C_3S 具有较高的早期强度，而 C_2S 的早期强度较低，但后期强度较高。C_3A 和 C_4AF 的强度均在早期发挥，后期强度没有大的发展。硅酸盐水泥的强度与四种熟料矿物组成的相对含量有关，但绝不是简单的加权关系。

另外，煅烧温度、冷却速度、水泥的细度、混合材品种和掺加量以及水泥使用时的用水量、环境温度、环境湿度和外加剂等也会对强度有影响。

4.5.6 保水性和泌水性

水泥的保水性是水泥浆在静置条件下保持水分的能力。泌水性又称析水性，是指水泥浆所含的水分从浆体中析出的难易程度。在制备混凝土时，拌和用水往往比水泥水化所需的水量多 1~2 倍。

泌水性实际上是混凝土组分的离析。在塑性的水泥浆体中，泌水过程必然伴随着固体粒子的沉淀。对于比较干硬的浆体，泌水性则与毛细通道是否上下贯穿有关。由于水泥的泌水过程主要发生在水泥浆体形成稳定的凝聚结构之前，故水泥的泌水量、泌水速率与水泥的粉磨细度、混合材料的种类和掺量、水泥的化学组成以及加水量、温度等多种因素有关。

实践表明，凡是能够减弱泌水性的因素，一般都能改善保水性。

4.5.7 耐久性

硅酸盐水泥硬化后，在通常使用条件下，一般有较好的耐久性。有些 100~150 年以前建造的水泥混凝土建筑至今仍毫无损坏的迹象。部分长龄期试验的结果表明，30~50 年后的抗压强度比 28 天时会提高 30% 左右，有的达到一倍以上。但也有不少失败的工程实验指出，早到 3~5 年就会有早期损坏，甚至有彻底破坏的危险。

影响耐久性的因素虽然很多，但抗渗性、抗冻性及抗侵蚀性，则是衡量硅酸盐水泥耐久性的三个主要方面。

4.5.7.1 抗渗性

水泥抵抗种种有害介质（包括流动水、溶液及气体等）进入内部的能力称为抗渗性，常用渗透系数 K 表示抗渗性的大小，K 可以用下式表示：

$$K = C\frac{\varepsilon r^2}{\eta} \qquad (4.24)$$

式中，ε 为总孔隙率；r 为孔隙半径；η 为流体黏度；C 为常数。

可见，渗透系数 K 正比于孔隙半径的平方，与总孔隙率却只有一次方的正比关系。

因此，孔径的尺寸对抗渗性有着更为重要的影响。经验表明，当管径小于 1 μm 时，几乎所有水都吸附于管壁或作定向排列，很难流动；至于水泥凝胶，由于胶孔尺寸更小，其渗透系数 K 仅为 7×10^{-16} m/s。因此，凝胶孔的多少对抗渗性实际上无影响，渗透系数 K 主要决定于毛细孔率的大小，特别是直径超过 1320×10^{-10} m 的孔的数量。实验表明，当水灰比提高时，大尺寸毛细孔增多，渗透系数也增大。图 4.7 为渗透系数与水灰比的关系。

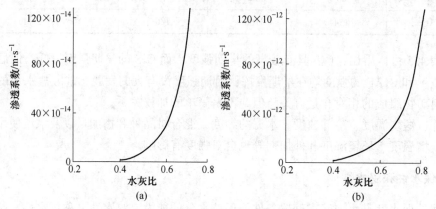

图 4.7　硬化水泥浆体和混凝土的渗透系数与水灰比的关系
（a）水泥浆体；（b）混凝土

由图 4.7 可见，水灰比在一定限度以下时（如小于 0.5），充分硬化的水泥浆体及混凝土具有优良的抗渗性。

4.5.7.2　抗冻性

抗冻性指水泥抵抗冻融循环的能力，水在结冰时，体积将增加 9%，因此硬化水泥浆体中的水结冰会使孔壁承受一定的膨胀应力，如这种应力超过浆体的抗拉强度，就会引起微裂纹等不可逆的结构变化，从而在冰融化后，不能完全复原。再次冻结时，原先形成的裂缝又由于水结冰而扩大，如此反复循环，裂缝越来越大，导致更为严重的破坏。

关于水泥品种与矿物组成对抗冻性的影响，一般认为硅酸盐水泥比掺混合材料水泥的抗冻性好，增加 C_3S 含量，抗冻性可以改善。有些实验结果还认为 C_3A 与碱含量高的水泥抗冻性差，但也有人用 C_3A 含量高的水泥配成耐冰冻的混凝土。

4.5.7.3　抗侵蚀性

对于水泥耐久性有害的环境介质主要为：淡水、酸和酸性水、硫酸盐溶液和碱溶液等。其侵蚀作用可概括为：溶解侵析、离子交换以及形成膨胀性产物等三种形式。

硅酸盐水泥属于水硬性胶凝材料，理应有足够的抗水能力。但是硬化浆体若不断受到淡水（冷凝水、雨水、雪水等）的浸析时，其中一些组成如 $Ca(OH)_2$、$Mg(OH)_2$ 等将按照溶解度的大小，依次被水溶解，产生溶出性侵蚀，从而导致毁坏。

当水中溶有一些无机或有机酸时，硬化水泥浆体将受到溶析与化学溶解双重作用。将浆体组成转变为溶盐类，侵蚀明显加速，酸类离解出来的 H^+ 离子和酸根 R^-，分别与浆体所含 $Ca(OH)_2$ 中的 OH^- 和 Ca^{2+} 结合成水和钙盐。

所以酸性水溶液侵蚀作用的强弱，决定于水中的 H^+ 浓度。如 pH 值小于 6 时，硬化水泥浆体就有可能受到侵蚀。无机酸与有机酸很多是在化工厂或工业废水中遇到的，化工防腐已是一个重要的专业课题。

绝大部分硫酸盐对硬化水泥浆体都有明显的侵蚀作用，只有硫酸钡除外。在一般的河水和湖水中，硫酸盐含量不大，但在海水中，SO_4^{2-} 离子的含量常达 2500～2700 mg/L。硫酸钠、硫酸钾等多种硫酸盐都能与水泥浆体所含的氢氧化钙作用生成硫酸钙，再和水化铝酸钙反应而生成钙矾石，从而使固相体积增加很多，分别为 124% 和 94%，产生相当大的结晶压力，造成膨胀开裂以至毁坏。

在地下水、海水以及某些工业废水中也常会有氧化镁、硫酸镁或碳酸氢镁等镁盐存在，它们与硬化浆体中的 $Ca(OH)_2$ 形成可溶性钙盐。例如，硫酸镁依下式反应：

$$MgSO_4 + Ca(OH)_2 + H_2O \longrightarrow CaSO_4 \cdot H_2O + Mg(OH)_2$$

生成的氢氧化镁溶解度极小，极易从溶液中沉析出来，从而使反应不断向右进行。而且，氢氧化镁饱和溶液的 pH 值只为 10.5，水化硅酸钙不得不放出石灰，以建立使其稳定存在所需的 pH 值。但是硫酸镁又与放出的氧化钙作用，如此连续进行，实质上就是硫酸镁使水化硅酸钙分解，如下式所示：

$$3CaO \cdot 2SiO_2(aq) + 3MgSO_4 + 9H_2O \longrightarrow 3[CaSO_4 \cdot 2H_2O] + 3Mg(OH)_2 + 2SiO_2(aq)$$

同时，在长期接触的条件下，即使是未分解的水化硅酸钙凝胶中的 Ca^{2+} 离子也要逐渐被 Mg^{2+} 离子所置换，最终转化成水化硅酸镁，导致胶结性能进一步下降。另外，由 $MgSO_4$ 反应生成的二水石膏，又会引起硫酸盐侵蚀作用，所以危害更为严重。

一般情况下，水泥混凝土能够抵抗碱类的侵蚀，但如长期处于较高浓度（大于 10%）的含碱溶液中，不仅能与硬化水泥浆体组分发生化学反应，生成胶结力弱，易为碱液溶解的产物，而且也会有结晶膨胀作用。例如与 NaOH 即可发生下列反应：

$$2CaO \cdot 2SiO_2 \cdot nH_2O + 2NaOH \longrightarrow 3Ca(OH)_2 + Na_2SiO_3 + (n-1)H_2O$$

$$3CaO \cdot Al_2O_3 \cdot 6H_2O + 2NaOH \longrightarrow 3Ca(OH)_2 + Na_2O \cdot Al_2O_3 + 4H_2O$$

又可在渗入浆体孔隙后，再在空气中二氧化碳作用下形成大量含结晶水的 $Na_2CO_3 \cdot 10H_2O$，在结晶时同样会造成浆体结构的胀裂。

我国《通用硅酸盐水泥》（GB 175—1992）标准规定：凡氧化镁、三氧化硫、初凝时间、安定性中的任一项不符合标准规定，均为废品。废品水泥在工程中严禁使用。凡细度、终凝时间、不溶物和烧失量中的任一项不符合标准规定或混合材料掺加量超过最大限量，或强度低于商品标号规定的指标时，称为不合格品。新的国家标准（GB 175—2007）规定废除了水泥废品的说法，提出不合格品的说法，规定只要有关物理指标、化学指标任一指标不合格都为不合格品。《通用硅酸盐水泥》（GB 175—2023）标准增加了：水泥包装标志中水泥品种、强度等级、生产者名称和出厂编号不全的也属于不合格品。

4.6 各类水泥及应用

4.6.1 掺混合材料的水泥

4.6.1.1 火山灰质硅酸盐水泥

国家最新标准《通用硅酸盐水泥》（GB 175—2023）规定了火山灰质硅酸盐水泥组成，60%～70% 的硅酸盐水泥熟料和石膏，21%～40% 的火山灰质混合材料，替代材料为

0~5%的石灰石，替代后火山灰质混合材料含量不小于21%。

A　火山灰质混合材料

凡天然的或人工的以氧化硅、氧化铝为主要成分的矿物材料，磨成细粉加水后本身并不硬化，但与气硬性石灰混合，加水拌和成胶泥状态后、能在空气中硬化，而且能在水中继续硬化的，称为火山灰质混合材料。

按照标准（GB/T 2847—2022）规定，火山灰质材料按成因分为天然火山灰质混合材料和人工火山灰质混合材料两大类共 10 种，天然火山灰质混合材料包括火山灰、凝灰岩、沸石岩、浮石、硅藻土或硅藻石，人工火山灰质混合材料包括烧煤矸石、烧黏土、烧页岩、煤渣和硅质渣。

火山灰质混合材料应符合标准（GB/T 2847—2022）规定的技术要求（水泥胶砂 28天抗压强度比除外）。

火山灰质混合材料的其他技术要求：火山灰性合格；烧失量不大于 10%；三氧化硫不大于 3.5%；二氧化硅+三氧化二铝总量不小于 50.0%；放射性：内照射指数不大于1.0，外照射指数不大于 1.0；可浸出重金属含量：应符合标准（GB/T 30760—2024）中对水泥熟料可浸出重金属含量限值的要求；碱含量：买方要求时，买卖双方协商确定。

B　火山灰水泥的性质和用途

火山灰水泥的密度比硅酸盐水泥小，一般为 2.7~2.9 g/cm³。火山灰水泥的性质和掺入量有关，如混合材料为凝灰岩或粗面凝灰岩等时，需水量与硅酸盐水泥相近；当用硅藻土、硅藻石等作混合材料时，则水泥的需水量增加，并且随混合材料掺入量的增多而增加。火山灰水泥的强度发展较慢，尤其是早期强度较低。表 4.6 为火山灰质硅酸盐水泥（掺 30%煅烧煤矸石）和同等级硅酸盐水泥抗折和抗压强度的增进率。火山灰水泥的用途一般与普通硅酸盐水泥相类似，但是，更适用于地下、水中、潮湿的环境工程。

表 4.6　火山灰水泥和硅酸盐水泥的强度增进率

水泥品种	抗折强度/%					
	3 天	7 天	28 天	90 天	180 天	1 年
425 硅酸盐水泥	61	66	100	102	111	114
425 火山灰水泥	41	62	100	124	131	131
水泥品种	抗压强度/%					
	3 天	7 天	28 天	90 天	180 天	1 年
425 硅酸盐水泥	49	73	100	119	126	130
425 火山灰水泥	43	58	100	158	171	173

4.6.1.2　粉煤灰硅酸盐水泥

粉煤灰是火力发电厂燃煤粉锅炉排出的废渣，是具有一定活性的火山灰质混合材料。粉煤灰水泥是我国五大品种水泥之一。粉煤灰的化学成分主要是 SiO_2、Al_2O_3、CaO 和未燃尽的碳。国内外各电厂的粉煤灰的化学成分基本相近，其波动范围（质量分数）一般如下：SiO_2 40%~65%，Al_2O_3 15%~40%，Fe_2O_3 4%~20%，CaO 2%~7%，烧失量 3%~10%，密度 1.8~2.4 g/cm³，容积密度为 0.5~0.9 g/cm³。

国家最新标准《通用硅酸盐水泥》（GB 175—2023）规定了粉煤灰硅酸盐水泥组成，

60%~70%的硅酸盐水泥熟料和石膏，21%~40%的粉煤灰混合材料，替代材料为0~5%的石灰石，替代后粉煤灰混合材料含量不小于21%。

粉煤灰水泥的生产与普通水泥基本相同。粉煤灰的掺加量通常与水泥熟料的质量、粉煤灰的活性和要求生产的水泥标号等因素有关，主要由强度试验结果来决定。粉煤灰的早期活性很低，因此，粉煤灰水泥的强度（尤其是早期强度）随粉煤灰的掺加量增加而下降。当粉煤灰掺加量小于25%时，强度下降幅度较小；当掺加量超过30%时，强度的下降幅度增大，见表4.7。在粉煤灰水泥中，掺入部分粒化高炉矿渣代替粉煤灰，水泥的强度下降幅度减小。

表 4.7 粉煤灰掺入量对水泥强度的影响

粉煤灰掺入量 /%	抗折强度/MPa			抗压强度/MPa		
	3 天	7 天	28 天	3 天	7 天	28 天
0	6.3	7.0	7.2	32.1	41.5	55.5
25	4.7	5.7	6.5	23.1	29.1	44.0
35	4.2	5.3	6.4	18.5	24.9	42.2

粉煤灰与其他天然火山灰相比，结构比较致密，内比表面积小，有很多球状颗粒。所以，粉煤灰水泥需水量较低，干缩性小，抗裂性好，水化热低，抗蚀性也较好。因此，粉煤灰水泥可用于一般的工业和民用建筑，尤其适用于地下和海港工程等。

4.6.1.3 矿渣硅酸盐水泥

A 粒化高炉矿渣

高炉矿渣是冶炼生铁时的副产品。由于成分和冷却条件不同，粒化高炉矿渣可以呈白色、淡灰色、褐色、黄色、绿色及黑色。粒化高炉矿渣含有较多的化学潜能，我国的粒化高炉矿渣全部得到了综合利用，用它作活性混合材料生产水泥，有利于扩大品种，改进性能，调节标号，增加产量，改善立窑水泥的安定性。

粒化高炉矿渣根据其中碱性氧化物（CaO 和 MgO）与酸性氧化物（SiO_2 和 Al_2O_3）的质量分数比值（碱性系数 M），可以分为碱性矿渣（$M>1$），中性矿渣（$M=1$）和酸性矿渣（$M<1$）。

粒化高炉矿渣的化学成分主要为 CaO、SiO_2、Al_2O_3，其总量一般在 90% 以上，另外还有少量 MgO、FeO 和一些硫化物，如硫化钙等。

粒化高炉矿渣所含的矿物极少，其主要组成为玻璃体。实践证明，在矿渣的化学成分大致相同的情况下，其中玻璃体的含量越多，矿渣的活性也越高。

B 矿渣硅酸盐水泥的定义

矿渣硅酸盐水泥是我国五大品种水泥之一，是产量最多的水泥品种。根据国家标准《通用硅酸盐水泥》（GB 175—2023）规定，矿渣硅酸盐水泥组成为 30%~49% 的硅酸盐水泥熟料和石膏，51%~70% 的矿渣/矿粉渣，替代材料为 0~8% 的粉煤灰或火山灰质混合材料、石灰石中的一种，替代后矿渣/矿粉渣含量不小于 51%。

水泥中粒化高炉矿渣掺加量按质量分数计为 20%~70%，允许用不超过混合材总掺加量 1/3 的火山灰质混合材料（包括粉煤灰）、石灰石、窑灰来替代部分粒化高炉矿渣。若为火山灰质混合材料，不得超过 15%；若为石灰石，不得超过 10%；若为窑灰，不得超过 8%。允许用火山灰质混合材与石灰石或窑灰共同来替代矿渣，但代替的总量最多不得超过水泥质量的 15%，其中石灰石仍不得超过 10%，窑灰仍不得超过 8%。替代后水泥中粒化高炉矿渣不得少于 20%。

矿渣水泥的生产过程与普通硅酸盐水泥相同，粒化高炉矿渣烘干后与硅酸盐水泥熟料、石膏按一定比例送入磨内共同粉磨。根据水泥熟料、矿渣的质量，改变熟料和矿渣的配合比及水泥的粉磨细度，可生产出不同标号的矿渣水泥。矿渣水泥有 325、425、525 和 625 几个系列标号。

C　矿渣水泥的性质和用途

矿渣硅酸盐水泥的颜色比硅酸盐水泥淡，密度较硅酸盐水泥小，为 $2.8 \sim 3.0 \ g/cm^3$，松散容积密度为 $0.9 \sim 1.2 \ g/cm^3$，紧密容积密度为 $1.4 \sim 1.8 \ g/cm^3$。矿渣水泥的凝结时间一般比硅酸盐水泥要长，初凝一般为 $2 \sim 5 \ h$，终凝 $5.9 \ h$。标准稠度与普通水泥相近。为了提高水泥的早期强度，水泥的细度一般要求磨得细些，一般控制在 $0.080 \ mm$ 方孔筛筛余 5% 左右。矿渣水泥的安定性良好，早期强度较普通水泥低，但后期强度可以超过普通水泥。温度对矿渣硅酸盐泥强度的发展较硅酸盐水泥敏感，所以不宜于冬天露天施工使用。

矿渣水泥的水化热较硅酸盐水泥小，耐水性和抗碳酸盐性与硅酸盐水泥相近，在清水和硫酸盐中的稳定性优于硅酸盐水泥，耐热性较好，与钢筋的黏结力也很好，抗大气性及抗冻性不及硅酸盐水泥，过早干燥及干湿交替对矿渣水泥强度发展不利。矿渣水泥的和易性较差，泌水量大，因此，施工上要采取相应措施，如加强保潮养护，严格控制加水量，低温施工时采用保温养护等。也可加入一些外加剂，如减水剂等，以提高矿渣水泥的早期强度。

4.6.1.4　提高掺混合材料硅酸盐水泥早期强度的措施

从上面的讨论可以看出，掺混合材料的水泥有一个共同的特点，那就是早期（3 天、7 天）强度偏低。因此，如何提高其早期强度是改善这类水泥使用条件的重要问题。一般认为，适当提高水泥熟料硅酸三钙和铝酸三钙含量，控制混合材的质量和掺量，提高水泥的细度，适当增加石膏掺入量，采用减水剂或早强剂等可提高这类水泥的早期强度。

A　适当提高熟料中硅酸三钙和铝酸三钙含量

该两种矿物早期强度高，水化快，因此可提高水泥的早期强度。C_3A 含量增加可提高矿渣水泥的早期强度的例子见表 4.8。

表 4.8　熟料矿物组成对矿渣水泥抗压强度的影响

熟料中矿物含量/%		水泥中矿渣含量/%	抗压强度/MPa		
C_3S	C_3A		3 天	7 天	28 天
55	8	50	6.9	11.8	25.9
55	10	50	10.0	23.0	34.9
55	12	50	15.0	21.0	35.0

B　控制混合材的质量和掺入量

对矿渣来说，要选用化学成分适当和水淬质量好的矿渣。其化学成分处于相图中

C_2AS 和 C_2S 区时，矿渣水泥的早期和后期强度都较高，水淬好的，玻璃体多，质量好。对火山灰质混合材来说，要选玻璃相含量高，活性 SiO_2 和活性 Al_2O_3 含量高者。

混合材掺入量越多，水泥强度下降越显著，而掺入量适当时，早期强度下降不大，后期强度下降也很小，有些（如掺矿渣者）后期（28 天）强度还会有所提高，见表 4.9。

表 4.9　矿渣掺入量对矿渣水泥抗压强度的影响

矿渣掺入量/%	细度，0.08 mm 方孔筛筛余/%	抗压强度/MPa		
		3 天	7 天	28 天
0	5.2	21.0	31.8	47.1
20	5.0	18.5	31.8	52.2
40	5.5	13.6	27.3	48.3
60	5.7	7.7	16.1	41.7

C　提高水泥的粉磨细度

提高掺混合材的硅酸盐水泥的细度，对水泥强度，尤其是对早期强度的影响特别明显。表 4.10 中列出了粉磨细度对矿渣水泥抗压强度的影响。

从表 4.10 可见，水泥比表面积从 3500 cm^2/g 提高到 4500 cm^2/g 时，3 天抗压强度甚至超过了纯硅酸盐水泥。因此，在磨机有余力的情况下，用磨细的方法是提高矿渣水泥抗压强度最简单的有效措施。提高细度对火山灰质水泥特别是对粉煤灰水泥也非常有利。但过分提高水泥粉磨细度会降低磨机产量，增加电耗，提高水泥成本。因此，水泥的细度，必须结合工厂具体条件，根据综合技术经济指标确定。

表 4.10　粉磨细度对矿渣水泥抗压强度的影响

矿渣掺入量/%	比表面积 /$cm^2 \cdot g^{-1}$	抗压强度/MPa		
		3 天	7 天	28 天
0	2800	14.8	24.4	33.1
50	3500	10.4	19.4	26.5
50	4500	16.1	24.4	36.5
50	5500	23.4	31.1	46.9

增加熟料的细度，对水泥的早期强度有利，而矿渣磨细则有利于水泥后期强度的发展。因此，在粉磨早期强度要求较高的快硬矿渣硅酸盐水泥时，可采用二级粉磨流程。先在一般磨中将水泥熟料进行粗磨，然后在二级磨中与矿渣共同粉磨至成品。若矿渣掺量多，且水泥用于水工工程，则应采用矿渣适当磨细的流程。若矿渣与熟料的易磨性相差较大时，应采用分别粉磨再进行混合的工艺流程。

提高矿渣水泥的粉磨细度，除了提高早期强度外，还有利于改进矿渣水泥的和易性，减少泌水量。

D　适当增加石膏掺入量

适当增加石膏掺入量可提高这类水泥的早期强度，特别是在熟料中硅酸三钙和混合材

的 Al_2O_3 含量高、水泥细度较细的情况下更是如此，因为它有利于早期形成钙矾石。对矿渣硅酸盐水泥来说，石膏还是它的硫酸盐激发剂。但掺量也不宜过多，否则会引起膨胀，例如，国家标准规定矿渣水泥中三氧化硫含量不大于4%，在工厂生产中，矿渣水泥石膏掺入量以 SO_3 计，较佳掺入量一般为 2.0%~3.0%。

此外，在熟料 C_3A 含量和矿渣 Al_2O_3 含量高的矿渣水泥中，加入适量石灰石代替矿渣，也可提高其早期强度，这是由于 $CaCO_3$ 与水化铝酸钙可形成水化碳铝酸钙所致。

E 加入早强剂或减水剂

加入早强剂能促进水泥硬化，提高早期强度。常用的早强剂有氧化钙、氯化钙加亚硝酸钠、煅烧明矾石与石膏、氯化钠加三乙醇胺、亚硝酸钠加三乙醇胺和石膏等。

加入减水剂或减少水泥用水量，同样能提高早期强度。

4.6.2 道路水泥

从我国目前公路建设来看，水泥混凝土路面越来越多。因为混凝土路面平整、耐久，尽管一次投资大，但从长远看仍然是经济的，特别是随着高等级路面（高速公路和一级公路）的发展，对道路水泥的要求越来越迫切。据计算，修筑厚 20 cm、宽 7 m 的路面所需的水泥约为 500 t/km。因此，道路水泥的用量将越来越大。

因为混凝土路面经受高速车辆的摩擦、载重车辆的冲击、起卸货物的骤然负荷。路面与路基的温度差和湿度差所产生的膨胀应力，还有冬季结冰的冻融、夏季的雨淋日晒等恶劣的自然环境，因此对水泥混凝土路面，要求耐磨性好、收缩小、抗冻性好、抗冲击性好，有高的抗折强度，还要求有良好的耐久性。

道路水泥主要是依靠改变矿物组成、粉磨细度、石膏掺入量和掺外加剂来获得上述特性。对道路水泥熟料的矿物要求是：

（1）抗折强度高，要求熟料中的 CS 含量高；

（2）耐磨性好，C_4AF 的耐磨性最好，抗裂性好，因此要求 C_4AF 含量高。

（3）胀缩性小，C_3A 收缩最大，因此应减少 C_3A 含量。

综合以上要求，制造道路水泥应以高铁高阿利特水泥为宜。我国水泥标准规定：凡由纯硅酸盐水泥熟料，0~10%活性混合材和适量石膏磨细制成的水硬性胶凝材料，称为道路水泥。

道路水泥熟料矿物组成为：$w(C_3A)<5\%$，$w(C_4AF)>16\%$，f-CaO 旋窑生产的不得大于 1.0%，立窑生产的不得大于 1.8%，其水泥的细度为 0.08 mm 方孔筛筛余不得超过 10%，初凝时间不早于 1 h，终凝不迟于 10 h，28 天干缩率不大于 0.10%，磨损量不大于 3.6 kg/m²。

掺入钢渣、矿渣等可提高道路混凝土的耐磨性。

适当增加水泥中石膏掺入量，可提高强度和减少收缩。

4.6.3 高铝水泥

4.6.3.1 高铝水泥的组成

高铝水泥是铝酸盐水泥系统中最重要的一种，具有快硬早强的特点。高铝水泥以矾土和石灰作原料，按适当比例配合后，经烧结或熔融，再粉磨而成，又称为矾土水泥。

高铝水泥的主要化学成分为 CaO、Al_2O_3、SiO_2 和 Fe_2O_3，还有少量 MgO、TiO_2 等，由于原料及生产方法不同，其化学成分变化很大，波动范围大致如下：

Al_2O_3	36%~55%	CaO	32%~42%
SiO_2	4%~15%	Fe_2O_3	1%~15%
FeO	0~11%	TiO_2	1%~3%
MgO	<2%	R_2O	<1%

高铝水泥的矿物成分主要为铝酸一钙、二铝酸一钙、七铝酸十二钙，还有少量的钙铝黄长石、六铝酸一钙等，它们的基本特性见表 4.11。

表 4.11　高铝水泥矿物组成

名称	性　质
铝酸一钙（CA）	凝结正常，硬化迅速，是高铝水泥强度的主要来源
二铝酸一钙（CA_2）	水化硬化较慢，早期强度低。但后期强度能不断提高
七铝酸十二钙（$C_{12}A_7$）	水化极快，凝结迅速，但强度不高
铝方柱石（C_2AS）	水化活性很低

另外，当组成中存在 MgO 时可以形成镁铝尖晶石，含 TiO_2 时可以形成钙钛石，而含 Fe_2O_3 时可以生成铁酸二钙与铁酸钙等矿物，这些矿物除铁酸二钙具有弱的胶凝性能外，其余矿物均不具有胶凝性。

4.6.3.2　高铝水泥的性质和用途

高铝水泥的密度为 3.20~3.25 g/cm^3，初凝时间不得早于 40 min，终凝时间不迟于 10 h，细度要求为 0.08 mm 筛的筛余小于10%。高铝水泥最大的特点是早期强度发展极迅速，24 h 内可达最高强度的80%以上，故其标号按3天抗压强度而定，分为425、525、625、725 四个标号。高铝水泥的另一个特点是在低温下（5~10 ℃）也能很好硬化，而在高温下，强度剧烈下降，与硅酸盐水泥刚好相反。因此，高铝水泥的硬化温度不得超过 30 ℃，更不宜采用蒸汽养护。

高铝水泥适用于军事工程、紧急抢修工程、抗硫酸盐侵蚀、严寒的冬季施工以及要求早强等特殊需要工程。由于该水泥的耐高温性能较好，所以其主要用途之一是配制耐热混凝土，作窑炉内衬。另外，它也是配制膨胀水泥和自应力水泥的主要组分。高铝水泥后期强度倒缩，使用3~5年后高铝水泥混凝土的强度只有早期强度的一半左右，一般不宜用作永久性的承重结构工程。高铝水泥不宜用于大体积混凝土工程，或采用含可溶性碱的骨料和水。

4.6.4　快硬水泥

随着现代建筑工程的发展，在很多情况下需要采用快硬水泥，如军事抢修工程、快速施工工程、地下工程、隧道工程和高层建筑等。采用快硬高强度水泥，具有一系列优点：

（1）在混凝土标号相同时，用高标号水泥，可以节约水泥用量20%~25%。

（2）可以制得高强度预制件，因而可以缩小构件断面尺寸，减少材料用量，降低自重，相应降低工程造价。

（3）由于水泥硬化快，可以免除蒸汽养护，缩短拆除模板时间，减少模板用量，缩短构件存放时间，减少厂房面积，降低成本。

（4）采用快凝快硬水泥，可以使用锚喷工艺代替模板浇铸施工工艺，并大幅度降低工程造价。

近年来，在快硬水泥方面已有较大的突破，已发展到超早强水泥（或称超速硬水泥），可使水泥在 5~20 min 内硬化，硬化 1 h 抗压强度达 10 MPa，1 天强度可达 28 天强度的 75%~90%，快硬特性甚至超过了高铝水泥。

目前应用较多的有硅酸盐快硬水泥、硫铝酸盐快硬水泥和氟铝酸盐快硬水泥。

4.6.4.1　快硬硅酸盐水泥

凡以适当成分的生料，烧至部分熔融，所得以硅酸钙为主要成分的硅酸盐水泥熟料，加入适量石膏，磨细制成具有早期强度增进率较高的水硬性胶凝材料，称为快硬硅酸盐水泥，简称快硬水泥。

快硬水泥的品质指标与普通硅酸盐水泥略有差别，如细度要求为 0.08 mm 方孔筛，筛余小于 10%；初凝时间不得早于 45 min，终凝时间不得迟于 10 h；三氧化硫含量指标不超过 4% 等。快硬硅酸盐水泥的标号以 3 天抗压强度表示，分为 325、375、425 三个标号，其强度指标列于表 4.12。

表 4.12　快硬水泥的强度指标

标　号	抗压强度/MPa			抗折强度/MPa		
	1 天	3 天	28 天	1 天	3 天	28 天
325	15.0	32.5	52.5	3.5	5.0	7.2
375	17.0	37.5	57.5	4.0	6.0	7.6
425	19.0	42.5	62.5	4.5	6.4	8.0

快硬水泥中 C_3S 和 C_3A 的含量较高，C_3S 含量达 50%~60%，C_3A 含量为 8%~14%，两者之和不少于 60%~65%。适量增加石膏含量是生产快硬水泥的重要措施之一，这可保证在水泥石硬化之前形成足够的钙矾石，有利于水泥强度的发展。普通水泥中的 SO_3 含量一般波动在 1.5%~2.5%，而快硬水泥中一般在 3%~3.5%。

由于快硬水泥的比表面积大，在贮存和运输过程中容易风化，一般贮存期不应超过一个月，应及时使用。快硬水泥的水化热较高，早期干缩率较大，由于水泥石比较致密，不透水性和抗冻性往往优于普通水泥。

4.6.4.2　硫铝酸盐型快硬水泥

以铝质原料（如矾土）、石灰质原料和石膏，经适当配料后，煅烧成含有适量无水硫铝酸钙的熟料，再掺加适量石膏，共同磨细，即可制得硫铝酸盐型快硬水泥。美国研究膨胀水泥的学者格里宁（Greening）等人，在 20 世纪 60 年代后期首先成功研制出硫铝酸盐型早强水泥。国内在 1972 年以后，也陆续研制出硫铝酸盐型膨胀水泥、超早强水泥、快硬高强水泥、无收缩水泥、自应力水泥和喷射水泥等。

硫铝酸盐型快硬水泥凝结时间较快，初凝与终凝间隔时间较短，初凝一般为 8~60 min，终凝为 10~90 min。它的长期强度是稳定的，并且有所增强。该水泥在 5 ℃ 能正常硬化，由于不含 C_3A 矿物，并且水泥石致密度高，所以抗硫酸盐性能良好。

硫铝酸盐型快硬水泥的主要水化产物钙矾石在 $140\sim160\ ℃$ 就大量脱水分解，所以当温度达 $150\ ℃$ 以上时，强度急剧下降，硫铝酸盐型快硬水泥在空气中收缩小，抗冻和抗渗性能良好。

4.6.4.3　氟铝酸盐型快硬水泥

氟铝酸盐型快硬水泥是以铝质原料、石灰质原料、萤石，经适当配料，烧制成的以氟铝酸钙（$C_{11}A_7CaF_2$）起主导作用的熟料，再与石膏共同磨细而成。我国的双快（快凝快硬）水泥和国外的超速硬水泥属于这一类。

氟铝酸盐型快硬水泥的主要矿物有阿利特、贝利特、氟铝酸钙和铁铝酸钙固溶体（C_6A_2F-C_2F）。氟铝酸盐型快硬水泥的凝结很快，初凝一般仅几分钟，初凝与终凝的时间间隔很短，终凝一般不超过 $30\ min$。因此，氟铝酸盐型快硬水泥可制成铸造业用的型砂水泥（要求初凝小于 $5\ min$，终凝小于 $12\ min$），锚喷用的喷射水泥（要求初凝小于 $5\ min$，终凝小于 $10\ min$）。在用作抢修工程时，可根据使用要求和气温条件，采用缓凝剂来调节。

4.6.5　抗硫酸盐水泥

凡以适当成分的生料烧至部分熔融，得到的以硅酸钙为主的 C_3S 和 C_3A 含量受限制的熟料，再加入适量石膏，磨细制成的具有一定抗硫酸盐侵蚀性能的水硬性胶凝材料，称为抗硫酸盐硅酸盐水泥，简称抗硫酸盐水泥。

水泥抗硫酸盐腐蚀的性能在很大程度上取决于水泥熟料的矿物组成。在硅酸盐水泥熟料矿物中，抗硫酸盐侵蚀最差的是 C_3A，这是因为硫酸盐与 C_3A 作用生成硫铝酸钙膨胀引起的。另外，C_3S 含量高，抗硫酸盐腐蚀性也差，这是因为：（1）C_3S 水化时析出大量的 $Ca(OH)_2$，使铝酸盐以高碱性形态存在，使硫铝酸钙在固相中形成，从而影响了抗腐蚀性；（2）当硫酸根浓度高时，氢氧化钙与硫酸盐作用，可产生除硫铝酸钙外的石膏型腐蚀；（3）$Ca(OH)_2$ 会降低硫铝酸钙与硫铝酸盐的溶解度，使其易结晶析出，导致腐蚀作用增加。C_4AF 太高，也会使水泥抗硫酸盐腐蚀的能力减弱。而 C_2S 含量提高，有助于抗硫酸盐腐蚀性能的提高。

因此，抗硫酸盐水泥熟料中，C_3S 和 C_3A 要少一些，C_4AF 也不宜太多，而 C_2S 却要相对多一些。按国家标准（GB/T 748—2023）的规定：中抗硫酸盐水泥 C_3S 和 C_3A 的计算含量分别不应超过55%和5%，高抗硫酸盐水泥 C_3S 和 C_3A 的计算含量（质量分数）分别不应超过50%和3%；C_3A+C_4AF 含量应小于22%。MgO 不得超过5%，如果水泥压蒸试验合格，则水泥中 MgO 含量允许放宽至 6.0%。烧失量不大于3%，游离 CaO 小于1.0%，水泥中 SO_3 含量小于2.5%。水泥细度 0.08 mm 方孔筛余应小于10%，比表面积不小于 $280\ m^2/kg$。

用氧化锶代替硅酸盐水泥中的一部分或全部氧化钙，可以提高它的抗硫酸盐侵蚀性能。锶水泥的耐蚀性较钡水泥差些，但比普通钙水泥好得多。

抗硫酸盐水泥适用于一般受硫酸盐侵蚀的海港、水利、地下、引水、道路和桥梁基础等工程。

4.6.6　膨胀水泥

膨胀水泥是指在水化过程中，由于生成膨胀性水化产物，使水泥在硬化后体积不收缩或微膨胀的水泥。由强度组分和膨胀组分组成。

制造膨胀水泥的方法主要有三种：（1）在水泥中掺入一定量的在特定温度下煅烧制得的氧化钙（生石灰），氧化钙水化时产生体积膨胀。（2）在水泥中掺入一定量的在特定温度下煅烧制得的氧化镁（菱苦土），氧化镁水化时产生体积膨胀。（3）在水泥石中形成钙矾石（高硫型水化硫铝酸钙），产生体积膨胀。由于氧化钙和氧化镁的煅烧温度、水化环境温度、颗粒大小等对由其配制的膨胀水泥的膨胀速度和膨胀量均有较大影响，因而膨胀性能不够稳定，较难控制，故在实际生产中较少应用。实际得到应用的是以钙矾石为膨胀组分的各种膨胀水泥。为了形成稳定的钙矾石，液相中必须有相应浓度的 Ca^{2+}、Al^{3+}、SO_4^- 离子，这些离子的来源不同，可形成不同种类的膨胀水泥。Ca^{2+} 离子一般来源于硅酸盐水泥，也可来自高铝水泥或生石灰；铝离子来源于铝酸钙或水化铝酸钙（如 C_4AH_3），也可来源于明矾石等；SO_4^- 离子来源于石膏，也来源于明矾石等。

膨胀水泥按其主要组成（强度组分）分为硅酸盐型膨胀水泥、铝酸盐型膨胀水泥和硫铝酸盐型膨胀水泥。膨胀值大的又称自应力水泥。

膨胀水泥常用于水泥混凝土路面、机场道面或桥梁修补混凝土。此外还用于防止渗漏、修补裂缝及管道接头等工程。

4.6.7　油井水泥

油井水泥专用于油井、气井的固井工程，又称堵塞水泥。它的主要作用是将套管与周围的岩层胶结封固，封隔地层内油、气、水层，防止互相串扰，以便在井内形成一条从油层流向地面、隔绝良好的油流通道。

油井水泥的基本要求为：水泥浆在注井过程中要有一定的流动性和合适的密度，水泥浆注入井内后，应较快凝结，并在短期内达到相当强度；硬化后的水泥浆应有良好的稳定性和抗渗性、抗蚀性等。

油井底部的温度和压力随着井深的增加而提高，每深入 100 m，温度约提高 3 ℃，压力增加 1.0~2.0 MPa。例如，井深达 7000 m 以上时，井底温度可达 200 ℃，压力可达到 125.0 MPa。因此，高温高压，特别是高温对水泥各种性能的影响，是油井水泥生产和使用的最主要问题。研究结果表明，温度和压力对水泥水化的影响中，温度是主要的，压力是次要的。高温作用使硅酸盐水泥的强度显著下降。因此，不同深度的油井，应该用不同组成的水泥。

根据 GB 10238—88，我国油井水泥分为九个级别，包括普通型、中等抗硫酸盐型和高抗硫酸盐型三类。各级别油井水泥使用范围如下：

A 级　适用于自地面至 1830 m 井深的注水泥，仅有普通型。

B 级　适用于自地面至 1830 m 井深的注水泥，分为中抗硫酸盐型和高抗硫酸盐型。

C 级　适用于自地面至 1830 m 井深的高早强度的注水泥。分为普通型、中抗硫酸盐型和高抗硫酸盐型。

D 级　适用于中温中压条件的 1830~3050 m 井深水泥。分中抗硫酸盐型和高抗硫酸盐型。

E 级　适用于高温高压条件下的 3050～4270 m 井深的注水泥。分中抗硫酸盐型和高抗硫酸盐型。

F 级　适用于超高温高压条件下的 3050～4880 m 井深的注水泥。分中抗硫酸盐型和高抗硫酸盐型。

G 级　一种基本油井水泥。适用于自地面至 2440 m 井深的注水泥。分为中抗硫酸盐型和高抗硫酸盐型。与促凝剂或缓凝剂一起使用，能适应于较大的井深和温度范围。

H 级　一种基本油井水泥。适用于自地面至 2440 m 井深的注水泥。分为中抗硫酸盐型和高抗硫酸盐型。与促凝剂或缓凝剂一起使用，能适应于较大的井深和温度范围。

J 级　适用于超高温高压下的 3660～4880 m 井深的注水泥。与促凝剂或缓凝剂一起使用，能适应于较大的井深和温度范围。

其中 J 级油井水泥由于在 62 ℃ 以下基本不水化，初始反应活性低，不利于使用，在我国油井水泥标准（GB 10238—98）取消了 J 级油井水泥。

油井水泥的物理性能要求包括：水灰比、压蒸安定性（膨胀值小于 0.8%）、水泥比表面积、15～30 min 内的初始稠度、在特定温度和压力下的稠化时间（用专门的高温高压稠化仪进行测定）以及在特定温度、压力和养护龄期下的抗压强度（用净浆试体，试块尺寸为 5.08 cm×5.08 cm×5.08 cm）。

油井水泥的生产方法有两种：一种是制造特定矿物组成的熟料，以满足某级水泥的化学和物理要求；另一种是采用基本油井水泥（G 级和 H 级水泥）加入相应的外加剂达到等级水泥的技术要求。采用前一种方法往往给水泥厂带来较多的困难。因此，现在多采用第二种方法。

G 级水泥和 H 级水泥的矿物组成质量标准、技术要求完全相同，不同的是水灰比，G 级为 0.44 而 H 级为 0.38。因此 H 级的比表面积较低，仅 2700～3000 cm^2/g。这两种基本水泥分为中等抗硫酸盐和高抗硫酸盐两种类型，中等抗硫酸盐型要求（质量分数）C_3A <8%,CS 48%～58%；高抗硫酸盐型要求 C_3A<3%（2×CA+C_4AF<24%），C_3S 48%～65%，物理要求为 G 级水灰比 0.44，H 级 0.38。压蒸安全性的膨胀值<0.8%；游离水 = 3.5 mL（以 250 mL 为基准，折合 1.4%）；15～30 min 内的初始稠度<30BC（水泥浆体稠度的 Bearden 单位）；52 ℃，35.6 MPa 压力下的稠化时间为 90～120 min；38 ℃ 常压养护 8 h 的抗压强度大于 2.1 MPa；60 ℃ 常压养护 8 h 大于 0.3 MPa。

我国江南水泥厂和中国水泥厂曾分别研制成 G 级中等抗硫酸盐水泥，其熟料矿物组成（质量分数）控制如下：C_3S 58%～62%，C_2S 13%～17%，C_3A 3%～5%，CAF 15%～17%，不溶物<0.3%，f-CaO<0.5%。嘉华水泥厂研制成 G 级高抗硫酸盐型水泥，熟料矿物组成（质量分数）控制如下：C_3S 64%～68%，C_2S 10%～14%，C_3A 1%～2.5%，C_4F 15%～17%，不溶物<0.3%，R_2O<0.5%，f-CaO<0.5%，水泥比表面积 3300～3600 cm^2/g，石膏掺入量以 SO_3 计为 1.9%～2.2%。

油井和气井的情况十分复杂，为适应不同油气井的具体条件，有时还要在水泥中加入一些外加剂，如增重剂、减轻剂或缓凝剂等。

4.6.8　装饰水泥

装饰水泥指白色水泥和彩色水泥，常用于装饰建筑物的表层，施工简单，造型方便，容易维修，价格便宜。硅酸盐水泥的颜色主要由氧化铁引起。当 Fe_2O_3 含量在 3% ~ 4% 时，熟料呈暗灰色；在 0.45% ~ 0.7% 时，带淡绿色；而降低到 0.35% ~ 0.40% 后，接近白色。因此，白色硅酸盐水泥（简称白水泥）的生产主要是降低 Fe_2O_3 含量。此外，氧化锰、氧化钴也对白水泥的白度有显著影响，故其含量也应尽量减少。石灰质原料应选用纯的石灰石或方解石，黏土可选用高岭土或瓷石。生料的制备和熟料的粉磨均应在没有铁污染的条件下进行。其磨机的衬板一般采用花岗岩、陶瓷或耐磨钢制成，并采用硅质卵石或陶瓷质研磨体。燃料最好用无灰分的天然气或重油，若用煤粉，其煤灰含量要求低于 10% 且煤灰中的 Fe_2O_3 含量要低。由于生料中的 Fe_2O_3 含量少，故要求较高的燃烧温度（1500 ~ 1600 ℃），为降低煅烧温度，常掺入少量萤石（0.25% ~ 1.0%）作为矿化剂。

白色水泥的白度是以白水泥与 MgO 标准白板的反射率的比值来表示。为提高熟料白度，煅烧时宜采用弱还原气氛，使 Fe_2O_3 还原成颜色较浅的 FeO。另外，采用漂白措施，就是将刚出窑的熟料喷水冷却，使熟料从 1250 ~ 1300 ℃ 急冷至 500 ~ 600 ℃。为保证白度，在粉磨时加入的石膏白度应比白水泥高。同时水泥粉磨得细，白度也会提高。

白水泥的标号分为 625、525、425 和 325 四个，白度分为四个等级，见表 4.13。

表 4.13 白水泥白度分级

等级	特级	一级	二级	三级
白度/%	≥86	≥84	≥80	≥75

用白色水泥熟料与石膏以及颜料共同磨细，可制得彩色水泥。所用颜料要求对光和大气具有耐久性，能耐腐蚀而又不对水泥性能起破坏作用。常用的彩色颜料有 Fe_2O_3（红、黄、褐红），MnO_2（褐、黑），Cr_2O_3（绿），钴蓝（蓝），群青蓝（靛蓝），孔雀蓝（海蓝）、炭黑（黑）等。但制造红、褐、黑等较深颜色彩色水泥时，也可用一般硅酸盐水泥熟料来磨制。

在白水泥生料中加入少量金属氧化物着色剂直接烧成彩色熟料，也可制得彩色水泥。例如，Cr_2O_3 可得绿色水泥，加 CoO 在还原火焰中可得浅蓝色水泥，在氧化火焰中可得玫瑰红色水泥；加 Mn_2O_3 在还原火焰中烧得淡黄色水泥，在氧化火焰中可得浅紫色水泥。颜色的深浅随着色剂的掺量而变化。

4.6.9 其他新型水泥

随着科学技术的迅猛发展，不仅需要大量的高强度水泥，而且需要大量具有各种功能的水泥材料。本书介绍以下几种在环境、电磁以及医学上应用的新型水泥材料的组成、性能及研究状况。

4.6.9.1 新型环保水泥

A 生态水泥

发展生态水泥是大力发展绿色建材的一个重要方面。生态水泥（eco-cement）就是利用各种废弃物，包括各种工业废料、废渣以及城市生活垃圾作为原燃料制造的水泥。这是资源有效利用的重要环节之一。这种水泥能降低废弃物处理的负荷，节省资源、能源，达到与环境共生的目标，是 21 世纪水泥生产技术的发展方向。目前固体废弃物和城市污泥对水泥工业具有一定的挑战性，因其数量大且增长快而备受关注。虽然污泥可以用作其他的用途，但是用于生产生态水泥仍然是最理想的方法。与传统的硅酸盐水泥相比，地质聚合物水泥有更大的张力，更强的抗腐蚀性、抗压性和抗收缩性，并能抵御高温，因而使用期更长。此外，地质聚合物水泥制造过程中的能耗和废气排放量都非常低，可很好地被回收再利用，是一种"绿色环保材料"。

B　吸声水泥

随着工业的发展，噪声已经成为当今世界三大污染源之一。利用吸声材料来降噪是控制噪声污染的有效手段，因此研制出一种具有高效吸声、高耐久性和低成本的新型吸声材料意义重大。黄学辉等人以低碱水泥和膨胀珍珠岩为主要原料，并以具有较好分散性能的聚丙烯纤维作为增强剂，研制出一种新型吸声材料。周栋梁等人利用以泡沫混凝土的成型工艺为基础，辅之以分散性良好的增强剂聚丙烯纤维，再加以一定的辅助材料，研制出一种新型水泥基复合吸声材料。该工艺简单、新颖，改变了以往单纯依靠水泥浆体胶结骨料，产生少量连通孔隙的传统做法。该水泥产品吸声性能优越、成本低、对环境无污染，以满足人们日益增长的对良好生存环境要求，有着广阔的应用前景。

新型环保水泥不但包括生态水泥与吸声水泥，光催化水泥也是一种新型节能环保水泥。其最大的优点就是可以吸收汽车尾气排放中产生的二氧化碳，利用光催化反应使二氧化碳迅速扩散，从而使空气中含有的二氧化碳浓度下降。

4.6.9.2　电磁水泥

随着当代科学技术的快速发展，不但有效方便了人们的生产生活，而且也产生了大量的噪声与辐射，由此导致电磁污染的日益严重，为了解决电磁污染带来的危害，开发电磁水泥成为摆在人们面前的主要任务。

磁性水泥就是在水泥当中掺入一定比例经特殊工艺磁化的粒子，制作出具有一定磁性的水泥。笔者在研究中发现，磁性水泥可以最大程度地吸收周围的磁性，将其对人类的危害与污染降到最低。水泥磁性的大小主要来源于磁化粒子的性质与定向排列序列，再有，不同水泥种类、不同成型工艺、不同粒子掺量比例也可以制作出不同性质的电磁水泥。

为了有效应对生活中各种电磁辐射对人身体的影响，除了磁性水泥以外还出现了导电水泥、吸波水泥与防电磁辐射水泥等。导电水泥是俄罗斯混凝土和钢筋混凝土研究所开发制作而成的，将一定数量的导电组分掺入水泥当中从而制作出导电水泥，常用的导电组分包括金属类、聚合物类与碳类，应用最为广泛的导电组分包括碳类与金属类。

电磁屏蔽防护在实际工作中会产生较高的反射，为了解决这一问题则需大力开发电磁波吸收材料。有研究数据表明，可以吸收较强电磁波的水泥材料主要指含有较高成分的高铁粉煤灰，其吸收电磁波的能力最强。磁性氧化铁的组成部分与高铁粉煤灰的特点具有不可分割的联系，为了使高铁粉煤灰颗粒具有较高的电磁损耗可以利用磁选技术与钢渣取代部分粉煤灰的方法实现。当前民用建筑中普遍应用吸波水泥，其主要原因来源于高铁粉煤灰颗粒的性质。

当前，除了水污染、大气污染、噪声污染以外，电磁辐射污染成为对人类身体健康具有重大影响的第四类污染。所以为了保证人类身体健康，减少电磁辐射污染对人的影响，在现代化建筑中普遍应用防电磁辐射水泥是一种最为有效的做法。防电磁辐射水泥指的是将一定比例的损耗介质掺入水泥当中，可以利用这种介质吸收、反射、多层反射收到的电磁波，从而将电磁波对人类的影响降到最低。再有，这种水泥同时还具有较强的防护功能、环保功能、耐久功能等。

4.6.9.3　新型生物水泥

新型生物水泥主要指的是医用骨水泥，也就是在牙医中得到普遍应用的磷酸钙骨水泥，它是由美国牙医于 1987 年发明出现的。由于磷酸钙水泥水化产物的化学组成与人体骨骼成分相同，故应用于人体内部时不会产生毒性与排斥等不良反应。其中羟基磷灰石材料已作为一种优良的人工骨置换材料在临床得到大量的应用。上海第二医科大学附属九院采用磷酸钙、碳酸钙和磷酸氢钙为起始料，经高温固相反应合成的羟基磷灰石和 α-磷酸三钙组成的骨质材料压缩强度可达 2496 MPa，并进行了短期生物性能试验及体内骨种植试验，证实磷灰石骨水泥具有良好的生物相容性和骨组织结合性。目前，磷酸钙水泥被视为外科手术用水泥，应用领域以牙医、骨科、药物缓释载体、整形外科为主。

思考题和习题

1. 什么是水泥？它是怎样分类的？

2. 简述硅酸盐水泥的生产工艺过程，水泥熟料的烧成过程中通常发生哪些物理和化学变化？

3. 水泥中掺混合材的目的是什么？

4. 水泥制备时为什么要加入石膏？又为什么要限制其掺量？

5. 硅酸盐水泥熟料的矿物组成主要包括 C_3S、C_2S、C_3A、C_4AF，各表示什么物质？各自的特点是什么？

6. 根据表 4.2，计算四种熟料矿物的熵变值，并比较四种矿物熟料的化学活性大小。

7. 通过热力学计算，证明水泥熟料矿物的水化反应能力顺序依次为 $C_3A>C_3S>C_2S$。

8. 根据 C_3S 水化放热曲线，可将其水化过程分为哪几个阶段？简述各阶段的反应特点。

9. 水泥的水化产物是什么？如何调节水泥的水化速率？

10. 水泥为什么会凝结硬化？为什么会产生强度？强度与标号有什么关系？

11. 在如下 $\overline{S}/A$ 摩尔比的条件下，C_3A 与 $CaSO_4 \cdot 2H_2O$ 混合物的最终水化产物分别是什么？

    (1) 5；(2) 3.0；(3) 0.8；(4) 0

12. 什么是水泥的初凝和终凝时间？它们对施工有什么意义？

13. 何谓急凝和假凝？两者有什么区别？

14. 什么是水泥的体积安定性？造成水泥安定性不良的原因有哪些？

15. 水泥的早期强度和后期强度分别是什么？它们与水泥标号有什么关系？

16. 什么是泌水性和保水性？它们对施工有什么好处？

17. 水泥的耐久性受哪些因素影响？如何提高其耐久性？

18. 简述高铝水泥在化学组成、矿物组成、性能方面的特点。

19. 膨胀水泥的基本原理是什么？

20. 硅酸盐水泥、普通硅酸盐水泥及矿渣硅酸盐水泥三者之间有何联系与区别？

21. 如何提高抗硫酸盐水泥的腐蚀性能？

22. 装饰水泥制作工艺与硅酸盐水泥有什么不同？

23. 查阅文献了解新型功能水泥的发展。

5 耐 火 材 料

耐火材料因具有耐高温、耐磨损及耐化学侵蚀等特点，被广泛应用于冶金、建材、石化和环保等高温工业。耐火材料可作为高温热工装备炉衬工作层直接接触高温固体、熔体或气相侵蚀介质，也可以作为高温热工装备的隔热保温层。耐火材料是高温工业和所有高温装置赖以运行的重要基础材料和支撑材料。没有耐火材料，高温工业将不复存在，相关的诸多需要进行高温过程的国家基础工业和高新技术产业便难以健康发展。因此，坚持不懈地发展耐火材料行业，也是社会持续发展的必然需要。本章首先介绍了耐火材料的基本概念，接着对耐火材料的生产、组成、结构和性质进行了重点阐述，最后介绍了不同种类耐火材料的特征及用途。

5.1 概　　述

5.1.1 耐火材料的定义

耐火材料是指耐火度不低于 1580 ℃ 的无机非金属材料或制品，广泛应用于冶金、建材、机械、化工、石油、动力等工业，也是某些高温容器或设备以及近代高科技工业（火箭、热核反应堆等）不可缺少的耐高温材料或零部件，在高温工业发展中起着不可替代的作用。另外，使用温度在 1000 ℃ 以上的工业熔炉用材料也可看作是耐火材料。

5.1.2 耐火材料的分类

耐火材料的品种繁多、性能各异、用途复杂，生产工艺也各具特点，因而其分类方法也很多。常用的分类方法大致有以下几种。

（1）按耐火材料的耐火度分类。

1）普通耐火材料（1580~1770 ℃）；

2）高级耐火材料（1770~2000 ℃）；

3）特级耐火材料（2000~3000 ℃）；

4）超级耐火材料（大于 3000 ℃）。

（2）按耐火制品的化学矿物组成分类。

1）硅酸铝质制品（黏土砖、高铝砖等）；

2）硅质制品（硅砖、熔融石英制品等）；

3）镁质、镁铬质和白云石质制品（镁砖、镁铬砖、镁铝砖、白云石砖等）；

4）碳质制品（石墨砖、炭砖等）；

5）锆质制品（锆英石砖、锆刚玉砖等）；

6）特殊耐火制品（纯氧化物、碳化物、氮化物等纯度高、熔点高、强度大、热稳定等特殊性能的耐火材料）。

（3）按化学特性分类。

1）酸性耐火材料（硅砖、锆英石砖等）；

2）碱性耐火材料（镁砖、镁铝砖、白云石砖等）；

3）中性耐火材料（刚玉砖、高铝砖、炭砖等）。

（4）按气孔率分类。

1）特致密制品（显气孔率低于3%）；

2）高致密制品（显气孔率为3%~10%）；

3）致密制品（显气孔率为10%~16%）；

4）烧结制品（显气孔率为16%~20%）；

5）普通制品（显气孔率为20%~30%）；

6）轻质制品（显气孔率为45%~85%）；

7）超轻质制品（显气孔率为85%以上）。

（5）按烧成工艺分类。

1）不烧制品；

2）烧成制品；

3）不定形耐火材料。

（6）按形状和尺寸分类。

1）标型耐火制品；

2）普型耐火制品；

3）异型耐火制品；

4）特型耐火制品；

5）超特型耐火制品。

除以上常用分类方法外，还可按成型工艺、施工特点、用途等进行分类。有的分类中，还有更为细致的分类，如致密定型耐火材料又可分为一类高铝制品，二类高铝制品、黏土制品等。总之，不论耐火材料如何分类，都以便于进行系统研究、生产和合理选用材料为前提。在上述分类方法中，以制品的化学-矿物组成分类法最为重要，最具系统性，应用最为广泛。

5.1.3 我国耐火材料的发展

早在4000多年前，中国就开始用黏土烧制陶器，且已能铸造青铜器。青铜器时代中期，耐火材料的概念开始出现，从2000多年前（东汉时期）的高温工业开始，已经用黏土质地的耐火材料做烧瓷器的窑材和匣钵，在此条件下，中国瓷器的工艺水平越来越高，其英文名 china，与中国英文名 China 相同，成为中国的象征。

铝矾土、菱镁矿和石墨是三大主要耐火材料，中国作为世界三大铝土矿出口国之一、菱镁矿储藏量世界第一和石墨出口大国，拥有丰富的矿产资源，这些资源支撑着中国耐火材料的高速发展。中国自2001年以来，在高温工业行业中发展迅速，耐火材料的产销也保持着较好的增速，已成为世界耐火材料的生产和出口大国，2011年中国的耐火材料产销量就已经稳居世界第一，占据全球耐火材料总量的65%。我国耐火材料行业在世界耐火材料行业中影响力不断提高。中国已成为世界耐火材料的制造中心、消费中心和贸易中心。2020 年中国耐火材料产量约 2478 万吨，约占世界总量的 65%；而同期欧美、日本、印度耐火材料三个产区的总产量仅 700 多万吨，远低于中国的产量。我国耐火材料产品在国际市场的竞争力逐渐增强，市场遍及东南亚、北美洲、南美洲、欧盟、俄罗斯等约 150 个国家和地区。

中国生产耐火材料的企业众多，与此同时，带来了一系列的问题，如工艺技术、设备水平、控制技术、企业规模、生产方式的参差不齐等等，再加上污染问题的加重，企业节能减排的任务艰巨。"十二五"期间，中国加快企业转型升级，推广开发新型节能技术，重点开发新型炉窑，"三废"排放控制和资源回收利用等工作，全面提高资源利用率。企业科研创新能力得到加强，创新投入强度逐渐增大，组建了一批具有较高水平的研发平台和创新团队，企业普遍建立了产学研相结合的创新体系，加快了科研成果的产业化。"十二五"期间重要的研发创新成果有：洁净钢冶炼用功能化耐火材料、大型铝电解槽用耐火材料、顶燃式热风炉用关键耐火材料、特种钢连铸用长寿命浸入式水口、玻璃窑和水泥窑用新型长寿命耐火材料、不定形耐火材料新材料及新施工技术、资源综合利用及新型合成原料等。在无铬化新产品方面，开发出水泥回转窑用镁铁铝复合尖晶石砖系列产品、AOD 炉用镁钙系列产品等，为环境保护和下游产品的高端化提供了保证。武汉科技大学的"洁净钢冶炼连铸用功能化耐火材料关键技术与应用"项目还获得了国家科技进步奖二等奖。

"十三五"期间耐火材料行业经历了最严苛的环保风暴洗礼。按照国务院强化源头防控，实施专项治理，实行全程管控的部署，全行业坚持把节能减排和环保治理摆在发展的重要位置，响应政府号召，积极实施环保治理措施。"十三五"期间节能环保方面产生了一系列产品创新、技术创新及服务创新成果，涵盖低导热节能型耐火材料、环保型耐火材料、长寿命耐火材料、用后耐火材料回收再利用等。技术创新主要包括耐火材料高能效的制备过程、喷涂技术创新、泵送技术创新及推广预制件技术。同时服务模式也发生重大转变，由以前单纯产品制造型向生产服务型转变。因此，耐火材料行业的发展为钢铁行业的发展奠定了坚实的基础，同时，耐火材料行业的技术进步也离不开钢铁行业发展提出的更高技术要求。

近年来，世界经济一体化进程不断推进，尽管经济发展水平较之以往有了明显的提高，但随之而来的资源短缺、环境恶化等问题也逐渐加剧，激起了人们的反思。为了更好地协调经济发展和生态环境保护之间的关系，我国提出了可持续发展及低碳经济等诸多倡议倡导。未来十年，特别是"十四五"时期，是我国耐火材料行业高质量发展的重要窗口期。在碳达峰、碳中和的目标下，耐火材料行业要以面向市场、面向用户、面向未来发展思路，实现自身的绿色低碳转型升级。长寿命、功能化、绿色耐火材料是行业下一步重点关注的方向。具体有：

（1）开发高温工业新工艺新技术，冶金碳中和用关键及前沿性先进耐火材料，满足高温工业及低碳冶金不断发展的新需求。如钢铁冶炼突破性新技术所需的氢冶金相关耐火材料、喷粉冶金关键耐火材料、富氧高炉、超纯净钢冶炼、低碳冶金等用耐火材料；水泥工业二代新型干法工艺及垃圾处理用绿色低能耗功能化耐火材料；玻璃工业全氧燃烧工艺用高档氧化物及低渗透率熔铸耐火材料；有色金属工业富氧吹炼工艺用关键耐火材料；新型煤气化技术及装置用无铬耐火材料；新型制氢技术及装置用耐火材料；高端铸造用新型陶瓷材料等。

（2）开发高效节能新技术、新产品，满足高温工业提高热效率、节能减排的需求。如纳米绝热材料、环保纤维及模块、高品质轻质隔热砖、浇注料、喷涂料等，进一步提升隔热材料的低导热、高强度、耐高温性能，拓展轻质隔热材料使用场合；大力发展不定形耐火材料新技术，开发新品种，如高性能自流料、喷注料、压入灌浆料、可塑喷涂料，以及高品质耐火泥、胶泥等；大力提高不定形耐火材料应用比例；加大免烧、低温烧成及高效生产的绿色技术及产品的开发，如功能化及复合结构预制件、浇注预制砖、不烧机压砖、低温烧成砖等，提高低能耗耐火材料生产的比例。

（3）开发推广绿色环保型耐火材料。开发耐火材料用环保型结合剂，实现含碳耐火材料无害化、无污染化；开发推广水泥石灰窑、有色冶炼炉、水煤浆气化炉、RH 精炼炉用长寿命无铬耐火材料；建立耐火材料污染物检测与评价方法，实现耐火材料从制造、应用、污染物排放及废旧耐火材料回收的全生命周期的绿色发展。

（4）开发先进的耐火材料使用技术。开发高温测厚技术、仿真模拟计算等仪器装备和软件，满足在线监测，数据收集与分析，远程诊断需求，提高耐火材料应用的安全性和稳定性。提升耐火材料从产品到服务一体化的综合解决方案能力，全方位提高耐火材料的附加值。

5.2　耐火材料的生产

耐火材料的产品品种很多，不同类型的耐火材料生产时都要进行原料选择及加工，泥料的制备等工序。但是由于不同种类的耐火材料产品性能要求的不同，其生产方法又各具特点。因此，了解耐火材料生产过程中的共性和个性，有利于对不同耐火材料的认识和应用。

5.2.1　耐火材料原料

耐火材料原料是生产耐火材料的基础，耐火制品的质量优劣和成品高低在很大程度上首先取决于原料正确选择和合理使用。从化学角度讲，凡有高熔点的单质、化合物均可做耐火材料原料。从矿物学角度讲，凡是高耐火度的矿物均可做耐火材料原料。生产耐火材料的主要原料有天然矿物原料和人工合成原料两类。天然矿物原料一般杂质较多，价格较低；而人工合成原料纯度较高，价格也较高。

5.2.1.1　耐火黏土

天然的耐火黏土通常是以黏土矿物（主要是高岭石 $Al_2O_3 \cdot 2SiO_2 \cdot 2H_2O$）为其主要成分，并夹杂有其他杂质矿物所构成的混合物，大部分颗粒小于 $1 \sim 2\ \mu m$。黏土中高岭石含量越多，其质量越好。$Al_2O_3/2SiO_2$ 值越大，黏土耐火度就越高。

黏土根据可塑性可分为软质黏土和硬质黏土。软质黏土的特点是组织松软，呈土块状，可塑性好，颜色与杂质的种类和含量有关，呈灰色、深灰色、黑色、紫色、淡红色或白色。硬质黏土的特点是组织致密，硬度大，颗粒极细，遇水不分散，可塑性很低，外观呈浅灰色、灰白色或灰色，断口呈贝壳状，有的表面有滑腻感，易风化破碎。软质黏土主

要用作耐火材料的可塑性原料，硬质黏土主要用于制造黏土质耐火制品。

5.2.1.2　高铝矾土

高铝矾土的主体矿物为含水氧化铝：一般石（$Al_2O_3 \cdot H_2O$）、波美石（$\gamma\text{-}Al_2O_3 \cdot H_2O$）和三水铝石（$Al_2O_3 \cdot 3H_2O$）。次要矿物为高岭石（$Al_2O_3 \cdot 2SiO_2 \cdot H_2O$）以及一些其他杂质矿物，如金红石、板钛矿和赤铁矿等。高铝矾土的化学组成主要为 Al_2O_3 和 $2SiO_2$。Fe_2O_3 含量因不同矿区或不同矿层而有较大差别。高铝矾土中的碱金属氧化物 Na_2O、K_2O 是一种很强的熔剂，它们在较低的温度下产生液相，当其含量偏高时，会影响熟料和制品的相组成，对制品的性能带来不利影响。高铝矾土中 CaO 含量一般较低，约为 0.2%，它的存在对制品的高温性能不利。

5.2.1.3　刚玉

刚玉是高铝质耐火制品的主要组成矿物，成分为 $\alpha\text{-}Al_2O_3$，Al 占 53.2%，氧占 46.8%，有时微含 Fe、Ti、Cr 等元素，属于三方晶系，为短柱状晶粒相互交错，呈网状晶型，硬度为 9，化学性能稳定，是中性体，耐酸碱侵蚀。人工生产刚玉采用工业氧化铝或高铝矾土为主要原料，在电弧炉熔融制得。根据原料纯度不同，可制得含 Al_2O_3 98% 以上的白刚玉和含 Al_2O_3 94% 的棕刚玉。

除用电熔法生产电熔刚玉外，也可采用烧结法生产板状氧化铝，此方法以工业氧化铝粉晶煅烧、细磨、成球和烧成制得，但生产板状氧化铝技术难度高。除产品的强度大，抗蚀能力强之外，板状氧化铝还有极好的热震稳定性。

5.2.1.4　莫来石

莫来石是硅酸盐耐火材料中常见矿物，具有良好的高温力学、热学性能。天然莫来石很少，一般采用人工烧结法合成。合成的莫来石及其制品具有密度和纯度高、高温结构强度高、高温蠕变率小、抗化学侵蚀性强、抗热震等优点。莫来石的成分为 $3Al_2O_3 \cdot 2SiO_2$，Al_2O_3 含量占 71.8%，SiO_2 含量占 28.2%，属于斜方晶系，硬度是 6~7，熔点 1870 ℃，化学性质稳定。莫来石可分为三种类型：α-莫来石，相当于纯 $Al_2O_3 \cdot 2SiO_2$，简称 3:2 型；β-莫来石，固溶体有过剩的，晶格略显膨胀，称 2:1 型；γ-莫来石，固溶有少量 TiO_2 和 Fe_2O_3。

莫来石的主要缺点是由于结构中氧的电价不平衡，所以矿物易被 Na_2O、K_2O 等氧化物所分解，生成玻璃相和刚玉。

5.2.1.5　菱镁矿

菱镁矿是由 $MgCO_3$ 组成的天然矿石，它的理论组成（质量分数）为 MgO 47.8%，CO_2 52.18%。耐火材料工业用的菱镁矿是经过加工处理的菱镁矿产品，有的称之为"菱镁石"。菱镁石中除主要成分 MgO 外，其他次要成分是 CaO、SiO_2、Fe_2O_3 和 Al_2O_3 等。

天然菱镁矿是三方晶系晶体或隐晶质白色碳酸镁岩，其颜色有白到浅灰、暗灰、黄色等。晶质菱镁矿的密度 2.96~3.12 g/cm^3，硬度 3.4~5.0，晶粒良好，常伴生有白云石（$MgCO_3 \cdot CaCO_3$）、方解石（$CaCO_3$）和菱铁矿（$FeCO_3$）等无水碳酸盐矿物。菱镁矿所含杂质可以促进其烧结，但杂质多时会降低其耐火性能。$CaCO_3$ 是危害最低的杂质，在煅烧过程中，会产生游离 CaO，引起砖坯开裂，也可以生成低熔点硅酸盐，危害制品耐火性能。菱镁矿在煅烧过程中，350 ℃ 开始分解，生成 MgO，放出 CO_2。到 1000 ℃ 时完全分解，生成轻质 MgO，质地疏松，化学活性大。继续升温，MgO 体积收缩，化学活性减小，当达到 1650 ℃时，MgO 晶格缺陷得到纠正，晶粒发育长大，组织结构致密，生成烧结镁石。

5.2.1.6　镁砂

镁砂包括海水镁砂和电熔镁砂，前者是由海水中的氧化镁经高压成球，再经 1600～1850 ℃煅烧二次；电熔镁砂是将菱镁矿在电弧炉中经 2500 ℃左右高温熔融，冷却后再经破碎而成。镁砂的主晶相为方镁石，除了不受欢迎的强熔剂性组分 B_2O_3 含量较高外，其化学纯度高，产品体积密度高，气孔率低，高温性能好。

5.2.1.7　锆英石

锆英石（$ZrO_2 \cdot SiO_2$ 或 $ZrSiO_4$）是生成锆质制品和锆英石制品的主要原料，又名锆石，化学组成（质量分数）为 ZrO_2 67.1%，SiO_2 32.9%，常含有 0.5%～3%的 TiO_2 和微量稀土氧化物，由于这些元素的存在，使其具有不同程度的放射性。因此，在使用此种材料生产制品时，应当有必要的防护措施。锆英石的导热系数较低，膨胀系数与其他晶相相比也比较低，化学惰性高，难与酸作用，抗渣性强。锆英石烧结困难，在高温下靠固相扩散作用，速度缓慢，难于充分烧结，加入某些氧化物可促进其烧结，具有特殊耐火性和抗热震性以及耐蚀性，常用于冶金和玻璃工业。

5.2.1.8　尖晶石

镁铝尖晶石（$MgO \cdot Al_2O_3$）是用以生产方镁石、尖晶石-方镁石和尖晶石砖等重要耐火制品的主体原料，其理论组成（质量分数）是 MgO 28.2%，Al_2O_3 71.8%。天然的镁铝尖晶石不能满足工业生产耐火材料的要求，因此，合成镁铝尖晶石的开发和生产发展较快，其种类主要是烧结尖晶石砂和电熔尖晶石砂。镁铝尖晶石的耐火度高，线膨胀系数低，硬度大，化学稳定性好，是水泥、玻璃工业重要的开发应用领域。

5.2.1.9　碳化硅

碳化硅是采用天然石英砂（或硅石、石英砂岩）和焦炭为基本原料，经电阻炉用合成方法制得的合成产品。由于它的高温强度大，热导率高，线膨胀系数小，热震稳定性好，具有极好的抗蚀性和耐磨性，因此，在耐火材料和磨具工业中作为重要原料。

纯碳化硅无色、透明。由于杂质的存在，碳化硅呈蓝绿、黄或黑色。工业应用的碳化硅有绿色、黑色两种，熔点高达 2827 ℃，硬度为 9.2～9.6，是超硬度耐火材料，其硬度随温度升高而下降显著。

5.2.1.10　轻质耐火原料

轻质耐火原料是隔热耐火材料（或称轻质耐火材料）的主体原料。轻质耐火材料气孔率高达 40%～85%，密度一般小于 1.30 g/cm^3，导热性低，隔热性能好。常用原料有硅藻土、蛭石、珍珠岩等。硅藻土是生物成因的硅质沉积岩，化学成分主要是 SiO_2，质轻、多孔、固结差、易碎，熔点 1400～1650 ℃。蛭石多为黄色或金黄色，硬度低，为单斜晶系，熔点 1400～1650 ℃，灼烧后体积膨胀，是良好的隔热材料。

5.2.2　原料的加工

5.2.2.1　原料煅烧

在耐火材料用原料中，有些原料不能直接用来生产耐火制品，因为它们在高温下会发生分解而使制品在加热过程中收缩过大或变得松散，所以这些原料需要经过预烧，使其密度高和体积稳定性好，从而保证耐火制品外形尺寸的正确性，以及使制品具有良好的物理性能和使用性能。耐火黏土、高铝矾土等原料中含有较多结晶水，加热时，结晶水逸出，这一过程伴随较大的体积收缩，所以必须经过预烧除去结晶水，并使其在足够高的温度下烧结。有些原料中也含有结晶水，如叶蜡石，但结晶水少，而且脱水过程缓慢，脱水后仍保持原来的晶体结构，故可以采用生料直接制砖，减少原料煅烧过程，降低生产成本。

菱镁矿、白云石加热过程中会逸出二氧化碳，并伴有较大的体积收缩，所以这类原料需要预先煅烧。某些原料在加热过程中没有气态物质放出，但在加热过程中由于物相组成发生变化并伴随有较大的体积膨胀，因此，这类原料也需进行预烧。

需要注意的是，软质黏土虽然含有较多结晶水，还有少量的有机物质，但通常不经预烧，因为其用作某些耐火坯体的结合剂。软质黏土一经煅烧，则会失去可塑性，就不能起结合剂的作用了。不过，为了保证制品在加热过程中外形尺寸变化不太大，软质黏土的加入通常比较少。

我国耐火原料煅烧多是在矿区进行，煅烧设备一般是回转窑或立窑。经过煅烧过的原料称为耐火熟料。

5.2.2.2 破粉碎

实践和理论表明，单一尺寸颗粒组成的泥料不能获得紧密堆积，必须多种尺寸颗粒组成的泥料才能获得致密的坯体。因此，块状耐火原料必须进行破粉碎。通常，把破粉碎分为破碎、粉碎和细磨。

（1）破碎——物料块度从 350 mm 破碎到 50~70 mm；

（2）粉碎——物料块度从 50~70 mm 粉碎到 3~5 mm（或十几毫米）；

（3）细磨——物料块度从 5~10 mm 细磨到 0.088 mm。

破碎设备常用颚式破碎机；粉碎设备常用圆锥破碎机、对辊破碎机、锤式破碎机；细磨常用设备为筒磨机、振动磨等。

5.2.2.3 筛分

耐火原料经粉碎后，一般是大中小颗粒连续混在一起，为了获得符合规定尺寸的颗粒组分，需要进行筛分。值得注意的是，细磨后物料往往不经过筛分，而是通过控制细磨设备的物料量来控制粉料细度。目前，耐火材料生产用的筛分设备大多数是振动筛和固定斜筛，前者筛分效率高达90%以上，后者则为70%左右。

5.2.3 泥料的制备

泥料的制备主要包括配料和混练两个工序。通过配料混练，使泥料具备所要求的化学组成和颗粒组成，并使其具有成型时（对于定型制品）或施工时（对于不定型制品）所需要的性能，如可塑性、结合性、流动性等。

5.2.3.1 配料

根据耐火制品的要求和工艺特点，将不同材质不同粒度的物料按一定比例进行配合的过程称为配料。配料规定的配合比例通常称为配方。

不同的耐火制品，采用不同材质的物料，如制黏土砖的物料主要是耐火黏土熟料和软质黏土，有时还加少量的纸浆废液作结合剂；制硅砖的物料除硅石外，还要加纸浆废液、石灰乳、轧钢皮等；对于不烧高铝砖，其主要物料是高铝矾土熟料和少量软质黏土，还要加磷酸或磷酸盐作结合剂；对于高铝浇注料，虽然其主要材质仍是高铝矾土熟料，但其结合剂可能是矾土水泥或纯铝酸钙水泥。另外，加水量也要在配方中确定下来，不同的制品，其加入量是不相同的。

配料使泥料具有合理的颗粒组成，使其具有尽量大的堆积密度和良好的成型性能，使砖坯具有足够的烧结性。不同制品的泥料颗粒组成是不同的，如高炉铁泥料的最大颗粒尺寸达 8 mm；硅砖泥料的最大颗粒尺寸通常不超过 3 mm。对于性能要求高的制品，其颗粒级配一般较多；而对于耐火性能要求不高的制品，颗粒级配可以简单些。例如，普通黏土砖配料时，往往采用连续颗粒。一般来说，泥料的颗粒组成采用两头大、中间小的粒度配比为好，即在泥料中粗颗粒和细粉较多，中间颗粒较少。例如，当采用三种颗粒组分进行配料时，其粗、中、细物料的数量比多为 6∶1∶30。

配料一般有容积配料和质量配料两种。容积配料是按物料的体积比来进行配料，各种给料机均可作容积配料设备，如皮带给料机、圆盘给料机、格式给料机等。质量配料是按物料的质量比来进行配料，常用质量配料设备有手动称量秤、自动称量秤和配料车。容积配料的精确性较差，而质量配料的精确性较高，一般误差不超过 2%，是目前普遍应用的配料方法。

5.2.3.2 混练

混练是使不同组分和粒度的物料成分和颗粒均匀化，使物料具有足够的成型性能（如可塑性、结合性等）或施工性能（如流动性、结合性等）的泥料制备过程。混练过程主要控制加料顺序和混练时间。加料顺序可以是先加颗粒和细粉料，干料混匀，然后加结合剂。也可以是先把颗粒与结合剂混匀再加细粉。在泥料混练时，通常是混练时间越长，混合得越均匀。但当混合达到一定时间后，继续延长混合时间对均匀性影响不大。另外，混合时间长，对物料的再粉碎会增加，所以混练时间要控制适当。例如，采用湿碾机混练半干料时，黏土砖泥料为 4~10 min，硅砖泥料为 15 min 左右。

目前在耐火材料生产中常用的混练设备为单轴和双轴搅拌机、混砂机以及湿碾机等。

5.2.3.3 困料

困料是把混练后的泥料在适当的温度和湿度下存放一定时间。困料作用随泥料性质不同而异，如黏土砖泥料，是为了使泥料内的结合黏土进一步分散，从而使结合黏土和水分分布更均匀些，充分发挥结合黏土的可塑性能和结合性能，以改善泥料的成型性能。又如，对用磷酸或硫酸铝作结合剂的耐火浇注料泥料，困料主要是为了除去泥料因化学反应产生的气体。

由于泥料困料时占用场地面积大，会给连续生产造成一定的困难，随着耐火材料生产技术水平的提高，大部分耐火制品在生产过程中省略了困料工序。

另外，有些耐火制品的泥料是不便于或不能进行困料的。例如，焦白云石砖在成型时要求泥料温度在 130~160 ℃，故该泥料是不便困料的，若进行困料，则必须对泥料加热来保温。又如，用铝酸钙水泥结合的浇注料泥料，由于其铝酸钙水泥初凝时间短，若进行困料处理，势必导致泥料无法进行施工，所以这种泥料是不能困料的。

5.2.4 烧结耐火材料的生产

烧结耐火材料经过原料的加工和泥料制备，还要进行成型、干燥和烧成。

5.2.4.1 成型

生产耐火制品的成型方法常用的有以下几种。

（1）注浆法：将含水量40%左右的泥浆注入到吸水性模型中，模型吸收水分，在表面形成一层泥料膜，当膜达到一定厚度时，倒掉多余泥浆，放置一段时间，当坯体达到一定强度时脱膜。

（2）挤压法：在一定压力作用下使可塑性泥料通过模孔成型。

（3）半干法成型：含水分5%的坯料在较大压力作用下水分通过泥料中的气体排出，使泥料颗粒紧密结合，成为致密的具有一定外形尺寸和温度的坯体。

5.2.4.2 干燥

坯体干燥的目的是提高坯体机械强度和保证烧成初期能够顺利进行，防止烧成初期升温过快，水分急剧排出所造成的制品干燥。

干燥过程一般分为两个阶段，即等速干燥阶段和减速干燥阶段。等速干燥阶段主要排出坯体表面的物理水，水分蒸发在坯体表面进行。减速干燥阶段中，伴随水分的蒸发由坯体表面逐渐移向内部，干燥速度受温度、孔隙数量及坯体大小影响。

5.2.4.3 烧成

烧成指对砖坯进行煅烧的热处理过程。烧成的整个过程大体分为三个阶段。

（1）加热阶段：即从窑内点火到制品烧成的最高温度。坯体残余水分和化学结晶水排出，某些物质分解，新的化合物生成，发生多晶转变及液相生成。

（2）保温阶段：坯体内部也达到烧成温度，窑内温度均匀一致，坯体进行充分的烧结，气孔率降低，体积密度增大，形成致密的烧结体。

（3）冷却阶段：从烧成最高温度至出窑温度。制品高温时进行的结构和化学变化基本稳定。

烧结耐火材料主要有硅酸铝质耐火制品、硅质耐火制品、镁质耐火制品及轻质耐火制品。

5.2.5 熔铸耐火材料的生产

熔铸耐火材料指原料及配合料经高温熔化后浇铸成一定形状的制品。配合料的熔融有电熔法和铝热法两种。电熔法即在电弧炉或电阻炉中熔化配合料。铝热法是利用铝热反应放出的热量将配合料熔化。电熔法是目前生产熔铸耐火材料的主要方法。首先将具有一定化学组成的耐火材料配合料，在2500℃左右温度下用电弧炉熔化。熔体在与该耐火材料相适应的温度下浇入铸模内，再放到有保温填料的保温箱内或隧道窑中，进行缓慢冷却，以形成能保证铸件具有最佳性能的显微结构，用带金刚石刀具和磨具的设备对铸件进行机械加工，确保制品具有精确的几何形状和高光洁度的表面，从而提高电熔耐火材料的质量及延长使用寿命。

由于熔铸耐火材料生产方法特殊，因而同烧结法生产的耐火材料相比有以下特点：

（1）制品致密，气孔少，且为闭口气孔；

（2）机械强度和高温结构强度大；

（3）具有高的导热性和抗渣性；

（4）组成相完全由成分决定，质量控制简单，最后稳定相好；

（5）耗电高，每生产 1 t 电熔锆刚玉（AZS）耐火砖，需耗电 1450 kW·h。

电熔耐火材料的化学组成，对它的物理化学性能和使用性能有着重要的影响。耐火材料中的 ZrO_2 和 Al_2O_3 是最难熔的氧化物，它们具有良好的抗硅酸盐熔液的侵蚀作用。耐火材料中的 Fe_2O_3 和 TiO_2 夹杂物，会促使熔液中析出气泡和斑点，并且降低耐火材料中玻璃相的渗出温度。石墨电极与耐火材料熔液接触，使熔液渗碳，熔液中碳的存在会降低耐火材料的使用性能。为消除碳的影响，采用长电弧氧化法、电极外表用氧化锆细粉进行等离子喷镀保护或用锆刚玉作电极涂料保护。

电熔耐火材料有：电熔莫来石质耐火材料、电熔锆刚玉质耐火材料及电熔铝氧系耐火材料等。

5.2.6　不定形耐火材料的生产

不定形耐火材料是由耐火骨料和粉料、结合剂或另掺外加剂以一定比例组合的混合物，在使用地点才制成所需要的形状并进行热处理，故称为不定形耐火材料。耐火骨料一般指粒径大于 0.09 mm 的颗粒，是不定形耐火材料组织结构中的主体材料，起骨架作用，决定其物理和高温使用性能，也决定材料的应用范围。耐火骨料的品种很多，能做定形耐火材料的原料，均可作为耐火骨料。

耐火粉料也称为细粉，一般指粒径等于或小于 0.09 mm 的颗粒料，是不定形耐火材料组织结构中的基质材料，一般在高温作用下起胶结耐火骨料的作用。耐火粉料通常用优质黏土、刚玉、莫来石、尖晶石等原料磨细而成。

结合剂是将骨料和粉料胶结起来并显示出一定强度的材料，是不定形耐火材料的重要组成部分。一般要求结合剂本身具有良好的凝结硬化特性，能够与物料一起形成易流动的体系，对物料具有良好润湿性。另外，作为耐火材料的一种组分，除应具有上述基本要求外，还必须具有硬化时的体积稳定性，硬化后的耐火性，以及无其他危害作用。结合剂种类很多，常用的有铝酸钙水泥、水玻璃、磷酸和磷酸盐、硫酸铝及软质黏土等。

外加剂是强化结合剂作用和提高基质相性能的材料，种类很多，分为促凝剂、分散剂、减水剂、抑制剂、早强剂和膨胀剂等。

从原料到制品，不定形耐火材料的生产过程只有原料破粉碎和混合料混合，过程简单，成品率高，热能消耗低，成本低。在使用时，根据混合料的工艺特性采用相应的施工方法，可制成任何形状的构筑物，即不定形耐火材料的适应性强。例如，在电炉顶三角区使用不定形耐火材料较耐火砖在砌筑上要方便得多。

一般来说，与相同材质的烧结耐火制品相比，多数不定形耐火材料在烧结前甚至烧结后的气孔率较高，在加热过程中由于某些化学反应发生因而某些性能出现波动，例如，有的不定形耐火材料的中温强度较低；由于结合剂的存在和加热过程中会发生物理化学反应，其高温体积稳定性可能降低；由于其气孔率高，可能使其抗侵蚀性降低。

需要注意的是不定形耐火材料的生产过程应延伸到其砌筑和烘烤过程。不定形耐火材

料的使用效果在相当程度上取决于砌筑质量和烘烤制度是否合理，如其构筑物密度、强度等与砌筑质量密切相关，构筑物内是否出现裂纹与烘烤制度密切相关。

5.3　耐火材料的组成、结构和性质

5.3.1　耐火材料的组成

耐火材料是由矿物组成，矿物又是由化学成分构成。耐火材料的化学性质和若干物理性质都取决于其化学组成和矿物组成。

5.3.1.1　化学组成

通常将耐火材料的化学组成按各个成分的含量和其作用分为主成分、杂质成分和添加成分。主成分是耐火制品中占绝对多数的组分，它的性质决定了耐火制品的化学特性。耐火材料按其主成分的化学性质分为三类：以 SiO_2 为主成分的酸性耐火材料；以 Al_2O_3 和 Cr_2O_3 等三价氧化物及 SiC 和 C 等为主要成分的中性耐火材料；以 MgO 和 CaO 为主要成分的碱性耐火材料。在高温下，酸性耐火材料对酸性物质的侵蚀抵抗性强，对碱性物质的侵蚀抵抗性弱；碱性耐火材料则与之相反；中性耐火材料对酸性与碱性物质的侵蚀抵抗性相近。

杂质成分在耐火材料中属于有害成分，在高温下起熔剂作用，使制品的耐火性能降低。杂质成分的熔剂作用有两个方面：由于化学反应生成低熔性的液相；虽不一定反应生成低熔性的液相，但在一定的温度下生成的液相量较多。耐火材料中的杂质成分除有上述作用外，还具有降低制品及原料的烧成（烧结）温度，促进其烧结的有利作用。

在耐火材料生产中，为了促进其高温变化，降低烧结温度，保证其成型性能，有时加入少量的添加成分。按其目的和作用可分为结合剂（如镁砖等加纸浆废液）、矿化剂（如硅砖加 FeO、CaO）、稳定剂（如含氧化锆制品加 Y_2O_3）、减水剂（如低水泥浇注料加聚磷酸盐）等。

5.3.1.2　矿物组成

耐火材料由矿物组成，其性质是矿物组成和微观结构的综合反映。矿物组成取决于制品的化学组成和工艺条件。化学组成相同的制品，当工艺条件不同时，其所形成的矿物相的种类、数量、晶粒大小和结合情况也有很大差异。即使矿物组成相同的制品，也会因晶粒大小、形状、分布、晶粒结合状况不同而表现不同的性质。

耐火材料一般是多相组成体，其矿物相可分为结晶相和玻璃相两类，又可分为主晶相和基质。主晶相是构成耐火材料的主体，一般来说，主晶相是熔点较高的晶体，其性质、数量及结合状态决定制品性质。基质又称结合相，是填充在主晶相之间的结晶矿物和玻璃相。其含量不多，但对制品的某些性质影响极大，是制品使用过程中容易损坏的薄弱环节，因而在耐火制品生产过程中，必须根据需要调整和改变基质的成分。

5.3.2　耐火材料的结构

5.3.2.1　耐火材料的微观结构

常见的耐火材料根据矿物成分的不同，可以分为含有晶相和玻璃相的多成分耐火材料和仅含晶相的多成分制品，后者中基质为细微的结晶体，而前者中基质可以为玻璃相，也可以是玻璃相与微小颗粒混合而成。耐火制品的显微组织结构常见有两种类型（见图5.1）。图 5.1（a）为硅酸盐（硅酸盐晶体或玻璃体）结合相胶结晶体颗粒的结构类型，图 5.1（b）为晶体颗粒直接交错结合成的结晶网。当固-固相界面能比固-液界面能小，液相对固相浸润不良时，有利于形成图 5.1（b）所示的固体颗粒结合。相反，当固-液相界面能小于固-固相界面能，液相对主晶相浸润良好时，有利于形成图 5.1（a）所示的固液结合。图 5.1（b）中结合方式的制品的高温性能比图 5.1（a）中的优越得多。因而在耐火材料生产中，宜采用高纯原料，减少制品中低熔硅酸盐结合物，尽量烧结成直接结合砖。

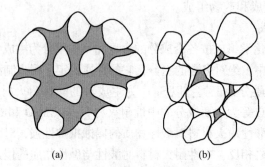

（a）　　　　　　　　　　　（b）

图 5.1　耐火制品的显微组织结构

5.3.2.2　耐火制品的结构类型

杜利涅夫将耐火制品的结构类型描述成以下三种：

（1）带有封闭夹杂物的结构。这种夹杂物是由连续的固体基体和无序或有序地分布在基体中的非接触气体组成。这种结构多半是致密的耐火材料和某些多孔的轻质耐火材料所固有的。

（2）具有相互渗透组分的结构。其特点是固相和气相在各个方向上连续延伸，这种结构是具有连通气孔的轻质耐火材料和纤维材料所特有的。

（3）分散（不粘在一起）的颗粒状材料的结构。粉末状物料的结构可以分为两种，一种特点是具有构架，这种构架是由于接触的颗粒杂乱堆积或密实排列而成的。另一种结构类型是构架的孔隙被颗粒充满。由第一种结构变成第二种结构时，孔隙和颗粒尺寸随之减小。

5.3.2.3　高温下耐火材料结构的变化

A　带层状结构

单侧加热时（在工业炉中耐火材料的使用条件大部分如此），由于烧结、热毛细现象和扩散现象，与腐蚀体之间的反应，以及某些情况下发生多晶型现象，就会形成带层结构。形成带层结构的必备条件是温度梯度。当与外部介质无质量交换时，则耐火材料本身的液相将会参与带层状结构的形成。带层状结构由工作层、过渡层和微变层组成，工作层中的化学成分及矿物组成均发生变化，过渡层只是结构发生变化，而微变层中一般保持原有成分和结构。带层状结构有时有破坏耐火材料的作用，有时则相反。一般耐火材料由于带层状结构形成，致使表面产生重大缺陷，结构疏松，强度下降。但对于硅质制品来说，由于被氧化硅富化熔体的迁移，带层发生致密化，因而在一定程度上可以阻止侵蚀扩展。

B 气孔的合并及迁移

在使用过程中，耐火材料气孔变化及引起气孔变化的因素是极为复杂的。对于大多数耐火材料而言，在使用过程中，一般气孔尺寸会增大。尺寸增大的原因之一是气孔合并。在高温条件下，耐火材料中存在着发生气孔合并的一切条件。当温度大于1750 ℃时，大气孔尺寸的增大几乎完全停止，此时的收缩只是由于气孔合并所致，这是气孔的汇合机理在起作用。

作为一个整体，气孔具有自己的移动性，当存在温度梯度时，气孔由低温区向高温区移动，如果从原子角度来研究这种现象，其原因在于根据表面扩散和蒸发-冷凝机理，气孔的内表面原子从高温区向低温区移动。

5.3.3 热学性质

5.3.3.1 热膨胀

耐火材料的热膨胀，是指其体积或长度随温度升高而增大的物理性质，用数学式表示为：

平均体积膨胀系数：
$$\beta = \frac{V_2 - V_1}{V_1(T_2 - T_1)} \tag{5.1}$$

平均线膨胀系数：
$$\alpha = \frac{L_2 - L_1}{L_1(T_2 - T_1)} \tag{5.2}$$

必须指出，由于线膨胀系数并不是一个恒定值，而是随温度变化的，所以上述的 α、β 都是指定温度范围内平均值，应用时应注意它们适用的温度范围。耐火材料的热膨胀受抑制时，其内部会产生热应力。在制品的弹性范围内，$A = E\alpha\Delta T$，其中 E 为弹性模量；ΔT 为温度差。耐火材料的线膨胀系数愈大，受热后内部因温度梯度存在所产生的热应力也愈大，当温度急剧改变时，制品会因热应力过大而产生破坏。所以，耐火材料的热膨胀对其热震稳定性有直接影响，在烧成和使用过程中应根据材料的热膨胀特性确定烧成和烘烤温度制度。如升温到发生体积变化的晶型转变点时，应采用缓慢的升温速率或在该温度保温一段时间，避免产生过大的热不均匀性，因为升温到某一温度时，直接与热源接触的部位的温度与材料内部的温度是不同的，也就是说，耐火砖中要达到温度均一需要一定的时间间隔，如果出现较大的温度差，由于砖材中热膨胀不均匀，形成机械应力，当应力超过材料的强度时，就会导致断裂。此外，在工业窑炉设计时，也要考虑耐火材料的热膨胀，比如留适当的膨胀缝，以免耐火材料受热膨胀时产生过大的热应力。

5.3.3.2 热导率

耐火材料的热导率，对于高温热工设备的设计是不可缺少的重要数据。对于那些要求绝热性能良好的轻质耐火材料和要求导热性能良好的隔焰加热炉结构材料，检验其热导率更具有重要意义。耐火材料的热导率不仅是衡量其导热性能的指标，而且是直接影响其热震稳定性的重要因素。

单位时间内，单位温度梯度时，单位面积试样所通过的热量，称热导率或导热系数。

$$\lambda = \frac{Q}{\tau} \cdot \frac{\delta}{F \cdot \Delta T} \tag{5.3}$$

式中，λ 为热导率；Q 为传热量；τ 为传热时间；δ 为试样厚度；F 为传热面积；ΔT 为冷热面温差。

耐火材料通常都含有一定的气孔，气孔内气体热导率低，因此，气孔总是降低材料的导热能力。所以，隔热制品多是体积密度较小，气孔率较高的耐火材料。另外，有些耐火材料的热导率随温度的升高而增大。例如，黏土砖、硅砖等；而有些耐火材料如镁砖、碳化硅砖等则相反，其热导率随温度升高而下降。

5.3.4　力学性质

在使用过程中，无论是在常温或高温条件下，耐火材料都会因受到各种应力如压应力、拉应力、弯曲应力、剪应力、摩擦力或撞击力的作用而变形及损坏。因此，必须检验耐火制品的常温及高温力学性质。

5.3.4.1　常温耐压强度

单位面积上所能承受的最大压力，常温下测定的为常温耐压强度，高温下测定的为高温耐压强度。

$$S = F/A \tag{5.4}$$

式中，F 为压碎试样所需的极限压力；A 为试样受压的总面积。

检测耐压强度可以了解制品的烧结情况、耐磨性、抗冲击性和不烧制品的结合强度等。由于耐压强度测定方法简便，因此，是制品质量的常用检验项目。

5.3.4.2　抗折强度

抗折强度指材料在单位截面上所能承受的极限弯曲压力。和耐压强度一样，该指标主要用于了解耐火制品的其他性质。抗折强度按下式计算：

$$R = \frac{3pL}{2WH^2} \tag{5.5}$$

式中，p 为断裂时施加的最大荷载；L 为两支点间距离；W 和 H 分别为试样的宽度和高度。

5.3.4.3　耐磨性

耐磨性是指耐火材料抵抗坚硬物料或（含有固体颗粒的）高速气体磨损作用的能力，在许多情况下也是决定其使用寿命的重要因素。如水泥立窑下部衬砖因物料沿窑身下落而经受磨损作用；焦护炭化室的砌砖也经常受着焦炭的磨损作用。耐火材料的耐磨性取决于制品的强度、密度等性能。在国外有专门检测耐磨性的标准和设备，而在国内一般都不对耐火材料进行耐磨性测定，而是利用其他有关性能来衡量其耐磨能力。

5.3.4.4　高温蠕变

当材料在高温下承受小于其极限强度的某一恒定荷重时，材料发生塑性变形，变形会随时间延长而逐渐增加，甚至会使材料破坏，这种现象叫蠕变。对处于高温下的耐火材料，不能孤立地考虑其强度，而应将温度和时间的影响同时考虑。例如，热风炉格子砖、玻璃窑蓄热室衬砖及格子砖、水泥窑衬砖在高温下长时间工作，且承受较大的荷重，这样砖体就有可能逐渐发生可塑变形。因此，检验耐火材料高温蠕变性，了解它在高温负荷下长时间的变形特性是十分必要的。

耐火材料的高温蠕变试验方法为：将材料置于恒定的高温及一定的荷重下，测量材料的变形与时间的关系。通常测定耐火制品在不同温度和荷重下的蠕变曲线，可以了解制品发生蠕变的最低温度，预测制品在高温下所能承受的负荷。

耐火材料的高温蠕变常用压蠕变率度量，即

$$P = (L_n - L_1)/L_0 \times 100 \tag{5.6}$$

式中，L_n 为试样恒温 n 小时的高度；L_1 为试样恒温开始时的高度；L_0 为试样原始高度。

5.3.5 高温使用性质

耐火材料的高温使用性质，例如耐火度、荷重软化温度、重烧线变化、热震稳定性、抗渣性等，它们在某种程度上反映出耐火材料在使用时的性能行为。因此，测定耐火材料的高温使用性能，对提高产品质量和合理选择耐火材料都具有直接意义。

5.3.5.1 耐火度

耐火材料在无荷重时抵抗高温作用而不熔化的性质称为耐火度。它和熔点所表示的意义完全不同。熔点是纯物质的结晶相与液相处于平衡状态的温度。如氧化铝的熔点为 2050 ℃，氧化硅的为 1713 ℃，方镁石的为 2800 ℃。但耐火材料一般都不是单一物质组成，而是由多种矿物组成，这些矿物在高温下相互作用，在远低于各自熔点时就会产生共熔液相，随温度的变化，其液相的数量、黏度、表面张力等都会发生变化，从出现液相到完全熔融，有一个相当大的温度范围。因此，耐火材料没有熔点，只有一个熔融温度范围。

耐火度是个技术指标，其测定方法是：将材料制成一个上底边长 2 mm，下底边长 8 mm，高 30 mm 的截头三角锥，将其在规定的升温速率下加热，直至该试锥的顶部弯倒刚刚接触底盘表面，此时的温度即为试样的耐火度。

材料的矿物组成和微观结构是影响耐火度的最基本因素，各种杂质成分特别是强熔剂杂质成分严重影响耐火度。因此，对原材料进行精选和高纯化十分必要。应当指出，耐火度只能表明耐火材料抵抗高温作用的能力，但不能作为使用温度上限，因为耐火材料实际使用中受多方面因素的影响，其实际使用温度比耐火度低得多。

5.3.5.2 荷重软化温度

耐火材料在高温和恒定压负荷的共同作用下达到某一特定变形时的温度称为荷重软化温度。

荷重软化温度的测量方法是：在制品上切取并加工成直径为 50 mm，高 50 mm 的圆柱体，施加 0.2 MPa 的静压力，按一定的升温速率连续升温加热，测定试样压缩 0.6%（即试样高度压缩 0.3 mm）、4%（压缩 2 mm）和 40%（压缩 20 mm）的温度，以压缩 0.6% 的变形温度为被测材料的荷重软化温度。

耐火制品的荷重软化温度，主要取决于制品的化学和矿物组成、组织结构特点等因素。它不但反映了耐火材料的高温结构强度，也反映了耐火材料出现明显塑性变形的温度高低。由于耐火制品的荷重变形温度基本是瞬时测定的，而绝大多数耐火制品在实际中是长期使用的，即长期在热负荷和重负荷共同作用下工作，从而使耐火材料的变形和裂纹易于持续地发展，并可导致损毁，而且耐火材料在使用时所承受的荷重也不尽相同，负重较大，则变形也大、较快。故耐火材料的荷重软化温度，仅能作为确定其最高使用温度的参考。

5.3.5.3 高温体积稳定性

耐火材料的高温体积稳定性是指材料在热负荷作用条件下长期使用时，线度或体积发生不可逆变化的性能。对烧结制品，用重烧时的线变化和体积变化百分率表示：

$$\Delta L = (L_1 - L_0)/L_0 \times 100\% \tag{5.7}$$
$$\Delta V = (V_1 - V_0)/V_0 \times 100\% \tag{5.8}$$

使耐火制品产生重烧线变化的原因，是制品在高温使用条件下发生继续烧结。一般来说，耐火制品烧制时，所发生的物理化学变化都未终结，当再次承受高温作用时，物理化学反应仍会继续进行。液相的产生对于孔隙的填充以及表面张力作用使颗粒互相拉近，晶相的长大以及重结晶过程的继续进行等，这些作用的结果，都促使制品进一步密实，从而产生重烧收缩。如果在继续再结晶的过程中，形成密度较小的新晶相将会导致残余膨胀。例如，硅砖在加热时，石英转变为鳞石英和方石英，它的密度由 2.65 g/cm³ 降至 2.27～2.33 g/cm³，从而造成硅砖的体积膨胀。

耐火制品在高温下使用时，如果产生过大的体积收缩，会使炉、窑砌体的砖缝增大，影响砌体的整体性，甚至会造成炉体结构破坏。相对来说，重烧膨胀危害较小，尤其是较小膨胀，对于延长砌体的寿命常有较好的作用。但过大的重烧膨胀，也会破坏砌体的几何形状，甚至崩塌。一般耐火材料制品的重烧线变化要求不应超过 1%，最好不超过 0.5%。

耐火制品的重烧变形量也是一项重要使用性质，对保证砌筑体的稳定性，减少砌筑体的缝隙，提高其密封性和耐侵蚀性，避免砌筑体整体结构的破坏，都具有重要意义。

5.3.5.4　热震稳定性

耐火制品对于急冷急热的温度变化的抵抗性能，称为热震稳定性（又称热稳定性）。

耐火制品在各种热工设备使用过程中，一般都经受着强烈的急冷急热作用。由于耐火材料是热的不良导体，导热性较差，造成砖的表面和内部的温度差很大。又由于材料的受热膨胀或冷却时的收缩作用，均使砖内部产生应力。当这种应力超过砖本身的结构强度时，就产生开裂、剥落，甚至使砖体崩裂。这种破坏作用，也往往是耐火材料在使用过程中砌体遭受到损坏的重要原因之一。

当温度突然发生变化时，产生应力的大小，主要取决于制品的某些物理性质，如热膨胀性、导热性及弹性模量等。

（1）制品的组织结构。增大制品临界颗粒和粗颗粒的数量，能使大部分制品的热震稳定性显著提高。因为大颗粒周围有小裂纹和孔隙存在，在这些部位形成局部结合，当制品内产生热应力时，这些没有被紧密固定的颗粒通过发生相互微小的滑移而消除或缓冲部分应力，将限制制品开裂。与此相反，细颗粒组成的致密耐火制品，就不利于提高其热震稳定性。

（2）热膨胀性。当温度突然变化时，制品表面和内部存在温度差，如果制品的线膨胀系数较大，由于温度而产生的热应力也较大，其热震稳定性也相应较差。

（3）导热性。耐火材料的导热系数大，内外温差小，因温差而引起的应力也小，制品的热震稳定性也强。

（4）弹性性质。制品的弹性好，表示弹性模量小，缓冲热应力作用的能力强，制品的热震稳定性也好。

（5）结构强度。制品的结构强度大，抵抗热应力作用的能力也强，制品的热震稳定性就好。

此外，制品的形状、大小、厚薄和炉体的结构及砌筑方式都对制品的热震稳定性有一定影响。

5.3.5.6 抗蚀性

耐火材料的抗蚀性是指材料在高温下抵抗炉料、烟尘、火焰气流等各种介质的物理化学作用和机械磨损作用而不损坏的能力，耐火材料行业内也称抗渣性。熔渣侵蚀是耐火材料在使用过程中最常见的一种损坏形式，如各种炼钢炉衬及盛钢桶的工作衬、炼铁高炉的炉衬、冶金炉衬、玻璃池窑的池壁以及水泥回转窑的内衬等的损坏。因此，研究耐火材料的抗蚀性具有非常重要的意义。

耐火材料的侵蚀包括两个过程：一是耐火材料在熔渣中的溶解过程；二是熔渣向耐火材料内部的侵入（渗透）过程。

溶解过程又可分为三种情况：（1）耐火材料与熔渣不发生化学反应的物理溶解作用，即单纯的溶解过程；（2）耐火材料与熔渣在其界面处发生化学反应的溶解过程，反应的结果使耐火材料的工作面部分转变为低熔物而溶于渣中，同时改变了熔渣和制品的化学组成；（3）高温溶液或熔渣通过气孔侵入耐火材料内部深处，或通过耐火材料的液相扩散和向耐火材料的固相扩散，使制品的组织结构发生质变而溶解。

熔渣对耐火材料的侵蚀不仅仅限于表面的溶解作用，而且还能侵入（渗透）耐火材料内部，使其反应面积和反应深度扩大。侵入的程度大致与气孔率成正比，耐火材料的开口气孔率愈高，熔渣侵入速度也愈快；即使耐火材料的气孔率相同，但气孔的形状、大小和分布等情况不同，其侵蚀速度也会发生变化。

影响耐火材料抗蚀性的主要因素有：

（1）耐火材料与炉料的组成和性质。耐火材料与炉料相接触时是否被侵蚀，一方面决定于耐火材料本身的化学组成和矿物组成，另一方面也取决于炉料的组成和性质。一般情况下，酸性耐火材料能抵抗酸性炉料，碱性耐火材料能抵抗碱性炉料的侵蚀。所以在选用耐火材料时应注意炉料的性质，使耐火材料与之相适应。

（2）耐火材料的使用温度，不但影响耐火材料生成液相的数量和矿物组成，而且也会影响耐火材料与炉料的反应速率。耐火材料在高温下与炉料的化学反应速度随温度的升高而加剧。所以对同一种耐火材料来说，使用温度越高，其抗侵蚀能力也就越低。

（3）制品的组织结构。致密均匀的耐火制品，可以减少炉料、烟尘对它的渗入和熔解，有利于提高制品的抗蚀能力。

因此，在生产工艺上一般采用提高原料的纯度，改善制品的化学组成和矿物组成，保证制品具有致密而均匀的组织结构等方法来提高耐火制品的抗侵蚀性能。

5.4 耐火材料的种类及应用

5.4.1 硅酸铝质耐火材料

硅酸铝质耐火材料是以氧化铝（Al_2O_3）和氧化硅（SiO_2）为基本化学组成的耐火材料。化学组成中除 Al_2O_3 和 SiO_2 还含有少量起熔剂作用的杂质成分，如 TiO_2、Fe_2O_3、CaO、MgO、R_2O 等。随着耐火材料中主要成分 Al_2O_3/SiO_2 比值的不同，杂质成分和数量的变化，其相组成也发生变化，从而导致制品的性能不同。利用 Al_2O_3-SiO_2 二元相图

（见图 5.2），可以从理论上了解硅酸铝质耐火材料的理论相组成及随化学组成和温度的变化规律。

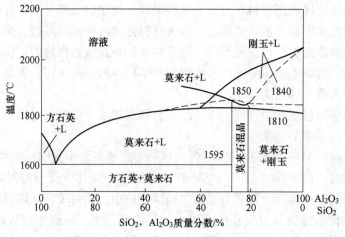

图 5.2 Al₂O₃-SiO₂ 系统状态图

莫来石是 Al_2O_3-SiO_2 系统中的唯一稳定化合物，其化学组成（质量分数）为 Al_2O_3 71.8%，SiO_2 28.2%。在 SiO_2-A_2S_3（莫来石）系统中，存在的固相为莫来石和方石英，莫来石数量随 Al_2O_3 含量增高而增加，熔融液相量相应减少。当系统中 Al_2O_3 含量低于 15% 时，液相线陡直，在此范围内成分略有波动，完全熔融温度改变显著。因此，Al_2O_3 在 5.5%~15% 组成范围内，不能作为耐火材料使用。

在 A_2S_3-刚玉系统中，Al_2O_3 含量越高，刚玉量越多，制品的耐高温性能也相应提高。当 Al_2O_3 含量在 20%~50% 时，可利用原料或制品的化学组成，用下述经验公式近似计算黏土及其制品的耐火度，其结果与实测值接近，该经验公式为：

$$T = \frac{360 + w(Al_2O_3) - R}{0.228} \qquad (5.9)$$

式中，T 为黏土原料或制品的耐火度，℃；$w(Al_2O_3)$ 为黏土原料或制品中 Al_2O_3+SiO_2 以 100% 计时 Al_2O_3 的质量分数，%；R 为熔剂总量，包括 TiO_2、Fe_2O_3、CaO、MgO、R_2O 等，%。

硅酸铝质制品的荷重软化温度主要取决于制品的化学组成及坯体密度。Al_2O_3 含量越高，荷重软化开始变形温度和 40% 变形温度也越高。在 Al_2O_3 含量为 40%~70% 时，荷重软化温度与 Al_2O_3 含量基本呈直线关系。Al_2O_3 含量每增加 1%，开始变形温度约升高 4 ℃，40% 变形温度约升高 7 ℃。

制品的抗蚀性能也取决于 Al_2O_3 含量，制品在各种熔渣和熔液中的溶解度，随 Al_2O_3 含量的提高而逐渐减少。

根据制品中 Al_2O_3 和 SiO_2 的含量，一般将硅酸铝质耐火材料分为半硅质制品、黏土质制品和高铝质制品。

5.4.1.1 半硅质耐火材料

半硅质耐火材料是指 Al_2O_3 含量在 15%~30%，SiO_2 含量大于 65% 的半酸性耐火材料。制造半硅质耐火材料制品的原料有硅质黏土、酸性黏土和泡沙石等，也可以用天然产的叶蜡石作为原料。半硅质制品中 SiO_2 含量较高，耐火度可达 1650~1710 ℃。由于形成部分网络结构，其荷重软化温度为 1350~1450 ℃。半硅质制品重烧线变化小，高温体积稳定性好；对酸性、弱酸性物料有较强的抵抗能力，对含 SO_2 的高温烟气也有良好的抵抗能力。半硅砖在建材工业主要用于窑炉的烟道及燃烧室；在冶金工业中用于化铁炉炉衬、铁水包、烟道系统和燃煤燃烧室墙等。

5.4.1.2 黏土质耐火材料

黏土质耐火材料是用天然产的各种黏土作原料，将一部分黏土预先煅烧成熟料或利用废料，并与部分生黏土配合制成的 Al_2O_3 含量为 30%~48% 的耐火制品。

黏土质耐火制品的耐火度很低，一般为 1580~1770 ℃，随制品中 Al_2O_3/SiO_2 比值的增大而提高，同时随杂质含量的增多而降低。由于主晶相莫来石晶体在制品中数量少而且晶体也很小，没有形成网状骨架，呈孤岛状分散在 50% 左右的玻璃相中，随着温度的升高，玻璃相的黏度下降，制品逐渐变形。因此，黏土质制品的荷重软化温度较低，为 1250~1400 ℃，压缩 40% 时温度为 1500~1600 ℃。制品在高温下长期使用将因产生再结晶而导致不可逆的体积收缩或膨胀，一般情况下要求不超过 1.0%。黏土质制品由于莫来石晶体被包围在玻璃相中，莫来石本身膨胀系数小，当受热时不会产生应力集中，热震稳定性较好，普通黏土砖 1100 ℃ 水冷循环次数达 10 次以上，多熟料黏土砖可达 50~100 次或更高。黏土制品属于弱酸性耐火材料，因此抗弱酸性熔渣侵蚀能力较强，而抵抗碱性熔渣侵蚀能力较差。提高制品的致密度，降低气孔率，能提高制品的抗蚀性能；增多 Al_2O_3 含量，抗碱侵蚀能力提高；随 SiO_2 含量的增加，抗酸侵蚀的能力增强。

黏土质耐火材料应用广泛，建材工业的水泥窑、玻璃池窑、陶瓷窑、隧道窑、加热炉以及锅炉等热工设备都普遍使用黏土质耐火材料。

5.4.1.3 高铝质耐火材料

高铝质耐火材料的 Al_2O_3 含量大于 48%，是一种高级的硅酸铝质耐火材料。高铝质耐火制品在 Al_2O_3 含量小于 71.8% 范围内，随 Al_2O_3 含量的增加，制品中主晶相莫来石增加；在 Al_2O_3 含量大于 71.8% 范围内，则随 Al_2O_3 含量增加，莫来石量减少而刚玉相量增加。制品的耐火度随 Al_2O_3 含量的增加而提高，一般不低于 1750~1790 ℃。

高铝质耐火材料的荷重软化温度随制品中 Al_2O_3 含量变化而变化，如图 5.3 所示。Al_2O_3 含量在 70%~90% 时，属于莫来石-刚玉制品，Al_2O_3 含量对荷重软化温度影响不大。Al_2O_3 含量为 95% 以上时，属于刚玉制品，荷重软化温度随 Al_2O_3 含量的增大而显著提高。

高铝质耐火制品的抗侵蚀能力也随 Al_2O_3 含量的增加而提高。降低杂质含量，有利于提高其抗侵蚀能力。高铝质制品中刚玉相的线膨胀系数比莫来石大，其热稳定性能比黏土质制品差，850 ℃ 水冷循环 3~5 次。高铝制品与黏土制品相比，具有较长的使用寿命，广泛用于高温窑炉的炉风口、热风炉炉顶、水口砖、水泥窑的烧成带、玻璃池窑以及高温隧道窑的窑衬材料等。

5.4.2 硅质耐火材料

硅质耐火材料是指以二氧化硅（SiO_2）为主体，主要有鳞石英、方石英、残存石英和玻璃相组成的耐火材料。它的典型代表是硅砖，另外，还有白泡石砖和熔融石英砖。

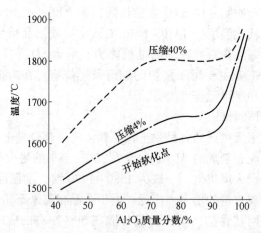

图 5.3 高铝制品的荷重软化温度与 Al_2O_3 含量关系

SiO_2 在常压下有八种形态，即：α-石英、β-石英、α-鳞石英、β-鳞石英、γ-鳞石英、α-方石英、β-方石英和石英玻璃。SiO_2 在不同温度下能以不同的晶型存在，并在一定条件下相互转换（见图 5.4），还伴随有较大的体积变化而产生应力。SiO_2 的晶型转变是很复杂的，其存在温度和性质见表 5.1。

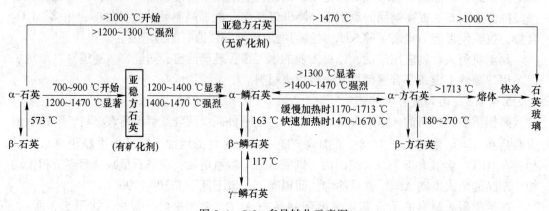

图 5.4 SiO_2 多晶转化示意图

表 5.1 SiO_2 变体的稳定温度范围及性质

变体	晶系	密度/g·cm⁻³	稳定温度范围/℃
β-石英	三方晶系	2.65	<573
α-石英	六方晶系	2.53	573~870
γ-鳞石英	斜方晶系	2.26~2.28	<117
β-鳞石英	六方晶系	2.24	117~163
α-鳞石英	六方晶系	2.23	870~1470
β-方石英	斜方晶系	2.31~2.33	180~270
α-方石英	立方晶系	2.23	1470~1713
石英玻璃	无定形	2.20	<1713（快冷）

硅砖主要是由鳞石英、方石英、残余石英和少量玻璃相组成，其矿物波动范围一般为：鳞石英 30%~70%，方石英 20%~30%，石英 3%~15%，玻璃相 4%~10%。硅砖的耐火度波动于 1690~1730 ℃。SiO_2 含量越高，耐火度越高；杂质含量多，则耐火度降低。如硅砖以鳞石英为主体时，荷重软化温度可高达 1620~1670 ℃，接近其耐火度，但该软化变形温度范围很窄。

硅砖属酸性耐火材料，抵抗酸性及弱酸性熔渣的侵蚀能力很强。硅砖的热稳定性很差，850 ℃下水冷为 1~2 次，这是由于多晶转变所产生的体积效应而造成的，所以 800 ℃以下应缓慢加热或冷却。硅砖在加热时产生体积膨胀，随制品的真密度不同，其膨胀率也不同。真密度越大，则残余膨胀值也越大。优质硅砖的总膨胀率不应超过 1.0%~1.5%，残余膨胀不应超过 0.3%~0.4%。

白泡石的耐火度为 1650~1730 ℃，荷重软化温度在 1570~1630 ℃。白泡石的热膨胀曲线十分特殊，其膨胀曲线如图 5.5 所示，总膨胀率可达 5%，这么大的体积变化，易造成砖体破裂。为了减少白泡石的膨胀，可将其在 1500 ℃左右预烧，预烧两次后，膨胀率可降到 0.35%，还可提高耐热震性。白泡石为层状结构，层间有碳酸盐和硅铝酸盐等，性质各向异性，层间易开裂，降低使用寿命。因此，砌窑时切忌层面朝着玻璃液，而应垂直于玻璃液。

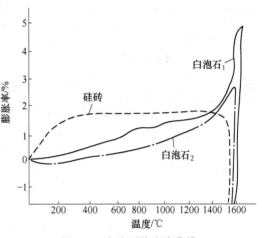

图 5.5　白泡石热膨胀曲线

硅砖主要应用于砌筑焦炉、平炉蓄热室、玻璃熔窑及其他热工设备，由于它存在残余膨胀，用于窑顶，可防止顶部坍塌。白泡石砖用于玻璃窑的池壁和池底等。

熔融石英陶瓷制品是以石英或石英玻璃为原料，经粉碎、成型和烧成的再结合制品，是一种较新型的硅质耐火材料。熔融石英陶瓷线膨胀系数小，与石英玻璃相同，约为 $0.54×10^{-6}$ K^{-1}；热震稳定性好，加热到 1300 ℃，用 20 ℃的水冷却或空气冷却次数可达 35 次以上；化学稳定性好，除氢氟酸与热磷酸（300 ℃）外，与盐酸、磷酸和硝酸均不起作用；高温下黏度大，在 2000 ℃黏度为 10^6 Pa·s，抗高温气液冲刷能力强；热导率比石英玻璃制品还低；抗折、抗张强度随温度升高而增大，与其他陶瓷制品正好相反；电阻大，可做电绝缘材料；抗辐射能力强，使用温度过高时，会产生结晶化，即石英玻璃相转变为方石英相。

熔融石英陶瓷可作为核燃料中的基质（SiO_2-UO_2 体系）和辐射屏蔽及核反应堆的隔热材料；电子工业中的绝缘器、整流罩等；光学与红外线反射器；化学的耐酸耐蚀容器的内衬；玻璃熔窑内衬及部件；炼焦炉炉门、上升道内衬；有色冶炼铝、铜管道容器内衬及浇注口、吹氯气管等；高炉热风管内衬、出铁槽；炼钢连铸中的长水口或浸入式水口等材料。

5.4.3 镁质耐火材料

镁质耐火材料是指 MgO 含量在 80% 以上，以方镁石为主要矿物组成的耐火材料。制品中的相组成（质量分数）：方镁石一般为 80% ~ 90%，结晶相（硅酸盐及尖晶石等）8% ~ 20% 的和硅酸盐玻璃相 3% ~ 5%。与其他耐火材料相比耐火度高，达 2000 ℃ 以上，并有较高的荷重软化温度，一般可达 1500 ~ 1650 ℃。镁质制品的导热系数在 1000 ℃ 时是所有耐火材料中最高的，且与其他耐火材料不同，随温度升高，导热系数下降。镁质制品的线膨胀系数较大，在常温至 1000 ℃ 时，为 $(12.0 ~ 14.0) \times 10^{-6} \, K^{-1}$，方镁石含量越高，线膨胀系数越大。由于方镁石颗粒的不均匀性和组成相间线膨胀系数的较大差异，镁质制品的热震稳定性较差。镁质制品属碱性耐火材料，不会与碱性氧化物反应，但抗酸性氧化物侵蚀能力差，B_2O_3、SiO_2、V_2O_5、SO_2 等的存在，将使镁砖的高温强度急剧下降。

镁质耐火材料种类很多，见表 5.2，被广泛用于硅酸盐工业玻璃窑蓄热室、水泥窑烧成带、冶金工业炼钢炉炉衬等。

表 5.2　镁质耐火材料品种

品　种	主要化学成分	主要矿物组成
普通镁砖	MgO, CaO, SiO_2	方镁石, CMS, MF, M_2S
镁铬砖	MgO, Cr_2O_3	方镁石, MCr, M_2S, MF
镁铝砖	MgO, Al_2O_3	方镁石, MA, MF, M_2S
镁钙砖	MgO, CaO	方镁石, C_2S, MF, C_2F
镁硅砖	MgO, SiO_2	方镁石, M_2S, MF, CMS
镁碳砖	MgO [C]	MgO [C], CMS, MF, MA, M_2S
直接结合砖	MgO, Cr_2O_3	方镁石, MCr
尖晶石砖	MgO, Al_2O_3, Cr_2O_3	方镁石, MA, MCr
高纯镁砖	MgO	方镁石

镁质制品的性质在一定程度上取决于次晶相的组成和性质。低熔点的钙镁橄榄石（CMS）及铁酸二钙（C_2F）虽然对制品烧结性能有促进作用，但同时会降低制品的高温强度。因此，在制品中尽可能不存在杂质氧化物或将它们转化成（通过添加物）高耐火度的镁橄榄石（M_2S）、硅酸二钙（C_2S）或其他高熔点物质。例如，在镁砂原料中添加 Al_2O_3 或 Cr_2O_3，使其基质相为尖晶石相。在镁质制品中形成的镁尖晶石或镁铬尖晶石，其线膨胀系数较小，镁铝尖晶石或镁铬尖晶石与方镁石同属六方晶系，热膨胀性各向同性，可以减小温度变化时的内应力。铁酸盐溶入尖晶石中，提高了方镁石的高温塑性，缓和了热应力，大大改善了镁质砖的耐热震性。在一定烧成条件下，当晶粒发育完整，晶粒间紧密接触，可使方镁石和尖晶石之间呈镶嵌结构，提高了直接结合程度，进一步提高其荷重软化温度及高温抗折强度。

利用烧结镁砂和电熔镁砂制备的高纯镁砖，由于杂质含量极少，故荷重软化温度得以提高，抗侵蚀能力也大大增加。

5.4.4 轻质耐火材料

轻质耐火材料是指各种高气孔率、低体积密度和低导热性的耐火材料。轻质耐火材料的特点是具有多孔结构和高的隔热性，因此也称为隔热耐火材料。轻质耐火材料同其他致密耐火材料相比具有如下特征：

（1）气孔率高，一般为 65%~78%，有的高达 90%，气孔细小均匀；

（2）体积密度小，一般不超过 1.30 g/cm^3，大多在 0.50~1.00 g/cm^3；

（3）导热性差，导热系数小，多数小于 1.26 W/(m·K)；

（4）重烧收缩小，一般不超过 2%。

耐火材料的隔热性能取决于主晶相与基质本身的热物理性能、颗粒大小和分布情况、气孔的大小及分布、气孔率的大小等。耐火制品在使用过程中，随制品体积密度、气孔率的不同，其传热方式亦有差别。在主晶相和基质固相中，热量主要是以传导方式进行传递。而在气孔中，热量主要是以辐射和对流方式进行传递。尤其在高温阶段，此种传热方式更为重要。众所周知，气体的导热系数很小，仅为一般固体材料的十分之一，甚至几百分之一。因此，轻质耐火材料的导热系数，随气孔率的增加而降低，并与砖的体积密度成比例地变化，如图 5.6 所示。在气孔率相等的情况下，细小气孔的轻质制品具有较低的热传导性，大气孔结构的轻质制品的热传导性也有所提高，如图 5.7 所示。这与大气孔中的

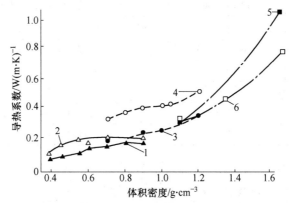

图 5.6　各种隔热耐火材料的导热系数与体积密度的关系

1—硅藻土、黏土轻质砖，200 ℃；2—硅藻土、黏土轻质砖，800 ℃；3—轻质黏土砖，200 ℃；
4—轻质黏土砖，800 ℃；5—轻质高铝砖，200 ℃；6—轻质高铝砖，800 ℃

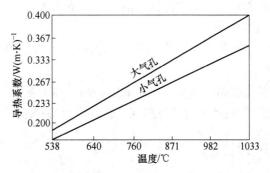

图 5.7　相同温度下气孔大小对导热系数的影响

空气主要是以对流和辐射传导热量有关，在较低温度下以对流传热为主，随着温度升高，辐射传热逐渐增大，故在高温下，大气孔结构制品比细小气孔结构的制品导热系数要大。

轻质耐火材料种类较多，一般按使用温度、体积密度和制造工艺进行分类。

（1）按使用温度分类。

1）低温隔热材料，使用温度低于 900 ℃。主要制品有硅藻土砖、石棉、膨胀蛭石和矿渣棉等。

2）中温隔热材料，使用温度为 900~1200 ℃，主要品种有膨胀珍珠岩、轻质黏土砖及耐火纤维等。

3）高温隔热材料，使用温度高于 1200 ℃。主要品种有轻质高铝砖、轻质刚玉砖、空心球制品及高温耐火纤维制品等。轻质隔热耐火砖的种类与特点见表 5.3。

表 5.3　轻质隔热耐火砖的种类与特点

种　类	使用温度/℃	特　　征
硅藻土砖	1100	用天然多孔原料制造，导热系数小，隔热性能好
轻质黏土砖	1200~1400	多用可燃物法制造，应用广泛
轻质高铝砖	1350~1500	泡沫法生产，耐热性能好，用于高温隔热
轻质刚玉砖	1600~1800	Al_2O_3 含量高，主晶相为刚玉，可在还原气氛下应用
轻质硅砖	1220~1550	荷重软化点高，热稳定性好
钙长石质	1200~1300	主要成分为 SiO_2、CaO、Al_2O_3，体积密度小，耐崩裂性好
镁质	1600~1800	耐热性能好，使用温度高
锆英石质	1500	泡沫法生产，用于超高温炉隔热
氧化锆质	2000	泡沫法生产，用于超高温炉隔热
董青石质	1300	热膨胀小，耐剥落性能好
碳化硅质	1300	耐侵蚀性好，耐崩裂性好，高温强度大

（2）按体积密度分类。

1）一般隔热材料，体积密度为 0.3~1.3 g/cm³；

2）超轻隔热材料，体积密度小于 0.3 g/cm³。

（3）按制造工艺分类。

1）多孔制品，用多孔材料直接制取的制品；

2）轻质制品，用可燃物加入法制得的制品，如在泥料中加入容易烧尽的锯末、炭粉等，使烧结制品具有一定的气孔率；

3）多孔轻质制品，在泥料中加入发泡剂（如松香皂、明胶等），并用机械方法处理制得的多孔轻质耐火制品；

4）化学法制得的多孔制品，用化学法制取的制品，在泥料中加入碳酸盐和酸、苛性碱或金属铝等，借助化学反应产生的气体形成气孔而制得的制品；

5）轻质耐火浇注料；

6）耐火纤维及制品；

7）空心球制品。

应用轻质耐火材料的目的，是为了减少热工设备在操作时的热量损失，均匀炉温和加速炉窑的周转期；并可减薄炉墙厚度，减轻炉基负荷；降低燃料消耗，改善劳动条件。轻质耐火材料广泛应用于窑炉、锅炉、冷藏、输油管道等的保温隔热。

5.4.5　不定形耐火材料

各工业部门新技术、新工艺、新装备的不断涌现，促进了工业窑炉的变革，也推动了耐火材料的发展。被喻为第二代耐火材料的不定形耐火材料产量逐年上升，是耐火材料工业未来的重要发展方向。不定形耐火材料的品种繁多，命名不一，其分类一般不按化学组成而是按照工艺特性或用途来分类。

5.4.5.1　浇注料

浇注料除粒状物料、粉状物料、结合剂和水外，有时为提高流动性或减少水加入量，还可加增塑剂，这种材料流动性较高，采用浇注方式砌筑，故称浇注耐火材料。浇注料往往借助振动机械成型。现场施工时，把搅拌均匀的物料放入模内，然后将振动机械插入物料内或置于物料上进行振动，振动时间以表面平整、泛浆为准。

近年来，出现了自流浇注料，这种料浇注时不需要振动就可自行流动、填充和密实。砌筑好的构筑体往往得加水或保水养护，养护时间一般不少于3天。养护完毕后，在第一次使用前应进行烘烤，以使其中的物理水和结晶水逐步排除，达到某种程度的烧结。烘烤制度的基本原则应是升温速度与可能产生的脱水及其他物相变化相适应，在上述变化急剧进行的某些温度阶段内，应缓慢升温甚至保温相当时间。

浇注料生产用粒状和粉状物料以硅酸铝质熟料和刚玉质材料用得最多，根据需要，在上述材料中可加入镁质、铬质、锆质、碳质和碳化硅质材料。结合剂用得最多的是铝酸钙水泥，这种结合剂凝结硬化时间短，在短期内使构筑体具有相当高的强度。

5.4.5.2　捣打料

捣打料的物料组成与浇注料相近，但前者一般不加增塑剂或减水剂等外加剂，所加水分一般比浇注料少。捣打料一般采用强力捣打成型。捣打料的常用结合剂有硅酸钠、磷酸盐、硼酸盐、硫酸盐、结合黏土等。由于捣打料用结合剂的硬化特点，因此，捣打料一般不需长时间养护，但和浇注料一样，合理地进行烘烤是必要的。

捣打料中粒状和粉状料所占比例很高，而结合剂和其他组分所占的比例很低，甚至全部由粒、粉料组成。故粒状和粉状料的合理级配非常重要。粒、粉料可由各种材质制成。但无论采用何种材质，由于捣打料主要用于与熔融物直接接触，要求粒状、粉状料必须具有高的体积稳定性、致密性和耐侵蚀性。通常，都采用经高温烧结或熔融的材料。用于感应电炉时还必须具有绝缘性。

在捣打料中需根据粒状、粉状料的材质和使用要求选用适当的结合剂。也有的捣打料不用结合剂，或只加少量助熔剂以促进其烧结。酸性捣打料中常用硅酸钠、硅酸乙酯和硅胶等结合剂，碱性捣打料中用镁的氯化盐和硫酸盐无水溶液以及一些磷酸盐和其聚合物为结合剂。也常使用含碳较多且在高温下可形成碳结合的有机物和暂时性的结合剂。高铝质和刚玉质捣打料常使用磷酸和铝的酸式磷酸盐、氯化盐和硫酸盐等无机物结合剂。低铝的硅酸铝质捣打料有时仅加适当软质黏土，或再加入少量上述结合剂。含碳质捣打料主要使用形成碳结合的结合剂。在捣打料中不用各种水泥，一般不加增塑剂和缓凝剂之类的外加剂，所含水分也较低。

捣打料主要在与熔融物直接接触的各种冶炼炉中作为炉衬材料，除构成整体炉衬外，也用于制造大型制品。

5.4.5.3　可塑料

可塑耐火材料是由粉粒状物料与可塑黏土等结合剂和增塑剂配合后，加少量水分，经充分混练所组成的硬泥膏状耐火制品，这种材料在较长时间内能保持良好可塑性。可塑性黏土是可塑料的重要组成部分，因为可塑料的可塑性和结合性取决于可塑黏土。黏土的加入量一般为 10%~25%；水的加入量为 5%~10%。虽然水分增加会提高可塑料的可塑性，但会导致干燥时收缩大，易产生裂纹。

可塑料的生产过程中，物料经混练和脱气并挤压成条，最后进行切割，将切割的料密封储备以供使用。可塑料施工时，将其从密封容器中取出，用木槌等捣实，制成所需要的形状，砌筑完成后，按规定的烘烤制度进行烘烤。

可塑料特别适用于钢铁工业中的各种加热炉、均热炉、退火炉、渗碳炉、热风炉、烧结炉等，也可用于小型电弧炉的炉盖、高温炉的烧嘴以及其他相似部位。

5.4.5.4　喷射料

喷射料是供以压缩气为动力的喷射机具进行喷射施工的不定形耐火材料，它特别适于各种窑炉衬体修补工作，因此通常称为喷补料。它既可用于在冷态下构筑和修补窑炉衬体，更宜用在热态下修补。在冷态施工时，与浇注方法相比，工期短，不需模型。在热态下修补，施工工期短，便于抢修，从而可延长炉衬使用寿命，使生产效率提高。

喷射料主要由各种耐火粒状和粉状物料所组成，结合剂含量一般较低，还往往含有适量助熔剂以促进烧结，多数还加有少量水分。对于冷态施工的喷射料，常用结合剂为硅酸钠、磷酸盐、聚磷酸盐等。

5.4.5.5　耐火泥

耐火泥是由粉状物料和结合剂组成的供调制泥浆用的不定形耐火材料，主要用作砌筑耐火砖砌体的接缝。耐火泥作砖砌缝材料，可以调整砖的尺寸误差和不规整的外形，使砌体形成严密的整体。粉状料可选用烧结充分的熟料和其他体积稳定的耐火材料，结合剂根据需要可选用结构黏土、耐火水泥、硅酸钠、磷酸或磷酸盐等。

5.4.6　特种耐火材料

特种耐火材料的发展与高温技术，特别是与冶金工业的发展紧密相关。由于钢铁工业、高温技术、电子技术的发展，对材料提出了更高的要求。由此，在传统耐火材料和传统陶瓷的制造工艺基础上，研制出具有化学纯度高、熔点高（1700~4000 ℃）、良好的抗热震性、较大的高温强度和致密度特性的特种耐火材料，有时也称高温陶瓷或高温材料。它们包括：高熔点氧化物材料、碳化物材料、氮化物材料、硼化物材料、硅化物材料、硫化物材料、金属陶瓷材料、玻璃陶瓷材料、陶瓷涂层材料、陶瓷纤维及纤维增强材料等。

高熔点氧化物材料一般是从超过 SiO_2 的熔点（1728 ℃）的金属氧化物中选取。高熔点氧化物约有 60 多种，但作为特种耐火材料，除了具有高熔点外，还必须具备多种高温性能和比较成熟的制造工艺。到目前为止，约有 11 种高熔点氧化物可以用来制造制品和使用，它们是：氧化铝（Al_2O_3）、氧化镁（MgO）、氧化铍（BeO）、二氧化锆（ZrO_2）、氧化钙（CaO）、熔融石英（SiO_2）、氧化钍（ThO_2）、氧化铀（UO_2）、莫来石（$Al_2O_3 \cdot 2SiO_2$）、锆英石（$ZrO_2 \cdot SiO_2$）、尖晶石（$MgO \cdot Al_2O_3$）等。其中，目前具有工业生产规模的是氧化铝、氧化锆、氧化镁、熔融石英、尖晶石等几种。

除了高熔点氧化物以外，熔点在 2000 ℃ 以上的高熔点碳化物、氮化物、硼化物、硅化物、硫化物等，统称为难熔化合物。熔点最高的是碳化铪，3887 ℃。难熔化合物材料所用的原料大多是人工合成。目前这方面的研制工作进展很快，制造工艺、制造设备和产品应用方面均有较大的突破，如"赛隆（Sialon）""热压碳化硅""立方氮化硼"等已有产品生产。

可以用来制造特种耐火材料制品的难熔化合物有：碳化硅（SiC）、碳化钛（TiC）、碳化硼（B_4C）、碳化铪（H_fC）、碳化铬（Cr_3C_2）、氮化硅（Si_3N_4）、氮化硼（BN）、氮化铝（AlN）、硼化钛（TiB_2）、硼化锆（ZrB_2）、硼化镧（LaB_6）、硅化钼（$MoSi_2$）、硅化钽（$TaSi_2$）、硫化钽（TaS）、硫化铈（CeS）等。其中制造工艺比较成熟，具有工业生产意义的有碳化硅、碳化硼、氮化铝、硼化锆、硼化镧等。

5.4.6.1 特种耐火材料与普通耐火材料的区别

特种耐火材料是从传统陶瓷和普通耐火材料的基础上发展起来的。它与普通耐火材料有相同之处，但也有很大的不同。

（1）特种耐火材料的大多数材质的组成已经超出了硅酸盐的范围，而且品位高，纯度高，一般的纯度均在95%以上，特殊要求的在99%以上。所用的原料几乎都是人工合成或是将矿物经过机械、物理、化学方法提纯的化工原料，而极少直接引用矿物原料。这些材质的熔点都在 1728 ℃ 以上。

（2）特种耐火材料的制造工艺除了应用传统陶瓷的注浆法、可塑法等成型工艺外，还采用了大量的新工艺，如等静压、热压注、气相沉积、化学蒸镀、热压、熔铸、等离子喷涂、轧膜、爆炸等成型工艺，并且成型用的原料大多采用微米级的细粉料。

（3）特种耐火材料成型以后的各种坯体需要在很高温度下和各种气氛环境中烧成，烧成温度一般为 1600~2000 ℃，甚至更高。烧成设备也是多种多样，除了像烧成普通耐火材料用的高温倒焰窑和高温隧道窑外，还经常使用各种各样的电炉，如电阻炉、电弧炉、感应炉等。这些烧成设备可以提供不同坯体烧成所需的气氛环境和温度，如氧化性气氛、还原性气氛、中性气氛、惰性气氛、真空等。某些特殊电炉的温度可高达 3000 ℃ 以上。

（4）特种耐火材料的制品更加丰富。它不仅可以制成像普通耐火材料那样的砖、棒、罐等厚实制品，也可以制成像传统陶瓷那样的管、板、片、坩埚等薄形制品，还可以制成中空的球状制品、高度分散的不定形制品、透明或半透明制品、柔软如丝的纤维及纤维制品、各种宝石般的单晶以及硬度仅次于金刚石的超硬制品。

（5）特种耐火材料比普通耐火材料具有更优良的热性能、电性能、力学性能、化学性能，因此使用范围更加广泛，除了在冶金工业广泛应用外，在国防、军工、科学研究、新兴技术、轻工、化工、电力、电子、医学、农业，几乎国民经济的各个部门都有广泛用途。

5.4.6.2 我国特种耐火材料制品

A 碳结合制品

(1) 碱性碳结合制品。主要有镁炭砖（MgO-C），镁白云石炭砖（MgO-CaO-C）。镁炭砖主要应用在氧气转炉上，在提高炉龄、降低消耗方面成效显著。宝钢 300 t 氧气转炉采用高强度镁炭砖，最高寿命达 2250 炉；镁白云石炭砖是炉外精炼炉用的优质材料。

(2) 碳结合铝质材料。包括：1) 连铸用铝碳质（Al₂O₃-C）、铝锆碳（Al₂O₃-ZrO₂-C）质滑板材料，基本可以满足多炉连铸要求。2) 铝碳/锆碳复合（Al₂O₃-C/ZrO₂-C）浸入式水口材料，在宝钢应用中，可连浇 6 炉，每炉侵蚀率小于 0.08 mm/min。3) 铝镁碳质（Al₂O₃-MgO-C）连铸用钢包内衬材料，有良好抗渣性和抗热震性，已经在宝钢 300 t 转炉钢包应用，出炉温度为 1665 ℃，钢水停留时间为 100 min，包龄多数大于 80 炉。4) Al₂O₃-尖晶石-C 制品，在连铸钢包试用中效果较 Al₂O₃-MgO-C 质材料更为理想，寿命可达 90 次以上。碳结合耐火材料的致命弱点是抗氧化性差、强度较低，宜在低氧气氛中使用。

B 非氧化物制品

非氧化物主要有高炉用氮化硅（Si₃N₄）结合的碳化硅（SiC）制品和 Sialon 结合的 SiC 制品，比高铝、刚玉制品有更好的抗碱蚀性、耐磨性和抗热震性，比碳素制品有更好的抗氧化性和强度，在高炉中段应用，可使高炉寿命延长 8~12 年。

C 高效碱性制品

(1) 直接结合镁质砖，其结合特征是方镁石与尖晶石之间以及方镁石晶体之间形成直接结合。近年来发展的预反应直接结合砖采用预先共同烧结的高纯镁铬砂为原料，经高压成型、高温烧结制得，具有高纯度、高密度、高强度的特点，高温性能更加优越。

(2) 高纯镁铝尖晶石砖，通过对镁铝尖晶石进行预合成，制成高纯原料，经高温烧成。

(3) 直接结合白云石砖和锆白云石砖。高效碱性制品主要应用在水泥回转窑的高温带上，具有很好的抗热震性。

D 优质高铝制品

优质高铝制品包括抗蠕变高铝砖、抗热震矾土-锆英石（Al₂O₃-ZrO₂）砖、铝镁尖晶石砖等。抗蠕变高铝砖主要应用于热风炉上；矾土-锆英石砖普遍应用在水泥窑中。优质高铝制品的生产途径是首先生产出高质量的高铝矾土熟料，再通过加入适量有益氧化物添加剂控制显微结构，从而提高其高温性能。

E 氧化物与非氧化物复合耐火材料

此种复合材料是具有优越高温性能的高技术、高效耐火材料，可用于条件复杂苛刻的特定的高温部位，经过试验并初步应用的品种有：

(1) ZrO₂-Al₂O₃-A₃S₂（莫来石）SiC 复合材料。以锆刚玉莫来石为基，引入 5%~15%SiC，在 1750 ℃埋粉，常压烧结而成。其抗氧化性和高温强度极为优越。

(2) ZrO₂-Al₂O₃-A₃S₂（莫来石）-BN 复合材料。在氮化物为基的复合氧化物中引入 10%~30%锆刚玉莫来石，在 1850 ℃氮气气氛下热压烧结，其强度、韧性和抗氧化性较其单组分材料有显著提高。

(3) O-Sialon-ZrO₂-C 复合材料。在 1700 ℃埋 SiC 粉，氮气气氛下无压烧结合成，其

抗氧化性、抗 Al_2O_3 黏附性、抗渣性良好，可作外衬的浸入式水口（Sialon 是 Al_2O_3、AlN 在 Si_3N_4 中的固溶体）。

F　功能耐火材料

功能耐火材料在高温技术领域起着举足轻重的作用。它一般应用在特殊部位，使用条件苛刻，要求有突出的抗热震性、优良的高温强度和抗侵蚀性，外形尺寸也要求极为严格。其特点是高性能、高精度和高技术。我国已自行开发了铝锆碳三层滑板、铝碳/复合浸入式水口等静压成型的莫来石长辊筒、刚玉-莫来石-碳化硅质过滤器、Si_3N_4-BN 水平连铸分离环、Al_2O_3-C、Al_2O_3-SiC-C 连铸用复合式整体塞棒等，有的已达国际水平。

G　优质节能耐火材料

（1）微粉材料：耐火材料中微粉的用量逐渐增多。近几年耐火材料领域开发的微粉主要有 SiO_2 微粉、Al_2O_3 微粉、锆英石、碳化硅、莫来石和尖晶石微粉等。微粉可以促进制品的烧结和改善性能。SiO_2 微粉（硅灰）加入浇注料中后，可以大大降低水的用量和大幅度提高浇注料的强度和密度，也可以用于降低特种耐火材料制品的烧结温度；Al_2O_3 微粉在不定形耐火材料中已得到大量应用，如低水泥浇注料、铁沟浇注料，加入烧成制品中可提高制品的强度、密度及其他性能，如加入镁砖中能提高其热稳定性能；锆英石微粉在耐火材料中作为增韧增强和热稳定性改善剂。

（2）不定形耐火材料是耐火材料工业中发展最迅速的一个领域。主要的高效不定形耐火材料有：1）低水泥、超低水泥浇注料，如大型高炉出铁沟使用的 Al_2O_3-SiC-C 浇注料，周期通铁量达 3 万吨以上；氧气转炉钢包渣线区使用的 Al_2O_3 矾土基尖晶石浇注料，包龄提高 15%~20%；其他新型不定形耐火材料还有含碳浇注料、纤维不定形耐火材料、低硅灰用量的高技术浇注料、无水泥无微粉尖晶石浇注料等。2）自流式浇注料，其要点是粒度构成，合理的粒度搭配增加浇注料流动性，避免低水泥浇注料因施工振动而导致的质量波动。

（3）特种轻质耐火材料：主要有微孔炭砖、空心球制品、绝热板和高强轻质材料（制品与浇注料）等，在工业窑炉中应用，可降低 20%~30%能耗。

5.4.6.3　特种耐火材料的用途

特种耐火材料在国民经济的各科学技术和工业部门中作为高温工程的结构材料和功能材料得到广泛应用。

在冶金工业中，特种耐火材料已经广泛地用作高温炉窑的内衬材料和耐高温、抗氧化、抗还原或耐化学腐蚀的部件；各种热电偶保护套管；熔炼稀有金属、难熔金属、贵金属、超纯金属、特殊合金的坩埚、舟皿等盛器；熔融金属的过滤装置和输送管道；连续铸钢的中间包插入式长水口砖、滑动水口砖和水平连铸的接合环；快速测定钢液中氧含量的测氧头等。

在航天和飞行技术中，用特种耐火材料可制造火箭导弹的头部保护罩、燃烧室内衬、尾喷管衬套、喷气式飞机的涡轮叶片、排气管以及其他一些经受高温的部件。例如，现代喷气式飞机的动力部分几乎是在烈火中工作的，从燃烧室、涡轮喷气发动机一直到尾喷管，都要接触上千度的燃气温度，特别是涡轮叶片，既要耐高温，又要承受每分钟上万转的转速所产生的巨大离心力。如果为了提高热效率和功率而进一步提高燃气温度到 1500 ℃左右，则原用的 Ni-Co-Cr 耐热合金或 W、Mo、Nb、Ta 等高熔点金属均不能适应，只能用特种耐火材料。

在原子能工程中，特种耐火材料可以在反应堆中作为核燃料、控制棒、中子减速剂、反射壁、屏蔽防护体。用 UO_2（熔点为 2800 ℃）、UC（熔点为 2475 ℃）、ThO_2（熔点为 3200 ℃）等特种耐火材料代替低温使用的金属铀作核燃料，由于熔点高，在高温时不发生相变，以及耐腐蚀性较好，所以可以把反应堆温度提高到 1500 ℃以上，从而可提高原子能发电、核动力潜水艇等原子能设备的效率。B_4C、BN 可作为中子吸收材料，特别可代替含硼的钢来做高温反应堆的控制棒，因为它们的熔点比硼钢高得多。因为 BeO 的中子俘获截面小，减速能力大，可使核连锁反应进行，故 BeO 可作为反应堆的减速材料和反射材料。

在电力工业中，近年来采用磁流体发电机、电气体发电机、燃料电池、钠硫电池等新的高能电源。特种耐火材料在这些新能源中用作通道材料、电极材料、电解质隔膜等，如 Al_2O_3、MgO、ThO_2、BeO、ZrO_2、AlN、BN、$CaZrO_3$、$BaZrO_3$、ZrB_2、SiC、LaB_6 等，其中有的具有耐高温、耐冲刷、耐侵蚀的性能，有的具有高温离子导电能力。在发电厂，为了控制锅炉燃烧工况，提高燃烧效率，采用了烟道气体测氧仪，这种测氧仪的心脏部件是用 ZrO_2 特种耐火材料制造的。

在电子工业中，特种耐火材料可作熔制高纯半导体材料的容器、电子仪器设备中的各种耐高温绝缘散热部件、集成电路的基板等。在激光新技术中，特种耐火材料可用作激光通道材料等等。

思考题和习题

1. 什么叫耐火材料？根据耐火材料的外形可将耐火材料分成哪几类？

2. 简述生产耐火材料的原料有哪些？

3. 什么是混练？如何控制混练时间？

4. 简述硅砖烧成后在低温下应缓慢冷却的原因。

5. 什么是不定形耐火材料？结合剂在不定形耐火材料中有何作用？

6. 简述耐火材料的化学组成特点并说明杂质成分在其生产中的作用。

7. 简述耐火材料的微观结构特点及其类型。

8. 高温条件下耐火材料的结构有何变化？

9. 耐火材料烧结和使用过程中，为何要根据材料的热膨胀特性来确定热处理温度制度？

10. 简要说明炼钢炉衬、炼铁炉衬用耐火材料的被侵蚀过程与侵蚀机理。

11. 简述不定形耐火材料的类型及特征。

12. 玻璃、陶瓷及水泥等行业都是耗能大户，热效率不高，从耐火材料的角度来看可采取哪些措施提高热效率？

13. 分析讨论影响耐火材料使用寿命的因素和提高其使用寿命的途径。

14. 什么是特种耐火材料？其与普通耐火材料有何区别？

15. 查阅文献了解耐火材料的未来发展趋势。

6 无机非金属基复合材料

材料的复合化是材料发展的必然趋势之一。本章在概述复合材料的基本概念、复合原理和复合材料界面等相关知识的同时，重点介绍了陶瓷基、水泥基、碳/碳这三种无机非金属基复合材料。

6.1 概　　述

近年来，科学技术迅速发展，特别是尖端科学技术的突飞猛进，对材料性能提出了越来越高、越来越严和越来越多的要求。在许多领域，传统的单一材料已不能满足实际需要。这些都促进了人们对材料的研究逐步摆脱过去单纯靠经验的摸索方法，而向着按预定性能设计新材料的研究方向发展。材料的复合化成为材料发展的必然趋势之一。

广义来讲，由两种或两种以上不同化学性质或不同组织相或不同功能的材料，以微观或宏观的形式组合形成的材料，均可称为复合材料。复合材料的结构中通常有一相为连续相，称为基体；另一相是以独立的形态分布于整个连续相中的分散相，称为增强相。两相之间存在着相界面，分散相可以是增强纤维，也可以是颗粒状或弥散的填料。复合材料既可以保持原材料的某些特点，又能发挥组合后的新特征，它可以根据需要进行设计，从而最合理地达到使用所要求的性能。

复合材料的种类繁多，分类方法也不统一。根据复合材料的基体类型，可将其分为金属基、无机非金属基和有机高分子基复合材料三大类。顾名思义，无机非金属基复合材料就是以无机非金属类物质为基础组成的复合材料，主要包括陶瓷基复合材料、碳基复合材料、玻璃基复合材料和水泥基复合材料。陶瓷基复合材料主要是为了改善陶瓷材料的脆性而开发的，包括氧化铝陶瓷基、碳化硅陶瓷基、氧化锆陶瓷基、氮化硅陶瓷基复合材料等。在陶瓷中加入颗粒、纤维或晶须，可使陶瓷的韧性显著改善，但强度和模量提高不明显；连续纤维（如碳纤维和陶瓷纤维）增强陶瓷，在断裂前可吸收大量的断裂能量，使韧性和冲击强度大幅度提高，是陶瓷材料增韧的最有效途径；其次为晶须、相变增韧和颗粒增韧。最好的结果是不同增韧机理的结合。例如在铝金红石中同时加入氧化锆与碳化硅晶须，可获得 13.5 MPa·m$^{1/2}$ 的断裂韧性。复合不仅提供了韧性，断裂应力也有很大提高，纤维增强的玻璃断裂应力可达到 1000 MPa。

6.2 复合材料的复合原理及界面

6.2.1 复合材料的复合效应

材料在复合后所得的复合材料，其产生的复合效应的特征可分为两大类：一类复合效应为线性效应；另一类则为非线性效应。表 6.1 中列出了不同复合效应的类型。

表 6.1 不同复合效应的类型

复合效应	
线性效应	非线性效应
平均效应	相乘效应
平行效应	诱导效应
相补效应	共振效应
相抵效应	系统效应

现就各种效应分别叙述如下：

（1）平均效应。是复合材料所显示的最典型的一种复合效应。它可以表示为：

$$P_c = P_m \varphi_m + P_f \varphi_f \tag{6.1}$$

式中，P 为材料性能；φ 为材料体积分数；角标 c、m、f 分别为复合材料、基体和增强体（或功能体）。

（2）平行效应。显示这一效应的复合材料，其组成复合材料的各组分在复合材料中均保留本身的作用，既无制约也无补偿。对于增强体（如纤维）与基体界面结合很弱的复合材料所显示的复合效应可以看作是平行效应。

（3）相补效应。组成复合材料的基体与增强体，在性能上互补，从而提高了综合性能，则显示出相补效应。对于脆性的高强度纤维增强体与韧性基体复合时，两相间若能得到适宜的结合而形成复合材料，其性能显示为增强体与基体的互补。

（4）相抵效应。基体与增强体组成复合材料时，若组分间性能相互制约，限制了整体性能提高，则复合后显示出相抵效应。例如，脆性的纤维增强体与韧性基体组成的复合材料，当两者界面结合很强时，复合材料整体显示为脆性断裂。

（5）相乘效应。两种具有转换效应的材料复合在一起即可发生相乘效应。例如，把具有电磁效应的材料与具有磁光效应的材料复合时，将可能产生复合材料的电光效应。因此，通常可以将一种具有两种性能互相转换的功能材料 X/Y 和另一种 Y/Z 复合起来，可用下列通式来表示，即

$$X/Y \cdot Y/Z = X/Z \tag{6.2}$$

式中，X、Y、Z 为各种物理性能。

式（6.2）符合乘积表达式，所以称为相乘效应。这样的组合可以非常广泛，已被用于设计功能复合材料。常用的物理乘积效应见表 6.2。

表 6.2 复合材料的乘积效应

A 相性质 X/Y	B 相性质 Y/Z	复合后的乘积性质 $X/Y \cdot Y/Z = X/Z$
压磁效应	磁阻效应	压敏电阻效应
压磁效应	磁电效应	压电效应
压电效应	场致发光效应	压力发光效应
磁致伸缩效应	压阻效应	磁阻效应
光导效应	电致效应	光致伸缩
闪烁效应	光导效应	辐射诱导导电
热致变形效应	压敏电阻效应	热敏电阻效应

（6）诱导效应。在一定条件下，复合材料中的一组分材料可以通过诱导作用使另一组分材料的结构改变而改变整体性能或产生新的效应。这种诱导行为已在很多实验中发现，同时也在复合材料界面的两侧发现。如在碳纤维增强尼龙或聚丙烯中，由于碳纤维表面对基体的诱导作用，致使界面上的结晶状态与数量发生了改变，如出现横向穿晶等，这种效应对尼龙或聚丙烯起着特殊的作用。

（7）共振效应。两个相邻的材料在一定条件下会产生机械或电、磁的共振。由不同的材料组分组成的复合材料，其固有频率不同于原组分的固有频率，当复合材料中的某一部位的结构发生变化时，复合材料的固有频率也会发生改变。利用这种效应，可以根据外来的工作频率改变复合材料固有频率而避免材料在工作时引起破坏。

（8）系统效应。这是一种复杂效应，至目前为止，这一效应的机理尚不很清楚，但在实际现象中已经发现这种效应的存在。

上述的各种复合效应，都是复合材料科学研究的对象和重要内容，这也是开拓新型复合材料，特别是功能型复合材料的基础理论问题。

6.2.2　增强原理

复合材料的增强体按照几何形状和尺寸主要有三种形式：颗粒、纤维和晶须。颗粒增强和弥散增强的复合材料，主要由基体材料承受载荷，而纤维增强的复合材料，载荷是由纤维承载的。

颗粒增强或弥散强化主要表现在分散粒子阻止基体位错的能力方面，或者是使晶体内部原子行列间相互滑移终止或减弱；或者因外来组分的引入占据了晶格中晶格节点的一些位置，破坏了基质点排列的有序性，引起周围势场的畸变，造成结构不完整而产生缺陷。这些缺陷的存在有可能成为微裂纹的沉没处。而微裂纹是影响无机非金属材料强度的主要因素之一。例如，玻璃表面常结合着极细小的脏粒子，这些脏粒子和玻璃的弹性模量或线膨胀系数不同；或者粒子受到腐蚀，裂纹常常就从这些粒子触发而生。在多晶的陶瓷中，由于制造过程中不同晶相或其表面和内部温差引起热膨胀之差，而在晶界或相界上发生微裂纹，或者由于表面受机械力作用或化学侵蚀，产生微裂纹；或者位错间相互作用，形成微裂纹。这些微裂纹的端部正是应力集中的地方，其邻近所贮藏的应变能逐渐变成断裂表面能而使微裂纹进一步扩展，造成强度逐渐下降。如果裂纹的扩展终止于晶界缺陷处，无疑有改善材料强度的作用。对于颗粒增强无机非金属基复合材料，颗粒的作用是阻碍分子链或位错的运动。增强的效果与颗粒的体积分数、分布、尺寸等密切相关，其复合原则可概括为：

（1）颗粒相应高度均匀弥散分布在基体中，从而起到阻碍导致塑性变形的分子或位错的运动。

（2）颗粒大小应适当：颗粒过大本身易断裂，同时会引起应力集中，从而导致材料的强度降低；颗粒过小，位错容易绕过，起不到强化的作用。通常，颗粒直径从几微米到几十微米。

（3）颗粒的体积分数应在20%以上，否则达不到最佳强化效果。

（4）颗粒与基体之间应有一定的结合强度。

纤维增强则基体几乎只作传递和分散纤维载荷的媒质。任何纤维都能承受一定的拉力，但都容易弯曲，缺乏挺拔直立的刚性。如将纤维状的材料与树脂、金属、陶瓷等结合在一起就可以得到抗拉力大并有一定抗压和抗弯强度的复合材料。其强度主要决定于纤维的强度、纤维与基体界面的黏结强度、基体的剪切强度等。纤维增强无机非金属基复合材料的一般准则是：

（1）为使载荷从基体向纤维传递，应选用高强度高模量纤维，即 $E_f > E_m$，最好 $E_f > 2E_m$；

（2）为给基体预加压应力，应选用线膨胀系数相匹配的系列，通常纤维的线膨胀系数应大于基体的线膨胀系数，$\alpha_f > \alpha_m$；

（3）为了阻止裂纹扩展，应选用断裂韧性大于基体断裂韧性的纤维，纤维成为裂纹扩展的障碍物；

（4）为了使扩展着的裂纹弯曲，应考虑适当弱的纤维基体界面或控制适当的纤维直径（小于基体中典型裂纹尺寸）；

（5）从相变韧化考虑，通过剪切变形后应使体积膨胀，即 $\Delta V > 0$；

（6）纤维与基体在制备条件下不发生有害反应，纤维性能不降低。

通常用增强率（F）来表征复合材料的增强效果。F 是指粒子或纤维增强材料的平均屈服强度与未增强基体的屈服强度之比。在颗粒弥散增强材料中，F 与粒子体积百分比 V_d、粒子分布、粒子直径 d_p、间距 λ_p 等有关。通常粒子越细，阻止位错的效果越好，因而 F 值就大。如粒子直径为 $0.01 \sim 0.1\ \mu m$ 时，材料的 F 值为 $4 \sim 15$，比它更细的分散材料就形成固溶体，如 F 值为 $10 \sim 30$ 的增强合金或钢；若粒子直径在 $0.1 \sim 1.0\ \mu m$ 范围内，F 为 $1 \sim 3$，增强效果就不明显。在纤维增强材料中，F 通常是纤维体积百分率 V_f、纤维直径 d_f、纤维平均拉伸强度 σ_{fu}、纤维长度 l、纤维纵横比 l/d_f、基体黏结强度 τ_m 和基体拉伸强度 σ_{mu} 的函数，与粒子增强材料相比，纤维增强材料的 F 值大，为 $30 \sim 50$。

6.2.3　复合材料界面

6.2.3.1　界面概念

如前所述，复合材料是一种由相态与性能相互独立的多种物质（材料）组合在一起的多相体系，体系内相与相之间存在着大量的界面。一般把基体和增强相之间化学成分有显著变化、构成彼此结合的、能传递载荷作用的区域称之为界面。界面相的形成涉及增强体和基体互相接触时，在一定条件下复杂的物理化学作用和化学反应过程，同时也包括在增强体表面上预先涂覆的表面处理剂层和经表面处理工艺而发生反应的表面层，如图 6.1 所示。该界面层是一个独立相，除具有一定厚度和具有一定体积和复杂的形状外，其性能在厚度方向上有一定的梯度变化，且随环境条件变化而改变。通常复合材料中界面层的厚度在亚微米以下，但界面层的总面积在复合材料中相当可观，例如，在 $\varphi(f) = 60\%$ 的玻璃钢内，当纤维直径为 $10\ \mu m$ 时，$10\ cm^3$ 的复合材料内，界面面积可高达 $4000\ m^2$。由此可知，界面在复合材料中有着极为重要的作用。所以，人们以极大的注意力开展对复合材料界面的研究。为追求制得具有最佳综合性能的复合材料所进行的这类研究，称为复合材料的表面和界面工程。

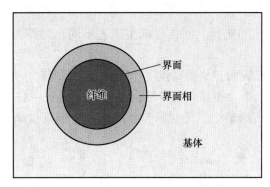

图 6.1　复合材料的界面示意图

6.2.3.2　界面的功能

界面是复合材料的特征，可将界面的功能归纳为以下几种效应：

（1）传递效应：界面可将复合材料体系中基体承受的外力传递给增强相，起到基体和增强相之间的桥梁作用。

（2）阻断效应：基体和增强相之间结合力适当的界面有阻止裂纹扩展、减缓应力集中的作用。

（3）不连续效应：在界面上产生物理性能的不连续性和界面摩擦出现的现象，如抗电性、电感应性、磁性、耐热性和磁场尺寸稳定性等。

（4）散射和吸收效应：光波、声波、热弹性波、冲击波等在界面产生散射和吸收，如透光性、隔热性、隔音性、耐机械冲击性等。

（5）诱导效应：一种物质（通常是增强剂）的表面结构使另一种（通常是聚合物基体）与之接触的物质的结构由于诱导作用而发生改变，由此产生一些现象，如加强弹性、低膨胀性、耐热性和抗冲击性等。

6.2.3.3　界面对复合材料性能的影响

复合材料内界面的结合强度是影响复合效果的最主要因素。界面的结合强度主要取决于界面的结构、物理与化学性能。具有良好结合强度的界面，可以产生如下强化效应：

（1）阻止裂纹的扩散，提高材料的韧性；

（2）通过应力传递，使强化相承受较大的外载荷，提高复合材料的承载能力；

（3）分散和吸收各种机械冲击和热冲击的能量，提高抗外加冲击的能力；

（4）使强化相与基体产生既相互独立又相互协调的作用，弥补各自的缺点，获得新的材料使用性能。

影响界面结合强度的主要因素有复合材料的组成、结构形式、组元的性能、制备与成型工艺等。

（1）强化相的几何形状、表面形貌与质量。例如，一般认为纤维状的强化相与基体之间的结合强度，比颗粒状的强化相要好；表面粗糙的强化相与基体间的结合强度较高。

（2）强化相与基体热性能匹配程度。当强化相与基体之间的线膨胀系数相差较大时，在热循环过程中，在界面产生微裂纹，从而影响界面结合强度。

（3）强化相与基体界面的物理与化学性能匹配程度。如能否产生界面浸润、扩散或化学反应等作用。

（4）制备与成型工艺的选择。制备与成型工艺不同，对界面产生浸润、扩散或化学反应等作用的影响不同。

值得指出的是，研究表明，从提高强度和韧性的要求来看，并非界面结合强度越高越好。结合强度过高时，反而会使复合材料的强度与韧性下降。这一现象可以解释为，一般来讲，强化相多为强度高而塑性差的材料，当界面结合强度过高时，往往容易产生脆性断裂。

6.2.3.4 界面结合形式

如上所述，界面结合强度是影响复合材料性能的重要因素，而界面的结合形式是影响其结合强度的重要因素之一。一般来讲，复合材料界面结合形式分为以下三种类型：

（1）黏结结合：基体与增强相之间既不产生化学反应，也不产生相互溶解。

（2）扩散、溶解结合：基体与增强相之间不发生化学反应，但产生相互扩散或溶解。溶解结合是基体与强化相之间，在充分润湿的情况下产生一定的相互溶解的界面结合形式。这种结合形式具有较好的界面结合强度，但同时由于溶解作用而可能对强化相产生损伤作用。例如，不断地溶解容易导致纤维增强复合材料中的界面不稳定，使复合材料的强度下降。

（3）反应结合：基体与增强相之间发生化学反应，在界面上生成化合物。这类结合尤其多见于金属基和陶瓷基复合材料。形成反应结合的界面的结合强度，取决于反应物的种类和反应层的厚度。当反应物为脆性化合物且反应层厚度较大时，由于对强化相（例如纤维）的损伤较大，往往导致复合材料强度降低。因此，对于反应结合型复合材料，反应层厚度与界面稳定性的控制是非常重要的。

以上三种界面结合形式，主要取决于增强相与基体的物理、化学性能。不同的基体与增强相匹配，复合后它们之间的相互作用不同，因而界面结合的形式也不相同。

6.3　陶瓷基复合材料

现代陶瓷材料强度高、硬度大、耐高温、抗氧化、高温下抗磨损性好、耐化学腐蚀性优良，线膨胀系数和密度较小，这些优异的性能是一般常用金属材料、高分子材料及其复合材料所不具备的。但它同时也具有致命的弱点，即脆性大，这一弱点正是陶瓷材料使用受到很大限制的主要原因。因此，陶瓷材料的韧化问题一直是陶瓷工作者们研究的一个重点。现在这方面的研究已经取得一定进展，也探索出若干种韧化陶瓷的方法和措施，其中往陶瓷材料中加入起增韧作用的第二相而制成陶瓷基复合材料即是一种重要的方法。

6.3.1　陶瓷基复合材料的增强体

陶瓷基复合材料中的增强体，通常也称为增韧体。按几何尺寸可分为纤维（长、短纤维）、晶须和颗粒三类。

6.3.1.1 碳纤维

这是用来制造陶瓷基复合材料最常用的纤维之一。碳纤维可用多种方法进行生产。其生产过程包括三个主要阶段：

（1）在空气中于 200~400 ℃进行低温氧化；

（2）在惰性气体中在 1000 ℃左右进行炭化处理；

（3）在惰性气体中于 2000 ℃以上的温度作石墨化处理。

碳纤维常规的品种主要有两种，即高模量型，它的拉伸模量约为 400 GPa，拉伸强度约为 1.7 GPa；低模量型，拉伸模量约为 240 GPa，拉伸强度约为 2.5 GPa。碳纤维主要用在以强度、刚度、质量和抗化学性作为设计参数的构件中，在 1500 ℃的温度下，碳纤维仍能保持其性能不变，但必须进行有效的保护，以防止它在空气中或氧化性气氛中被腐蚀。为了提高碳纤维和陶瓷基体的结合强度，减小氧化速率，必须对碳纤维进行表面处理，这方面的技术获得很大发展，其中化学气相沉积、化学气相浸渍、化学反应沉积、熔态浸渍、等离子喷涂、电镀方法应用较多。各方法的作用列于表 6.3 中。

表 6.3 碳纤维的表面处理

分类	表面处理方法	作　用
表面活化	气相：在氧、臭氧或含水气氛中活化，在氮或含氮气氛中活化，在含卤气氛中活化，在含硫化氢气氛中活化等	使纤维表面刻蚀或粗糙，增大比表面积，改善结合强度
	液相：硝酸氧化，卤族或含氧卤酸氧化，铬酸盐或金属盐处理等	液相：硝酸氧化，卤族或含氧卤酸氧化，铬酸盐或金属盐处理等
表面包裹	无机物：包覆碳，包覆碳化物、硼化物、氮化物，包覆金属，包覆玻璃或陶瓷等	提高纤维的抗氧化性，减少纤维与基体之间的化学反应
	有机物：环氧树脂、石蜡、聚氟物、聚亚胺脂、聚苯物，不挥发树脂等	提高纤维的润湿性和刚度
表面改性	改善纤维电导性的处理，改变纤维表面离子交换的处理，改变纤维吸收活性炭的能力等	用于特殊复合材料

6.3.1.2 玻璃纤维

玻璃的组成可在一个很宽的范围调整，因而可生产出具有较高弹性模量的品种。这些特殊品种的纤维通常需要在较高的温度下熔化后拉丝，因而成本较高，但可满足制造一些有特殊要求的复合材料。

6.3.1.3 硼纤维

硼纤维属于多相无定形的，是用化学沉积法将无定形硼沉积在钨丝或者碳纤维上形成的。实际结构的硼纤维中，由于缺少大晶体结构，使其强度仅为晶体硼纤维的一半左右。

6.3.1.4 晶须

晶须为具有一定长径比（直径 0.3~1 μm，长 30~100 μm）的小单晶体。从结构上看，晶须没有微裂纹、位错、孔洞和表面损伤等缺陷，而这些缺陷正是大块晶体中大量存在，且促使强度下降的主要原因。在某些情况下，晶须的拉伸强度可达 0.1E（弹性模量），已非常接近于理论上的理想拉伸强度 0.2E，而金属纤维为 0.02E，块状金属仅 0.001E。在陶瓷基复合材料中使用得较为普遍的是 SiC、Al_2O_3 及 Si_3N_4 晶须。

6.3.1.5 颗粒增强体

从几何尺寸上看，它在各个方向上的长度是大致相同的，一般为几个微米。通常用得较多的颗粒也是 SiC、Al_2O_3 及 Si_3N_4 等。增韧效果虽不如纤维和晶须，但如颗粒种类、粒径、含量及基体材料选择适当仍会有一定的韧化效果。

6.3.2　纤维增强陶瓷基复合材料

在陶瓷中加入纤维制成复合材料是改善陶瓷韧性的重要手段，按纤维排布方式的不同，可将其分为单向排布长纤维复合材料和多向排布纤维复合材料。

6.3.2.1　单向排布长纤维复合材料

单向排布纤维增韧陶瓷基复合材料具有各向异性，即沿纤维长度方向上的纵向性能要大大高于其横向性能。由于在实际的构件中主要是使用其纵向性能，在这种材料中，当裂纹扩展遇到纤维时会受阻，这样要使裂纹进一步扩展就必须提高外加应力。图6.2为这一过程的示意图。当外加应力进一步提高时，基体与纤维间的界面会离解，由于纤维的强度高于基体的强度，从而使纤维可以从基体中拔出。当拔出的长度达到某一临界值时，纤维发生断裂。因此裂纹的扩展必须克服由于纤维产生的拔出功和断裂功，使材料的断裂更为困难，从而起到了增韧的作用。实际材料断裂过程中，纤维的断裂并非发生在同一裂纹平面，这样主裂纹还将沿纤维断裂位置的不同而发生裂纹转向，这也同样会使裂纹的扩展阻力增加，从而使韧性进一步提高。

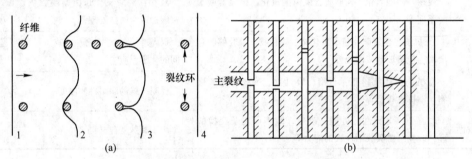

图6.2　裂纹垂直于纤维方向扩展示意图

（a）裂纹环形成示意图；（b）主裂纹扩展示意图

6.3.2.2　多向排布纤维复合材料

单向排布纤维增韧陶瓷只是在纤维排列方向上的纵向性能较为优越，而其横向性能则显著低于纵向性能，所以只适用于单轴应力方向的场合。而许多陶瓷构件要求在二维及三维方向上均具有优良的性能，这就要求进一步研究多向排布的纤维增韧。二维多向排布纤维增韧复合材料中纤维的排布方式有两种：一种是将纤维编织成纤维布，浸渍浆料后根据需要的厚度，将单层或若干层进行热压烧结成型，这种材料在纤维排布平面的二维方向上性能优越，而在垂直于纤维排布面方向上的性能较差，如图6.3所示；另一种是纤维分层单个排布，层间纤维成一定角度，如图6.4所示。后一种复合材料可以根据构件的形状，用纤维浸浆缠绕的方法做成所需要形状的壳层状构件，而前一种材料成型板状构件曲率不宜太大。二维多向纤维增韧机理与单向排布纤维复合材料一样，主要也是靠纤维的拔出与裂纹转向机制，使其韧性及强度比基体材料大幅度提高。

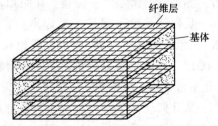

图6.3　纤维布层压复合材料

三维多向排布纤维增韧陶瓷基复合材料，最初是从宇航用三向 C/C 复合材料开始的，如图 6.5 所示，现已发展到三向石英/石英等陶瓷复合材料。它是按直角坐标将多束纤维分层交替编织而成，每束纤维呈直线伸展，不存在相互交缠和绕曲，因而使纤维可以充分发挥最大的结构强度。这种编织结构还可以通过调节纤维束的根数和股数，相邻束间的间距，织物的体积密度，以及纤维的总体积分数等参数进行设计，以满足性能要求。

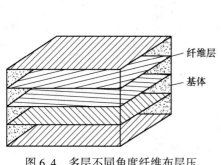

图 6.4　多层不同角度纤维布层压

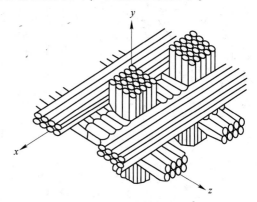

图 6.5　三维编织结构

6.3.3　晶须和颗粒增强陶瓷基复合材料

长纤维增韧陶瓷基复合材料虽然性能优越，但它的制备工艺复杂，而且纤维在基体中不易分布均匀。近年来又发展了短纤维、晶须及颗粒增韧陶瓷基复合材料。

6.3.3.1　晶须

晶须的尺寸很小，客观上与粉末一样，因此在制备复合材料时，只需将晶须分散后与基体粉末混合均匀，然后对混好的粉末进行热压烧结，即可制得致密的晶须增韧陶瓷基复合材料。常用的是 SiC、Al_2O_3 及 Si_3N_4 晶须，常用的基体则为 Al_2O_3、ZrO_2、SiO_2、Si_3N_4 及莫来石等。晶须增韧陶瓷基复合材料的性能与基体和晶须的选择、晶须的含量及分布等有关。图 6.6 和图 6.7 分别为 SiC 晶须增韧 2%（摩尔分数）Y_2O_3-ZrO_2 和 Al_2O_3 陶瓷复合材料的性能与 SiC 晶须含量之间的关系，可以看出，两种材料的弹性模量、硬度及断裂

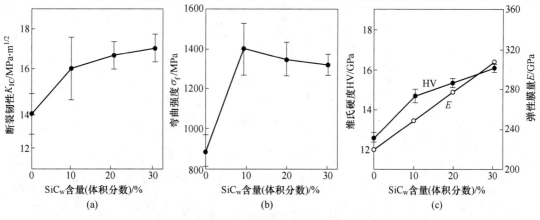

图 6.6　ZrO_2（Y_2O_3）复合材料的力学性能

（a）断裂韧性；（b）弯曲强度；（c）硬度和弹性模量

韧性均随 SiC$_w$ 含量的增加而提高，而弯曲强度的变化规律则不同，对于 Al$_2$O$_3$ 基复合材料，随 SiC$_w$ 含量的增加单调上升，而对于 ZrO$_2$ 基体，在 10%（体积分数）SiC$_w$ 含量时出现峰值，随后有所下降，但始终高于基体。

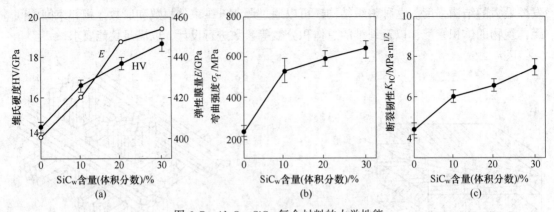

图 6.7 Al$_2$O$_3$+SiC$_w$ 复合材料的力学性能

（a）硬度和弹性模量；（b）弯曲强度；（c）断裂韧性

晶须增韧陶瓷基复合材料的强韧化机理与纤维的大致相同，主要是靠晶须的拔出桥联与裂纹转向对强度和韧性产生突出贡献，如图 6.8 所示。研究结果表明，晶须的拔出长度

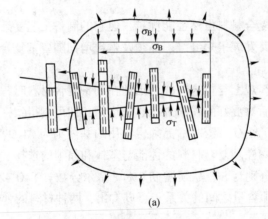

(a)

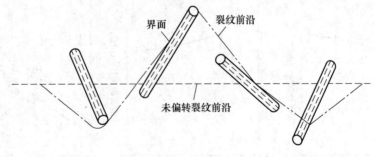

(b)

图 6.8 晶须增韧机制示意图

（a）晶须的拔出桥联；（b）裂纹转向

存在一个临界值，当晶须的某一端距主裂纹距离小于这一临界值时，则晶须从此端拔出，此时的拔出长度小于临界拔出长度；如果晶须的两端到主裂纹的距离均大于临界拔出长度，晶须在拔出过程中产生断裂，断裂长度仍然小于临界拔出长度。另外，界面结合强度也直接影响复合材料的韧化效果。如果界面强度过高，晶须将与基体一起断裂，限制了晶须的拔出，因而也就减小了晶须拔出对韧性的贡献。但界面强度的提高有利于载荷的转移，因而也能提高强化效果。如果界面强度过低，则会使晶须的拔出功减小，这对强化韧化都不利，所以界面强度存在一个最佳值。

6.3.3.2 颗粒

由于晶须具有长径比，因此当其含量较高时，因其桥架效应而使致密化变得困难，从而引起密度的下降并导致性能的下降。采用颗粒来代替晶须制成复合材料，这在原料的混合均匀化及烧结致密化方面，均比晶须增强陶瓷基复合材料要容易。当颗粒为 SiC、TiC 时，基体材料采用最多的是 Al_2O_3、Si_3N_4。这些复合材料已广泛用来制造刀具。图 6.9 中给出了 SiC_p/Al_2O_3 复合材料的性能随 SiC_p 含量的变化，可以看出在 5% SiC_p 含量时强度出现峰值。图 6.10 是 SiC_p/Si_3N_4 复合材料性能与 SiC_p 含量的关系，也是在 SiC_p 含量为 5% 时强度及断裂韧性达到了最高值。

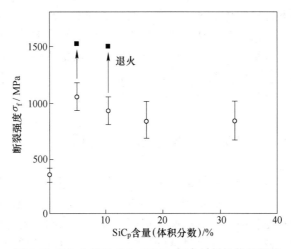

图 6.9 SiC_p 含量对 SiC_p/Al_2O_3 复合材料性能的影响

6.3.4 陶瓷基复合材料的应用

陶瓷基复合材料在工业上得到广泛的应用，它的最高使用温度主要取决于基体特性，其工作温度按下列基体材料依次提高：玻璃、玻璃陶瓷、氧化物陶瓷、非氧化物陶瓷、碳素材料，其最高工作温度可达 1900 ℃。

陶瓷基复合材料已实用化或即将实用化的领域包括：刀具、滑动构件、航空航天构件、发动机构件、能源构件等。法国将长纤维增强碳化硅复合材料应用于制作超高速列车的制动件，而且取得了传统的制动件所无法比拟的优异的摩擦磨损特性。在航空航天领域，用陶瓷基复合材料制作的导弹的头锥、火箭的喷管、航天飞机的结构件等也收到了良好的效果。

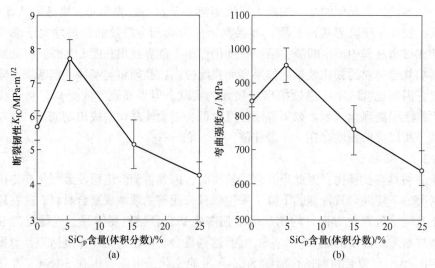

图 6.10　SiС$_p$ 含量对 SiC$_p$/Si$_3$N$_4$复合材料性能的影响
(a) 断裂韧性；(b) 弯曲强度

热机的循环压力和循环气体的温度越高，其热效率也就越高。现在普遍使用的燃气轮机高温部件还是镍基合金或钴基合金，它可使汽轮机的进口温度高达 1400 ℃，但这些合金的耐高温极限受到了其格点的限制，因此采用陶瓷材料来代替高温合金已成了目前研究的一个重点内容。为此，美国能源部和宇航局开展了 ACT（先进的燃气轮机）100、101、CATE（陶瓷在涡轮发动机中的应用）等计划，德国、瑞典等国也进行了研究开发。

6.4　水泥基复合材料

水泥的种类很多，按其用途和性能分为通用水泥、专用水泥及特性水泥三大类。通用水泥用于大量土木建筑工程的一般水泥，如硅酸盐水泥、普通硅酸盐水泥、矿渣硅酸盐水泥、火山灰质硅酸盐水泥和粉煤灰硅酸盐水泥等。专用水泥则指有专门用途的水泥，如油井水泥、砌筑水泥等。特性水泥的某种性能比较突出，如快硬硅酸盐水泥、低热矿渣硅酸盐水泥、抗硫酸盐硅酸盐水泥、膨胀硫酸铝酸盐水泥、自应力铝酸盐水泥、铝酸盐水泥、硫铝盐水泥、氟铝酸盐水泥、铁铝酸盐水泥，以及少熟料或无熟料水泥等。目前水泥品种已达 100 余种。

6.4.1　水泥基复合材料的种类及基本性能

水泥基复合材料是指以水泥为基体，与其他材料组合而得到的具有新性能的材料。按所掺材料的分子量来划分，可分为聚合物水泥基复合材料（矿物质）和小分子水泥基复合材料。其中，聚合物包括纤维、乳液等，而矿物质包括砂、石子、钢铁等。

6.4.1.1　混凝土

它是由胶凝材料，水和粗、细集料按适当比例拌和均匀，经浇捣成型后硬化而成。通常所说的混凝土，是指以水泥，水、砂和石子所组成的普通混凝土，是建筑工程中最主要的建筑材料之一。

在混凝土中，水和水泥拌成的水泥浆是起胶结作用的组成部分。在硬化前的混凝土中，也就是混凝土拌合物中，水泥浆填充砂、石空隙并包裹砂、石表面，起润滑作用，使混凝土获得施工时必要的和易性；在硬化后，则将砂石牢固地胶结成整体（如前面所述）。砂、石集料在混凝土中起着骨架作用，因此一般把它称之为骨料。

6.4.1.2　纤维增强水泥基复合材料

水泥混凝土制品在压缩强度、热性能等方面具有优异的性能，但耐拉伸外力差。为了克服这一缺点，采用的方法之一是掺入纤维材料。作为水泥的增强纤维材料应达到如下要求：

（1）抗拉强度为 490~960 MPa，弹性模量为 19600~34300 MPa；

（2）与水泥的结合力强；

（3）由于水泥水化反应时形成大量的 $Ca(OH)_2$，显示出强碱性，因而要求增强纤维材料必须具有耐碱性；

（4）由于水泥的脱水温度为 300~700 ℃，因而纤维的耐高温性能需达到这样的程度。这些要求的满足在很大程度上取决于纤维的组成，纤维的直径、形状、表面状态，纤维分布。此外，成型方法也是重要的。纤维增强水泥的制备方法有喷射脱水法、手控喷射法、预混合法，其中用喷射脱水法所得到的复合材料具有很高的抗弯强度，玻璃纤维增强水泥（GRC）的成型方法如图 6.11 所示。

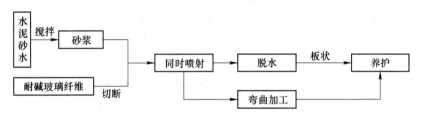

图 6.11　GRC 的成型方法（喷射脱水法）

成型品的抗张、抗弯、抗冲击强度随纤维含量增加而提高，直至纤维含量 10% 左右，图 6.12 为 GRC、石棉水泥板的应力-应变曲线，玻璃纤维复合后产生了明显的增强效果。

具体说来，曲线中 *OA* 部分，应力与应变成线性关系，*A* 为线性关系的极限点，*B* 点至 *C* 点（破坏范围），负载传导纤维，基体部分产生很细的裂缝，*BC* 之间的应变比 *OA* 之间的应变大得多。该图表明当石棉水泥板上承受的应力超过比例极限值时就立即发生脆性破坏。而形成 GRC 时，因能吸收应力应变状态处于 *ABC* 间的能量，出现所谓延性范围。GRC 与以往的水泥制品相比，抗冲击性能较强，由于质量较轻，可广泛用作墙板、模板、窗框、管道、隔音壁、排气管道等。

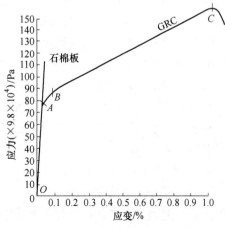

图 6.12　石棉、玻璃纤维增强水泥的应力-应变曲线

另外，作为基体材料可用硅酸盐水泥，混凝水泥及高铝矿渣水泥等，用砂或粉煤灰之

类的填料来代替部分水泥是颇有好处的。加入这些填料可大大地提高基体的体积稳定性，而且也有可能提高纤维增强水泥基复合材料的耐气候性。例如，就玻璃而言，这种纤维对水化硅酸盐水泥的侵蚀十分敏感，而砂和粉煤灰却可以吸收释放出的 $Ca(OH)_2$ 来生成水化硅酸钙，从而提高了复合材料的耐久性。

利用纤维与基体在线膨胀系数上的不一致，使复合材料在基体上产生一定的压预应力，则对复合材料的性能是有好处的。若所选配的系统中，纤维的线膨胀系数大于基体的线膨胀系数，则可能在制成复合材料过程中，在基体中引入压应力，而纤维则处于张应力状态。当然，这种张应力不应超过纤维本身的强度极限，否则纤维都将断裂。

纤维与基体在弹性模量上的匹配，只有纤维的弹性模量大于基体的弹性模量时，纤维才可分担整个复合材料中更多的负荷水平。因此，要求所选用的纤维具有较高的弹性模量是必须的。纤维增强水泥基复合材料中，纤维的掺入可显著提高混凝土的极限变形能力（抗弯强度）和韧性，从而大大改善水泥浆体的抗裂性和抗冲击能力。使用分散短纤维的增强效果要比连续长纤维的效果差，但因施工方便，应用较多。

6.4.1.3 聚合物改性混凝土

对混凝土最基本的力学性能（刚度大、柔性小，抗压强度远大于抗拉强度）的改善，降低混凝土的刚性，提高其柔性，降低抗压强度与抗折强度的比值，则要借助于向混凝土中掺加外掺剂，在大多数情况下是掺加聚合物。

聚合物应用于水泥混凝土主要有三种方式：聚合物浸渍混凝土、聚合物混凝土，以及聚合物水泥混凝土。

A 聚合物浸渍混凝土

这是把成型的混凝土的构件，通过干燥及抽真空排除混凝土结构孔隙中的水分及空气，然后把混凝土构件浸入聚合物单体溶液中，使得聚合物单体溶液进入结构孔隙中，通过加热或施加射线，使得单体在混凝土结构孔隙中聚合形成聚合物结构。这样聚合物就填充了混凝土的结构孔隙，并改善了混凝土的微观结构，从而使其性能得到了改善。

聚合物浸渍混凝土与普通混凝土相比，抗压强度可提高 3 倍，抗拉强度可提高近 3 倍，弹性模量可提高 1 倍，抗破裂模量可增加近 3 倍，抗折弹性模量增加近 50%，弹性变形减少 90%；硬度增加超过 70%，渗水性几乎变为 0，吸水性大大降低。

聚合物浸渍混凝土由于其良好的力学性能、耐久性及抗侵蚀能力，主要用于受力的混凝土及钢筋混凝土结构构件，以及对耐久性和抗侵蚀要求较高的地方，如混凝土船体，近海钻井混凝土平台等。聚合物浸渍工艺复杂，成本较高，混凝土构件需预制，且构件尺寸受到限制。

B 聚合物混凝土

这是以聚合物为结合料，与砂石等骨料形成混凝土。把聚合物单体与粗骨料拌合，通过单体聚合把粗骨料结合在一起，形成整体，这种聚合物混凝土如同普通混凝土一样，可用预制或现浇的方法施工。由于聚合物混凝土有良好的力学性能，耐久性和普通混凝土无法比拟的某些特殊性质，如速凝等，可用于抢修等特殊用途，也可用于喷射混凝土。据报道，10~15 mm 聚甲基丙烯酸甲酯（PMMA）的喷射混凝强度可接近 700 MPa。聚合物混凝土所用的聚合物有环氧树脂，脲醛树脂，糖醛树脂，聚合链上接有苯乙烯的聚酯等。

C 聚合物水泥混凝土

这是在水泥混凝土成型过程中掺加一定量的聚合物，从而改善混凝土的性能，提高混凝土的使用品质，使混凝土满足工程的特殊需要。因此聚合物水泥混凝土更确切地应称为聚合物改性水泥混凝土，或高聚合物改性混凝土。聚合物改性水泥混凝土使水泥混凝土的力学性能得到了改善，尤其是抗折强度提高，而抗压强度降低，抗压强度/抗折强度的比值减小；混凝土的刚性或者说脆性降低，变形能力增大；混凝土的耐久性与抗侵蚀能力也有一定程度的提高。由于聚合物改性水泥混凝土良好的黏结性，特别适合于破损水泥混凝土的修补工程；完全适应现有的水泥混凝土制造工艺过程，成本相对较低。

用于水泥混凝土改性的聚合物的形态，可以是聚合物单体、聚合物乳液及聚合物粉末，但最常用，或者说使用最方便、改性效果最好的是聚合物乳液。所使用的聚合物乳液有聚氯乙烯乳液，聚苯乙烯乳液，聚乙烯乙酸酯乳液，聚丁烯酚酯乳液及乳液化的环氧树脂等。

用聚合物胶乳进行改性是在水泥砂浆或水泥混凝土拌合成型时拌入（大多情况下是胶乳与水先拌合然后再与集料拌合），聚合物胶乳在水泥混凝土凝结硬化过程中脱水，在混凝土中形成结构，并可能影响水泥的水化过程及水泥混凝土的结构，从而对水泥砂浆或水泥混凝土的性能起到改善作用。聚合物可是单聚体、双聚或多聚体。聚合物胶乳中包括聚合物、乳体剂、稳定剂等，固体含量一般为 40%～50%。

粉末胶乳改性方法是在混凝土拌合过程中加入干乳胶粉末，在混合料与水拌合后，干乳胶粉末遇水后变为乳液。在水泥混凝土凝结硬化过程中，乳液可再一次脱水，聚合物颗粒在混凝土中形成聚合物体结构，从而与聚合物乳液的作用过程相似，对水泥混凝土起改性作用。

水溶性聚合物，诸如纤维素衍生物及聚乙烯等，在水泥混凝土拌合过程中少量加入。由于其属表面活性物质，可用来改善水泥混凝土的工作性。实际上起减水剂的作用，从而对混凝土的性能也有一定的改善作用。

液体树脂改性是在水泥混凝土拌合过程中，加入热固性的预聚物或半聚物液体。聚合物单体改性是在水泥砂浆或水泥混凝土拌合过程中加入聚合物单体，在水泥混凝土凝结硬化中进一步聚合，完成全部聚合过程，从而改善水泥混凝土的性能。

6.4.2 水泥基复合材料的应用

6.4.2.1 混凝土的应用

A 轻集料混凝土的应用

用多孔轻质集料配制而成的，表观密度不大于 1950 kg/m³ 的混凝土，称为轻集料混凝土。

轻集料混凝土的应用范围十分广泛。不同类别的轻集料混凝土有不同的用途，现分述如下：

（1）保温轻集料混凝土，主要于用房屋建筑的外墙体或屋面结构。此类轻集料混凝土的表观密度为 300～800 kg/m³，强度等级为 CL0.5～CL5.0，一般用全轻混凝土制作非承重保温制品。

（2）结构保温轻集料混凝土，主要用于既承重又保温的房屋建筑外墙体及其他热工构筑物。此种混凝土的表观密度为 $800 \sim 1400 \ kg/m^3$，强度等级为 CL5.0～CL15，可用浮石、火山渣及陶粒为轻集料配制。

(3) 结构轻集料混凝土，主要用于承重钢筋混凝土结构或构件，其表观密度为1400～1950 kg/m^3，强度等级为 CL15～CL50。常用的表观密度为 1700～1800 kg/m^3，强度等级为CL20。CL25 级以上的可用作预应力钢筋混凝土结构。在我国此类混凝土主要用于有抗震要求或建于软土地基上要求减轻结构自重的房屋建筑，用其制作梁、板、柱等承重构件或现浇结构，少量用于热工构筑物。应用时应注意如下事项：1) 为了改善轻集料的混凝土的施工性能，一般可在施工前 0.5～1 天对轻集料进行淋水预湿，但在气温低于 5 ℃时不宜进行预湿处理。2) 全轻混凝土及采用堆积密度小于 500 kg/m^3 的轻粗集料配制的砂轻混凝土只能采用强制式搅拌机搅拌，仅塑性砂轻混凝土允许用自落式搅拌机搅拌。3) 轻集料混凝土一般应采用机械振捣成型，为防止轻集料上浮，振动时表面宜加压，加压压力约为 2000 Pa。4) 轻集料混凝土自然养护时，为防止表面失水，宜及时喷水，覆盖塑料薄膜或喷洒养护剂。加热养护时，静停时间应少于 1.5～2.0 h，升温速度为 15～25 ℃/h为宜。

B 粉煤灰混凝土的应用

掺入粉煤灰的混凝土或用粉煤灰水泥为胶结料的混凝土，称为粉煤灰混凝土。粉煤灰混凝土广泛用于工业与民用建筑工程和桥梁、道路、水工等土木工程，特别适用于下列场合。

(1) 节约水泥和改善混凝土拌合物和易性的现浇混凝土，特别是泵道混凝土工程；

(2) 房屋道路地基与坝体的低水泥用量，高粉煤灰掺量的碾压混凝土（用Ⅰ级灰）；

(3) C80 级以下大流动度高强混凝土（用优质粉煤灰）；

(4) 受海水等硫酸盐作用的海工，水工混凝土工程；

(5) 需降低水化热的大体积混凝土工程；

(6) 需抑制碱骨料反应的混凝土工程。

应注意事项：

(1) 必须按粉煤灰品质量材使用；

(2) 在低温条件下施工时，宜掺入对粉煤灰无害的早强剂、防冻剂；有抗冻要求的混凝土一定要掺引气剂；对抗碳化要求较高的宜掺入减水剂。

(3) 对混凝土强度要求较高的地面以上工程用的粉煤灰混凝土，宜采用超量取代法设计混凝土配合比。

(4) 有抑制碱集料反应及抗硫酸盐侵蚀要求的粉煤灰混凝土必须选用优质粉煤灰，其掺量不应小于水泥用量的20%。

C 纤维增强混凝土的应用

以耐碱玻璃纤维砂浆、碳素纤维砂浆等为主要研究对象。被公认为有前途的增强纤维，有钢纤维和玻璃纤维两种，耐碱玻璃纤维将来可能成为石棉的代用品。聚丙烯和尼龙等合成纤维对混凝土裂缝扩展的约束能力很差，对增加抗拉强度无效，但抗冲击性能十分优良。就抗弯强度而论，碳素纤维的增强效果介于钢纤维和耐碱玻璃纤维之间。在各种纤维材料中，钢纤维对混凝土裂缝扩展的约束能力最好，它对于抗弯、抗拉强度也最有效，钢纤维增强混凝土的韧性最好。用钢纤维增强同时用聚合物浸渍混凝土，既具备普通混凝土所没有的延伸变形随从性，又具备超高强度这两种特性。

纤维增强混凝土可作内外墙体，如隔断、挂墙板、窗间墙、夹层材料等，作模板，如楼板的底模、梁柱模、桥台面、各种被覆层；作土木设施，如挡土墙、道路和铁路的防音墙、电线杆、排气塔、通风道、管道、沟、净化池、贮仓等；作海洋方面用途，如小型船舶、游艇、浮杆、甲板等；作隧道内衬、表面喷涂、道路及跑道面层、消波用砌体；以及其他用途，如耐火墙、隔热墙、遮音墙、窗框、托板等。

6.4.2.2 聚合物改性水泥混凝土的应用

聚合物改性水泥混凝土由于它的性能优良，可用于制造船甲板铺面，缩短施工工期，可在工厂制成预制板，然后铺砌。

由于聚合物改性水泥混凝土具有良好的防水性质，所以在桥梁道路路面面层得到了大量的使用，避免了常规施工过程中防水所需的工艺过程。用于高等级的刚性水泥混凝土路面，可降低水泥混凝土面层的厚度，减轻面层开裂，延长使用寿命。

聚合物改性水泥混凝土梁具有较强的抗折能力及较大的抗拉伸性。聚合物水泥混凝土预应力结构首先可应用于化学工业生产中的承重和防护建筑，也适用于水利、能源及交通行业中在干湿交替作用下的工程结构，其中包括建造水中及水下结构物，以及隧道、地下排水设施等。这一课题的解决将导致建筑结构的革新。

聚合物改性水泥砂浆及改性水泥混凝土由于良好的黏结性能，被广泛地用于修补工程中，新拌聚合物水泥混凝土浆体中的聚合物会渗透进入旧有混凝土的孔隙中。聚合物改性水泥混凝土有良好的黏结能力，硬化收缩较小，并且刚度小，变形能力大，因此，其硬化引起的收缩而产生的剪应力及破坏裂缝较少，对新旧混凝土之间的结合部位起到了一定的密封作用，因而使得界面处的抗腐蚀能力提高，有利于保持新旧混凝土之间的连结强度。腐蚀条件下使用聚合物改性水泥混凝土，可制成不透气的聚合物水泥密封料等。

6.5 碳/碳复合材料

碳/碳复合材料是由碳纤维或各种碳织物增强碳，或石墨化的树脂碳（或沥青），以及化学气相沉积（CVD）碳所形成的复合材料，是具有特殊性能的新型材料，也称为碳纤维增强碳复合材料。该材料由三种不同组分构成，即树脂碳、碳纤维和热解碳。它几乎完全是由元素碳组成，故能承受极高的温度和极大的加热速率。通过碳纤维适当地取向增强，可得到力学性能优良的材料，在高温下这些性能保持不变，甚至某些性能指标有所提高。在机械加载时，碳/碳复合材料的变形与延伸都呈现出假塑性性质，最后以非脆性方式断裂。它抗热冲击和抗热诱导能力极强，且具有一定的化学惰性。

6.5.1 碳/碳复合材料的发展

关于碳/碳复合材料的研制工作，可一直追溯到20世纪60年代初期，当时碳纤维已开始商品化，人们采取了一系列步骤用它来增强如火箭喷嘴一类的大型石墨部件。结果在强度、耐高速高温气体（从喷嘴喷出）的腐蚀方面都有非常显著的提高。之后，又进一步地研究了致密低孔隙部件的制造，反复地浸渍热的液化天然沥青和煤焦油——制造整体石墨原料。制造碳/碳复合材料时，不必选择强度和刚度最好的碳/石墨纤维，因为它们不利于用编织工艺来制备碳/碳复合材料所需的纤维基。还有一些研究工作想用在低压下就能浸渍的树脂基体代替从石油或煤焦油中来的碳素沥青，通过多次热解和浸渍获得焦化强度很高的产物。更进一步，还可以通过化学蒸气沉积技术在复合材料内部形成耐热性很好的热解石墨或碳化物结构，这进一步扩大了碳/碳复合材料的领域。总之，目前人们正在设法更有效地利用碳和石墨的特性，因为不论在低温或很高的温度下，它们都有良好的物理和化学性能。

　　碳/碳复合材料的发展主要是受宇航工业发展的影响，它具有高的烧蚀热，低的烧蚀率。有抗热冲击和超热环境下具有高强度等一系列优点，被认为是再入环境中高性能的烧蚀材料。例如，碳/碳复合材料作导弹的鼻锥时，烧蚀率低且烧蚀均匀，从而可提高导弹的突防能力和命中率。碳/碳复合材料还具有优异的耐摩擦性能和高的热导率，使其在飞机、汽车刹车片和轴承等方面得到了应用。

　　碳与生物体之间的相容性极好，再加上碳/碳复合材料的优异力学性能，使之适宜制成生物构件插入到活的生物机体内作整形材料，如人造骨骼，心脏瓣膜等。

　　鉴于碳/碳复合材料具有一系列优异性能，使它们在宇宙飞船、人造卫星、航天飞机、导弹、原子能、航空以及一般工业部门中都得到了日益广泛的应用。它们作为宇宙飞行器部件的结构材料和热防护材料，不仅可满足苛刻环境的要求，而且还可以大大减轻部件的质量，提高有效载荷、航程和射程。

　　今后随着生产技术的革新，产量进一步扩大，廉价沥青基碳纤维的开发及复合工艺的改进，使碳/碳复合材料将会有更大的发展。

6.5.2　碳/碳复合材料的成型加工技术

　　碳/碳复合材料的成型加工方法很多，大致可归纳为图6.13所示的几种方法。

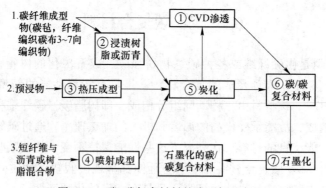

图6.13　碳/碳复合材料的成型加工方法

6.5.2.1　坯体

　　在沉碳和浸渍树脂或沥青之前，增强碳纤维或其织物应预先成形为一种坯体。坯体可通过长纤维（或带）缠绕，碳毡、短纤维模压或喷射成形，石墨布叠层的 Z 向石墨纤维增强以及多向织物等方法制得。

　　碳纤维长丝或带缠绕法和 GFRP 缠绕方法一样，可根据不同的要求和用途选择缠绕方法。

碳毡可由人造丝毡炭化或聚丙烯腈毡预氧化、炭化后制得。碳毡叠层后，可用碳纤维三向增强，制得三向增强毡。

用碳布或石墨纤维布叠层后进行针刺，可用空心细径钢管针刺引纱，也可用细径金属棒穿孔引纱。碳纤维也可与石墨纤维混编。

6.5.2.2 基体

碳/碳复合材料的碳基体可以从多种碳源采用不同的方法获得，典型的基体有树脂碳和热解碳，前者是合成树脂或沥青经炭化和石墨化而得，后者是由烃类气体的气相沉积而成。当然，也可以是这两种碳的混合物。其加工工艺方法有：

（1）把来源于煤焦油和石油的熔融沥青在加热加压条件下浸渍到碳/石墨纤维结构中去，随后进行热解和再浸渍。

（2）有些树脂基体在热解后具有很高的焦化强度，如有几种牌号的酚醛树脂和醇树脂，热解后的产物能很有效地渗透进较厚的纤维结构，热解后需进行再浸渍、再热解，反复若干次。

（3）通过气相（通常是甲烷和氮气，有时还有少量氢气）化学沉积法，在热的基质材料（如碳/石墨纤维）上形成高强度热解石墨。也可以把气相化学沉积法和上述两种工艺结合起来，以提高碳/碳复合材料的物理性能。

（4）把由上述方法制备的但仍然是多孔状的碳/碳复合材料，在能够形成耐热结构的液态单体中浸渍，是又一种精制方法。可选用的这类单体很有限，由四乙烯基硅酸盐和强无机酸催化剂组成的渗透液将会产生具有良好耐热性的硅氧网络。硅树脂也可以起到同样的作用。

6.5.3 碳/碳复合材料的特性

6.5.3.1 力学性能

碳/碳复合材料不仅密度小，而且抗拉强度、弹性模量、挠曲强度也高于一般碳素材料，碳纤维的增强效果十分显著。在各类坯体形成的复合材料中，长丝缠绕和三向织物制品的强度高，其次是毡/化学气相沉积碳的复合材料。三向正交细编的碳/碳复合材料，抗拉强度大于 10^4 MPa，抗拉模量大于 $(4\sim6)\times10^6$ MPa。

碳/碳复合材料属于脆性材料，其断裂应变较小，仅为 0.12% ~ 2.4%。但是，其应力应变曲线呈现出"假塑性效应"，曲线在施加负荷初期呈现出线性关系，但后来变为双线性。由于有增强坯体，使裂纹不能进一步扩展。去负荷后，可再加负荷至原来的水平，如图 6.14 所示。

假塑性效应使碳/碳复合材料在使用过程中可靠性更高，避免了目前宇航中常用的 ATJ-S 石墨的脆性断裂。

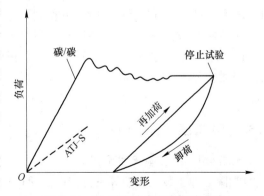

图 6.14 碳/碳复合材料的复合曲线

6.5.3.2　热物理性能

碳/碳复合材料在温度变化时具有良好的尺寸稳定性，其线膨胀系数小，仅为金属材料的 1/10~1/5），因此高温热应力小。热导率比较高，室温时为 1.59~1.88 W/(m·K)，当温度为 1650 ℃时，则降到 0.43 W/(m·K)。碳/碳复合材料的这一性能可以进行调节，如控制碳沉积及加工工艺，可形成具有内外密度梯度的制品。内层密度低，热导率低，外层密度大，抗烧蚀性能好。还可以在传热方向用热导率低的石英纤维、氧化锆纤维或氧化铝纤维代替碳纤维，使其起到隔热的作用。

碳/碳复合材料的比热容高，其值随温度上升而增大，因而能储存大量热能。在室温下的比热容约为 1.26 kJ/(kg·℃)，1930 ℃时为 2.1 kJ/(kg·℃)。

在高温和高加热速率下，材料在厚度方向存在着很大的热梯度，使其内部产生巨大的热应力。当这一数值超过材料固有的强度时，为了缓和此应力，材料会出现裂纹。材料对这种条件的适应性与其抗热震因子大小有关。计算表明，碳/碳复合材料的抗热震因子相当大，为各类石墨制品的 1~40 倍。

6.5.3.3　烧蚀性能

碳/碳复合材料暴露于高温和快速加热的环境中，由于蒸发升华和可能的热化学氧化，其部分表面可被烧蚀。但其表面的凹陷浅，良好的保留其外形，且烧蚀均匀而对称，它被广泛用作防热材料。

碳的升华温度高达 3000 ℃以上，故碳/碳复合材料的表面烧蚀温度高。在这样的高温度下，通过表面辐射除去了大量热能，使传递到材料内部的热量相应地减少。

碳/碳复合材料的有效烧蚀热比高硅氧/酚醛高 1~2 倍，比耐纶/酚醛高 2~3 倍。线烧蚀率低，材料几乎是热化学烧蚀；但在过渡层附近，80% 左右的材料是因机械剥蚀而损耗，材料表面越粗糙，机械剥蚀越严重。三向正交细编的碳/碳复合材料的烧蚀率较低。

6.5.3.4　化学稳定性

碳/碳复合材料除含有少量的氢、氮和恒量的金属元素外，几乎 99% 以上都是由元素碳组成。因此它具有和碳一样的化学稳定性。

碳/碳复合材料的最大缺点是耐氧化性能差。为了提高其耐氧化性，可在浸渍树脂时加入抗氧化物质，或在气相沉碳时加入其他抗氧元素，或者用碳化硅涂层来提高其抗氧化能力，即将碳/碳复合材料制品埋在混合好的硅、碳化硅和氧化铝的粉末中，在氩气保护下加热到 1710 ℃并保持数小时，可得到完整的碳化硅涂层。

碳/碳复合材料的力学性能比石墨高得多，热导率和膨胀系数却比较小，高温烧蚀率在同一数量级。已制成的 T-50-211-44 三向正交细编碳/碳复合材料，克服了各向异性的问题，膨胀系数也更小，是一种较为理想的热防护和耐烧蚀材料，已得到越来越广泛的应用。

6.5.4　碳/碳复合材料的应用

6.5.4.1　航空航天中应用

洲际导弹，载人飞船等飞行器以高速返回地球通过大气层时，最苛刻的部位温度高达 2760 ℃。所谓烧蚀防热是利用材料的分解、解聚、蒸发、汽化及离子化等化学和物理过程带走大量热能，并利用消耗材料本身来换取隔热效果。同时，也可利用在一系列的变化过程中形成隔热层，使物体内部温度不致升高。碳/碳复合材料的烧蚀性能极佳，由于物质相变吸收大量的热能，挥发产物又带走大量热能，残留的多孔碳化层也起到隔热作用，阻止热量向内部传递，从而起到隔热防热作用。

20世纪50年代，火箭头锥就以高应变的ATJ-S石墨材料制成，但石墨属脆性材料，抗热震能力差。而碳/碳复合材料具有高比强度、高比模量、耐烧蚀，而且还具有传热、导电、自润滑性、本身无毒特点，具有极佳的低烧蚀率、高烧蚀热、抗热震、优良的高温力学性能，是苛刻环境中有前途的高性能烧蚀材料。

美国已将碳/碳复合材料用于"民兵-Ⅲ"洲际导弹的头锥。阿波罗指挥舱姿控发动机喷管、"民兵-Ⅲ"第三级喷管喉衬采用碳布浸渍树脂，"北极星"A-7两级发动机喷管的收敛段使用缠绕石墨纤维浸渍酚醛树脂。航天飞机中，采用碳/碳复合材料的部分占其全部表面185.5 m²的五分之一，即37 m²。主要用在鼻锥（机头）、机翼和尾翼前缘部位等处，这样可以大大减轻航天飞机的质量，提高其性能。

利用碳/碳复合材料摩擦因数小和热容大的特点可以制成高性能的飞机制动装置，速度可达每小时250～350 km，使用寿命长，减轻飞机质量，已用在F-15、F-16和F-18战斗机和协和民航机的制动盘上。

6.5.4.2 汽车工业

汽车工业是今后大量使用碳/碳复合材料的产业之一。由于汽车的轻量化要求，碳/碳复合材料是理想的材料。例如：发动机系统的推杆、连杆、摇杆、油盘和水泵叶轮等；传动系统的传动轴、万能箍、变速器、加速装置及其罩等；底盘系统的底盘和悬置件、弹簧片、框架、横梁和散热器等；车体的车顶内外衬、地板、侧门等，都可考虑使用。

6.5.4.3 化学工业

碳/碳复合材料主要用于耐腐蚀设备、压力容器和密封填料等。

6.5.4.4 电子、电器工业

碳/碳复合材料是优良的导电材料，利用它的导电性能可制成电吸尘装置的电极板、电池的电极、电子管的栅极等。例如在制造碳电极时，加入少量碳纤维可使其力学性能和电性能都得到提高。用碳纤维增强酚醛树脂的成形物在1100 ℃氮气中炭化2 h后，可得到碳/碳复合材料。用它作送话器的固定电极时，其敏感度特性比碳块制品要好得多，和镀金电极的特性接近。

6.5.4.4 医疗方面

碳/碳复合材料对生物体的相容性好，可在医学方面作骨状插入物以及人工心脏瓣膜阀体。

6.6 无机非金属基复合材料的发展趋势

6.6.1 发展功能、多功能、机敏、智能复合材料

过去复合材料主要用于结构，其实，它的设计自由度大的特点更适合于发展功能复合材料，特别是功能-多功能-机敏-智能复合材料，即从低级形式到高级形式的过程中体现出来。设计自由度大是由于复合材料可以任意调节其复合度、选择其连接形式和改变其对称

性等因素，以期达到功能材料所追求的高优值。此外，复合材料所特有的复合效应更提供了广阔的设计途径。

（1）功能复合材料：功能复合材料目前已有不少品种得到应用，但从发展的眼光看还远远不够。功能复合材料涉及的范围非常宽。在电功能方面有导电、超导、绝缘、吸波（电磁波）、半导电、屏蔽或透过电磁波、压电与电致伸缩等；在磁功能方面有永磁、软磁、磁屏蔽和磁致伸缩等；在光功能方面有透光、选择滤光、光致变色、光致发光、抗激光、X线屏蔽和透X光等；在声学功能方面有吸声、声呐、抗声呐等；在热功能方面有导热、绝热与防热、耐烧蚀、阻燃、热辐射等；在机械功能方面则有阻尼减振、自润滑、耐磨、密封、防弹装甲等；在化学功能方面有选择吸附和分离、抗腐蚀等。其他不一一列举。在上述各种功能中，复合材料均能够作为主要材料或作为必要的辅助材料而发挥作用。可以预言，不远的将来会出现功能复合材料与结构复合材料并驾齐驱的局面。

（2）多功能复合材料：复合材料具有多组分的特点，因此必然会发展成多功能的复合材料，首先是形成兼具功能与结构的复合材料。这一点已经在实际应用中得到证实。例如，美国的军用飞机具有隐身功能，即在飞机的蒙皮上应用了吸收电磁波的功能复合材料来躲避雷达跟踪，而这种复合材料又是高性能的结构复合材料。目前正在研制兼有吸收电磁波、红外线并且可以作为结构的多功能复合材料。可以说向多功能方向发展是发挥复合材料优势的必然趋势。

（3）机敏复合材料：人类一直期望着材料具有能感知外界作用而且做出适当反应的能力。目前已经开始试将传感功能材料和具有执行功能的材料通过某种基体复合在一起，并且连接外部信息处理系统，把传感器给出的信息传达给执行材料，使之产生相应的动作。这样就构成了机敏复合材料及其系统。机敏复合材料是现代复合材料发展的最新阶段，机敏复合材料（或材料-器件的复合结构）能验知环境变化，并通过改变自身一个或多个性能参数，对环境变化及时做出响应，使之与变化后的环境相适应。机敏材料具有自诊断、自适应或自愈合功能，因此，它必然是验知材料和执行材料的复合，有时还需要外接的能源、信息处理和反馈系统。例如，具有自诊断功能的机敏复合材料是把光导纤维与增强纤维一同与基体复合，每根光导纤维均接于独立的光源和检测系统。当复合材料的某处发生应力集中或破坏时，该处的光导纤维即发生相应的应变或断裂，从而可据此诊断出该处的情况。又如，能对振动产生自适应阻尼的机敏复合材料是由压电材料和形状记忆材料与高聚物复合在一起。当压电材料验知振动时，信号启动外接电路使形状记忆合金发生形变，从而改变了复合材料的固有振动模态而减振。机敏复合材料已用于主动检测振动与噪声，主动探测复合材料构件的损伤，根据环境变化主动改变构件几何尺寸等，也可用于控制树脂基复合材料自身的固化过程。

它能够感知外部环境的变化，做出主动的响应，其作用可表现在自诊断、自适应和自修复的能力上。预计机敏复合材料将会在国防尖端技术、建筑、交通运输、水利、医疗卫生、海洋渔业等方面有很大的应用前景，同时也会在节约能源、减少污染和提高安全性上发挥很大的作用。

（4）智能复合材料：智能复合材料是功能类材料的最高形式。机敏材料对环境能做出线性反应，而智能材料则能根据环境条件的变化程度非线性地使材料与之适应以达到最佳效果。也就是说，在机敏复合材料自诊断、自适应和自愈合的基础上，增加了自决策、自修补的功能，依靠在外部信息处理系统中增加的人工智能系统，对信息进行分析，给出决策，指挥执行材料做出优化动作。体现为具有智能的高级形式。但有的学者对两者并不严格区分而将它们统称为智能材料。智能复合材料和系统也可简称为智能材料和系统。显然，智能材料必然是复合材料而不可能是传统的单一材料。已在研究的智能材料和系统有：自诊断断裂的飞机机翼，自愈合裂纹的混凝土，控制湍流和噪声的机械蒙皮，人工肌肉和皮肤等。在宇航、航空、舰艇、汽车、建筑、机器人、仿生和医药领域已显示出潜在应用前景。随着复合工艺、集成化和微细加工技术的发展，将会有更多种实用的智能材料问世。

6.6.2 纳米复合材料

当材料尺寸进入纳米范围时，材料的主要成分集中在表面。如直径为 2 nm 的颗粒其表面原子数将占有整体的 80%。巨大的表面所产生的表面能使具有纳米尺寸的物体之间存在极强的团聚作用而使颗粒尺寸变大。如能将这些纳米单元体分散在某种基体之中构成复合材料，使之不团聚而保持纳米尺寸的单个体（颗粒或其他形状物体），则可发挥其纳米效应。这种效应的产生来源于其表面原子呈无序分布状态而具有特殊的性质，包括量子尺寸效应、宏观量子隧道效应、表面与界面效应等。由于这些效应的存在使纳米复合材料不仅具有优良的力学性能而且会产生光学、非线性光学、光化学和电学的功能作用。

（1）有机-无机纳米复合材料：目前有机-无机分子间存在相互作用的纳米复合材料发展很快，因为该种材料在结构与功能两方面均有很好的应用前景，而且具备工业化的可能性。有机-无机分子间的相互作用有共价键型、配位键型和离子键型，各种类型的纳米复合材料均有其对应的制备方法。例如制备共价键型纳米复合材料基本上采用凝胶-溶胶法。该种复合体系中的无机组分是用硅或金属的烷氧基化合物经水解、缩聚等反应，形成硅或金属氧化物的纳米粒子网络，有机组分则以高分子单体引入此网络并进行原位聚合形成纳米复合材料。该材料能达到分子级的分散水平，所以能赋予它优异的性能。关于配位型纳米复合材料，是将有功能性的无机盐溶于带配合基团的有机单体中使之形成配位键，然后进行聚合，使无机物以纳米相分散在聚合物中形成纳米复合材料。该种材料具有很强的纳米功能效应，是一种有竞争力的功能复合材料。新近发展迅速的离子型有机-无机纳米复合材料是通过对无机层状物插层来制得的，因此无机纳米相仅有一维是纳米尺寸。由于层状硅酸盐的片层之间表面带负电，所以可先用阳离子交换树脂借助静电吸引作用进行插层，而该树脂又能与某些高分子单体或熔体发生作用，从而构成纳米复合材料。研究表明，这种复合材料不仅能作为结构材料用也可作为功能材料并且已显示出具有工业化的可能。

（2）无机-无机纳米复合材料：无机-无机纳米复合材料虽然研究较早，但发展较慢。原因在于无机的纳米粒子容易在成型过程中迅速团聚或晶粒长大，因而丧失纳米效应，目前正在努力改善之中。采用原位生长纳米相的方法可以制备陶瓷基纳米复合材料和金属基纳米复合材料，它们的性能有明显改善。这类方法存在的问题是难以精确控制由原位反应生成的增强体含量和生成物的化学组成，尚有待改进。

6.6.3 仿生复合材料

天然的生物材料基本上是复合材料。仔细分析这些复合材料可以发现，它们的形成结构、排列分布非常合理。例如，竹子以管式纤维构成，外密内疏，并呈正反螺旋形排列，成为长期使用的优良天然材料。又如，贝壳是以无机质成分与有机质成分呈层状交替叠层而成，既具有很高的强度又有很好的韧性。这些都是生物在长期进化演变中形成的优化结构形式。大量的生物体以各种形式的组合来适应自然环境的考验，优胜劣汰，为人类提供了学习借鉴的途径。为此，可以通过系统分析和比较，吸取有用的规律并形成概念，把从生物材料学习到的知识结合材料科学的理论和手段来进行新型材料的设计与制造。因此逐步形成新的研究领域——仿生复合材料。目前虽已经开展了部分研究并建立了模型，进行了理论计算，但距离真正掌握自然界生物材料的奥秘还有很大差距，正因为生物界能提供的信息非常丰富，以现有水平还无法认识其机理，所以具有很强的发展生命力，前景广阔。

思考题和习题

1. 简述复合材料概念及分类。
2. 复合材料的复合效应有哪些？
3. 颗粒增强与纤维增强的作用机制有何不同？
4. 什么是界面？复合材料界面主要有哪些功能？
5. 常见的界面结合形式有哪几类？
6. 为了提高碳纤维和陶瓷基体的结合强度，减少氧化速率，必须对碳纤维进行表面处理，试分析各种表面处理方法的优缺点。
7. Si_3N_4 和 SiC 在室温下的弹性模量分别为 304 GPa 和 414 GPa，试计算在 Si_3N_4 中添加多少 SiC 才能使 Si_3N_4 基复合材料的弹性模量达到 400 GPa？
8. 纤维增强陶瓷材料主要有哪几种类型？各自的特点是什么？
9. 水泥基复合材料有哪些？各自的性能特点是什么？
10. 碳/碳复合材料有何特性？其主要应用领域有哪些？
11. 分析讨论无机非金属基复合材料的发展趋势。

参 考 文 献

[1] 戴金辉，葛兆明．无机非金属材料概论［M］．哈尔滨：哈尔滨工业大学出版社，1999.

[2] 王培铭．无机非金属材料学［M］．上海：同济大学出版社，1999.

[3] 刘万生．无机非金属材料概论［M］．武汉：武汉工业大学出版社，1996.

[4] 陈照峰，张中伟．无机材料非金属材料学［M］．西安：西北工业大学出版社，2010.

[5] 卢安贤．无机非金属材料导论［M］．长沙：中南大学出版社，2013.

[6] 王琦．无机非金属材料工艺学［M］．北京：中国建材出版社，2005.

[7] 张旭东，张玉军，刘曙光．无机非金属材料学［M］．济南：山东大学出版社，2001.

[8] 林宗寿．无机非金属材料工学［M］．武汉：武汉理工大学出版社，2003.

[9] 曹文聪、杨树森．普通硅酸盐工艺学［M］．武汉：武汉工业大学出版社，1996.

[10] 刘应亮．无机材料学基础［M］．广州：暨南大学出版社，1999.

[11] 周张健．无机非金属材料工艺学［M］．北京：中国轻工业出版社，2010.

[12] 蒋建华．无机非金属材料工艺原理［M］．北京：化学工业出版社，2005.

[13] 宋晓岚，黄学辉．无机材料科学基础［M］．北京：化学工业出版社，2006.

[14] 高积强，杨建峰，王红洁．无机非金属材料制备方法［M］．西安：西安交通大学出版社，2009.

[15] 舒凯征．国内无机非金属材料的应用与发展概述［J］．科技资讯，2012，32：57.

[16] 滕彦强．无机非金属材料的应用现状及未来趋势探析［J］．房地产导刊，2013，6：381.

[17] 刘允超．无机非金属材料的应用与发展［J］．建材发展导向（下），2015，7：142.

[18] 王立荣．试析无机非金属材料的应用发展［J］．建筑·建材·装饰，2015，2：296.

[19] 刘波，徐顺建，廖卫兵．无机非金属新材料科技与产业概况及发展趋势［J］．新余高专学报，2010，15（5）：84.

[20] 肖飞，张挽，王娇．无机非金属材料行业的发展趋势［J］．工业C，2015，9：133-134.

[21] 夏彬皓．我国无机非金属材料的应用与发展［J］．引文版：工程技术，2015，10：40-42.

[22] 刘佳欣．无机非金属材料的应用与发展趋势［J］．中国粉体工业，2014，5：4-6.

[23] 田华．无机非金属材料的应用与发展趋势［J］．现代盐化工，2018，6：17-18.

[24] 王圣杰．无机非金属材料的现状分析以及发展前景探究［J］．冶金管理，2019，5：43.

[25] 陶俊哲．无机非金属材料的现状分析以及发展前景［J］．机械化工，2019，1：128.

[26] 阙善玉，吕振华．浅谈我国无机非金属材料的应用与发展［J］．科技创新导报，2020，20，83-87.

[27] 张明辉．"老干新枝"：先进无机非金属材料的多样性发展［J］．张江科技评论，2023，1：35-37.

[28] 雷瑶．无机非金属材料的应用与发展趋势［J］．材料制造与应用，2020，5：82-84.

[29] 陆小荣．陶瓷工艺学［M］．长沙：中南大学出版社，2005.

[30] 金志浩，高积强，乔冠军．工程陶瓷材料［M］．西安：西安交通大学出版社，2000.

[31] 王零森．特种陶瓷［M］．长沙：中南工业大学出版社，1998.

[32] 刘康时．陶瓷工艺原理［M］．广州：华南理工大学出版社，1990.

[33] 李世普．特种陶瓷工艺学［M］．武汉：武汉工业大学出版社，1992.

[34] 周玉．陶瓷材料学［M］．北京：科学出版社，2004.

[35] 肖汉宁，高朋召．高性能结构陶瓷及其应用［M］．北京：化学工业出版社，2006.

[36] 李云凯，周张健．陶瓷及其复合材料［M］．北京：北京理工大学出版社，2007.

[37] 张骥华．功能材料及其应用［M］．北京：机械工业出版社，2009.

[38] 张金升，张银燕，王美婷，等．陶瓷材料显微结构与性能［M］．北京：化学工业出版社，2007.

[39] 王晓敏．工程材料学［M］．哈尔滨：哈尔滨工业大学出版社，2005.

[40] 杨忠敏．新型陶瓷材料的性能及应用前景［J］．金属世界，2006，1：43-45.

[41] 卢安贤. 新型功能玻璃材料 [M]. 长沙：中南大学出版社，2004.

[42] 王承遇，陈敏，陈建华. 玻璃制造工艺 [M]. 北京：化学工业出版社，2006.

[43] [法] J. 扎齐斯基. 玻璃与非晶态材料 [M]. 干福熹，候立松，译. 北京：科学出版社，2001.

[44] 谌英武. 新型玻璃材料 [J]. 化工新材料，1999，9：26-28.

[45] 邱建荣. 功能玻璃材料研究向何处去 [J]. 激光与光电子学进展，2007（12）：14-22.

[46] 杨为中，周大利，尹光福，等. 新型多孔磷灰石/硅灰石生物活性玻璃陶瓷材料的研究 [J]. 生物医学工程学杂志，2004，4：913-916.

[47] 隋同波，文寨军，王晶. 水泥品种与性能 [M]. 北京：化学工业出版社，2006.

[48] 胡曙光. 特种水泥 [M]. 武汉：武汉工业大学出版社，2005.

[49] 苏达根. 水泥与混凝土工艺 [M]. 北京：化学工业出版社，2005.

[50] 陆平. 水泥材料科学导论 [M]. 上海：同济大学出版社，1991.

[51] 夏晖. 节能低耗型特种水泥的研究及其发展趋势 [J]. 水泥工程，2014，2：8-9.

[52] 文寨军. 我国特种水泥发展历程、形状及发展趋势 [J]. 中国水泥，2013，2：31-33.

[53] 董延玲. 新型水泥的开发应用与展望 [J]. 中国水泥，2011，6：169-170.

[54] 陈瑞，余慧平. 浅析新型水泥的开发与应用 [J]. 科技与企业，2012，11：14.

[55] 李楠，顾华志，赵惠忠. 耐火材料学 [M]. 北京：冶金工业出版社，2010.

[56] Chesters J H. 耐火材料生产和性能 [M]. 毛东森，译. 北京：冶金工业出版社，1982.

[57] 薛群虎，徐维忠. 耐火材料 [M]. 北京：冶金工业出版社，2009.

[58] 侯谨，张义先. 新型耐火材料 [M]. 北京：冶金工业出版社，2007.

[59] 顾立德. 特种耐火材料 [M]. 北京：冶金工业出版社，2006.

[60] 李永全，彭婷. 中国耐火材料行业发展状况与未来展望 [J]. 耐火材料，2022，56（5）：435-439，446.

[61] 李愿，董宾宾，贺粉霞，等. 浅谈双碳目标下耐火材料的绿色制造 [J]. REFRACTORIES & LIME，2023，48（2）：6-9，14.

[62] 王荣国，武卫莉，谷万里. 复合材料概论 [M]. 哈尔滨：哈尔滨工业大学出版社，1999.

[63] 尹洪峰，魏剑. 复合材料 [M]. 北京：冶金工业出版社，2010.

[64] 冯小明，张崇才. 复合材料 [M]. 重庆：重庆大学出版社，2007.

[65] 车剑飞，黄杰雯，杨娟. 复合材料及其工程应用 [M]. 北京：机械工业出版社，2006.

[66] 张长瑞，郝元恺. 陶瓷基复合材料原理、工艺、性能与设计 [M]. 长沙：国防科技大学出版社，2001.

[67] 李进卫. 浅说陶瓷基复合材料的功用特点及其市场前景 [J]. 现代技术陶瓷，2014，6：33-40.

[68] 卢国锋，乔生儒，许艳. 连续纤维增强陶瓷基复合材料界面层研究进展 [J]. 材料工程，2014，11：107-112.

[69] 刘道春. 节能环保的陶瓷基复合材料走俏未来 [J]. 现代技术陶瓷，2014，3：35-41.

[70] 钟彬扬. 典型无机非金属材料增材制造现状及创新路径 [J]. 漳州职业技术学院学报，2021，23（1）：84-89.